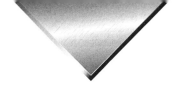

高价值专利培育指导丛书

专利技术交底要义
高性能纤维材料分册

国家知识产权局专利局专利审查协作四川中心　组织编写

主　编　刘冀鹏

副主编　赵向阳　周　航

知识产权出版社

全国百佳图书出版单位
——北京——

图书在版编目（CIP）数据

专利技术交底要义. 高性能纤维材料分册/国家知识产权局专利局专利审查协作四川中心组织编写；刘冀鹏主编. —北京：知识产权出版社，2022.10

ISBN 978 - 7 - 5130 - 8358 - 4

Ⅰ.①专… Ⅱ.①国…②刘… Ⅲ.①专利技术②纤维增强复合材料—专利技术

Ⅳ.①G306.0②TB33

中国版本图书馆 CIP 数据核字（2022）第 171599 号

内容提要

本书聚焦高性能纤维材料领域，从技术发展态势和保护需求、申请文件撰写特点、如何选择专利代理机构、如何写好技术交底书、案例实操等多个方面逐层深入，向创新主体普及富有领域特色的专利基础知识和专利技术交底要点，增强创新主体的知识产权保护意识和能力。

责任编辑：程足芬　　　　　　　　　　　　责任校对：王　岩

封面设计：北京乾达文化艺术有限公司　　　责任印制：刘译文

专利技术交底要义

高性能纤维材料分册

国家知识产权局专利局专利审查协作四川中心　组织编写

刘冀鹏　主编

出版发行	知识产权出版社 有限责任公司	网　址：	http://www.ipph.cn
社　址：	北京市海淀区气象路 50 号院	邮　编：	100081
责编电话：	010 - 82000860 转 8390	责编邮箱：	chengzufen@qq.com
发行电话：	010 - 82000860 转 8101/8102	发行传真：	010 - 82000893/82005070/82000270
印　刷：	天津嘉恒印务有限公司	经　销：	新华书店、各大网上书店及相关专业书店
开　本：	720mm × 1000mm　1/16	印　张：	24
版　次：	2022 年 10 月第 1 版	印　次：	2022 年 10 月第 1 次印刷
字　数：	436 千字	定　价：	118.00 元
ISBN 978 - 7 - 5130 - 8358 - 4			

丛书编委会

主　任：杨　帆

副主任：李秀琴　赵向阳

本书编写组

主　编：刘冀鹏

副主编：赵向阳　周　航

撰写人：刘冀鹏　周　航　叶　坤　吴配全　朱　敏

　　　　李　基　杨　菁　褚吉平　李秀丽

统　稿：刘冀鹏

作者简介

叶坤，男，副研究员，现任国家知识产权局专利局专利审查协作四川中心审查业务部质量控制室主任。拥有法律职业资格，国家知识产权局局级教师，国家知识产权局骨干人才，国家知识产权局法律人才培养对象，国家知识产权局专利局星级审查员。

吴配全，男，高级知识产权师，现任国家知识产权局专利局专利审查协作四川中心材料部化学工程室副主任。国家知识产权局第六批骨干人才，四川中心第一批骨干人才，四川省成都高新区市场监督管理局知识产权智库专家，具有专利代理师资格，以及十余年的专利实质审查经验和丰富的对外服务工作经验。

朱敏，女，助理研究员，现任国家知识产权局专利局专利审查协作四川中心材料部材料加工室副主任。国家知识产权局第七批骨干人才，四川中心第二批骨干人才，具有专利代理师资格、法律职业资格以及复审案件审查经验。

李基，男，助理研究员，国家知识产权局专利局专利审查协作四川中心材料部审查员，助理室主任培养对象，四川中心第二批骨干人才，四川中心首批 PCT 审查员。从事发明专利实审和 PCT 申请国际阶段审查工作，参与过多项四川中心对外服务项目，为社会创新主体提供专利导航分析和查新等服务。

杨菁，女，副研究员，现任国家知识产权局专利局专利审查协作四川中心材料部审查员。四川中心第一批骨干人才，具有专利代理师资格。从事材料领域专利审查十余年，参与多项对外服务项目，为创新主体提供数据标引、技术查新等服务。

褚吉平，男，助理研究员，现任国家知识产权局专利局专利审查协作四川中心材料部建筑材料室审查员，四川中心第二批骨干人才培养对象。从事制冷、玩具领域发明专利实质审查工作，具有多年相关领域的审查经验，具有专利代理师资格，参与过多项四川中心对外服务项目，为创新主体提供数据标引、报告撰写等服务。

李秀丽，女，助理研究员，现任国家知识产权局专利局专利审查协作四川中心材料部建筑材料室审查员，四川中心第二批骨干人才，一直从事机械领域的专利实质审查工作，参与过多项四川中心对外服务项目。

序

　　技术创新成果的转化运用、良好营商环境的营造、国际交往的顺利开展、消费者合法权益的保护，无不需要知识产权制度保驾护航。越来越多的人认识到，知识产权保护已成为创新驱动发展的"刚需"，国际贸易的"标配"。习近平总书记高度重视知识产权保护工作，他深刻指出：创新是引领发展的第一动力，保护知识产权就是保护创新。知识产权保护工作关系国家安全，只有严格保护知识产权，才能有效保护我国自主研发的关键核心技术、防范化解重大风险。

　　从创新源头提升专利申请质量无疑应为打通知识产权保护全链条的发轫之始。许多前沿技术领域的创新成果涉及庞大的背景理论体系知识和复杂的技术原理，如果创新主体在申请专利时，不能与专利代理师进行默契的沟通配合，提供必要的、足够的专利技术交底信息，极有可能导致最终形成的专利文件并不能对创新成果提供有效的保护。目前，市面上的相关书籍多面向专利代理师，注重普及通用性的专利申请实务，而对细分领域缺乏针对性的深入指导。对专注于某一细分领域的创新主体而言，更希望了解申请专利过程中容易疏忽的一些领域特色问题，避免"踩雷"。

　　为此，国家知识产权局专利局专利审查协作四川中心组织相关人员编撰本系列丛书。丛书选择了一些在专利申请时具有特点的前沿技术领域，从专利发展态势和保护需求、申请文件撰写特点、如何选择专利代理机构、如何写好技术交底书等多个方面由表及里，逐层深入，娓娓道来，向创新主体普及富有领域特色的专利基础知识和专利申请要点，增强创新主体的知识产权保护意识和能力。丛书内容丰富，数据详实且更新及时，引用了大量实际案例，语言朴素生动，科普性强。

　　参与本书编撰的作者团队比较年轻，但具备丰富的专利审查经验，部分人员还有复审无效、法院和专利代理从业经历，不少人参与过专利导航和对外服务工作，了解领域技术发展态势，也对专利申请质量有来自一线的感知。

　　这套丛书是国家知识产权局专利局专利审查协作四川中心人员基于自身经

验积淀，为国家保护核心技术和解决"卡脖子"技术问题，从知识产权保护层面发挥专业所长、服务社会的有益尝试。希望本书能在一定程度上满足相关领域创新主体和专利代理从业者对专利技术指导的需求，成为联系大家的"缘分之桥"。是以欣然为序。

二零二一年四月

前　言

随着经济社会的发展和科技进步，世界化学纤维产业的生存环境正在发生深刻的变化，功能化、绿色化、差异化、柔性化成为主要发展趋势。世界纤维消费结构的变化、纺织产业链供求关系的变化，以及航空航天、轨道交通、海洋工程、生物医学等高端领域的不断发展，对化学纤维材料的性能提出了更高的要求，高性能纤维孕育而生。高性能纤维是近年来纤维高分子材料领域发展迅速的一类特种纤维，是新材料产业的重要组成部分，是支撑国防现代化建设和国家经济发展的重要材料。

高端制造业的快速发展，新型技术和工艺的进步，都为高性能纤维材料在未来的发展带来了巨大机遇。作为战略性新兴产业的重要组成，高性能纤维材料在国防军工、航空航天、生物医学、海洋工程、新能源汽车、轨道交通、5G 通信、风电、节能环保及高端装备制造领域有广泛的应用空间。

"十四五"规划指出，"坚持创新在我国现代化建设全局中的核心地位，把科技自立自强作为国家发展的战略支撑"，"打好关键核心技术攻坚战，提高创新链整体效能"，"瞄准人工智能、量子信息、集成电路、生命健康、脑科学、生物育种、空天科技、深地深海等前沿领域，实施一批具有前瞻性、战略性的国家重大科技项目"，"强化企业创新主体地位，促进各类创新要素向企业集聚。推进产学研深度融合，支持企业牵头组建创新联合体，承担国家重大科技项目。发挥企业家在技术创新中的重要作用"，给高性能纤维材料的未来发展和创新指明了方向。可以预测，随着经济的发展和产业需求的升级，高性能纤维材料领域将持续充满创新活力。

与此同时，创新成果需要获得知识产权，才能最大化地发挥市场价值。知识产权已经成为激励创新的基本保障和国内外市场竞争必须遵循的基本规则，也是国家创新实力的综合体现和评价营商环境的重要指标。目前我国高性能纤维材料主要制造企业的知识产权保护意识和力度与国外垄断巨头相比较还很薄弱，国外高性能纤维材料行业的技术储备已达到一定高度，国内企业与他们打交道时大多处于不对等地位，国内企业发展的技术空间相对较小，随着中国越来越多的大型企业开拓海外市场，高性能纤维材料领域的知识产权纠纷问题日益突出。在全球化背景下，知识产权作为非关税壁垒的主要形式之一，不仅是企业在国际上竞争的一个制高点，更在企业开拓、保护市场的过程中发挥着重要作用。而拥有强大的专利技术储备对于企业提高国际竞争力具有重要意义，一个企业知识产权的数量和质量成为企业生存和发展的关键因素。

将技术创新转化为以专利权为代表的知识产权，不仅需要了解行业发展状况和技术创新本身，也需要了解专利相关法律知识，高性能纤维材料领域的创新主体集中于大型企业，不少创新主体都会聘请专业的专利代理机构来帮助自己完成专利申请。然而，许多技术人员由于不了解专利基本知识、不能够认识到沟通配合在专利申请中的重要性、不清楚技术交底要点等各种原因，往往不能提供必要的、足够的专利技术交底信息，导致最终形成的专利文件并不能对创新技术提供良好的保护。

目前市面上的相关书籍基本都是面向代理行业从业人员或者企业知识产权工程师，提供专利撰写和审查意见答复方面的指导，对技术人员，特别是细分领域的技术人员进行针对性专利交底指导的书籍却寥寥。本书旨在弥补这一空白，面向高性能纤维材料领域的从业人员和企业普及领域特色的专利基础知识和专利技术交底要点，增强创新主体的知识产权保护意识和能力。

本书由国家知识产权局专利局专利审查协作四川中心组织编写，全书共分七章。第一章主要基于专利和非专利统计信息，梳理当前热点高性能纤维材料的基本情况和发展历程。第二章通俗化地阐述创新与专利的区别，普及适于技术人员理解的专利基本知识。第三、第四章则进一步深入高性能纤维材料领域，以实际案例作引，分析该领域的专利化特点和难点。接下来第五章阐释了专利转化过程中聘请好的专利代理机构和专利代理师的价值，说明申请人与专利代理师充分沟通的重要性。第六章从通用要件和领域特色要件两方面详细指导申请人如何向专利代理师进行技术交底。最后，第七章以一个案例的形式给出本领域技术交底实务示范。

本书的编写，力求体现高性能纤维材料领域的专利特点和交底要点，不求面面俱到，但求新颖而实用，在语言叙述上力求通俗易懂而避免过多的理论推导，以适应广大学生、工程技术人员和求知者的需求。第一章由褚吉平撰写，第二章由吴配全撰写，第三章由叶坤撰写，第四章由李秀丽、李基撰写，第五章由周航、刘冀鹏撰写，第六章由杨菁、刘冀鹏撰写，第七章由朱敏、刘冀鹏撰写，全书由刘冀鹏统稿。

本书可作为纤维材料领域广大工程科技人员的普及性参考书，对专利代理师的工作也有一定指导意义。在本书编写过程中参阅了大量申请文件、科普书籍、研究论文和网页资料，谨对相关资料的作者表示衷心感谢。

　　由于高性能纤维材料内容广泛，技术成果多样化，涉及面广、信息量大，同时由于作者水平有限，难免存在疏漏和不当之处，敬请广大读者批评斧正。

目　录

第一章　高性能纤维材料领域热点发展白描

化学纤维制造是现代工业生产的重要领域，是国民经济的重要组成部分。随着经济社会的发展和科技进步，世界化学纤维产业的生存环境正在发生深刻的变化，功能化、绿色化、差异化、柔性化成为主要发展趋势。世界纤维消费结构的变化、纺织产业链供求关系的变化，以及航空航天、轨道交通、海洋工程、生物医学等高端领域的不断发展，对化学纤维材料的性能提出了更高的要求，高性能纤维孕育而生。

我国化纤产量已连续多年位居世界第一，高性能纤维是国家战略性新兴产业的重要组成部分，是支撑我国高新技术产业发展不可或缺的材料，对我国国防现代化建设和经济发展具有非常重要的作用。高性能纤维通常具有低密度、高强度和高模量的特性，部分高性能纤维还具有耐高温、抗辐射、耐腐蚀等特殊性能。作为国防军工利器，高性能纤维的上述性能与军工材料的高强度、轻量化的特性相匹配，因而尤为适合作为军工材料。除此之外，高性能纤维材料在航空航天、生物医学、海洋工程等高端领域，以及交通运输、体育器材、机械工程、建筑等传统民用领域也得到了广泛使用。据公开资料显示❶，全球高性能纤维市场规模和需求逐年增长，2011—2019 年，市场复合年均增长率均保持在 14.6%。可以预见，随着需求的稳定增长，高性能纤维将会有更加广阔的发展前景。

虽然起步略晚，但是我国非常重视高性能纤维材料的发展，《"十三五"国家科技创新规划》提出发展以高性能纤维及复合材料等为重点的先进结构材料技术及应用。《中华人民共和国国民经济和社会发展第十四个五年规划和2035 年远景目标纲要》中也提出加强碳纤维、芳纶等高性能纤维及其复合材料、生物基和生物医用材料的研发应用。随着我国航空航天、5G 通信、风电、新能源汽车、轨道交通等行业发展，高性能纤维需求和技术将会得到进一步提

---

❶　2017—2019 年中国高性能纤维的市场需求［EB/OL］.（2019 – 11 – 19）［2021 – 07 – 11］. http：//www.ocn.com.cn/touzi/chanye/201911/egbto19111851.shtml.

升，在产业中的地位将会越来越重要。

本章将梳理高性能纤维材料中的研究热点——芳纶纤维、碳纤维、超高分子量聚乙烯纤维和玄武岩纤维的基本情况和发展历程，并不着力于探讨深层次的技术内容或者行业竞争态势，仅利用专利数据和非专利数据为这些领域的创新发展情况进行简单的"白描"。

如果想深入了解这些先进纤维材料领域的研发热点、创新特点、专利申请特点和企业竞争态势，可以阅读本书其他章节的内容。

第一节　"新材料之王"——碳纤维

从 20 世纪 50 年代开始，美国、日本、欧洲等国家或地区相继启动了高性能纤维材料的研究，一种采用腈纶和黏胶纤维为原料制备的高性能纤维材料——碳纤维应运而生，其强度、模量、耐高温、耐腐蚀等性能相比传统纤维材料都大幅提高。我国于 20 世纪 60 年代开始碳纤维研究，经过五十多年的发展，从完全依赖进口到目前实现 1/3 自给自足，成功突破了碳纤维技术封锁，尤其是近年来，产业发展进入了快车道，神舟十三号载人飞船推进舱的承力截锥、神舟十二号载人飞船的操纵棒杆体、天宫一号主承力锥台、"长征"运载火箭等均采用了碳纤维，碳纤维在越来越多的前端科技和高精尖项目中大放异彩，可以预见未来碳纤维市场前景将更加广阔。

一、碳纤维发展概述

碳纤维（carbon fiber，CF）中碳质量分数高于 95%，主要由片状石墨微晶等有机纤维沿纤维轴方向堆砌而成，经炭化及石墨化处理形成微晶石墨材料。碳纤维"外柔内刚"，其强度高于钢铁，但质量却比金属铝更轻，并且具有耐腐蚀和高模量的特性。它不仅具有碳材料的固有本征特性，又兼具纺织纤维的柔软可加工性，被誉为 21 世纪的"新材料之王"。

碳纤维始于美国，兴于日本。碳纤维发明最早可追溯到 19 世纪 70 年代，爱迪生将碳纤维用于制造白炽灯泡的灯丝，并获得美国专利，自此拉开了碳纤维研究应用的序幕。但此后碳纤维的研究停滞不前，进入了长久的休眠期。直到 20 世纪 50 年代，美国联合碳化物公司陆续发明了实验室制备石墨晶须方法和高性能人造丝基碳纤维制备技术，生产了当时强度最高的商业化碳纤维，由此奠定了高性能碳纤维的科学基础。20 世纪 60 年代初，美国空军材料实验室将高性能人造丝基碳纤维作为酚醛树脂的增强剂，成功研制了航天器热屏蔽层，纤维增强复合材料技术由此跨入了"先进复合材料"时代。20 世纪 50 年代至 80 年代期间，美国联合碳化物公司的高性能人造丝基碳纤维和中间相沥青基碳纤维技术居世界领先水平。然而，由于盲目扩张和管理混乱，美国联合碳化物公司未能成为世界高性能碳纤维产业的引领者，美国高性能碳纤维产业也被日本超过，未能实现应有的辉煌。目前，美国虽拥有可保障军用的技术、产品和产能，但产品不具性价比优势，没有市场竞争力，故像波音飞机机体结构材料这样的民用需求还是依赖日本公司供应。

20 世纪 50 年代，日本经济进入快速发展期，技术创新成为时代潮流，政府鼓励科研人员开展技术研究，大力扶持可转化为产业的研究项目，在这种大环境下，日本碳纤维先驱人物——大阪工业技术试验所的科学家进藤昭男于 1959 年率先发明了聚丙烯腈（PAN）基碳纤维技术，为日本碳纤维产业化奠定了基础。在取得一定成果后，大阪工业技术试验所积极与相关企业进行交流合作，进行技术成果转化，东海碳素公司、日本碳素公司和东丽株式会社（以下简称东丽公司）先后获得了专利授权。之后，东丽公司集中力量进行碳纤维研究，经过不懈努力，先后突破了单体、聚合和纺丝等一系列前驱体 PAN 纤维相关技术难题，再以羟基丙烯腈聚合物为前驱体，制备出高性能 PAN 基碳纤维，名为"TORAYCA"商业化 PAN 基碳纤维，由此加速了日本碳纤维的产业化进程。20 世纪 70 年代初，在收购东海碳素公司和日本碳素公司的相关生产技术，并与美国联合碳化物公司进行前驱体 PAN 纤维技术与碳化技术互换后，东丽公司当之无愧地成为世界高性能碳纤维的霸主。1973 年，东丽公司开始制造碳纤维的下游产品——CFRP 高尔夫球杆，成功打开碳纤维的下游制品市场，PAN 基碳纤维需求快速增长，1974 年年底，又把碳纤维拓展到网球拍框和钓鱼竿等运动休闲产品，之后逐渐拓展到航空航天器制造等高端领域。

除了 PAN 基碳纤维，日本碳纤维产业的另外一条技术路线在于沥青基和中间相沥青基碳纤维。20 世纪 50 年代中后期，日本科学家大谷杉郎先后研发了以工业石油酸淤渣为原料的沥青基碳纤维制备技术、高分子量石油基和煤基沥青制备技术、使用四苯并酚嗪制备中间相沥青，再经熔纺和碳化制成具有各向异性的中间相沥青基碳纤维技术。吴羽化学工业公司采用大谷杉郎的技术于 20 世纪 70 年代开始生产沥青基碳纤维。目前，日本拥有完备的人造丝基、PAN 基、沥青基和中间相沥青碳纤维产业，占据着各细分技术的制高点，垄断着所有高端产品的市场。

我国于 20 世纪 60 年代开始碳纤维研究，由于技术和市场一度被美、日封锁，我国的碳纤维产业进展缓慢，直到 21 世纪，在师昌绪等老一辈科学家的努力下，碳纤维技术先后被列入国家 863、973 计划及国家重大基础研究项目，从此我国的碳纤维开启了逆袭之路，技术逐渐突破难关。哈尔滨玻璃钢研究院、哈尔滨工业大学、北京化工大学、东华大学等都是碳纤维领域研究实力较强的科研院所。在产业方面，钱云宝创办的江苏恒神经过努力攻关，先后实现了碳纤维 T800S、T1000G 等重大技术进步，完成国内第一家自主实现千吨级碳纤维生产线的建设；吉林化纤集团 2017 年成功试车 8000 吨大丝束碳纤维碳化项目一期 2000 吨生产线；东华大学科研团队和中复神鹰碳纤维股份有限公司联合攻关成功干喷湿纺，建立了国内首条采用干喷湿纺工艺的千吨级碳纤维生产线；廊坊的飞泽复合材料有限公司为蔚来 ES6 提供碳纤维后地板。目前，我国已经攻克了 T300、T700、T800、T1000 等高强度碳纤维，也攻克了 M40J 和 M55J 高模量航天碳纤维。但是，我国碳纤维主要应用领域还是在体育休闲产业，航空航天、汽车、风电叶片等高端领域的产业应用相对不足。在我国碳中和大背景下，风电、光伏、氢能源等绿色能源未来将成为我国能源的主旋律，因此可以预见，碳纤维在风电叶片、燃料电池气态扩散层 GDL 等方面的产业应用将大有可为，这就需要各大企业和科研院所加大研发力度和产业化进程，共同努力使我国真正跻身于世界碳纤维强国的行列。

二、专利数据中碳纤维画像

检索时间限定在 2021 年 10 月 1 日之前，以碳纤维、炭纤维、聚丙烯腈、沥青、黏胶、酚醛、carbonfibre、PAN、asphaltic、viscose、Phenolic aldehyde 等为关键词在 HimmPat 商业检索软件全球专利数据库中进行检索，通过分类号、关键词、人工阅读进行清洗、降噪，通过检索、验证、分析原因、再检索、再验证的方式，逐步剔除如玻璃纤维、碳含量低于 90% 的纤维等专利申请，对专利数据进行合并去重后获得相对准确的检索结果。

根据专利数据信息，我们给碳纤维进行了专利画像，图 1-1 展示了碳纤维在全球和中国的专利申请趋势。

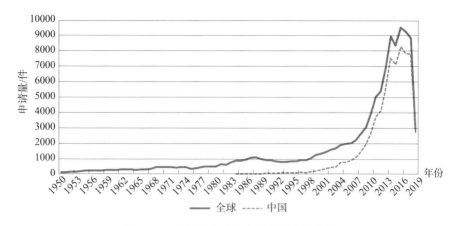

图 1 – 1　碳纤维全球和中国专利申请趋势

从图 1 – 1 可以看出，全球碳纤维技术领域的专利申请量总体呈现逐步增长的态势❶。1990 年以前，碳纤维全球申请量呈缓慢增长的趋势，属于稳定发展期。1990 年后的十年，申请量有小幅下降，这是由于该时期内，日本和美国这两大碳纤维的主要技术国正经历经济萧条和经济危机，对技术和产业发展都造成了一定影响。而 2000 年之后，随着美国、日本经济逐步复苏，碳纤维技术逐步恢复发展，我国碳纤维也在此时开始崛起，使得碳纤维申请量快速增长。我国专利制度建立于 1985 年，因此 1985 年之前没有专利申请，1985—2000 年，我国碳纤维技术处于发展的萌芽期，碳纤维的专利申请量非常少，这一阶段主要以理论研究和工艺技术攻关为主，进入 21 世纪后，尤其是 2010 年后，碳纤维相关专利的申请量急速增长，我国碳纤维技术进入快速发展期，技术成果开始迅速转化，碳纤维复合材料的应用研究不断创新。但 2017 年之后，申请量开始逐年下降，这反映出我国碳纤维技术在取得阶段化成果后进入了技术瓶颈期。

在 CNKI 非专利数据库中以碳纤维为关键词进行文献检索，得到图 1 – 2 所示的 CNKI 碳纤维中文文献发表数量 – 年代趋势图。

从图 1 – 2 可以看出，在 2000 年以前，我国科技文献发表数量较少，年增长率较小，处于以理论研究为主的探索阶段。2000—2017 年，文献发表数量呈迅速上升趋势，这一阶段，前期的碳纤维制备等研究具有了一定成果，在此基础上，碳纤维复合材料及其应用研究逐渐增多。2017 年之后，文献发表数

---

❶　由于专利公开日期和专利数据加工进入数据库日期与专利申请日期相比一般存在十几个月的滞后，因此近两年的专利实际数量应大于图中所显示的数量，在这里仅供参考，不做讨论。

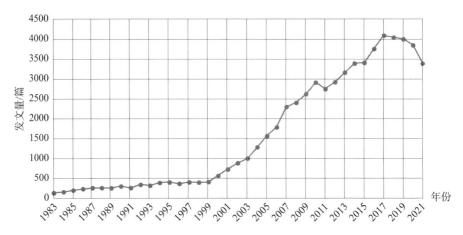

图1-2　CNKI碳纤维中文文献发表数量-年代趋势图

量开始呈逐年下降趋势，研究陷入繁华之后的技术瓶颈期。与图1-1所示的我国专利申请数量趋势结合对比，二者的总体趋势一致，但是专利申请数量在2010年后增速更为迅猛，这与理论研究后的技术转化相关，研究重点更偏向于复合材料的应用方面。

由于目前日本代表了碳纤维的最高发展水平，且日本具有较强的知识产权体系，因而以代表日本碳纤维发展开端的专利文献进行讨论，图1-3所示为日本最早的碳纤维专利代表文献。申请人是大阪工业技术试验所，申请号为JP1959-028287，申请日为1959年9月；公开号为JP37-004405B；发明人为日本碳纤维的创始人进藤昭男。

该专利申请的主题涉及一种制造碳或石墨材料的方法，其中展示了在两种PAN基碳纤维中的晶体生长，力学性能改变，以及1000～3000℃热处理得到的纤维的电阻率的变化。技术要点包括选择纯净、无污染的丙烯腈聚合物纺制的纤维；在富氧环境下，经350℃热处理，使纤维保持稳定；经800℃热处理，使其碳化。该专利申请的权利要求书全文如下：

一种制造碳或石墨材料的方法，将具有单纤维、棉、纽、布、薄膜等形状的丙烯腈均聚高分子化合物，或者具有30wt%以上丙烯腈的共聚物，或含有30wt%以上聚丙烯腈的高分子混合物，在富氧环境下，经过350℃加热处理，并保持单纤维、棉、纽、布、薄膜等的形状，或者继续加热到800℃以上，使其碳化，以得到特殊形状的碳素体。

从申请文件撰写来看，其权利要求非常简单，只有一项方法权利要求，没有保护产品，也没有从属权利要求，且该方法权利要求十分具体地描述了制备

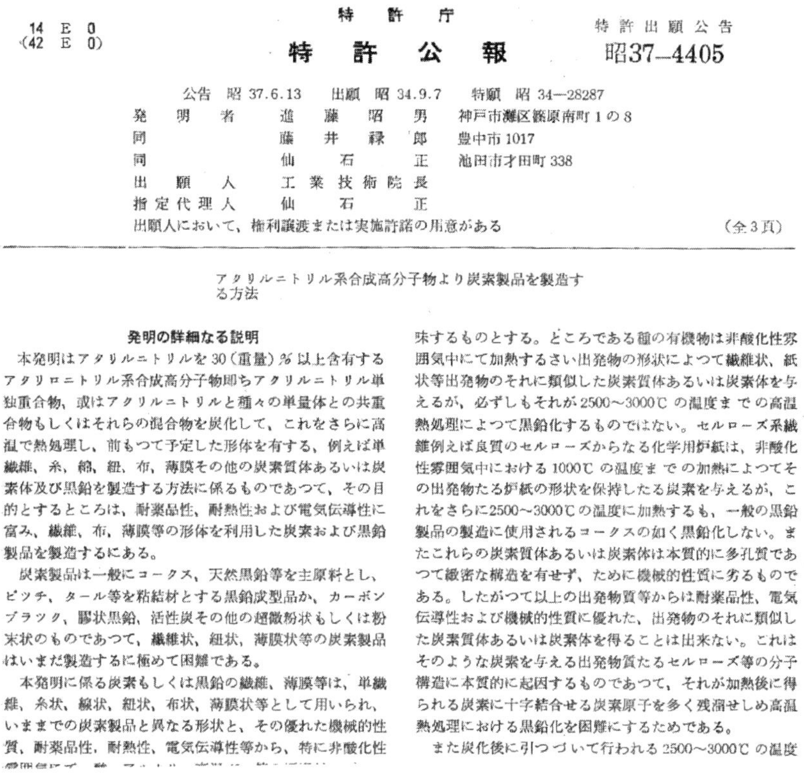

14　E　0
(42　E　0)

特　許　庁

特　許　公　報

特許出願公告
昭37—4405

公告　昭37.6.13　出願　昭34.9.7　特願　昭34—28287

発明者	進藤昭男	神戸市灘区篠原南町1の8
同	藤井禄郎	豊中市1017
同	仙石正	池田市才田町338
出願人	工業技術院長	
指定代理人	仙石正	

出願人において、権利譲渡または実施許諾の用意がある　（全3頁）

アクリルニトリル系合成高分子物より炭素製品を製造する方法

発明の詳細なる説明

本発明はアクリルニトリルを30（重量）％以上含有するアクリロニトリル系合成高分子物即ちアクリルニトリル単独重合物、或はアクリルニトリルと種々の単量体との共重合物もしくはそれらの混合物を炭化して、これをさらに高温で熱処理し、前もつて予定した形体を有する、例えば単繊維、糸、綿、紐、布、薄膜その他の炭素質体あるいは炭素体及び黒鉛を製造する方法に係るものであつて、その目的とするところは、耐薬品性、耐熱性および電気伝導性に富み、繊維、布、薄膜等の形体を利用した炭素および黒鉛製品を製造するにある。

炭素製品は一般にコークス、天然黒鉛等を主原料とし、ピツチ、タール等を粘結材とする黒鉛成型品か、カーボンブラック、膠状黒鉛、活性炭その他の超微粉状もしくは粉末状のものであつて、繊維状、紐状、薄膜状等の炭素製品はいまだ製造するに極めて困難である。

本発明に係る炭素もしくは黒鉛の繊維、薄膜等は、単繊維、糸状、線状、紐状、布状、薄膜状等として用いられ、いままでの炭素製品と異なる形状と、その優れた機械的性質、耐薬品性、耐熱性、電気伝導性等から、特に非酸化性

味するものとする。ところである種の有機物は非酸化性雰囲気中にて加熱するさい出発物の形状によつて繊維状、紙状等出発物のそれに類似した炭素質体あるいは炭素体を与えるが、必ずしもそれが2500～3000℃の温度までの高温熱処理によつて黒鉛化するものではない。セルローズ系繊維例えば良質のセルローズからなる化学用炉紙は、非酸化性雰囲気中における1000℃の温度までの加熱によつてその出発物たる炉紙の形状を保持したる炭素を与えるが、これをさらに2500～3000℃の温度に加熱するも、一般の黒鉛製品の製造に使用されるコークスの如く黒鉛化しない。またこれらの炭素質体あるいは炭素体は本質的に多孔質であつて緻密な構造を有せず、ために機械的性質に劣るものである。したがつて以上の出発物質等からは耐薬品性、電気伝導性および機械的性質に優れた、出発物のそれに類似した炭素質体あるいは炭素体を得ることは出来ない。これはそのような炭素を与える出発物質たるセルローズ等の分子構造に本質的に起因するものであつて、それが加熱後に得られる炭素に十字結合せる炭素原子を多く残留せしめ高温熱処理における黒鉛化を困難にするためである。

また炭化後に引つづいて行われる2500～3000℃の温度

图1-3　日本最早的碳纤维专利代表文献

过程，保护范围狭窄。作为基础专利，该专利没有以获得更大保护范围为目的进行内容的提炼和技术的分解，后续很容易被规避设计。可见，虽然当时日本鼓励对技术成果进行专利保护，创新主体也具有较强的创新保护意识，但是在技术内容和专利文件的撰写方面不够成熟。对碳纤维专利申请全球主要申请人进行分析，申请人排名如图1-4所示。

在全球范围内，碳纤维相关技术专利申请量排名前二十的申请人中，日本公司超过了四分之一，排名第一的东丽株式会社和排名第二的三菱丽阳株式会社在专利申请量上占有绝对优势，可见，无论是技术方面还是市场份额方面，日本企业都领先于全球，代表了目前碳纤维生产的最高水平。我国在申请量上比较有优势的是东华大学，其前身是中国纺织大学，其不仅拥有国家先进功能纤维创新中心，还拥有创建新中国“化学纤维”专业的钱宝钧教授、攻克高纯航天粘胶基碳纤维助力导弹的潘鼎教授、科研攻关高性能纤维产业化的陈惠芳研究员，以及以朱美芳等多位院士为核心的高性能纤维研究团队。

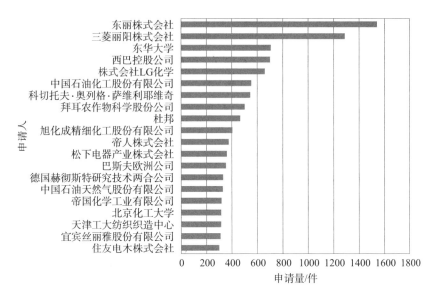

图1-4　碳纤维专利申请人排名

可以说，东华大学在先进纤维方面具有绝对的产学研实力，其大批科研成果已被广泛应用于我国航空航天、国防军事、重大建筑工程、环境保护等领域，为"天宫""天舟""北斗""天通""嫦娥"等航天器的制造做出了卓越的贡献。我国进入榜单的还有北京化工大学、天津工大纺织织造中心和中国石油化工股份有限公司。总体上，我国的碳纤维技术目前仍处于研发、实验阶段，国内从事碳纤维及复合材料研制和生产的企业并不少，如江苏恒神、中复神鹰、威海拓展等，但基本以小丝束为主，国内具有大丝束全套技术的企业仅有蓝星公司一家。未来碳纤维需求更大的是风电、汽车、轨道交通及碳纤维功能性材料这些以大丝束或巨丝束为主的领域，我国无论是产量、产能、原丝质量，还是下游高端产品的研发应用，与日本为代表的国际先进水平仍有较大差距，缺乏具有国际竞争力的龙头企业。相信在相关政策的保驾护航下，未来企业和科研院所联合攻关，必将走出一条适合我国碳纤维产学研发展的新路。

三、全球碳纤维的旗手

日本东丽株式会社创建于1926年，前身是东洋人造丝公司，是全球PAN基碳纤维顶级制造商，唯一一个碳纤维产能超过2万吨的企业，波音公司和空客公司稳定的供货商。东丽公司的碳纤维研究历史已长达近 60 年，在高模量碳纤维领域一直处于领先地位，是当前少有的能够实现 T1000 级和 T1100 级强度量产的企业。2020 年，东丽公司又开发出了拉伸强度 4800 MPa、拉伸模量 390 GPa 的高模量碳纤维，以及全球第一种具有纳米级连续孔结构的多孔碳纤维。东丽公司是全球碳纤维领域无可争议的旗手。

对东丽公司碳纤维全球专利申请情况进行检索，其趋势如图 1 – 5 所示。

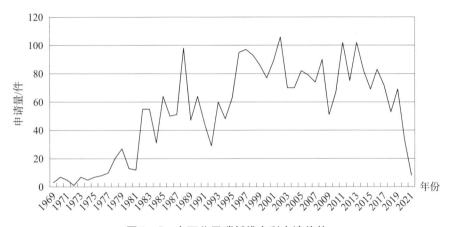

图 1 – 5　东丽公司碳纤维专利申请趋势

东丽公司的申请趋势总体呈曲线波动状态，其中在 1970 年、1982 年、1988 年、1997 年、2001 年和 2011 年均出现数量上的陡增，1993 年前后和 2009 年出现了明显的回落。1970 年，东丽公司获得了联合碳化物公司的碳化纤维技术，集中申请了一批生产工艺专利，为 1971 年 "TORAYCA" 碳纤维产品的大规模生产进行专利布局。1982 年前后，干喷湿法纺丝方式研发成功，东丽公司随之又进行了大量专利布局。20 世纪 80 年代中期，东丽公司成功研发出 M60J 碳纤维，20 世纪 80 年代末期，"TORAYCA" 碳纤维达到利润顶峰，东丽公司与杜邦公司各出资 50% 成立杜邦东丽，该时间段东丽碳纤维研发热情达到高潮，专利申请量激增。1990 年日本经济泡沫破裂，进入了长期的经济大萧条时期，"TORAYCA" 碳纤维生产一落千丈，甚至在 1993 年碳纤维产业差点被东丽公司卖出。因此，在这段时间，东丽公司的碳纤维专利申请量急剧下跌。但是，东丽公司并没有被打倒，他们改变策略，在美国投资建厂，加强与波音公司的联系，到 20 世纪 90 年代中后期，波音和空客公司相继推出 787 和 A350 机型，碳纤维复合材料用量达 50%。进入 21 世纪，随着世界各国节能环保意识的提升，风电等新兴市场崛起，加之碳纤维产能提高和价格下降，使得碳纤维需求大幅增长，2011 年东丽公司与戴姆勒公司合资建厂生产碳纤维部件，进入稳定盈利期。

对东丽公司在全球的专利布局进行统计，结果如图 1-6 所示。

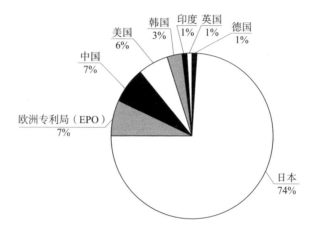

图 1-6　东丽公司碳纤维专利申请的主要国家/地区申请量占比

由图 1-6 可见，东丽公司作为日本企业，其市场策略多年以来主要以日本本土市场为主，申请量比例占 74%。除了日本市场外，美国、欧洲、中国是东丽公司重点布局的市场，美国拥有如赫式、陶氏化学、塞拉尼斯等碳纤维领域实力企业，英国、德国也是具有较强碳纤维研发实力的国家，美国在航空航天、建筑等领域碳纤维需求量较大，欧洲拥有空客、大众、奔驰等碳纤维高端市场，东丽公司希望通过在这些国家或地区进行专利布局，增加企业竞争筹码。中国碳纤维虽然发展较晚，但是在突破关键技术后，整个行业发展处于一个稳定上升的阶段，且近年来碳纤维市场需求量不断增大，巨大的市场潜力使东丽公司近些年愈加重视在中国的专利布局，尤其是下游产品的布局。但由于我国目前没有能够动摇东丽公司霸主地位的龙头企业，因而东丽公司在中国整个专利布局从数量上看并不是特别突出。

在专利分类体系中，不同分类号表示不同的技术领域和相同技术的不同细分领域，能够粗略地分析技术研究方向。图 1-7 揭示了东丽公司碳纤维在专利分类角度的技术构成情况。

与碳纤维相关的申请主要分类号含义如下：

D01F：制作人造长丝，线，纤维，鬃或带子的化学特征；专用于生产碳纤维的设备。

C08J：加工；配料的一般工艺过程；不包括在 C08B、C08C、C08F、

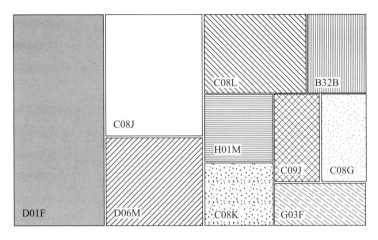

图1-7 东丽公司碳纤维专利申请分类号分布

C08G 或 C08H 小类中的后处理。

　　D06M：对纤维、纱、线、织物、羽毛或由这些材料制成的纤维制品进行 D06 类内其他类目所不包括的处理。

　　C08L：高分子化合物的组合物。

　　H01M：用于直接转变化学能为电能的方法或装置，例如电池组。

　　C08K：使用无机物或非高分子有机物作为配料。

　　B32B：层状产品，即由扁平的或非扁平的薄层，例如泡沫状的、蜂窝状的薄层构成的产品。

　　C09J：黏合剂；一般非机械方面的黏合方法；其他类目不包括的黏合方法；黏合剂材料的应用。

　　C08G：用碳－碳不饱和键以外的反应得到的高分子化合物。

　　G03F：图纹面的照相制版工艺，例如，印刷工艺、半导体器件的加工工艺；其所用材料；其所用原版；其所用专用设备。

　　结合分类号的技术含义可以对东丽公司的主要研发领域进行分析，从图1-7可以看出，东丽碳纤维的研发主要集中在聚丙烯腈基碳纤维的制备（D01F）、原丝加工工艺（C08J）、碳纤维的化学后处理（D06M）、碳纤维原丝的加工原料（C08L）、制备具有碳纤维结构体的碳纤维复合材料（C08K）、碳纤维复合材料（B32B）。可见东丽公司对碳纤维制备设备、原丝的制备、碳纤维后处理、碳纤维复合材料，这些生产高质量碳纤维的核心技术进行了深入研究和专利布局，力求牢牢掌握碳纤维的关键技术。

　　此外，在专利布局方面，东丽公司对核心技术产品进行了上、中、下游的全面布局，形成单一碳纤维产品的保护链。如图 1-8 所示，对于 T800 系列碳纤维，东丽公司在聚合、纺丝、成碳热处理、上胶、复合材料等各个方面均进行了专利布局。

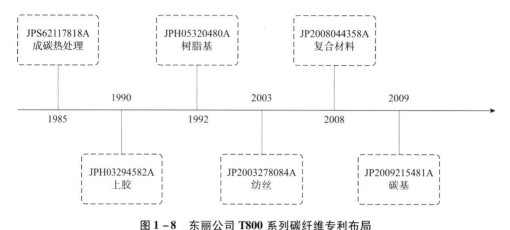

图 1-8　东丽公司 T800 系列碳纤维专利布局

第二节　"多面手"——芳纶纤维

芳纶纤维（aramid fiber），全称"芳香族聚酰胺纤维"，是世界三大高性能纤维之一。芳纶纤维具有超高强度、高模量和耐高温、耐酸碱、重量轻、耐磨性好等优良性能；通常具有 5~6 倍的钢丝强度，2 倍的钢丝韧度，2~3 倍的钢丝或玻璃纤维的模量，以及 1/5 左右的钢丝重量；在 560℃ 高温下不分解、不熔化，具有良好的绝缘性、阻燃性和抗老化性能。由此可见，芳纶纤维的综合性能非常优异，因而其应用领域非常广泛。目前，芳纶纤维已被广泛用于国防军工、航空航天、机电、建筑、汽车、体育用品等国民经济的各个方面。

一、芳纶纤维发展概述

芳纶纤维诞生于 19 世纪 60 年代，美国杜邦公司先后成功研制出名为"Nomex"的间位芳纶（PMIA）和名为"Kevlar"的对位芳纶（PPTA），随后开始工业化生产，由此拉开了芳纶产业的序幕。不久后，日本的帝人公司也成功研制出名为"Conex"的间位芳纶，并于 1972 年开始产业化。1986 年，荷兰阿克苏公司的对位芳纶"Twaron"问世，并在2000年被帝人公司收购。1987年，帝人公司研发的名为"Technora"的对位芳纶开始量产。韩国的科隆公司于2006年实现名为"Heracron"的对位芳纶的量产，韩国晓星公司于2009年量产了名为"ALKEX"的对位芳纶。我国烟台的泰和新材公司于2004年实现间位芳纶的量产，并于2011年推出名为"泰普龙"的对位芳纶并实现量产。根据公开资料显示，对位芳纶全球主要生产厂商为杜邦、帝人、科隆、泰和新材四家，间位芳纶主要生产厂商为杜邦、泰和新材、帝人、俄化纤院、尤尼吉可五家，上述公司几乎占据了芳纶纤维的全部市场份额。

从芳纶分类体系来看，芳纶纤维目前能够实际量产且具有代表性的技术分支主要为间位芳纶、对位芳纶以及芳砜纶。

间位芳纶的化学名称为"聚间苯二甲酰间苯二胺"纤维，我国称为芳纶1313，具有持久的热稳定性、高阻燃性、优异的绝缘性、杰出的化学稳定性、优良的机械特性以及超强的耐辐射性。主要应用于消防、航空航天、军服、石化、电气、燃气等领域。由于其具有非常优异的阻燃和耐热性能，又被称为防火纤维，可用于消防、防化、电焊、防辐射、高压屏蔽等特种防护服的制作。例如我国泰和新材公司研发的"泰美达"间位芳纶在205℃的条件下可以连续使用，超过370℃才开始炭化。

对位芳纶的化学名称为"聚对苯二甲酰对苯二胺"纤维，我国称为芳纶1414，具有极高的强度和模量，相比间位芳纶，其具有更好的耐热性，被称为防弹纤维。对位芳纶非常适用于防弹衣、防弹头盔、装甲车的制作，在超高分子量聚乙烯纤维问世之前，其被称为"终极防弹材料"。美、俄、英、德、法、以色列、意大利等许多国家军警的防弹衣、防弹头盔、防刺防割服、排爆服、高强度降落伞、防弹车体、装甲板等均大量采用了芳纶1414。除此之外，对位芳纶也被用于高精尖的航空航天领域，芳纶纤维树脂基增强复合材料可用作宇航、火箭和飞机的结构材料，能减轻重量、增加有效负荷、节省大量动力燃料。波音飞机的壳体、内部装饰件以及座椅均应用了芳纶1414材料。芳纶帘子线可使轮胎层厚度降低、重量减轻、容易散热，还可以使轮胎减小形变、减轻滚动阻力，提升高速运转性能。世界几大轮胎巨头，如米其林、固特异、倍耐力等公司都已采用芳纶1414作为轮胎帘子线，大量用于高级轿车领域。此外，对位芳纶在机电、建筑、海洋水产、体育用品等领域也有广泛的应用。

对于这种重要的国防军工材料，俄罗斯自然也不会缺席，在杜邦开发间位芳纶时，俄罗斯对芳纶的研发另辟蹊径。早在19世纪60年代，苏联的全苏合成纤维研究院就成功研制出了强度为15~17cN/dtex并具有优异综合性能的二元杂环芳纶（SVM），即早期的芳砜纶，俄罗斯的多种武器均采用了该高性能纤维材料。多年以来，俄罗斯芳纶的研发重点一直放在杂环芳纶，其国内的两家公司特威尔和卡门斯克是杂环芳纶的主要生产厂商，特威尔主要生产 SVM 和 Armos，卡门斯克主要生产 Armos 和 Rusar。近几年，俄罗斯多家研究单位联合开发出的四元共聚型 Rusar-NT 纤维代表了俄罗斯杂环芳纶研发的最高水平，但是由于 SVM 和 Armos 的原液浓度低、杂环单体价格昂贵，导致其芳纶生产面临效率低、价格高的劣势，市场占比低，主要供给国内军事国防领域。

中国芳纶纤维产业起步于 20 世纪 70 年代，中国上海纺织控股（集团）公司上海市纺织科学研究院以对苯二甲酰氯和 4,4′-二氨基二苯砜及 3,3′-二氨基二苯砜为原料率先研制成功芳砜纶。20 世纪 90 年代，晨光化工研究院、上海合成纤维研究所、东华大学化学纤维研究所、沈阳市红星密封材料厂等单位研制生产的对位芳纶性能已接近国际水平，只是量产能力较差。21 世纪后，我国芳纶纤维的标杆企业——烟台的泰和新材公司先后实现了间位芳纶和对位芳纶的量产，很大程度上解决了量产差的问题。目前，我国芳纶纤维已经取得了较大的发展，泰和新材已经成为仅次于杜邦公司的全球第二大间位芳纶制造供应商，成功打造出具有国际竞争力的、国内最完整的、集芳纶原料、芳纶纤维和下游制成品于一体的芳纶产业链条。除此之外，常熟兆达公司的芳纶纤维产品也先后成功应用于中国人民解放军搜爆排爆服、新型装甲武器防弹材料以及天宫一号与神舟飞船的发射对接；上海圣欧公司是全球间位芳纶第四大生产企业，也是国内唯一实现芳纶纸规模化生产的公司，芳纶绝缘纸产能位居全球第二。

目前，全球芳纶纤维的生产企业主要集中在美国、日本、中国和韩国，美国和日本的企业占据主导地位。我国芳纶纤维产业近年来发展迅速，但与美日企业仍然有一定差距，尤其是下游的高端领域仍然处于追赶阶段。近年来，随着我国经济飞速发展，尤其是航空航天等高端产业的迅猛发展，芳纶纤维需求量与日俱增，美国杜邦公司和日本的帝人公司把中国定位为重要的消费市场，在我国进行了大量的专利布局，以保证其技术和产品在中国市场稳定。因此，处于发展初级阶段的我国芳纶产业，如何建立产学研合作机制，发展差异化芳纶产品，深挖下游高端产品，加强国际专利布局，提高国际竞争力，是企业和科研院所现阶段需要深入思考的问题。

二、文献数据中芳纶纤维画像

与碳纤维同样的检索思路，通过在 HimmPat 软件中检索获得数据信息，经过反复验证、降噪、清洗后对芳纶纤维进行专利画像。

　　图 1-9 展示了芳纶纤维的全球和中国专利申请趋势。从图中可以看出，芳纶纤维的专利申请开始于 20 世纪中叶，主要是杜邦、帝人等国外公司在进行研发，研发周期相对较长。1983 年之前，芳纶纤维处于技术萌芽期，全球申请量都相对较少，但这一时期的申请基本都是重要的基础技术，在领域中占有重要地位。

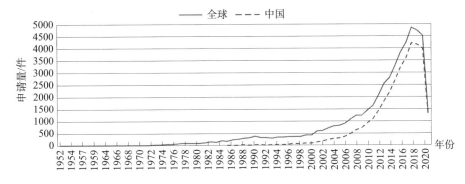

图 1-9　芳纶纤维全球和中国专利申请趋势

　　1984—2003 年，芳纶纤维的申请量呈现波浪式增长，开始时有一个明显小幅上升，数量维持在相对平稳的水平。这是由于随着芳纶纤维产品的相继上市，市场需求增大，尤其是芳纶纤维已成为重要的国防军工材料，因而围绕纤维具体应用的研究增加，杜邦、帝人两大公司开始在产业中下游进行专利布局。此外，随着"冷战"结束，军用技术逐步公开，我国在 1985 年建立专利制度后也开始出现芳纶纤维专利申请，这些因素都带动了这一时期申请量的小幅增长并维持在相对稳定的水平。

　　进入 21 世纪，汽车、航空航天等工业蓬勃发展对复合材料提出了更高的要求，芳纶纤维凭借自身优越性能占据了新材料的一席之地。同时，随着我国经济开始腾飞，军事保障能力不断增强，市场对综合性能优异的芳纶纤维需求大幅增加，加之国内相关企业、科研院所对知识产权保护意识不断提升，我国芳纶纤维的专利申请量迅猛增加。这一时期，针对不同领域应用要求的纤维应用专利申请集中增长，占据了主要地位。

　　众所周知，美国杜邦公司是最早开发并量产芳纶纤维的公司，从 20 世纪 60 年代开始，杜邦公司先后成功开发并率先产业化了对位芳酰胺纤维（PPTA）和间位芳酰胺纤维（PMIA），而杜邦公司的专利布局更早。

　　如图 1-10 所示，杜邦公司于 1957 年申请了制取芳纶纤维的专利，公开号为US3006899A，申请日为1957年2月28日，公开日为1961年10月31日，发明名称为：芳香族二酰卤化物溶于环状非芳香族含氧有机溶剂与芳香族二胺反应制得的聚酰胺。该专利共有11项权利要求，权利要求1为方法权利要求，权利要求6为对应的产品权利要求，说明书通过多个实施例详细记载了以间苯二胺/对苯二胺、间苯二甲酰氯，通过含氯化锂的二甲基乙酰胺纺丝溶液来制备纤维的方法，并记载了其物性试验的结果。其权利要求1如下：

1. 一种制备高分子量的全芳香族聚酰胺的方法，该方法包括将芳族二胺与等摩尔量的芳族二酰卤进行反应，使得芳族二胺中的胺基团和芳族二酰胺中的酰胺化的酰胺类的酸卤化物基团直接连接到芳香环中不相邻的碳原子上，使用芳族二胺水溶液，和溶解在由环型对苯二甲基亚砜基、2,4 - 亚乙基亚砜、四氢呋喃等有机溶剂中的芳族二酸氢卤化物，通过在低于100℃的温度下将芳族二胺水溶液与芳族二酸卤化物溶液搅拌以产生可见的湍流来进行反应；在酸接受体的存在下生产具有至少0.6的特性黏度的聚酰胺，当在30℃的浓硫酸溶液中测定时，每100cm^{3}溶液含有0.5g聚合物。

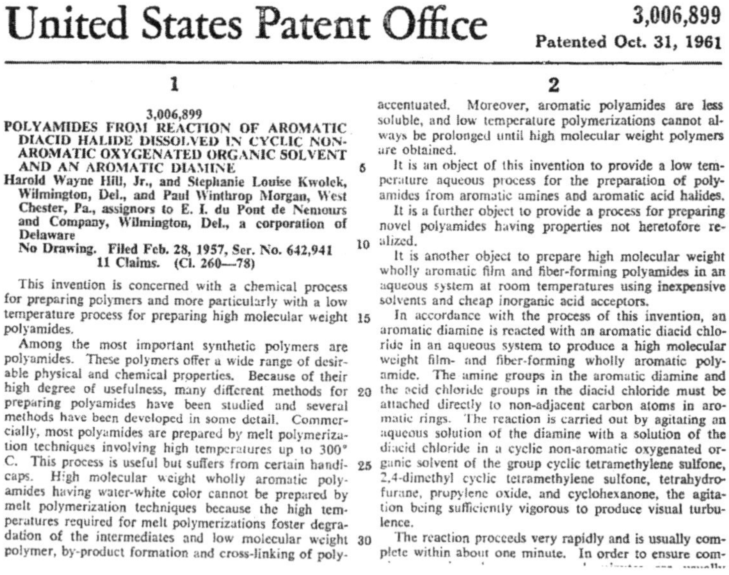

United States Patent Office

3,006,899
Patented Oct. 31, 1961

1

3,006,899
POLYAMIDES FROM REACTION OF AROMATIC DIACID HALIDE DISSOLVED IN CYCLIC NON-AROMATIC OXYGENATED ORGANIC SOLVENT AND AN AROMATIC DIAMINE
Harold Wayne Hill, Jr., and Stephanie Louise Kwolek, Wilmington, Del., and Paul Winthrop Morgan, West Chester, Pa., assignors to E. I. du Pont de Nemours and Company, Wilmington, Del., a corporation of Delaware
No Drawing. Filed Feb. 28, 1957, Ser. No. 642,941
11 Claims. (Cl. 260—78)

This invention is concerned with a chemical process for preparing polymers and more particularly with a low temperature process for preparing high molecular weight polyamides.

Among the most important synthetic polymers are polyamides. These polymers offer a wide range of desirable physical and chemical properties. Because of their high degree of usefulness, many different methods for preparing polyamides have been studied and several methods have been developed in some detail. Commercially, most polyamides are prepared by melt polymerization techniques involving high temperatures up to 300° C. This process is useful but suffers from certain handicaps. High molecular weight wholly aromatic polyamides having water-white color cannot be prepared by melt polymerization techniques because the high temperatures required for melt polymerizations foster degradation of the intermediates and low molecular weight polymer, by-product formation and cross-linking of poly-

2

accentuated. Moreover, aromatic polyamides are less soluble, and low temperature polymerizations cannot always be prolonged until high molecular weight polymers are obtained.

It is an object of this invention to provide a low temperature aqueous process for the preparation of polyamides from aromatic amines and aromatic acid halides.

It is a further object to provide a process for preparing novel polyamides having properties not heretofore realized.

It is another object to prepare high molecular weight wholly aromatic film and fiber-forming polyamides in an aqueous system at room temperatures using inexpensive solvents and cheap inorganic acid acceptors.

In accordance with the process of this invention, an aromatic diamine is reacted with an aromatic diacid chloride in an aqueous system to produce a high molecular weight film- and fiber-forming wholly aromatic polyamide. The amine groups in the aromatic diamine and the acid chloride groups in the diacid chloride must be attached directly to non-adjacent carbon atoms in aromatic rings. The reaction is carried out by agitating an aqueous solution of the diamine with a solution of the diacid chloride in a cyclic non-aromatic oxygenated organic solvent of the group cyclic tetramethylene sulfone, 2,4-dimethyl cyclic tetramethylene sulfone, tetrahydrofurane, propylene oxide, and cyclohexanone, the agitation being sufficiently vigorous to produce visual turbulence.

The reaction proceeds very rapidly and is usually complete within about one minute. In order to ensure com-

图1-10 杜邦公司最早的芳纶纤维专利文献

从专利撰写角度来看，不管是权利要求的保护范围、说明书技术内容的描述，还是技术可信度，该专利都是比较完整、严谨并且可靠的，可见早在20世纪60年代美国的专利撰写水平就已经达到了一定的高度。

从申请量、专利文献被引用量以及专利引用国等角度对芳纶纤维的全球专利申请人进行统计，如图 1 - 11、图 1 - 12 所示。

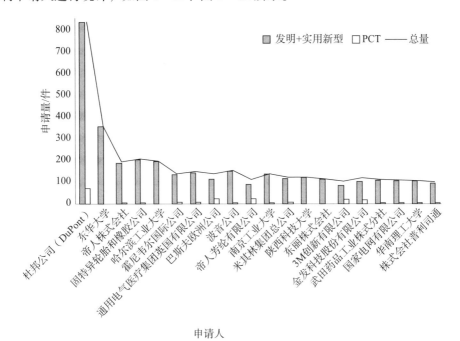

图 1 - 11　芳纶纤维全球专利申请人

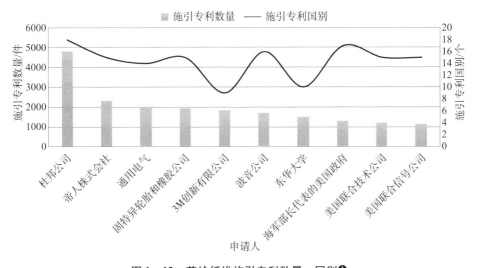

图 1 - 12　芳纶纤维施引专利数量、国别❶

---

❶　施引专利指引用目标专利/族的后来专利文献。

从图 1-11 可见，芳纶纤维专利申请量排名前二十的申请人中，中国申请人有 9 个，占了近半壁江山，但其中国内科研院所占了 5 席，企业仅有 4 家，且企业的申请量排位并不靠前。这说明我国芳纶纤维的先进技术主要还是停留在实验室阶段，市场转化不足，而企业的研发能力和知识产权保护意识亟须进一步提高。相比之下，上榜的 11 个国外申请人全部来自企业，美国企业以杜邦为代表，日本企业以帝人为代表，这两个国家的芳纶纤维产业当仁不让地引领着芳纶纤维产业的发展方向。

排名第一位的美国杜邦公司是全球芳纶纤维产业的发明者和龙头企业，杜邦在行业深耕六十多年，无论是研发水平还是规模化生产都占据了技术和市场上的垄断地位。杜邦还非常重视知识产权的保护，其专利申请总量和 PCT 申请量均遥遥领先，其施引专利数量和施引专利国也具有明显优势。在进行专利布局时，杜邦不仅着眼于对发明点本身的保护，而且尽可能将保护主题延伸至产品、工艺和应用，形成了覆盖产品、方法、原料制造和销售终端的完整产业布局。

申请量排名第二的是我国的东华大学，是中国唯一一所以现代纺织为特色进入"211 工程"重点建设的高校，也是我国开展芳纶纤维研究最早的机构之一，在芳纶功能化改性技术和芳纶生产上下游技术方面都投入较多，也取得了丰硕的研究成果，有力地推动了我国芳纶纤维技术的发展。

但是，从图 1-11 中也可以看出，东华大学对芳纶纤维技术的专利保护还仅限于国内，没有 PCT 申请，这也是大部分国内申请人的现状，无论是科研机构还是企业，都没有意识到"市场布局、专利先行"的重要性。当然，这一点对于企业更为重要，如果不及早在技术和产品的目标市场申请专利，就可能被竞争对手抢占先机，成为我们"走出去"开拓国际市场的极大障碍。

由图 1-11 可以看出，全球专利申请人前二十的榜单上并没有我国化纤行业参与全球高技术竞争的标杆企业泰和新材的身影。对泰和新材有关芳纶纤维的专利申请进行进一步检索，发现其专利以芳纶纤维及其复合材料的制备工艺改进为主，还有部分下游产品的实用新型专利，功能改性等较高技术含量的专利申请较少，而且其专利申请几乎全部在国内。作为全球第二大间位芳纶制造供应商，缺乏硬核心技术也缺乏国外专利布局会让企业发展受到很大限制，可能被竞争对手利用司法和行政手段排除在目标市场之外，甚至将企业置于为洗脱指控而耗费大量精力和财力的风险之中。如何在不断提高研发实力的基础上，将宝贵的技术成果利用专利制度最大化地保护起来，是值得所有创新主体深入研究的问题。

三、全球芳纶纤维的旗手

美国杜邦公司是芳纶纤维的发明人，其率先研发出间位芳纶和对位芳纶，并将其产业化，拥有众多技术和专利，在研发、制作、加工等全产业链都积累了丰富的知识产权经验，占据着全球芳纶产业的主导地位，当仁不让地成为全球芳纶纤维行业的旗手。目前，杜邦公司拥有"Kevlar"对位芳纶材料品牌和"Nomex"间位芳纶材料品牌，总产能占全球产能的一半。在防护材料领域，杜邦与各国政府、警察局、消防部门签订合作协议，定向供给防护服装。近年来，杜邦积极寻求扩大芳纶材料的应用范围，已进入手套、体育用品、传送带、电子产品等新领域。对杜邦公司的全球专利进行检索，其申请趋势如图 1 – 13 所示。

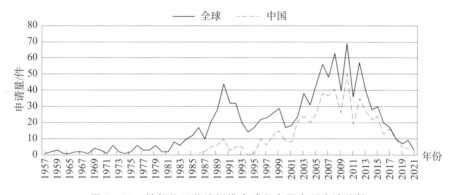

图 1 – 13　杜邦公司芳纶纤维全球和中国专利申请趋势

由图 1 – 13 可见，杜邦公司在芳纶纤维领域的专利申请最早出现在 20 世纪 50 年代，20 世纪 80 年代开始高速发展，并在芳纶纤维领域进行大规模的专利布局。进入 21 世纪，随着中国、韩国芳纶市场的逐渐崛起，杜邦再次加强了芳纶纤维的专利布局，申请量有明显上升。1990 年和 2010 年前后，出现明显陡峭的峰值，这与杜邦公司的专利布局和保护策略有关。从布局周期看，发明专利的保护期限为 20 年，早期大多为一些基础专利，杜邦以专利保护期限为周期，对基础专利和保护期限即将届满的专利进行衍生来延续其保护；从技术角度看，20 世纪 80 年代后，杜邦将布局的重点由化合物转向生产工艺以及产品和应用，进入 21 世纪，布局的重点除了生产工艺，更偏向于产品应用；从市场来看，杜邦不仅注重在自己国内的专利布局，更善于通过专利布局来抢占国外市场，1980—1990 年，除了继续加强在德国等欧洲国家的专利申请，同时开始对日韩等亚洲国家和加拿大等美洲国家进行专利布局，进入21世纪后，扩大了在亚洲国家的专利申请，尤其是中国市场。

作为实力雄厚的跨国企业，杜邦公司拥有敏锐的判断力、出色的掌控力和敢为天下先的果敢。杜邦公司于1967年开始工业化生产间位芳纶"Nomex"，1972年对位芳纶"Kevlar"开始工业化生产。通过将专利制度和申请策略发挥到极致的运用，杜邦公司不论在行业还是专利市场上都占据着"龙头老大"的地位。从图1-13还可以看到，在我国专利制度建立之初，杜邦公司就在我国进行了专利布局，进入21世纪后申请量又有明显上升，尤其侧重于对工业生产和下游应用方面的布局，可以说杜邦公司在中国芳纶纤维产业的快速发展中起到了极大的推动作用，也是中国企业难以绕过、必须不断追赶的"老师"。

杜邦芳纶纤维在全球的区域布局如图1-14所示。

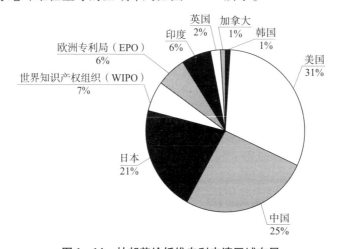

图1-14 杜邦芳纶纤维专利申请区域布局

除了在美国本土之外，杜邦公司的海外专利布局重点区域就是高性能纤维需求量大的国家/地区，包括中国、日本等一些汽车、航空航天、5G通信等领域发达的国家/地区。据资料显示，2019年中国芳纶纤维消费量已突破1.3万吨，如此巨大的市场，使得杜邦充分利用世界知识产权组织（WIPO）和欧洲专利局（EPO）的规则，不遗余力地进行全球专利布局，真正做到了在海外市场拓展的进程中专利先行。

杜邦除了对自己的技术进行广泛"圈地"之外，还策略性地利用专利布局"围追堵截"竞争对手。芳砜纶属于芳香族聚酰胺领域的一个技术分支，是中国掌握核心生产技术并可与Nomex抗衡的芳纶纤维，目前具有千吨级的生产线，产品销往多个国家。芳砜纶最早在20世纪60年代末由苏联研制成功，并用于绝缘材料。我国最初是由中国上海纺织控股（集团）公司上海市纺织科学研究院于 1973 年研制成功，但当时因遇到量产化技术难题并未实现工业化，直到 2002 年才攻克千吨级的芳砜纶产业化工程的关键技术。中国上海纺织控股（集团）公司与上海纺织科研院、合成纤维研究所共同申请了名为"芳香族聚砜酰胺纤维的制造方法"的中国专利。遗憾的是，虽然我国率先掌握了芳砜纶的核心技术并且及时在中国申请了专利，但并未在下游产品和国际市场进行系统性专利布局，仅具有屈指可数的基础专利。相反，杜邦公司为了遏制我国芳砜纶的市场化进程，在对芳砜纶的收购计划失败后开始对自己并不实际生产的芳砜纶下游阻燃纱线、防护服、耐火纸材等领域的应用进行了专利的国际布局，使得采购商为了避免陷入侵权纠纷，只能放弃性能更优、价格更低的芳砜纶。可见，在掌握研发技术后，如何有效利用专利制度来保护好创新技术，是国内创新主体亟须好好补上的一堂专业课。

杜邦芳纶纤维专利申请分类号分布如图 1 - 15 所示。

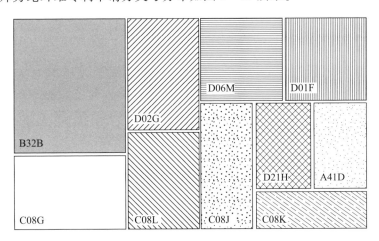

图 1 - 15　杜邦芳纶纤维专利申请分类号分布

图 1 - 15 中展示的分类号含义如下：

B32B：层状产品，即由扁平的或非扁平的薄层，例如泡沫状的、蜂窝状的薄层构成的产品。

C08G：用碳 - 碳不饱和键以外的反应得到的高分子化合物。

D02G：纤维；长丝；纱或线的卷曲；纱或线。

C08L：高分子化合物的组合物。

D06M：对纤维、纱、线、织物、羽毛或由这些材料制成的纤维制品进行 D06 类内其他类目所不包括的处理。

　　D01F：制作人造长丝，线，纤维，鬃或带子的化学特征；专用于生产碳纤维的设备。

　　C08J：加工；配料的一般工艺过程；不包括在 C08B，C08C，C08F，C08G 或 C08H 小类中的后处理。

　　D21H：浆料或纸浆组合物；不包括在小类 D21C、D21D 中的纸浆组合物的制备；纸的浸渍或涂布；不包括在大类 B31 或小类 D21G 中的成品纸的加工；其他类不包括的纸。

　　A41D：外衣；防护服；衣饰配件。

　　C08K：使用无机物或非高分子有机物作为配料。

　　结合分类号的技术含义与相应分类号的专利申请数量，我们可以清晰获知杜邦公司技术研发主要集中在芳纶纤维复合材料（B32B、C08K）、聚合物制备（C08G、C08L）、芳纶纤维制备（D02G、D01F）和芳纶纤维的化学后处理（D06M）。可见，除了对生产高质量芳纶纤维关键技术进行研发和专利布局外，杜邦公司还非常注重下游产品，以便牢牢掌控全链条市场。杜邦公司的专利布局策略堪称成熟跨国企业运营的典范，非常值得我们的创新主体去学习和思考。

第三节　现代"金钟罩"——超高分子量聚乙烯纤维

　　超高分子量聚乙烯（UHMWPEF）纤维，又称高强高模聚乙烯纤维，是当前世界上比强度和比模量最高的纤维。超高分子量聚乙烯纤维是当前世界上强度最高、比重最轻的纤维，它是由相对分子质量在 100 万～500 万之间的聚乙烯纺出的纤维。由于纤维具有稳定、柔性的非极性结构，因而除了具有非常高的强度和模量特性之外，它还具有优良的耐疲劳、耐切割、耐冲击、耐化学腐蚀、耐海水和耐低温性能，以及优良的射线透过性和绝缘性。

　　超高分子量聚乙烯纤维及其复合材料主要用于国防军工中，如同现代"金钟罩"般起着重要的防护作用。它轻薄如纸、坚硬如钢，被称为"令人惊异的塑料"，是强国强军的重要战略物资，用于制作软质防弹服、轻质防弹头盔、防刺衣、导弹罩、雷达防护罩、舰艇、防弹装甲等。另外，在航空航天、渔业养殖、体育体闲、海洋工程、捕鱼、生物医疗等领域，它也有着广泛应用，如航空航天结构件、船舶缆绳、轻质高压容器、深海抗风浪网箱、帆船、渔网、滑雪橇、赛艇以及牙托材料、医用移植物等。

一、超高分子量聚乙烯纤维发展概述

超高分子量聚乙烯纤维诞生于 20 世纪 70 年代，最早由英国利兹大学的 Capaccio 和 Ward 率先研制成功。1975 年，荷兰的帝斯曼公司（DSM）开发了凝胶纺丝法，其利用高挥发性的十氢萘作为溶剂，制备出了超高分子量聚乙烯纤维，并于 1979 年申请了冻胶纺丝 – 超倍拉伸技术制备超高分子量聚乙烯纤维的专利，该方法成为最早使用十氢萘作为溶剂的干法纺丝工艺。1982 年，美国联合信号公司（1999 年被美国霍尼韦尔公司收购，合称 Honeywell）率先获得帝斯曼公司的专利许可，进行技术改进，选用低挥发性的矿物油作为溶剂，成功开发出湿法纺丝工艺，并于 1988 年实现商业化量产，推出商业化生产的超高分子量聚乙烯纤维 "Spectra100" 和 "Spectra900"，产量为 5kt/a（千吨/年），其强度和模量均超过了美国杜邦公司的对位芳纶 "Kevlar"，纤维模量超过了帝斯曼公司的纤维。虽然断裂强度有所不足，但是在防弹领域已具有明显优势，由此首次研制出防弹衣和防弹头盔用超高分子量聚乙烯纤维无纺布，并在 2001 年后不断扩大产能。

帝斯曼公司于 20 世纪 80 年代开始在亚洲市场进行超高分子量聚乙烯纤维的产业扩张。1984 年，帝斯曼与日本东洋纺织株式会社（又称东洋纺公司）滋贺工厂合作，合资建造了 50t/月的中试工厂，实现了以十氢萘为溶剂的干法纺丝技术的工业化生产，并将商品命名为 "DyneemaSK – 60"，该产品于 20 世纪 90 年代在荷兰国内工厂实现工业化，产量为 5kt/a（千吨/年）。

1983 年，日本三井石化（Mitsui）公司以石蜡作为溶剂，采用凝胶挤压超倍拉伸法，研发出制备超高分子量聚乙烯纤维的技术，并于 1988 年实现商业量产，商品名为 "Tekmilon"，但其性能不及 "Dyneema" 和 "Spectra"，纤维蠕变性较大。日本帝人公司采用 "薄膜切割法" 开发出新的超高分子量聚乙烯纤维条带，并于 2012 年实现商业量产，商品名为 "Endumax"，与标准超高分子量聚乙烯纤维相比，该产品在生产过程中不使用溶剂，更节能环保，且杨氏模量高出近 50%，尺寸稳定性更好。

我国于 20 世纪 80 年代初开始超高分子量聚乙烯纤维的研究工作。在发展前期，荷兰帝斯曼、美国霍尼韦尔、日本东洋纺和三井石化等公司采用封锁技术、操纵价格等手段基本垄断了超高分子量聚乙烯纤维的国际销售市场，并长期将此类产品列为 "巴黎统筹协议" 中禁止向社会主义国家出口的军事用品，至使我国超高分子量聚乙烯纤维的研发进展缓慢。1984 年，东华大学率先开始研究超高分子量聚乙烯纤维，在取得超高分子量聚乙烯纤维湿法纺丝工艺试验研究成果的基础上，与北京同益中特种纤维技术开发公司、湖南中泰特种装备有限公司、宁波大成新材料股份有限公司等企业合作，使超高分子量聚乙烯纤维逐渐走向产业化。1999 年，宁波大成公司研发出混合溶剂凝胶纺丝生产超高分子量聚乙烯纤维的工艺，并申请了相关湿法纺丝专利，2000 年在国内首次实现商业量产。之后，湖南中泰公司和北京同益中公司均实现了超高分子量聚乙烯纤维的产业化。另外，中国纺织科学研究院有限公司、中石化仪征化纤股份有限公司和中石化南京化工研究院有限公司合作开发了超高分子量聚乙烯纤维的干法纺丝工艺，填补了我国干法纺丝的技术空白。2005 年，我国建成产能为 30t/a 的纺丝生产线，得到具有优良性能的超高分子量聚乙烯纤维。2008 年，中石化仪征化纤股份有限公司建成以干法纺丝工艺技术为核心的 300t/a 生产线，标志着国产超高分子量聚乙烯纤维干法纺丝工艺迈进了产业化行列。

近年来，国内超高分子量聚乙烯纤维产业发展迅速，目前已有近三十家企业，总产能跃居世界第一。据报道，2011 年世界超高分子量聚乙烯纤维的总产能为 29.2kt/a，其中我国的总产能近 17kt/a，约占世界总产能的 58%。中国已迈入超高分子量聚乙烯纤维的生产大国行列。然而，我国在技术、设备以及成品纤维的品质和性能方面与国外最高水平仍有一定差距，下一步发展目标是成为超高分子量聚乙烯纤维的生产强国。

超高分子量聚乙烯纤维是理想的防弹、防刺安全防护材料，因而其自诞生以来就与军工息息相关。"冷战"结束后，传统的大规模、高强度战场攻防作战已经被越来越多的维和、反恐以及特种作战等低强度、小规模的军事行动所代替，单兵弹道防护装备显得尤为重要，高性能防弹衣已经开始成为军事大国军队的标准配备，尤其是 2001 年美国发生恐怖袭击事件以后，以美国为中心的防弹衣产品需求激增。防弹衣料和军需装备用超高分子量聚乙烯纤维的需求迅速扩大，成为超高分子量聚乙烯纤维最主要的用途。进入 21 世纪以来，超高分子量聚乙烯纤维在民用领域的应用也在不断扩大，主要用于绳缆、渔网和海上网箱等方面，市场需求保持旺盛增长。

目前，欧美和日本的超高分子量聚乙烯纤维用途方向有一定差异。欧美主要用于防弹衣和武器装备，占总量的 60%～70%，其次为绳缆，约占 20%，渔网等占 5%，劳动防护占 5%；日本主要用于绳缆、渔网、防护类，特别是防切割手套，在汽车生产涂漆工序的使用已达到超高分子量聚乙烯纤维总需求量的 1/4。在我国，超高分子量聚乙烯纤维主要用于制造防刺服、防弹衣、防弹头盔、绳缆、远洋渔网、鱼线、劳动防护等，部分纤维出口欧美及亚洲等一些国家和地区，而且超高分子量聚乙烯纤维的发展对我国国防建设和军事装备有着不同寻常的战略意义。

二、文献数据中超高分子量聚乙烯纤维发展画像

现有超高分子量聚乙烯纤维的技术路线主要包括：熔融纺丝－高倍热拉伸法、凝胶纺丝－高倍热拉伸法、表面结晶生长法、Porter 固体挤出法等，其中熔融纺丝和凝胶纺丝（又称冻胶纺丝法）是超高分子量聚乙烯纤维工业化生产的主要方法，但是熔融纺丝法制得的纤维性能比凝胶纺丝法制得的纤维性能差，因此未得到更大发展。目前，超高分子量聚乙烯纤维较成功的工业化生产方法是凝胶纺丝－高倍热拉伸工艺，主要生产商为荷兰帝斯曼、美国霍尼韦尔、日本三井物产和我国的一些公司，凝胶纺丝工艺主要有两大类：一类是干法路线，即高挥发性溶剂干法凝胶纺丝工艺路线；另一类是湿法路线，即低挥发性溶剂湿法凝胶纺丝工艺路线。

基于之前相同的检索思路和数据清洗思路，对超高分子量聚乙烯纤维进行专利检索，对专利数据库中超高分子量聚乙烯纤维的总申请量，以及总申请量中凝胶纺丝工艺、干法路线、湿法路线的申请量进行了统计。专利数据库中超高分子量聚乙烯纤维申请的总体情况如图 1 - 16 所示。

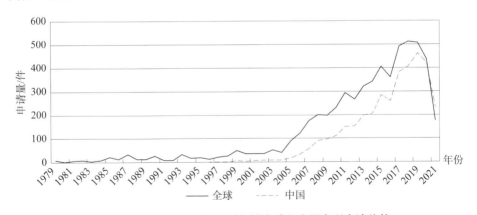

图 1 - 16　超高分子量聚乙烯纤维全球和中国专利申请趋势

图 1 - 16 展示了超高分子量聚乙烯纤维全球和中国专利的申请趋势。从图 1 - 16 中可以看出，在 2004 年之前，每年专利申请数量都不多，有微微上升的趋势，但波动不大，其中 1987 年、1993 年、1999 年和 2003 年申请量略

高。直到 2005 年开始，专利申请量陡增，在 2018 年达到顶峰，之后略有回落（因专利公开数据有延迟，近两年的数据不准确）。

申请量出现这样的走势，其背后存在诸多因素。在超高分子量聚乙烯纤维诞生以前，美国杜邦公司的"Kevlar"芳纶纤维被称为终极防弹材料，广泛用于制作防弹制品，自 1979 年超高分子量聚乙烯纤维在荷兰问世后，更优异的防弹性能使其打败"Kevlar"成了防弹制品的首选材料，这引起作为军事大国美国的重视，于是在 20 世纪 80 年代初，美国霍尼韦尔购买了荷兰帝斯曼的专利权，通过技术改进，研发出另一条湿法凝胶工艺制备途径并申请了专利，然后基于该技术研制出防弹衣和防弹头盔用超高分子量聚乙烯纤维无纺布。20世纪 80 年代中期荷兰帝斯曼公司打入亚洲市场，与日本东洋纺公司开展合作，超高分子量聚乙烯纤维正式引入日本国内市场，随后日本东洋纺、三井石化等公司对超高分子量聚乙烯纤维进一步研究，申请了较多专利，在 1987 年出现申请量小峰值，之后东洋纺加快研究步伐，日本其他一些公司和韩国一些公司也投入研究，进而出现了 1993 年的申请量小峰值。

我国于 20 世纪 80 年代初开始超高分子量聚乙烯纤维的研究，但是由于荷兰帝斯曼、美国霍尼韦尔、日本东洋纺和三井石化等公司对社会主义国家军事用品进行长期技术封锁，我国前期研究进展非常缓慢，1999 年之前的专利申请极少。2001 年美国"9·11"事件以后，防弹衣产品需求激增，超高分子量聚乙烯纤维需求迅速扩大，推动了超高分子量聚乙烯纤维的研发。我国在1999 年突破关键性生产技术，成为继荷兰、日本、美国之后，第四个掌握这种纤维生产及应用技术的国家。2001 年，我国将超高分子量聚乙烯纤维作为国家科技重点发展的高科技项目，列入国家科技成果重点发展计划，国内越来越多的科研机构和企业投入到超高分子量聚乙烯纤维的研发。在国内外的合力下，超高分子量聚乙烯纤维产业在 21 世纪初得到了迅猛发展，因此 2004 年之后相关专利申请量直线上升，进入快速发展期。

按照超高分子量聚乙烯纤维全球总申请量、凝胶法工艺申请量、干法工艺申请量、湿法工艺申请量进行统计，专利申请趋势如图 1-17 所示。

从数量来看，凝胶法工艺的研发在超高分子量聚乙烯纤维生产工艺中占据主流位置，而凝胶法工艺中干法工艺又比湿法工艺申请量多，这与目前超高分子量聚乙烯纤维三大巨头中荷兰帝斯曼和日本东洋纺均主要采用干法工艺有关。从申请趋势来看，干法和湿法的总体趋势基本同步，说明超高分子量聚乙烯纤维生产工艺关联度比较高，创新发展主要受外部因素影响。

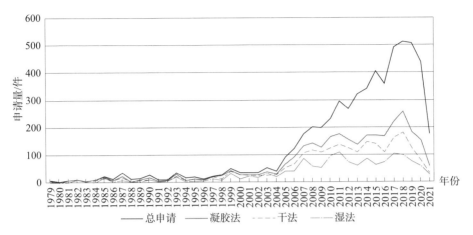

图 1-17　不同工艺的超高分子量聚乙烯纤维专利申请趋势

　　主流观点将荷兰帝斯曼于 1975 年通过凝胶纺丝法制备的超高分子量聚乙烯纤维作为超高分子量聚乙烯纤维诞生的标志，其于 1979 年申请并获得授权的"冻胶纺丝－超倍拉伸技术制备超高分子量聚乙烯纤维"的专利成为最早的超高分子量聚乙烯纤维专利申请，如图 1-18 所示。

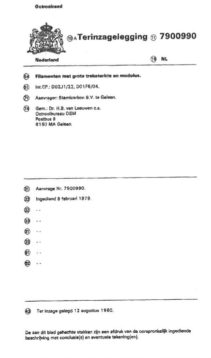

图 1-18　最早的超高分子量聚乙烯纤维专利申请

该专利的申请日是 1979 年 2 月 8 日，发明名称为"具有大拉伸强度和模量的长丝"，公开号为：NL7900990A，共 10 项权利要求。权利要求 1 的内容是：

一种生产高拉伸强度和模量的聚合物长丝的方法，其特征在于，将包含大量用于聚合物的溶剂的聚合物长丝在聚合物的溶胀点和熔点之间的温度下拉伸。

该专利权利要求 1 的保护范围比较大，并未提及具体的聚合物，仅描述了由聚合物生产纤维的基本过程，希望获得最大的保护范围。说明书记载了采用分子量超过 150 万的高分子量聚乙烯作为聚合物，并以十氢萘作为溶剂。

图 1－19 示出了超高分子量聚乙烯纤维专利的申请人情况。

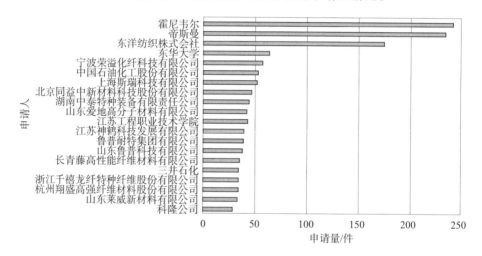

图 1－19　超高分子量聚乙烯纤维专利申请人

排名前二十位的申请人中，企业占据绝对优势，仅有排名第四位的东华大学和排名第十一位的江苏工程职业技术学院为科研院所，其余全部是企业而且大多为集生产、研发、销售于一体的企业。从申请人所属国家来看，排名第一位的霍尼韦尔公司来自美国，排名第二位的帝斯曼公司来自荷兰，排名第三、十六、二十的分别来自日本和韩国，分别是东洋纺织株式会社、三井石化及科隆公司，其余申请人均来自中国。专利申请数量上，霍尼韦尔公司、帝斯曼公司和东洋纺织株式会社占据绝对主导，遥遥领先，属于当之无愧的"三巨头"。荷兰帝斯曼公司是世界上最早采用凝胶干法纺丝法实现超高分子量聚乙烯纤维产业化的企业，其每年花费巨资研发，取得了许多优异的研究成果，属于绝对的霸主。霍尼韦尔公司是美国百强企业，多元化制造的领导者，也是最早采用凝胶湿法纺丝法实现超高分子量聚乙烯纤维产业化的企业，旗下"Spectra"超高分子量聚乙烯纤维具有较好的强度和较低的厚度，产能约3000t/a。东洋纺织株式会社是日本国内第一大纺织企业，其能够生产强度超4GPa的最高强度有机纤维——"SK71"，产能达3200t/a。这三家国外企业技术实力雄厚、重视研发、生产高度集中，且注重专利保护，曾在很长一段时间内垄断了全球超高分子量聚乙烯纤维市场。

可以看到，我国申请人在数量上占据绝对优势。尽管研发起步阶段步履维艰，但是经过多年的发展，在国家政策支持下，涌现出了一大批优秀的企业和科研院所，总产能已跃居世界第一，也改变了部分军工装备领域受制于人的局面。东华大学在国内率先取得了超高分子量聚乙烯纤维湿法纺丝的研究成果，并联合其他企业和科研机构实现了产业化；中国石化仪征化纤股份有限公司、中石化南化集团与中国纺织科学研究院联合开发的300t/a超高分子量聚乙烯纤维干法纺丝工业化成套技术填补了我国干法纺丝的技术空白，产品质量已接近荷兰帝斯曼公司SK75产品水平；湖南中泰在国内首次实现连续式宽幅超高分子量聚乙烯纤维无纬布产业化制备，解决了军警用防护材料的自主化，还实现了超高分子量聚乙烯纤维防弹防刺材料的产业化生产，开发了新颖的个体防护装备；江苏神鹤于2013年成功开发出单机300～400t/a的大产能产业化工程技术，将每吨纤维生产成本由原来的二十几万元降到了六万元左右；江苏中益生产的超高分子量聚乙烯纤维达到世界领先水平，为中国人民解放军后勤部防弹材料主要供应商；国投安信的高强度聚乙烯纤维成功应用于"神舟五号"和"神舟六号"的打捞回收系统；宁波大成发明了混合溶剂的冻胶纺丝技术，其研发的防弹衣在2004年伊拉克战场上连中七发子弹而未被打穿，成为佳话。

当然，我国企业在技术上与帝斯曼、霍尼韦尔这些巨头企业仍有一定的差距，尤其在超高强、耐蠕变性能产品，以及医用缝合线、雷达天线罩等高端产品领域，国产纤维与帝斯曼公司的SK99、DM20系列产品仍有显著差距。主要表现在，生产技术主要采用以石蜡油为溶剂的湿法路线，产品较低端，干法技术发展不够成熟，而且国产原料质量不太稳定，没有形成适合超高分子量聚乙烯纤维生产工艺的原料标准，投资企业也较为分散，生产实力和管理水平差异大，在下游高端产品领域研发不足。

三、超高分子量聚乙烯纤维的旗手

荷兰帝斯曼公司是世界上最早采用凝胶纺丝法实现超高分子量聚乙烯纤维

产业化的企业，产量和质量均位居世界第一，产品主要用于生产防弹衣、防弹头盔、机动装甲、远洋绳索、海洋养殖网箱、医学材料、体育器材等。20世纪90年代以来，帝斯曼公司为了保持全球领先地位，不遗余力地在世界各地开设分厂，目前已建成的生产线达十条，产能约 14200t/a。帝斯曼公司的产品性能优越，创新层出不穷：采用 Dyneema Max 技术开发了低蠕变的超高分子量聚乙烯纤维产品——"DM20"，用其加工的绳缆可以用作深水作业永久系泊绳缆，已在墨西哥湾等海洋石油移动平台和固定平台中使用；抗弯曲循环失效寿命提高数倍的产品——Dyneema XBO 可用于取代钢丝绳在深水吊装领域应用；在超高分子量聚乙烯纤维中掺入硅铝钙镁氧化物的矿物短纤维制得世界上最先进的抗切割手套，2000 年就已成功应用于汽车制造和机械加工等行业；Dyneema Crystal Technology 纤维适合全波段雷达系统，用其制成了世界上最大的雷达罩；Dyneema SB 系列无纬布可用于制作软质装甲；2017 年推出的 Dyneema Purity Blackfiber 是世界上第一种也是唯一的黑色超高分子量聚乙烯医用纤维。

帝斯曼公司在超高分子量聚乙烯纤维产业中深耕细作近半个世纪，无论是产能、技术，还是下游的高低端产品布局，均位于世界前端。

对帝斯曼公司超高分子量聚乙烯纤维在全球的专利布局进行检索，其申请趋势和区域布局分别如图 1-20 和图 1-21 所示。

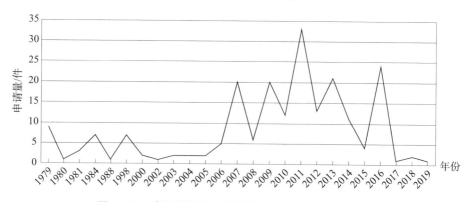

图 1-20　帝斯曼超高分子量聚乙烯纤维专利申请趋势

从图 1-20 可见，帝斯曼公司的超高分子量聚乙烯纤维专利申请最早出现在 20 世纪 70 年代末，2005 年之前的申请量都不高，略有波动，一个小波峰出现在 1984 年前后，与 20 世纪 80 年代帝斯曼公司与日本企业开始合作研发相关。2005 年以后申请量进入快速增长阶段，这与我国超高分子量聚乙烯纤维专利申请趋势一致。从图 1-21 可以看出，帝斯曼公司非常重视海外专利布

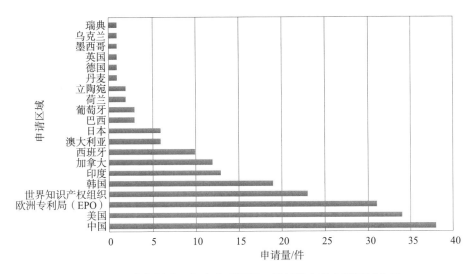

图1-21 帝斯曼公司超高分子量聚乙烯纤维专利申请区域布局

局，尤其是在汽车、航空航天工业等领域高度发达的国家和地区，如中国、美国、欧洲，这与其积极拓展海外市场的企业战略分不开。帝斯曼公司在1969年成功研发超高分子量聚乙烯纤维后不久就将其市场拓展到日本，2005年前后其将重心放在中国市场，2009年在中国建立了帝斯曼中国园区作为地区总部和在华研发中心，2011年建成帝斯曼中国研发中心。可见，这个行业巨头非常重视中国市场，是中国领域创新发展绕不开的高山。

帝斯曼公司全球专利申请技术构成如图1-22所示。

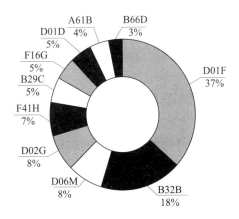

图1-22 帝斯曼公司全球专利申请技术构成

图1-22中展示的分类号含义如下：

D01F：制作人造长丝，线，纤维，鬃或带子的化学特征；专用于生产碳纤维的设备。

B32B：层状产品，即由扁平的或非扁平的薄层，例如泡沫状的、蜂窝状的薄层构成的产品。

D02G：纤维；长丝；纱或线的卷曲；纱或线。

D06M：对纤维、纱、线、织物、羽毛或由这些材料制成的纤维制品进行D06 类内其他类目所不包括的处理。

F41H：装甲；装甲炮塔；装甲车或战车；一般的进攻或防御手段，例如伪装工事。

B29C：塑料的成型连接；塑性状态材或料的成型，不包含在其他类目中的；已成型产品的后处理，例如修整。

D01D：制作化学长丝、线、纤维、鬃或带子的机械方法或设备。

F16G：主要用于传动的带、缆或绳；链；主要用于此的附件。

A61B：诊断；外科；鉴定。

B66D：绞盘；绞车；滑车，如滑轮组；起重机。

结合分类号的技术含义与相应分类号的专利申请数量，可以清晰地获得帝斯曼技术研发主要集中在超高分子量聚乙烯纤维的制备（D01F、D02G、D01D）、化学后处理（D06M）、复合材料处理（B32B）及军事应用（F41H）等几大方面。所以，除了生产关键技术之外，下游产品部件和应用，尤其是在军事国防上的应用是帝斯曼公司希望牢牢掌控的市场。

第四节　绿色纤维——玄武岩纤维

玄武岩纤维诞生于 19 世纪 40 年代，经过近两百年的发展，在生产制造和应用方面均取得了长足的进展，技术日趋成熟。玄武岩纤维属于高科技、高性能纤维，具有高弹性模量、高强度、耐高温、耐腐蚀、抗辐射、绝缘性好等特点，机械性能优良，化学稳定性强，被广泛应用于建筑、公路建设、航空航天、海洋工程、汽车、船舶、轨道交通、体育用品、武器装备、石油化工等重要领域。相比于其他高性能纤维，玄武岩纤维有自己独特的优势，被誉为新世纪的"绿色纤维"，其原料是储量丰富的玄武岩，采集和生产过程几乎无污染，生产工艺简单、耗能低，更重要的是其综合性能优异，价格便宜。同样强度的玄武岩纤维，其价格仅为碳纤维的 1/10，因此具有非常广阔的前景，成为我国重点发展的四大高性能纤维之一。

一、玄武岩纤维发展概述

玄武岩纤维（basalt fiber），是以玄武岩、安山岩、粒玄岩、辉石岩等天然火山岩为原料，在 $1450 \sim 1500℃$ 经高温熔融后，采用铂铑合金拉丝漏板快速拉制而成的连续纤维，生产过程几乎无"三废"产生，且产品废弃后能够直接在环境中降解，因此，玄武岩纤维是名副其实的"绿色纤维"。

玄武岩纤维组分众多，主要由 SiO_2、Al_2O_3、FeO、Fe_2O_3、CaO、MgO、K_2O、Na_2O 和 TiO_2 等氧化物组成，每一种组分对纤维性能的影响不同，如 SiO_2、Al_2O_3 能够提高纤维的化学稳定性、熔体的黏度以及机械性能；Fe_2O_3、FeO 可提高成纤的使用温度；MgO、CaO 可提高纤维的耐腐蚀性，改善疏水性能；TiO_2 可以提高熔体表面张力、黏度及化学稳定性，有利于材料熔化制取细纤维。综上因素，玄武岩纤维有着很强的综合性能，比如优异的拉伸强度和机械强度，较高的弹性模量，尤其是具有突出的耐温、耐酸碱性能和显著的热震稳定性，可广泛应用于土木建设、武器装备、航空航天、汽车船舶、石油化工以及能源环保等领域，可应对高温、高腐蚀等环境。

玄武岩纤维初期发展得非常缓慢，文献资料中记载的玄武岩纤维始于 19 世纪 40 年代，英国人威尔斯于 1840 年首先制取了以玄武岩为原材料的岩棉，开启了玄武岩纤维的发展之路。之后进入了漫长的沉寂期，直到 1922 年，法国人保罗发明了玄武岩连续纤维制造技术并申请了专利，不过这只是停留在研究阶段，并未实现大规模工业化生产，后来美国又研究出了从玄武岩熔体中抽丝的方法。

玄武岩纤维真正大规模的开发和研究始于 20 世纪 60 年代，美国率先将玄武岩纤维应用在军事上，华盛顿州立大学的 R. V. Subramanian 深入研究了玄武岩的化学成分、理化特性和挤出条件。同时，苏联国家建委建筑研究所和乌克兰科学院材料研究所也研发出新的玄武岩纤维混凝土，相比于普通纤维混凝土，其延伸率提高了 $3 \sim 5$ 倍，抗拉强度提高了 $0.5 \sim 1$ 倍，破坏形态及特征、承载力也得到明显改善。此外，莫斯科玻璃复合材料及玻璃纤维研究院研究发现，玄武岩纤维的部分特性超过了同时期的玻璃纤维，强度比钢材还高，而且在 700℃ 条件下强度仍不改变，这些重大发现引起了苏联军方的注意。随后乌克兰基辅材料研究院也对玄武岩纤维进行了大量的研究和开发。经过不懈努力，苏联科学家成功研发了玄武岩纤维的生产技术，并于 1975 年首次应用于国防军工，苏联"联盟－19"号宇宙飞船就采用了玄武岩纤维材料。

苏联于 20 世纪 80 年代中期将玄武岩纤维投入工业化生产，1985 年，乌克兰纤维实验室建成投产了世界第一台采用 200 孔漏板和组合炉拉丝工艺工业化生产炉。起初，玄武岩纤维主要用于军品项目，苏联解体后才大量应用于民用项目，并成为最大的玄武岩纤维生产和消费国。20 世纪 90 年代后期，俄罗斯成功研发出新的连续玄武岩纤维（CBF）生产设备和相应的生产工艺技术，极大地拓展了玄武岩纤维的市场应用。

由于玄武岩纤维具有不同于碳纤维、芳纶纤维、超高分子量聚乙烯纤维的一系列优异性能，性价比高，很快也引起了美国、欧盟等国家和地区军工领域的高度重视。美国的 Owens Corning 公司、德国的 DBW 公司等曾对玄武岩纤维进行了相关研究，但是受限于原料，并未实现工业生产。近年来，美国、日本、德国等都加强了对玄武岩纤维的研究开发，同时，加拿大、英国、韩国等也相继加入玄武岩纤维在国防军事领域中应用的研究行列，并取得了显著的研究成果。2018 年，乌克兰 Mineral 7 公司测试了一条新的生产线，对技术链进行了重大改变，可以显著减少能量损失，将每件产品所需的能耗减少到普通技术的 15%，单位生产能耗可降低 50%。如今俄罗斯凭借苏联的研究基础，已成功开发出上百种玄武岩纤维制品，制备技术方面采用中心取液法，同时开发新型分流器和冷却器、特制漏板和漏嘴等一系列专有技术，极大地提高了玄武岩纤维的产品性能，增强了市场竞争力。

我国的玄武岩纤维研究始于 20 世纪 70 年代，是继苏联、美国、加拿大后第四个能生产连续玄武岩纤维的国家，初期主要用于军工领域，由南京玻璃纤维研究院率先拉开了国内玄武岩纤维研究的序幕。1996 年，中国建筑材料科学研究总院开始研究连续纤维制造技术，并于 2001 年获得成功。2001 年，我国政府把玄武岩纤维及其复合材料应用项目列为中俄两国政府间科技合作项目；同年，"单体炉纺丝技术"由哈尔滨工业大学研究团队成功研发。2002 年 8 月，"连续玄武岩纤维及其复合材料"被列入国家 863 计划。2003 年，横店集团在上海成立了国内第一家玄武岩纤维生产企业——横店集团上海俄金玄武岩纤维有限公司（现浙江石金玄武岩纤维股份有限公司）。自 2004 年开始，玄武岩纤维在上海、四川等地先后实现产业化，横店集团上海俄金玄武岩纤维有限公司以纯天然玄武岩为原料，采用"一步法"工艺，实现玄武岩纤维的工业化生产，为"十一五"期间玄武岩纤维在船艇上的应用技术研究奠定了基础。2018 年，四川省玻纤集团有限公司在全球首次成功采用池窑方式生产玄武岩纤维，实现产能 8000t/a。2020 年，四川谦宜复合材料有限公司世界首创 2400 孔漏板拉丝技术。"十三五"期间，我国将玄武岩纤维列为重点发展的四大纤维材料之一，2020 年年初施行的《重点新材料首批次应用示范指导目录（2019 年版）》也将玄武岩纤维列入关键战略材料。总体而言，虽然我国起步略晚，但是在国家政策的大力扶持下，经过科研和工程人员的不懈努力，玄武岩纤维产业成为高性能纤维当中少有的技术水平处于世界前列的产业。

玄武岩纤维的应用，主要是以连续玄武岩纤维及其制品做增强体，形成各种性能优异的复合材料——复合筋材、复合板材、复合型材、复合网格、复合索、预浸料，等等。作为碳纤维的替代品，大力发展绿色的玄武岩纤维，可以在一定程度上缓解我国碳纤维、芳纶纤维等高技术纤维短缺带来的一些供求矛盾。目前，我国玄武岩纤维研究和应用最广泛的是土木建筑工程、道路交通和玻璃钢领域，如南京长江大桥的维修、杭金衢高速公路、郑万高速铁路以及南海岛礁等工程的建设均使用了玄武岩纤维。此外，玄武岩纤维在纤维增强复合材料、摩擦材料、造船材料、隔热材料、汽车行业、高温过滤织物以及防护领域也有一定应用。目前，玄武岩纤维在高精尖且具有发展优势的航空航天领域应用占比相对较少，实际上，相比于其他高性能纤维，玄武岩纤维除了具备高强度、高模量外，其环境适应性非常强，因而在航空航天、防弹消防、交通运输、石油化工、海洋等领域的应用非常具有优势，市场潜力巨大。

虽然我国玄武岩纤维技术现阶段已取得一定成绩，但是产业发展仍面临很多问题。例如：不是所有的玄武岩都可以满足工业化生产要求，部分玄武岩需要添加助溶剂或与其他地区玄武岩混合才能满足工业化生产要求；增强型玄武岩纤维浸润剂需要根据被增强基体材料的种类和纤维种类进行特殊设计，配方复杂、难度大。除此以外，还有熔制效率低、产量低以及熔化与均化不充分的问题。

中国目前已是世界第一大玄武岩纤维生产国，在电窑炉技术方面也处于世界领先水平。尽管我国玄武岩纤维生产能力居世界第一，但是相对于国内市场需求而言，仍存在较大的缺口。目前我国玻璃纤维产能约为 500 万 t/a，碳纤维约为 6 万 t/a，玄武岩纤维则不足 1 万 t/a。未来，随着不断创新，相信玄武岩纤维的应用领域将进一步扩大，市场前景广阔。

二、文献数据中的玄武岩纤维画像

虽然中国的玄武岩纤维产业发展略晚，但在政策的大力支持和科研人员的不懈努力下，我国已成为排名世界第一的玄武岩生产国，拥有多条处于世界领先水平的生产线，部分技术处于国际领先水平，故将中国玄武岩纤维的专利申请情况作为了解玄武岩纤维技术发展路线和专利保护情况的重点进行研究。需要说明的是，高性能纤维材料领域由于专业性很强、技术难度高、试验条件苛刻，很少会有个人从事技术创新研发活动。因此，研究时主要了解参与玄武岩纤维研发的主要科学家、高校、研究院和生产企业，再检索筛掉噪声文献，分析解读专利文献的技术内容，并结合中国玄武岩纤维行业近30年的发展，去探寻玄武岩纤维专利画像。

基于与碳纤维、芳纶纤维和超高分子量聚乙烯纤维相同的检索思路和数据清洗思路，对玄武岩纤维进行专利检索，专利数据库中的玄武岩纤维总申请情况如图1-23所示。

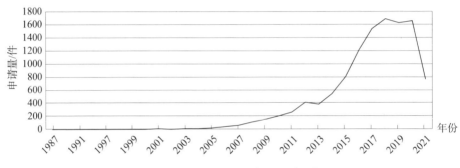

图1-23　玄武岩纤维专利申请趋势

由图1-23可以看出，1987年开始零星出现了玄武岩纤维专利申请，但2003年以前，我国玄武岩纤维专利申请数量都非常少。究其原因，一方面是我国处于专利制度发展初期，人们对于知识产权的保护意识还很薄弱，专利申请意愿不强；另一方面是我国玄武岩纤维研究刚刚起步，技术较为落后，研发处于摸索阶段。

2002年，我国将"连续玄武岩纤维及其复合材料"列入国家863计划，玄武岩纤维的专利申请由此步入快车道。由图1-23所示的专利申请趋势来看，从2003年开始，专利申请数量逐年上升，2006—2018年突飞猛进，尤其在2013年后申请量直线飙升。在此期间，东南大学、南京工业大学、扬州大学等高校研究成果较多，也有部分高校、科研院所与企业联合申请。

图1-24是中国最早的玄武岩纤维的生产工艺专利文献。申请人是鸡西市梨树区人民政府，申请号为98105090.5，申请日为1998年4月1日；发明人包括刘荣宝、李青等。

该专利申请的权利要求书全文如下：

[19]中华人民共和国国家知识产权局

[51]Int.Cl⁶

C03B 37/00

[12] 发明专利申请公开说明书

[21]申请号 98105090.5

[43]公开日 1999 年 10 月 6 日

[11]公开号 CN 1230526A

[22]申请日 98.4.1 [21]申请号 98105090.5
[71]申请人 鸡西市梨树区人民政府
地址 158160 黑龙江省鸡西市梨树区 9 道街
[72]发明人 刘荣宝 李 青 李洪安
于忠生 杨成莉 李广信

[74]专利代理机构 黑龙江省鸡西市专利事务所
代理人 杜 葳

权利要求书1页 说明书2页 附图页数0页

[54]发明名称 玄武岩连续纤维及其生产工艺

[57]摘要
本发明涉及到玄武岩连续纤维及其生产工艺。它是经玄武岩矿石破碎、过筛、配料、熔化、拉丝等一系列工艺形成玄武岩连续纤维。本发明具有原料来源广，制造成本低，工艺简单，耗能小，物化性能高，适应性能较强，出口潜力大，可广泛应用于 FRP(树脂基复合材料)、GRC(玻璃纤维增强水泥)领域等经济效益和社会效益。

B - 4 2 7 4

图 1-24 我国最早的玄武岩纤维专利

1. 一种玄武岩连续纤维的生产工艺，其特征在于，它的步骤是：

（1）将玄武岩矿石原料破碎、粉碎；

（2）粉碎后的玄武岩矿石原料通过 80~100 目筛；

（3）对玄武岩原料粉进行除铁；

（4）将玄武岩原料粉与助熔剂（萤石）按组分进行配合料混合制备，每百公斤的配合料需加水 2~5kg，配合料混合的均匀度必须大于95%；

（5）将配合料送入熔窑中完全熔化成玻璃液，熔化温度在 1450~1500℃之间，拉丝温度在 1200~1250℃之间，最好控制在 1220℃；

（6）玻璃液经漏板成型，浸润剂浸润，再经拉丝机拉出玄武岩连续纤维丝。

2. 一种玄武岩连续纤维，其特征在于：它是以玄武岩矿石为主要原料，按照玄武岩矿石料98%～99.5%，助熔剂（萤石）0.5%～2%的重量比混合后，依照权利要求1所述的玄武岩连续纤维生产工艺制造出来的。

根据该申请说明书的记载，世界玻璃纤维制造存在部分原料短缺、制造成本高、生产工艺复杂、耗能大、物化性能不够高、适应性差等不足。玄武岩纤维可以克服上述不足，但是由于成分和岩相组成的特殊性，国内外还没有玄武岩连续纤维生产技术的专利报道。因此，该发明的目的在于提供一种制造成本较低、物化性能较高、适应性较强的玄武岩纤维以及生产工艺简单、耗能低的生产工艺。

该专利的两个权利要求分别保护生产工艺和纤维产品，并获得了授权。作为我国最早申请并获得授权的玄武岩纤维及其生产工艺的专利，这件专利可谓开了一个好头，但从申请文件撰写方式也能看出，当时人们对专利到底有什么用、如何靠它保护技术成果却没有清晰的认识。文件仅保护了单一的生产工艺和产品，保护范围窄而无层次，说明书中也只提供了唯一一个实施例，而且与权利要求完全相同，没有足够的支撑性描述，导致保护力度非常有限。

进一步对玄武岩纤维专利的申请人进行统计，结果如图1-25所示。

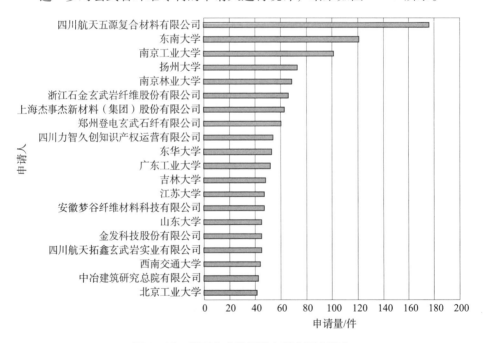

图1-25　我国玄武岩纤维专利主要申请人

图1-25显示了排名前二十的玄武岩纤维专利申请人。其中高校、科研院

所共 13 家，企业 7 家，排名前五的申请人中仅有 1 家企业，高校、科研院所占据 4 席，分别是东南大学、南京工业大学、扬州大学和南京林业大学。可见，虽然我国的玄武岩纤维技术研究已经取得了一些成果，但是产业发展不足，很多技术仍停留在实验室阶段。在高校、科研院所中，以吴智深、吴刚教授为核心的东南大学研发团队，在玄武岩纤维研究上已经走在了世界前沿，取得了诸如"应用纤维增强复合材料实现重大工程结构高性能与长寿命的基础研究"为代表的诸多研究成果。此外，南京工业大学的刘伟庆教授的研发团队也在该领域具有较突出的技术成果。

四川航天五源复合材料有限公司作为排名前五的申请人中唯一一家企业，申请量遥遥领先，可见该公司非常重视知识产权的保护，其专利布局主要在于玄武岩纤维浸润剂和玄武岩纤维复合材料的应用。该公司具有较强的研发能力，其设计研发了世界一流的玄武岩纤维复合筋设备及复合筋制品。榜上有名的其他企业，上海杰事杰、浙江石金、郑州登电、四川航天拓鑫等也都是我国颇具研发生产实力的企业。值得一提的是，当前国内有 12 家企业具有 3000t 量产能力，其中 7 家都是四川航天拓鑫玄武岩实业有限公司以技术支持扶持起来的。四川航天拓鑫在技术上是一家走在行业前列的企业，但是其专利申请量并不突出。

三、中国玄武岩纤维领域的旗手

我国玄武岩资源丰富，分布很广，具有稳定的原料来源，同时经过几十年的发展，我国已具备世界先进水平的玄武岩纤维工业生产技术。中国空间站、大飞机以及不断发展的汽车、轨道交通和体育休闲业等，对玄武岩纤维制品提出了更高的质量和性能要求。我们从技术和产业的角度出发，寻找中国玄武岩纤维产业的旗手。

在 CNKI 中检索玄武岩纤维相关文献，并对获得的数据进行处理，得到图 1 - 26 所示的发表机构排名、图 1 - 27 所示的国内文献发表作者排名和图 1 - 28 所示的海外文献发表作者排名。

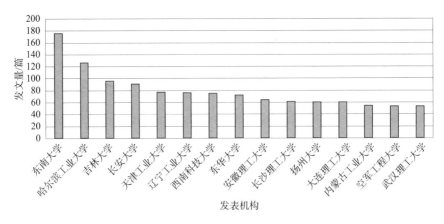

图 1-26 CNKI 玄武岩纤维文献发表机构排名

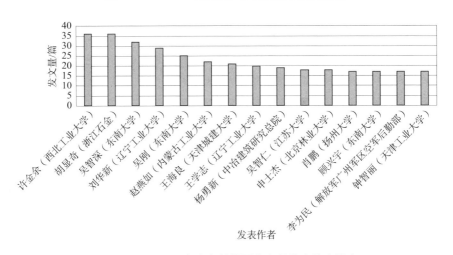

图 1-27 CNKI 玄武岩纤维国内文献发表作者排名

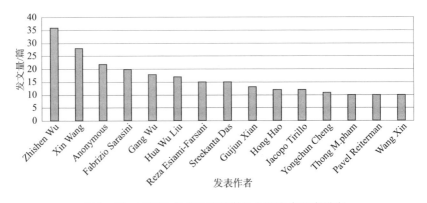

图 1-28 CNKI 玄武岩纤维海外文献发表作者排名

　　综合以上排名可以看出，东南大学文献发表数量遥遥领先。吴智深、吴刚教授研究团队的国内外文献发表数量整体优势明显，海外文献发表作者排名前五位中有三位都来自东南大学的研发团队。另外，结合图 1 - 25 所示的我国玄武岩纤维专利申请人情况来看，东南大学排名第二，在科研院所中排名第一，从技术领先度来看，东南大学可以称为我国玄武岩纤维领域的旗手。

　　东南大学是我国 985、211 重点高校，是最早开展玄武岩纤维生产及应用的单位之一，该学校设有玄武岩纤维生产及应用技术国家地方联合工程研究中心，负责起草了《结构加固修复用玄武岩纤维复合材料》等国家和行业标准七部，经过多年的研究，突破了玄武岩纤维及其复合材料在土建交通、能环化工、汽车航空等方面的产业化应用关键技术。吴智深教授是东南大学教授、博导，玄武岩纤维生产及应用技术国家地方联合工程研究中心主任，国家 973 计划项目首席科学家，日本工程院外籍院士，欧洲科学与艺术院院士，领衔完成的"纤维增强复合材料的高性能及结构性能提升关键技术与应用"荣获 2012 年度国家科技进步奖二等奖，获得国际土木工程纤维增强复合材料学会奖章。吴智深教授聚焦玄武岩纤维的研究，领导建立了我国高性能玄武岩纤维生产和应用技术及标准化体系，使我国技术水平达到国际前沿水平，实现了产业化及规模化应用，产品已出口至多个国家和地区。

　　吴智深教授创建了原料混均结合的性态设计方法，使得高性能玄武岩纤维的生产更加高效、稳定。针对玄武岩矿石制造标准不全面问题，把化学成分作为选择适于制造连续玄武岩纤维的唯一标准，吴智深团队经过对玄武岩矿石原料的研究，提出基于化学成分和矿物组分来综合确定用于生产连续玄武岩纤维的玄武岩原料的方法，包括：玄武岩化学成分中 SiO_2 的重量百分比应为 48% ~ 63%，且 SiO_2 为饱和或过饱和的玄武岩；矿物组分满足以下重量百分比：石英 15% ~ 27%，正长石 10% ~ 18%，斜长石 30% ~ 50%；或斜长石 48% ~ 60%，辉石 15% ~ 30%。此外，针对玄武岩本身的难熔性、低传热性、易析晶、黏度大等特点，吴智深团队设计了适合大规模生产、效率高的电加热式生产玄武岩纤维的窑炉，还开发了玄武岩纤维复合材料增强的新建结构形式，即玄武岩纤维复合材料筋/网格 - 钢筋混合配置混凝土结构，该研究结果为玄武岩纤维复合材料筋用于混凝土增强材料奠定了基础。可见，吴智深团队在原料选择、生产工艺、制品稳定性、复合材料应用方面研究都很深入，涉及玄武岩纤维制造的方方面面，解决了关键性的问题，提出了重要的论点和方法，为我国乃至世界玄武岩纤维技术的发展做出了突出的贡献，为该领域当之无愧的旗手团队。

以东南大学和玄武岩纤维为关键词在 HimmPat 中进行专利检索，对获得的数据进行处理，得到图 1-29 所示的东南大学玄武岩纤维专利申请排名。

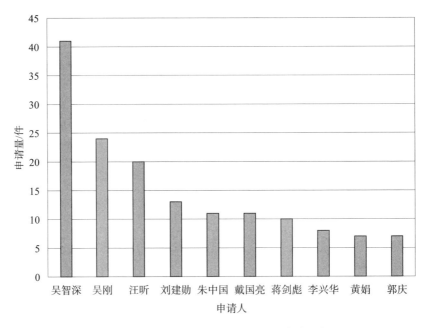

图 1-29　东南大学玄武岩纤维专利申请排名

图 1-29 展示了东南大学玄武岩纤维研发团队情况。排名前三位的是吴智深、吴刚和汪昕，这与图 1-27、图 1-28 中文献作者排名的情况比较重合，反映出东南大学玄武岩纤维技术团队稳定性高，这也是东南大学在玄武岩纤维领域耕耘多年并取得良好发展的保障。

本章以相互印证的文献数据为核心，介绍了碳纤维、芳纶纤维、超高分子量聚乙烯纤维和玄武岩纤维的基本情况、发展历程，以及旗手集体或人物。可以预见，未来以碳纤维为代表的各类先进纤维材料领域将会产生更多的创新成果，只有科学管理和有效保护这些创新成果，才能让它们在经济建设和市场运用中发挥更大的价值。

第二章　从技术创新到专利保护

技术创新是驱动经济发展的动力源泉，但是光有创新还不够，要让创新之树枝繁叶茂，在应用中结出累累硕果，需要制度为它保驾护航，这个制度就是以专利制度为代表的知识产权制度。纵观近现代经济社会发展历史，越是技术进步与经济繁荣的国家，其知识产权制度越健全和完善，知识产权既是社会财富，也是国家发展战略的必然选择。

当前，越来越多的创新主体已经认识到做好知识产权保护工作的重要性，但落实到具体工作上，还多有茫然之处。例如，虽然知道技术研发成果要申请专利，但对专利价值的了解却往往停留在证书层面，与实际应用脱节，对怎样申请专利也缺乏足够的经验。特别是处于研发一线的技术人员，在研发的逻辑思维和工作方式惯性下，存在重课题申报、轻申请交底，重成果推广、轻权利布局的问题，一些很好的创新成果并没有形成高价值的专利，甚至因为申请文件撰写得不专业、技术交底不到位或者与专利代理师沟通不充分等原因而错失权利。虽然专利代理机构能够提供专业的帮助，但要将技术创新不断地转化为优良的、高价值的专利，仍需要创新主体了解专利基本知识，并深度参与到专利申请过程当中，与专利代理师通力配合，布局能够有效保护创新的权利体系。

第一节　保护技术创新的必要性及主要保护方式

一、保护技术创新的必要性

哈药集团中药二厂曾研发推出过一款畅销药——消咳喘，该药在销售伊始一度供不应求，但由于没有采取必要的保护手段，在接下来短短不到两年的时间内，全国范围内就出现了二十多款与该药品高度相似或完全相同的产品，导致哈药集团中药二厂的"原创"药品销售量急剧下降，大量药品滞销积压，销售利润大幅下滑。有了上述前车之鉴后，哈药集团中药二厂后续研发的药品"双黄连粉针剂"便及时申请了专利保护，获得专利授权的药品在后续投放市场后再未出现被随意仿制的问题，企业的利润也逐年大幅增长❶。

通过上述例子可以看出，对于创新主体而言，创新成果如果不及时加以保护，很容易被他人窃取或者"搭便车"仿制，如此一来，不仅会蒙受巨大的经济损失，还可能导致自己在行业中丧失竞争优势，处处"受制于人"。在科技高度发展、技术日新月异的今天，技术创新往往来自相当复杂的系统性劳动，创新的不确定性和风险决定了创新主体需要投入大量的人力和物力进行研发，加之现代信息传播速度极快，若不注重创新的保护，大量的前期投入将得不到应有的回报，后续的研发也自然难以为继。

美国经济学家曼斯菲尔德曾研究统计，若没有相应的专利保护，60%的药品将无法研发出来，即便研发出来，也有65%无法投入应用；相似地，有38%的化学发明无法研发出来，30%无法投入应用。德国也曾做过类似统计，结论是，没有专利保护，21%的发明将"夭折"❷。

美国第一任总统华盛顿和第三任总统杰斐逊都非常重视知识产权的保护，其中，杰斐逊还是美国第一任专利局局长，其曾大力倡导并推进了美国宪法中关于版权和专利权的规定。美国另一位积极倡导专利制度的总统是第十六任总统林肯，他有一句为众人所熟知的名言，"专利制度是给天才之火浇上利益之油"，这句话形象地阐明了专利制度对创新主体的保护和激励作用。林肯更是自己申请并获得过美国专利，如图2－1所示。该专利是一种抬升搁浅船只的装置，可让船只在浅水区漂浮（A device for buoying vessels over shoals）。美国1790年颁布的《专利法》是当时世界上最系统、最全面的专利法，对知识产权制度的重视和保护，使得美国的工业得以高速发展，综合国力不断增强。

可见，无论从创新主体的角度，还是从国家，甚至整个社会的角度，对技术创新给予必要的保护都有着极为重要的意义。

---

❶ 万玺，李钦，黄建新. 大学生创业管理——基于企业家胜任特征的视角［M］. 成都：西南交通大学出版社，2011.

❷ 陶友青. 创新思维——技法·TRIZ·专利实务［M］. 武汉：华中科技大学出版社，2018.

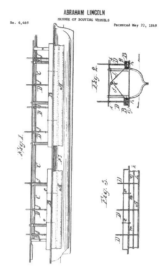

图2-1　美国第十六任总统林肯和他申请的发明专利

二、技术创新的两种主要保护方式及各自的特点

申请专利和技术秘密是保护技术创新的两种主要方式。专利权是指将发明创造向拟获得专利保护的国家或地区的专利主管行政部门提出专利申请，经依法审查合格后，向专利申请人授予的在规定的时间内对该项发明创造享有的专有权。权利人可以在规定时间内对技术垄断，进行独占实施，或许可、转让他人实施。技术秘密属于商业秘密的一种，是指不为公众所知悉、具有商业价值并经权利人采取相应的保密措施的技术信息。技术信息可以是有特定的完整的技术内容，构成一项产品、工艺、材料及其改进的技术方案，也可以是某一产品、工艺、材料等技术或产品中的部分技术要素。

一项技术从立项、研发到应用和创造价值，其间要经历很多环节，也可能产生不同的技术信息和阶段性的技术成果，对于这些信息和成果，创新主体既可以选择公开技术、申请专利的方式保护，也可以选择保密方式，作为技术秘密来保护。专利和技术秘密都属于知识产权范畴，却有非常不同的特点。

第一，技术方案的公开性不同。是否公开是两种权利最核心的区别。申请专利必须公开技术内容，这是专利制度设立的初衷，即以公开换保护。发明创造被授予专利权后，权利人会获得一段很长时间的垄断权，该权利受国家保护，其对价是权利人必须将自己的技术充分公开，使得公众能够获知，丰富现有技术库，从而促进国家、社会的技术进步。因此，申请专利时，作为国家授予权利的证明，专利文件具有权利公示作用，权利人是公开的，与发明核心内容相关的技术细节也都记载在专利文件中。专利的公开性使得竞争对手有机会了解专利权人的技术底细，也允许和鼓励其他人在此基础上进一步改进，研制出更先进的技术，这样才能起到促进整个社会技术进步的作用。相比之下，技术秘密的最重要一点就是秘密性，理论上只有技术秘密一直被保持在秘密状态，即不为竞争对手所知，才可能实现它的价值。为此，技术秘密持有者必须采取充分的保密措施。

第二，保护方式和力度不同。专利权的保护依托于国家强制力，具有绝对的排他性，未经允许他人无权实施。因此，在侵权诉讼中，只要权利人拥有专利权证书，同时证明被侵权人所使用的技术落入其权利范围内，即可主张权利。而技术秘密的独占性则是相对的，它不依靠任何专门法律而产生，只是依据保密措施而实际存在。权利人必须制定一整套完整的保密措施，否则该技术秘密被泄露的风险很大。此外，技术秘密不能对抗独立开发出同一技术的第三人。也就是说，虽然甲拥有技术秘密，但其只能向非法获取自己技术秘密的人主张权利，却不能阻止乙通过独立开发、反向工程、公开场合的观察、善意取得等手段获得同样的技术并加以应用。

第三，保护期限和维持方式不同。根据我国《专利法》的规定，发明专利的保护期限为20年，实用新型专利的保护期限为10年，外观设计专利的保护期限为15年。每年专利权人必须按规定缴纳相应的年费，否则将丧失权利。而技术秘密没有明确的期限限制，也就是说，如果技术秘密一直被权利人采取较好的保密措施进行保护，也无人破解，那么该技术信息会一直受到法律的保护，不会被强制公开，也不需要缴纳费用。但是，由于技术秘密需要采取措施维护以防止泄密，接触到相关技术秘密的人通常也会受保密措施、保密合同、竞业禁止协议等限制，所以通常需要高额成本的支持。

第四，保护的地域性不同。由于主权原因，专利权的一个显著特点就是具有地域性，即一项技术在哪个国家或地区申请并获得专利权就在哪个国家或地区受到保护，该权利在未获得授权的国家或地区不会被认可。换句话说，如果有其他人就同样的技术在该未获授权的国家或地区申请并获得了专利权，则意味着前一权利人也不能在后一权利人的权利所在国家或地区实施该技术。与之相对，技术秘密保护无地域限制，权利持有人只要保守好其秘密，就可以在全世界任何国家或地区使用他所持有的技术秘密。

第五，获得保护的途径不同。专利权的取得需要申请人以法定形式向所在国家或地区的专利主管行政部门申请，经审查符合相关国家或地区的专利相关法律的规定要件后方可取得专利权，程序相对复杂。相比之下，技术秘密的取得并不需要经过审批程序，一旦拥有并采取保密措施就自动获得相关权利。

为方便读者清晰了解专利保护和技术秘密的主要特点，将上述文字内容进行归纳整理，见表 2 – 1。

表 2 – 1　专利保护和技术秘密的主要特点比较

对比项	专利保护	技术秘密
是否公开	是	否
保护方式和力度	受国家或地区专利法律保护；具有绝对排他性，未经允许他人无权实施	依据保密措施而存在；不能对抗独立开发出同一技术的第三人
保护期限	固定期限；在我国，发明专利为 20 年，实用新型专利为 10 年，外观设计专利为 15 年	无期限限制；假如无人破解，则一直受到法律的保护
维持方式	定期缴纳年费，否则将丧失权利	保密即可，无须缴纳费用
受保护的地域	授予专利权的国家或地区	任何国家或地区
获得保护的途径	以法定形式向所在国家或地区的专利主管行政部门申请，经审查符合规定后方可取得专利权	拥有技术并采取保密措施便自动获得相关权利

纵观两种保护方式，技术秘密保护的主要优势在于没有保护期限的限制，保护程序简单，但是保持秘密的成本很高，如果没有成熟的保护方案，泄露风险也较大，此外维权过程中侵权认定较难。相比之下，专利保护的主要优势在于由国家强制力保证技术的专有垄断权，保护力度较大，举证相对容易。因此，技术秘密一般适用于对那些技术门槛高、不容易通过反向工程获取/破解、技术生命周期长（一般都超过了专利权保护的期限）的创新成果进行保护。比如，已经有一百多年历史的可口可乐，其配方并未申请专利，而是以技术秘密的形式保存下来。由于保密措施得当，竞争者无法得到配方，侵权假冒就很难，这是以技术秘密为保护措施的成功典型。老干妈、云南白药等和可口可乐比较类似，特别是云南白药这块金字招牌，其制作工艺一直秘而不宣，并身居"国家保密配方"之列，甚至产品说明书中都没有成分项目记载。当然，创新性高但经济寿命过短的技术容易随着市场的变化而被淘汰，花费一番精力申请

了专利，产品可能已经过时了，这种情况下采取技术秘密进行保护可以避免申请专利的较长时间和烦琐程序，同时可以节省专利权的维护成本。

但是，随着学科技术的发展，许多创新成果很容易被反向工程破解，特别是机械装置类发明。针对药品或材料等创新成果，如果他人容易从公开渠道获得的产品或服务中了解和分析出其创新技术方案，就算采取保密措施，也无法阻止他人通过合法手段获知技术内容。因此，对于这类创新成果而言，采取技术秘密的方式保护基本无效，专利保护是最优选择，通过公开自身技术获得法律保护，争取主动权，为后续的发展奠定较好的技术和法律基础。由于技术秘密不公开的特点，一旦发生侵权纠纷，举证责任及相关秘点的梳理工作较为困难。加之当今技术更新迭代的速度较快，专利权的保护期限已经可以覆盖大部分技术创新的"经济寿命周期"，申请专利的地域性和程序复杂性也随着国际合作的加强和国际条约/协议（如《保护工业产权巴黎公约》《专利合作条约》等）的达成逐步得到解决。因此，当专利制度产生以后，其便在绝大多数领域逐渐取代技术秘密成为技术创新的主流保护方式。世界知识产权组织的统计表明，世界上90%~95%的发明创造都能够在专利文献中查到，并且许多发明也只能在专利文献中查到。

需要说明的是，虽然同一项技术成果无法同时采用这两种手段进行保护，但同一发明的不同组成部分或同一项目的不同阶段可以采用二者联合的立体保护措施，比如前期准备研发时确定以专利还是技术秘密保护为核心，在研发期、投入期先以技术秘密保护，同时等到有阶段性成果或时机成熟时或必要时转而申请专利，选择适合的专利类型进行申请，这样将专利保护和技术秘密保护方式结合起来，拓宽发展之路，达到权利最大化。

随着经济全球化的发展，市场竞争越来越取决于自主创新能力和技术实力的竞争，而专利作为创新能力和技术实力的重要指征，表现自然非常抢眼。伴随着我国知识产权事业的不断发展，包括企业、科研院所和自然人在内的创新主体保护知识产权的观念越来越强，人们更加重视利用专利制度来保护科技成果。

第二节　专利制度——为"创新之树"搭建"庇护之所"

从技术创新种子形成伊始，一直到其成长为参天大树，风险无处不在。其中，与技术研发管理、企业经营和市场竞争环境相关的风险具有更多的不可控因素相比，与专利申请文件质量相关的风险对于创新主体来说可控性是最高的——只要选对了人，比如技术人员与有经验的专利代理师密切配合，不难为"创新之树"量身打造一栋合适的"庇护之所"。好的"庇护之所"能够为"创新之树"遮风挡雨，使它不受破坏和偷窃，结出丰硕的果实——产生经济效益，提升市场竞争力。因此，对创新主体而言，运用专利制度为"创新之树"搭建一所合适的"庇护之所"，是避免创新风险的最值得投入的手段。

一、专利制度的起源

1. 专利制度的起源和发展

专利（patent），从字面上理解，是指专有的权利和利益。专利的概念由来已久，我国西周时期便施行过"专利"政策，周厉王在位期间曾将山林湖泽收归天子直接控制，不允许国人擅自进入谋生，百姓无论采药砍柴、打鱼狩猎，均需缴纳"专利税"[1]。Patent 一词来自拉丁文的"Litterae Patentes"，意思是公开的信件或公共文献，是中世纪的欧洲君主用以授予权利与恩典的文件，盖上君主的印玺之后，这封公开信件就是权利的证明，见信者皆应服从。当然，上述"专利"实质还是一种由统治者授予的封建特权，并非现代意义上的专利，也未形成相应的专利制度。

为了刺激商品经济的发展，中世纪的西欧各国开始慢慢萌芽形成一些原始的专利制度，部分国家开始赐予商人和手工业者在一定时期内免税经营、独家制造或贩卖特定新产品的权利。诸如公元前 500 年，意大利曾授予一种烹饪方法为期 1 年的垄断经营权，英国国王亨利三世则在 1236 年授予一位市民为期 15 年的制作各色布的垄断权。后来，Patent 一词在英国便指国王亲自签署的独占权利证书，使发明人能够在一定期限内独家享有某些产品或工艺的特权，而不受当地行会的干预。英格兰国王爱德华二世至三世统治的 1324—1377 年间，很多外国织布工人和矿工作为新技术的引进者被授予使用相应技术的专有权利，这大大鼓励他们在英国创业，促使英国从畜牧业国家向工业化国家迈进。

世界上第一部最接近现代专利制度的法律是 1474 年威尼斯共和国颁布的《发明人法规》。该法规颁布后，诸如提水机、碾米机、排水机和运河开凿机等诸多重要发明陆续被授予"专利权"。《发明人法规》是将工艺师们的技艺

---

[1] 刘冀鹏. 专利知识 100 问——专利菜鸟入门手册［M］. 北京：知识产权出版社，2020.

当作准技术秘密加以保护，只在当地同领域工艺师之间传授，对外国工艺师则严格保密，只有接受这一点才能获得专利保护，因此，该法规实质还并不是真正现代意义上的专利法❶。

1623 年英国颁布《垄断法》（于 1624 年实施），标志着现代专利制度的建立，《垄断法》明确了很多沿用至今的专利制度的基本规则，诸如专利权授予最先发明的人（目前仍有国家实行"先发明制"，但由于有时界定一项发明创造由谁先做出比较困难，因此，现在很多国家都实行"先申请制"，即专利权授予最先提出专利申请的人），专利权人在国内有制造、使用其发明的垄断权利，专利不得违反国家法律或损害公共利益等。其他工业化国家，诸如美国（1790）、法国（1791）、俄罗斯（1812）、西班牙（1820）、印度（1859）、加拿大（1869）、德国（1877）等，也紧跟着陆续效仿并颁布了自己的专利法规。

美国率先于 1836 年建立实质审查制，即对发明创造依据实用性、新颖性、创造性原则进行审查。1883 年 3 月 20 日在巴黎签订的《保护工业产权巴黎公约》（简称《巴黎公约》）规定了"国民待遇"和"国际优先权"这两个使专利制度一定程度上突破其地域性限制的重要原则，标志着专利制度向国际化、统一化、协调化的方向发展。1970 年于华盛顿签订了《专利合作条约》（Patent Cooperation Treaty，PCT），约定各缔约方对保护发明的申请的提出、检索和审查进行合作，并提供特殊的技术服务，进一步加强了专利制度下的国际合作。

2. 我国专利制度的发展历程

虽然"专利"的概念在我国西周时便有，但我国近代意义上的专利制度却直到晚清时期才出现。1881 年，早期民族资产阶级的代表人物——郑观应就上海机器织布局采用的机器织布技术向当时的清政府申请专利。次年，光绪皇帝批准了郑观应该织布工艺为期 10 年的专利，郑观应也成为中国历史上第一个获得专利的人。到了 1898 年，清政府颁布《振兴工艺给奖章程》，这是中国历史上第一部专利法规，该章程共 12 条，第 1~3 条分别规定了为期 50 年、30 年和 10 年的三种专利。其中，发明新方法制造重要新产品，或者新方法兴办重大工程而有利于国计民生的，可以获得为期 50 年的专利；一般的新产品可获得为期 30 年的专利；仿造西方产品的可获得为期 10 年的专利。章程还规定依据发明创造的大小，可以相应分封大小不等的官职。然而，随着戊戌

---

❶ 陶友青. 创新思维——技法·TRIZ·专利实务［M］. 武汉：华中科技大学出版社，2018.

变法的失败，该章程颁布仅两个月后便"夭折"。

辛亥革命胜利后，当时的政府制定了《奖励工艺品暂行章程》，并于1912年12月公布施行，该章程共13条，给予发明或者改良的新产品为期5年的营业专卖权或者名誉褒奖。1923年3月重新颁布了修订版的《暂行工艺品奖励章程》，此次修改将保护的对象扩大到"关于工艺上之物品及方法，首次发明或改良，或应用外国成法（方法）制造的物品，著有成绩者"，即在之前的章程基础上增加了对"方法发明"的保护，并规定对于"首次发明或改良之物品及方法"给予3~5年的专利保护，而对"应用外国成法（方法）制造的物品，著有成绩者"给予褒奖，该奖励章程还规定有相关的"专利侵权惩罚措施"，规定对伪造和冒用行为处以相应的徒刑或罚金。1928年，制定了《奖励工艺品暂行条例》，共20条，规定了为期15年、10年、5年和3年的不同专利权。但由于当时的工业和科学技术过于落后，国内经济萧条，内忧外患，相关专利制度又过于简单，激励机制也不健全，上述专利制度施行近20年，仍未引起社会大众的重视和积极响应。于是，1932年又颁布了《奖励工业技术暂行条例》，并设立了相应的"专利审查机构"，1939年再次对该条例进行修改，扩大奖赏范围，增加实用新型专利和新式样专利（相当于现在的外观设计专利），并再次于1941年修订且增加了相关"费用减免制度"，规定生活贫困的发明人可申请免缴专利费用。1944年，民国政府颁布了《中华民国专利法》，这是我国历史上第一部专利法，共132条，是一部内容相对完整、全面的专利法，不仅规定了发明专利、实用新型专利和新式样专利，还规定了新颖性、创造性和实用性等授予专利权的条件，明确了"先申请原则"、专利审查和异议程序、专利效力和侵权责任、强制许可制度等，并提出了专利代理人的概念。1947年，民国政府还颁布了与上述专利法配套的实施细则。

由于社会动荡，经济萧条，科学技术极端落后等因素，从1912年的《奖励工艺品暂行章程》到1944年的《中华民国专利法》，32年间总共只授予了692件专利，平均每年不足22件，说明当时的专利制度不能与社会经济发展和文明程度相适应，对我国科学技术发展的促进作用微乎其微❶。

中华人民共和国成立后，政务院（国务院的前身）曾于1950年8月11日颁布了《保障发明权与专利权暂行条例》，这是新中国颁布的第一个专利法

❶　赵元果. 中国专利法的孕育与诞生［M］. 北京：知识产权出版社，2003.

规，政务院财政经济委员会于 1950 年 10 月 9 日颁布了上述条例的实施细则❶。

我国现行的专利制度是在改革开放的背景下诞生的，1984 年 3 月 12 日，全国人大常委会表决通过了《中华人民共和国专利法》（以下简称《专利法》），1985 年 4 月 1 日正式实施。为配合《专利法》的施行，国务院还审议通过了《中华人民共和国专利法实施细则》（以下简称《专利法实施细则》），于 1985 年 1 月 19 日公布，并与《专利法》同日起施行。

我国现行的《专利法》分别于 1992 年、2000 年、2008 年和 2020 年历经四次修改，不断完善。自现行的专利制度在我国建立以来，极大地促进了经济社会发展和技术进步，显著提高了我国企业核心竞争力，也增强了国内外投资者的信心。经过近 40 年的努力，我国专利申请量、授权量大幅攀升，2011—2020 年，中国专利申请量连续十年居世界首位。根据世界知识产权组织发布的《2021 年全球创新指数报告》显示，我国在创新领域的全球排名已升至第 12 位，是前 30 名中唯一的中等收入经济体。这充分说明，我国现行的专利制度有效地激发了全社会的创新活力，我国已成为名副其实的知识产权大国。2021 年 9 月，中共中央、国务院印发了《知识产权强国建设纲要（2021—2035 年)》，继续助推中国向知识产权强国快速迈进。

我国现行的、与专利相关的法律、行政法规以及部门规章，诸如《专利法》《专利法实施细则》和《专利审查指南 2010》等均可在国家知识产权局的官方网站便捷地查询获取，网址为 https：//www. cnipa. gov. cn。相关获取网页界面如图 2 - 2 所示。

图 2 - 2　国家知识产权局官方网站

---

❶　尹新天. 中国专利法详解（缩编版）［M］. 北京：知识产权出版社，2012.

二、专利制度的作用和特点

1. 设立专利制度的目的和作用

我国《专利法》第 1 条开宗明义地说明了立法宗旨，即为了保护专利权人的合法权益，鼓励发明创造，推动发明创造的应用，提高创新能力，促进科学技术进步和经济社会发展。这也是专利制度的最基本作用。从专利制度的诞生背景和发展历程也可看出，各国家或地区设立相关专利制度的目的都是促进该区域技术和经济的发展。为达到上述目的，专利制度规定了创新主体需要通过向社会公众公开其发明的新技术来换取国家赋予其一段时间内的垄断权利，以此激发创新主体的创造热情，并同时通过及时公开以促进新技术的快速传播和应用，并避免重复研发劳动。这种"公开换保护"的制度较好地平衡了专利权人和社会公众之间的利益。

从个体层面看，专利是商品经济的产物，人们行使专利权的最主要目的就是利用专利的商业价值，取得商业利益。创新主体通过法定程序明确发明创造的权利归属关系，从而有效地保护发明创造成果，获取市场竞争优势。专利权是垄断权，可以最大限度地保护专利权人的技术创新成果，排除竞争，他人未经许可侵犯专利权，可以依法追究责任，获得侵权损害赔偿。专利技术也可以作为商品转让或许可使用，比单纯的技术转让更有法律和经济效益，从而最大化地实现技术成果的经济价值。此外，专利权作为无形资产，还可以进行融资和技术入股，许多国家对专利申请人或者专利权人有一定的扶持政策。这些都反映了专利在经济层面的作用。

从社会层面看，专利制度通过实现技术成果的经济价值鼓励创新，从而实现整个社会的技术不断革新，为科技和经济发展提供前进的动力。在此过程中，高新技术的商品化和产业化是创新活动的关键环节，创新者的热情和积极性是创新持续进行的原动力之一，而能够有效保护专利权的制度则是保持全社会创新热情和积极性的重要保障。创新主体投入了大量人力、物力、财力获得创新成果，向社会公开了技术方案，如果能够充分保障专利权人的权益，使得专利权人能够从中获益，则能够激励创新主体继续发挥聪明才智，不断创新，促进技术更新换代。反之，如果专利权人公开了技术方案，但社会配套行政和司法制度却没有跟上，专利权人的合法权益无法得到保障，侵权责任得不到追究，将会打击创新热情，最终影响整个社会的经济发展和技术进步。

总之，专利制度在现代市场经济环境下发挥着越来越重要的作用，专利权的获得对创新主体的研发和生产经营活动具有莫大的鼓励，也对社会发展起到极大的促进作用。

2. 专利权的特点

独占性、地域性和时间性是专利权的三个基本特点。

发明创造就好比创新主体培育的一棵有价值的树木，既可以供人乘凉，又可以收获果实。如果这颗树种植在公共区域，任何人都可以无偿享用到它的树荫和果实，这可能损害植树人的利益。想要将自己的劳动成果比较好地保护起来，植树人可以将这棵树种在自己的地盘上，给它搭建一间合适的"庇护之所"，这就是取得专利权。植树人通过修建"庇护之所"来宣示自己对"创新之树"的所有权，他人若想享受树下的阴凉、获取树上的果实，需要得到植树人的允许，这是专利权的第一个特点——独占性。即在法律规定的范围内独占使用、收益、处分其发明创造，并排除他人干涉的权利。独占性由法律赋予，受法律保护，体现专利权人对知识财产的占有。任何人要实施专利，除了法律另有规定的情况，必须得到专利权人的许可，并按照双方协议支付费用，否则专利权人可以依据《专利法》向侵权者提起诉讼，要求赔偿。专利权的独占性使创新主体的研发付出得到相应的补偿，并为进一步发明创造提供经济基础，从而才能达到激发社会创新热情、提高创新能力的目的。

专利权的第二个特点是地域性。专利权是由国家公权力赋予的垄断权，专利的受理与授予都是国家主权的一部分，因此，地域性可以说是专利权的基本属性。被相应国家或地区授予的专利仅在该国家或地区的范围内有效，在其他国家和地区不发生法律效力。如果专利权人希望在其他国家或地区享有专利权，那么，必须依照其他国家的法律另行提出专利申请。除非加入国际条约及双边协定另有规定，任何国家都不承认其他国家或者国际性知识产权机构所授予的专利权。经常有人将向世界知识产权组织（WIPO）递交的 PCT 申请称作"国际专利"，实质上这种叫法并不准确。PCT 的全称为"专利合作条约"（Patent Cooperation Treaty），是世界主要专利相关国家缔结的一个有关专利申请的公约，条约约定，相关缔约国的申请人可以就其国家申请自申请日起的 12 个月内先向国际知识产权组织提交一份 PCT 专利申请，之后便可以选择在所有 PCT 成员国寻求相应的专利保护，具体的申请过程如图 2 - 3 所示。

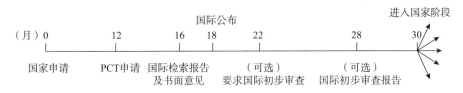

图 2-3 PCT 申请流程图

国际知识产权组织只是一个专利申请受理机构，并非专利权的授予机构，一件专利申请最终能否被授予专利权取决于其选择进入的国家的审批结果，即所有的专利都是"国家专利"，不存在所谓的"国际专利"。

专利权的第三个特点是时间性，也就是法律规定了权利的期限。期限届满后，专利权人对其发明创造不再享有制造、使用、销售和进口的专有权。这样，原来受法律保护的发明创造就成了社会的公共财富，任何单位或个人都可以无偿使用。如上文所述，专利制度设立的目的就是促进区域的技术和经济发展，若给予一项技术"无限期"的垄断保护，显然无法促进该项技术的传播与应用，社会公众也无法在该项技术的基础上继续进行创新，此时专利的"公开"就完全失去了意义，这显然有悖于专利法"公开换保护"的目的。各个国家《专利法》对于各种不同类型的专利权的期限规定不尽相同。我国《专利法》第 42 条规定："发明专利权的期限为二十年，实用新型专利权的期限为十年，外观设计专利权的期限为十五年，均自申请日起计算。"

3. 专利保护与技术创新的关系

专利制度保护创新、促进创新，但实际操作中怎样将创新成果落实到专利文件当中，却是一个非常专业的技术活。正如前文所述，专利保护就像是给"创新之树"搭建的"庇护之所"。在"创新之树"慢慢成长并结出诱人果实的过程中，"庇护之所"能否有效地为其抵御暴风雨，能否有效地阻止外来的入侵和盗窃，都是很考验"搭建技术"的。专利权的保护范围是以权利要求为准的，过小的保护范围如同在树干下建了一圈又矮又窄的围墙，创新之树的枝叶和果实完全暴露在围墙之外，任何从旁边路过的人都可以伸手窃取果实，这样的"庇护之所"便完全徒有虚名，起不到任何保护作用，只会浪费权利人前期的投入和精力。当然，权利要求的保护范围也并非越大越好，《专利法》只保护属于创新主体自己发明创造的"新"技术，平衡专利权人和社会公众的利益是专利制度所需考量的基本因素之一。因此，创新主体在修建自己的"庇护之所"时，不能将其发明范畴之外、隶属于公众的"财产/土地"（现有技术）圈入自己的保护范围，如此可能无法通过国家专利主管行政部门的审批，或者即便通过，其权利也不稳定，可能在后续程序中被宣告无效。此外，建造的"庇护之所"需要符合"行业规范"（专利法规）方能通过主管部门的"完工检验"（专利审查），需要"基础"扎实（说明书需充分公开相关技术内容）、"施工"（文件撰写）精良才能支撑得起自己的"上层建筑"（权利要求），并经得住"风吹雨打"（专利无效）。

由此可见，想给予自己的创新成果较好的专利保护，不能简单粗暴地将技术创新与专利授权混为一谈，好的专利保护需要的是一栋为"创新之树"量身打造、范围合适、牢固耐用的"庇护之所"。

幸运的是，从提交专利申请到获得专利保护的过程如同修建房屋的过程，作为房屋所有人的创新主体对于自己理想的"庇护之所"只要做到"心中有数"即可，具体的修建过程并不需要事事都亲力亲为。术业有专攻，创新主体完全可以委托专业的"建筑师"——专利代理师去为其搭建理想的"庇护之所"。当然，虽然专利代理机构或代理师能够提供专业的帮助，但由于创新主体才是技术的研发者，也是将来专利权的所有者，因此，无论从技术细节还是保护需求层面而言，创新主体都需要在将技术创新转化为专利保护的过程中与专利代理师有效沟通，如此方能建造出符合创新主体真实需求的"庇护之所"，这就需要创新主体对专利相关的基础知识有所了解。

第三节　创新主体应知的专利申请二三事

既然专利制度是保护创新最重要的手段，而专利权作为为"创新之树"量身打造的"庇护之所"有诸多讲究，那么大家不免会产生这样的疑问：到底怎样才能获得高质量的专利？

一些技术人员在略微了解一些专利基础知识后，往往认为照葫芦画瓢就能解决专利申请的问题，殊不知，专利申请是专业性和实践性非常强的工作，即使熟记各项法律规定，通过了专利代理师资格考试，如果缺乏足够的实践经验积累，也基本不可能撰写出高质量的专利申请。本书的目的并不是教会创新主体如何撰写高质量的专利申请，而是给创新主体指引一条通向高质量申请的路径，即了解申请专利的基本知识、领域特点和难点，从而有的放矢地挑选合适的专业人士——专利代理师。需要明白的是，在这条路径中，主角仍然是创新主体，只有创新主体将自己的技术充分交底给专利代理师，专利代理师才能将其加工成高质量的申请文件。

那么，什么叫"充分交底"呢？就是了解专利代理师撰写一份专利申请文件的基本需求，并且能够在专利代理师的提示下进一步补充完善。这一切需要创新主体了解专利申请的基本知识，本节就从专利类型、申请流程、授权条件等方面介绍专利申请的一些基本知识。

一、专利类型

在我国，专利分为发明、实用新型和外观设计三种类型，不同类型的专利在保护范围和保护效力上有所不同。

1. 发明专利

根据《专利法》第 2 条第 2 款的规定，发明是指对产品、方法或者其改进所提出的新的技术方案。这里的"新"，并不是新颖性的判断标准，而是为了与"发明"相呼应，而且"新"不一定是全新的意思，可以是对先前方案的改良与更新。发明的定义中，关键词在于"技术方案"，也就是说，要求保护的方案是能够解决技术问题、获得技术效果的方案，这一点是相对于纯理论的科学发现而言的。在高性能纤维材料领域，绝大多数应用技术方案都可以申请发明专利，只需注意，对于一些新机理的揭示，必须联系其能够解决的技术问题，例如，保护主题不可以写成"碳纤维在提高轻量化材料强度方面的影响"，因为该主题属于纯理论的科学发现，可以选择将主题写成应用上述科学原理解决某技术领域一类或特定技术问题的应用、方法或由此获得的产品，可以写成"一种通过控制碳纤维含量以提高轻量化钓竿强度的方法""碳纤维在提高轻量化钓竿强度中的应用"或"一种含有碳纤维的轻量化高强度钓竿"。

发明专利从保护主题上可分为产品发明和方法发明两大类。产品发明包括由人生产制造出来的物品（如机器、仪器设备、化合物、组合物等）以及由多种物品配合构成的系统（如信号发射与接收系统），方法发明包括所有利用自然规律通过发明创造产生的方法（如制造方法、操作方法、工艺、应用等）。发明专利的保护年限是 20 年，自申请日起计算。

纤维材料领域大部分的技术创新源于材料本身和制备工艺，以材料的组成、制备工艺的改进和参数优化、具体应用为主要特征，因此发明专利申请是该领域申请的主要类型。发明专利的保护范围以权利要求书记载的为准。

图 2-4 是典型的高性能纤维材料领域的发明专利授权公告文本首页，图 2-5 是方法发明专利的权利要求页，图 2-6 是产品发明专利的权利要求页。

(19) 中华人民共和国国家知识产权局

(12) 发明专利

(10) 授权公告号 CN 101649508 B

(45) 授权公告日 2012.07.04

(21) 申请号 200910195794.0

(22) 申请日 2009.09.17

(73) 专利权人 东华大学
地址 201620 上海市松江区人民北路 2999
号

(72) 发明人 余木火 荣怀萍 韩克清 王兆华
田银彩 张辉 蔡金琳

(74) 专利代理机构 上海申汇专利代理有限公司
31001
代理人 翁若莹

(51) Int. Cl.
D01F 11/16 (2006.01)
D01F 11/12 (2006.01)
D01F 11/14 (2006.01)
D01F 9/12 (2006.01)
D01F 9/22 (2006.01)

(56) 对比文件
CN 101314649 A, 2008.12.03, 权利要求书.
CN 101250770 A, 2008.08.27, 权利要求书.

审查员 高德洪

权利要求书 1 页 说明书 4 页 附图 1 页

(54) 发明名称
一种高强度碳纤维的制备方法

(57) 摘要

本发明提供了一种高强度碳纤维的制备方法,其特征在于,具体步骤为:第一步:将碳纳米管 0.01-2 重量份与溶剂 100 重量份混合,用超声波细胞粉碎机以功率 300w-600w 超声 1.5-3 小时;第二步:在第一步得到的混合溶液中加入高分子增稠剂 0.01-5 重量份,用超声波细胞粉碎机以功率 300w-600w 超声 1-2h;第三步:在预氧化后的纺丝用纤维上用第二步得到的混合溶液形成厚度为 100nm-300nm 的涂层,然后经过碳化得到高强度碳纤维。本发明可使碳纤维的拉伸强度提高 15%-30%,韧性提高 30%。

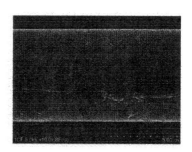

CN 101649508 B

图 2-4 发明专利的授权公告文本首页

CN 101649508 B　　权　利　要　求　书　　1/1页

1. 一种高强度碳纤维的制备方法，其特征在于，具体步骤为：

第一步：将碳纳米管0.01-2重量份与溶剂100重量份混合，用超声波细胞粉碎机以功率300w-600w超声1.5-3小时；所述的溶剂为二甲基亚砜、N,N-二甲基甲酰胺、二甲基乙酰胺或蒸馏水；

第二步：在第一步得到的混合溶液中加入高分子增稠剂0.01-5重量份，用超声波细胞粉碎机以功率300w-600w超声1-2h；所述的高分子增稠剂为聚丙烯腈、聚乙烯醇或α-氰基丙烯酸酯；

第三步：将预氧化后的纺丝用纤维浸入到第二步得到的混合溶液中静置或将第二步得到的混合溶液静电喷射到纤维表面以在预氧化后的纺丝用纤维上形成厚度为100-300nm的涂层，然后经过碳化得到高强度碳纤维。

2. 如权利要求1所述的高强度碳纤维的制备方法，其特征在于，所述第一步中采用的碳纳米管为羧基化的多臂碳纳米管。

3. 如权利要求1所述的高强度碳纤维的制备方法，其特征在于，所述第三步中预氧化后的纺丝用纤维以固液比1：3-1：2浸入到第二步得到的混合溶液中，静置时间为1-2h。

4. 如权利要求1所述的高强度碳纤维的制备方法，其特征在于，所述第三步中静电喷射的条件为：喷射电压80kv-120kv、喷射距离25cm-40cm以及喷枪旋转速度2800r/min-3000r/min。

图2-5　方法发明专利的权利要求页

CN 107904756 B　　权　利　要　求　书　　1/1页

1.一种碳纤维扩展扁丝织造用剑杆夹头，包括固定下夹头(1)、活动上夹头(2)、旋转轴(3)、弹簧(4)、控制装置(5)和纬纱(7)，其特征在于：所述固定下夹头(1)上端设有一倾斜的支撑杆(8)，用于与活动上夹头(2)连接，所述活动上夹头(2)包括活动臂(2-1)和随动臂(2-2)，所述活动臂(2-1)与随动臂(2-2)的角度为90°-135°，固定连接，所述活动臂(2-1)与随动臂(2-2)连接处通过旋转轴(3)与支撑杆(8)连接，且活动臂(2-1)可带着随动臂(2-2)绕着旋转轴(3)转动，所述旋转轴(3)中心到固定下夹头(1)的夹紧面的垂直距离小于随动臂(2-2)的长度L，用于活动上夹头(2)旋转时能够有效夹持纱线，所述随动臂(2-2)与支撑杆(8)上分别设有与弹簧(4)对应的卡槽(9)，所述弹簧(4)用于给予活动上夹头(2)转动时的回复力，所述活动臂(2-1)上端设有控制装置(5)，用于驱动活动臂(2-1)转动、以便于夹持纬纱(7)。

2.根据权利要1所述的一种碳纤维扩展扁丝织造用剑杆夹头，其特征在于：所述固定下夹头(1)装配在剑杆(6)前端部。

3.根据权利要1所述的一种碳纤维扩展扁丝织造用剑杆夹头，其特征在于：所述弹簧(4)为拉簧或压簧或扭簧。

4.根据权利要1所述的一种碳纤维扩展扁丝织造用剑杆夹头，其特征在于：所述活动臂(2-1)受到外力驱动之前，活动上夹头(2)由弹簧(4)加载、始终保持与固定下夹头(1)的夹紧状态。

5.根据权利要1所述的一种碳纤维扩展扁丝织造用剑杆夹头，其特征在于：所述控制装置(5)为气缸或顶击杆，通过气缸伸缩杆或顶击杆推动活动臂(2-1)转动。

图2-6　产品发明专利的权利要求页

图2-5示出了方法发明的权利要求书，共包括四项权利要求，其中权利要求1是独立权利要求，也就是从整体上反映发明的主要技术内容，无须用其他权利要求来确定其范围和含义的完整权利要求。权利要求2~4是从属权利要求，就是跟随独立权利要求之后，引用在先权利要求（包括独立或从属权利要求），并用附加技术特征进一步限定其特征的权利要求。图2-6示出了产品发明的权利要求书，包含了一项独立权利要求1和四项从属权利要求2~5。

独立权利要求的项数、限定内容和从属权利要求的引用关系有相当大的讲究，体现了申请人的权利布局。从属权利要求是独立权利要求的下位权利要求，是对独立权利要求的进一步改进或优化，本身落入独立权利保护范围之内，但通常撰写时通过引用而省略了被其引用的权利要求的所有特征，只是增加了新的技术特征或进一步细化的技术特征。从属权利要求主要是为了构建多层次的权利要求保护范围。许多技术成果的发明点不止一个，或者在一个大范围当中有许多优选的实施方案，独立权利要求进行上位概括，以争取尽可能大的保护范围，但这种概括可能存在一定风险。例如，概括太宽，囊括了现有技术的方案而导致缺乏新颖性或创造性，或者得不到说明书内容支持。在授权或确权过程中，如果独立权利要求因存在问题而不能被授权或应该被无效，那些限定了更下位或更进一步发明点的从属权利要求有可能仍然成立，可以上升为新的独立权利要求，使得方案仍然能够授予专利权或者部分维持有效。

2. 实用新型专利

根据《专利法》第2条第3款的规定，实用新型是指对产品的形状、构造或者其结合所提出的适于实用的新的技术方案。同发明一样，实用新型保护的对象也必须是技术方案。但是，实用新型专利保护的技术方案范围较发明窄，它只保护有一定形状或结构的新产品，不保护方法以及没有固定形状的物质（如液体、气体、粉状物、颗粒物以及玻璃、陶瓷等）。实用新型整体上技术水平较发明要低，保护年限是10年，自申请日起计算。

创设实用新型这种保护类型主要是针对低成本、研发周期短的小发明创造，因为发明专利授权时间周期一般长达2~3年，并且要求较高，不易通过审查，而实用新型一般不进行实质审查，通过初步审查后即能快速得到授权，使得一些简单的、改进型的技术成果能够快速产生经济效益。如果有人对授权后的实用新型有效性存在疑义，可以启动无效宣告请求程序，这种依请求审查的方式滤除了那些无实际效用的实用新型，大大节约审查资源。

由于实用新型专利申请保护范围的局限性，只保护以形状结构改进为特征的产品，纤维材料领域有许多以材料和方法为主的创新成果无法采用这种形式保护，通常申请实用新型专利的是一些制造类设备，例如，锻造、冲压、剪切等加工设备，材料的测试设备，以纤维材料为特征的具体产品制品等。同发明一样，权利要求书也是确定实用新型的保护范围的依据，其中独立权利要求与从属权利要求的关系也与发明相同。图2-7是纤维材料领域典型的实用新型专利授权公告文本首页，图2-8则是该实用新型专利的权利要求页。

(19) 中华人民共和国国家知识产权局

(12) 实用新型专利

(10) 授权公告号 CN 201520917 U
(45) 授权公告日 2010.07.07

(21) 申请号 200920210722.4

(22) 申请日 2009.10.14

(73) 专利权人 东华大学
　　地址 201620 上海市松江区松江新城区人民
　　　　北路 2999 号

(72) 发明人 吕永根　王力勇　杨常玲　张艳霞
　　　　　　李刚

(74) 专利代理机构 上海泰能知识产权代理事务
　　　　　　　　所 31233
　　代理人 黄志达　孙健

(51) Int. Cl.
　　D06L 1/00 (2006.01)
　　D06M 10/00 (2006.01)
　　D06M 11/58 (2006.01)
　　D06M 11/60 (2006.01)
　　D06M 101/40 (2006.01)

权利要求书 1 页　说明书 4 页　附图 1 页

(54) 实用新型名称
　　一种连续式碳纤维后处理装置

(57) 摘要

本实用新型涉及一种连续式碳纤维后处理装置。该装置包括串联连接的管式电热炉和表面处理机，其中，表面处理机分为上下两层。管式电热炉的石英管两端连接两个闷头，闷头上有两个石英导管，分别走丝和连接所需气体。表面处理机以碳纤维为阳极，并和直流电源或脉冲电源连接。该处理装置可对碳纤维进行退浆、多种方式表面处理及上浆，还可以和碳纤维生产线连接，操作安全、稳定，表面处理效果好。经过表面处理后的碳纤维增强尼龙的层间剪切强度和碳纤维增强环氧树脂的界面剪切强度及其它性能均有较大提高。

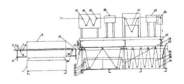

20152091 U

图 2-7　实用新型专利的授权公告文本首页

1. 一种连续式碳纤维后处理装置,包括串联连接的管式电热炉(9)和表面处理机(30),其中,所述的表面处理机(30)分为上下两层,下层从至右依次是电解槽(17)和水洗槽(32),上层从右至左依次是第一槽式电热炉(25)、上浆槽(24)、第二槽式电热炉(23)和传动五辊装置,其特征是,所述的管式电热炉(9)的石英管(8)两端分别连接第一闷头(7)和第二闷头(35),所述的第一闷头(7)一端连接第一石英导管(6),所述的第一石英导管(6)与管式电热炉(9)的石英管(8)平行,所述的第一闷头(7)垂直方向还连接第二石英导管(2);所述的第二闷头(35)垂直方向连接第三石英导管(34);所述的电解槽(17)内是绝缘导辊(16),所述的电解槽(17)上方是导电辊(11),所述的导电辊(11)与直流电源或脉冲电源阳极连接;所述的传动五辊装置和变频电机连接。

2. 根据权利要求1所述的连续式碳纤维后处理装置,其特征是,所述的闷头使用的材料是石英、或玻璃、或陶瓷、或不锈钢件。

3. 根据权利要求1所述的连续式碳纤维后处理装置,其特征是,所述的变频电机能正反方向运转,并且频率为 20-100 赫兹。

4. 根据权利要求1所述的连续式碳纤维后处理装置,其特征是,所述的电解槽(17)为绝缘材料。

5. 根据权利要求1所述的连续式碳纤维后处理装置,其特征是,所述的石英导管长度为 2-8cm。

图 2-8　实用新型专利的权利要求页

3. 外观设计专利

外观设计是指对产品的形状、图案或者其结合以及色彩与形状、图案的结合所作出的富有美感并适于工业应用的新设计。形状是指对产品造型的设计,也就是指产品外部的点、线、面的移动、变化、组合而呈现的外表轮廓;图案是指由任何线条、文字、符号、色块的排列组合而在产品的表面构成的图形;色彩是指用于产品上的颜色或者颜色的组合。

外观设计与发明、实用新型有着明显的区别,外观设计注重的是设计人对一项产品的外观所作出的富于艺术性、具有美感的创造,但这种具有艺术性的创造,不是单纯的工艺品,它必须具有能够为产业上所应用的实用性。外观设计保护年限为自申请日起 15 年。

同发明和实用新型不同的是,外观设计没有权利要求书,其保护范围以表示在图片或者照片中的该产品的外观设计为准,另外附有简要说明,可以用来解释图片或者照片所表示的产品外观设计。图 2-9 是纤维材料领域典型的外观设计专利授权公告文本首页,图 2-10 是该外观设计专利的简要说明页,图 2-11 是该外观设计专利的图片或照片页。

(19) 中华人民共和国国家知识产权局

(12) 外观设计专利

(10) 授权公告号 CN 306991379 S
(45) 授权公告日 2021.12.10

(21) 申请号 202130362413.5

(22) 申请日 2021.06.11

(73) 专利权人 惠州市景宏科技有限公司
地址 516000 广东省惠州市惠阳区秋长西
湖村11号隆盛科技园C栋8楼

(72) 设计人 陈俊楚

(74) 专利代理机构 北京和信华成知识产权代理
事务所(普通合伙) 11390
代理人 郝亮

(51) LOC (13) CI.
12-11

图片或照片 7 幅 简要说明 1 页

(54) 使用外观设计的产品名称
碳纤维折叠电动自行车架

立体图

图 2-9 外观设计专利的授权公告文本首页

CN 306991379 S   **简 要 说 明**   1/1 页

1. 本外观设计产品的名称:碳纤维折叠电动自行车架。
2. 本外观设计产品的用途:一款碳纤维折叠电动自行车架的外观设计。
3. 本外观设计产品的设计要点:在于形状。
4. 最能表明设计要点的图片或照片:立体图。

图 2-10 外观设计专利的简要说明页

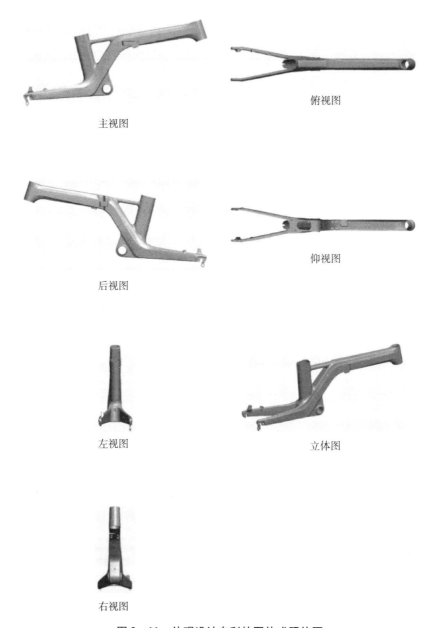

图 2 - 11　外观设计专利的图片或照片页

可以看出，外观设计保护的对象与发明和实用新型相比有本质不同，它不是以技术性为核心，而是因美感而存在的具有一定用途的设计。对技术方案来说，可替代性较低，有的领域甚至只有唯一一种技术解决途径，而对于外观设计来说，核心是美感，所以不具有技术独占功能。因此，对于高性能纤维材料领域而言，人们更关注技术方案的保护，外观设计不是主要保护模式。

二、专利申请基本流程

发明专利的审批程序主要包括受理、初步审查、公布、实质审查以及授权五个阶段。实用新型或外观设计专利的审批程序主要包括受理、初步审查和授权三个阶段，如图2-12❶所示。

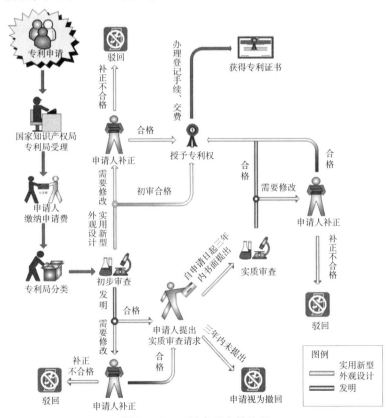

图2-12 三种专利审批流程

---

❶ 图片来源于国家知识产权局网站。

　　提交专利申请可以采用面交、邮寄、电子申请三种方式中的任意一种。面交是指将专利申请文件当面递交给国家知识产权局专利局的受理大厅或各地方的代办处。受理大厅就在国家知识产权局的办公所在地，代办处相当于是受理大厅在各地的分理处❶，全国目前共有 34 个代办处，除各省的省会城市或直辖市外，苏州、青岛和深圳也设有相应的专利代办处。邮寄是指采用邮件的形式将纸质申请文件邮递给国家知识产权局专利局。电子申请则是指申请人在办理电子申请用户注册手续后，通过自己的电子账户将电子申请材料直接通过网络提交给国家知识产权局专利局的方式。

　　由于网络的便捷性，电子申请目前已占到全部专利申请的 90% 以上，为目前最主要的专利申请提交方式。申请人可以通过网址 http：//cponline.cnipa. gov.cn 或国家知识产权局的官方网站"政务服务"专栏的链接进入图 2-13 所示的"中国专利电子申请网"进行电子申请的提交，该网站内部有详细的电子申请流程介绍，操作便捷。

图 2-13　中国专利电子申请网

　　我国《专利法》第 28 条规定："国务院专利行政部门收到专利申请文件之日为申请日。如果申请文件是邮寄的，以寄出的邮戳日为申请日。"

---

❶　刘冀鹏. 专利知识 100 问——专利菜鸟入门手册［M］. 北京：知识产权出版社，2020.

由于我国专利制度采用"先申请"原则，意味着两个以上的申请人分别就同样的发明创造申请专利的，在满足其他授权条件的情况下，申请日在先的专利申请将被授予专利权。专利申请新颖性、创造性判断时采用的"现有技术"以申请日为界限，审批过程中对专利申请文件的修改是否超范围也是以申请日提交的申请文件为准。此外，申请日还是一些重要权利事项，诸如专利权保护期限、优先权期限、专利强制许可时间期限、缴纳年费数额、发明专利申请公布和提出实质审查请求等的起算日期。由此可见，申请日的确定无论对专利申请还是被授予的专利权来说都非常重要❶。因此，"提交专利申请"这一看似简单的事项实际至关重要，一旦提交的专利申请被受理后，该专利申请便有了自己独一无二的"身份证号"（申请号），很多基本的信息和属性便由此确定。

一件专利申请自递交申请到授权，需要经过许多环节步骤。在我国，发明专利申请是实质审查制，实用新型和外观设计是初步审查制，前者的审批时间较后者长很多。

1. 发明专利申请流程

专利申请可以自己提交，也可以找具有资质的专利代理机构代为提交，如果选择代理机构代理，则创新主体首先要向代理机构进行技术交底，专利代理机构的代理师根据技术交底书完成专利申请文件的撰写，申请人确认后，代理机构按照规定要求将申请文件提交给国家知识产权局。国家知识产权局受理后，进入初步审查阶段，对一些明显缺陷或形式问题进行审查，如果存在问题，通知申请人补正，合格后予以公开。随后，依照申请人的请求，进入实质审查阶段，审查员将对申请文件是否符合法定授权条件进行审查，如果没发现不符合授权条件的问题，则予以授权。如果实质审查阶段审查员认为申请文件不符合授权条件，会告知申请人，听取申请人的意见陈述，申请人还可以对申请文件进行一定程度的修改，如果经意见陈述和修改后仍然不符合授权条件，则审查员会驳回该专利申请。图 2 - 14 示出了一件专利从技术交底到专利授权的大致流程。

在整个过程中，第一步确定技术交底材料、第二步撰写申请文件以及第七步的实质审查涉及专利技术的核心，是整个流程中最重要的三个环节。

---

❶　尹新天. 中国专利法详解（缩编版）［M］. 北京：知识产权出版社，2012.

图 2 - 14　发明专利申请流程

发明专利从技术成果完成到递交专利再到授权，整个流程时间比较长，曾经有极端的情况，专利授权时已经过了自申请日起算 20 年的有效期，但我国目前发明专利的审查周期通常在两到三年。在递交专利申请之前，属于创新主体研发和与专利代理机构交底的内部流程，创新主体可根据自身需要安排和控制时间节点，自主性较强。自申请递交后直至授权，其时间则主要受法定流程实质审查过程中申请人与审查员之间的交流沟通情况等因素影响，具有较大不确定性。图 2 - 15 示出了发明专利审查流程。《专利法》规定了两个时间节点，一是对发明公开不晚于自申请日起第 18 个月，二是实质审查请求的提出不晚于自申请日起三年内。

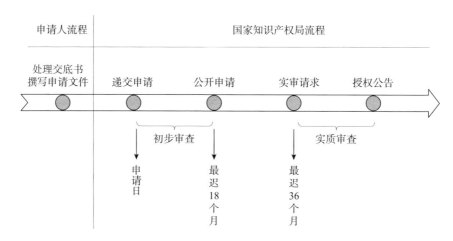

图 2 - 15　发明专利审查流程

2. 实用新型和外观设计专利申请流程

实用新型和外观设计专利申请的审批流程比发明专利简单得多，如图 2 - 16 所示。提交申请文件后，经过初步审查合格，即授权公告。

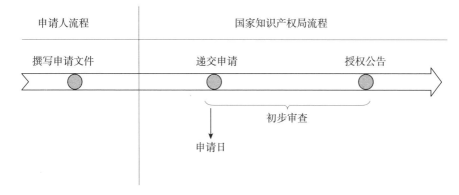

图 2 - 16　实用新型/外观设计专利审查流程

3. 驳回复审

当专利申请被审查员认定不符合授权条件而驳回时，申请人不服的，作为救济手段，可以提起复审请求。我国《专利法》第 41 条规定："专利申请人对国务院专利行政部门驳回申请的决定不服的，可以自收到通知之日起三个月内向国务院专利行政部门请求复审。国务院专利行政部门复审后，作出决定，并通知专利申请人。"

在我国，复审请求是向国家知识产权局下设的复审和无效审理部提起。复审和无效审理部会组成三人合议组对案件进行审查，审查过程中申请人可以修改申请文件和陈述意见，如果合议组认为驳回理由不正确，或者经过修改驳回理由指出的缺陷已不存在，则会撤销驳回决定，将案件发回实质审查部门继续审查。如果合议组经审查仍然认为申请不符合授权条件，则作出维持驳回决定的复审请求审查决定。当事人对该复审请求审查决定不服的，可以向北京知识产权法院提起行政诉讼。

4. 无效程序

虽然授予专利权经过了一系列的法律审查，但因审查手段和证据获取的局限性，仍难免出现一些"漏网之鱼"——被授予专利权的申请并不符合法律规定，尤其是未经实质审查的实用新型和外观设计专利更是如此。世界上绝大多数国家都采用设立授权后专利权无效宣告程序来解决该问题，即让社会公众有提出取消该专利权的机会，以达到纠正不符合法律的错误授权，进而维护社会和公众的合法权益。我国《专利法》第 45 条规定："自国务院专利行政部门公告授予专利权之日起，任何单位或者个人认为该专利权的授予不符合本法有关规定的，可以请求国务院专利行政部门宣告该专利权无效。"在我国，无效宣告请求的受理和审查也是在国家知识产权局的复审和无效审理部。

无效程序是一种行政程序，其设立的意义一方面是为公众提供请求取消瑕疵专利权或纠正不合法专利权、维护自身合法权益不受非法专利权侵害的机会；另一方面，无效也为专利权人提供了通过合法途径合理限定专利权保护范围的机会，可以在无效程序中修正之前的保护范围，以在专利保护过程中避免无意义的纠纷及损失。国家知识产权局作出无效宣告请求审查决定后，当事人不服的，可以向北京知识产权法院提起行政诉讼。无效宣告程序往往与专利侵权诉讼紧密相连，当专利权人提起专利侵权诉讼时，作为重要应对策略，被控侵权人往往会对涉案专利权提起无效宣告请求。

5. 专利侵权诉讼

专利侵权诉讼是指专利权人因专利权受非法侵害而引发的诉讼，由侵权行为地或被告住所地法院管辖。专利侵权判定规定对象是侵权行为。根据《专利法》第 11 条的规定，发明和实用新型专利权被授予后，除法律规定的特殊情形外，任何单位或者个人未经专利权人许可，都不得实施其专利，即不得为生产经营目的制造、使用、许诺销售、销售、进口其专利产品，或者使用其专利方法以及使用、许诺销售、销售、进口依照该专利方法直接获得的产品。外观设计专利权被授予后，任何单位或者个人未经专利权人许可，都不得实施其专利，即不得为生产经营目的制造、许诺销售、销售、进口其外观设计专利产品。

也就是说，判断是否侵犯专利权，有三个要件：一是侵害对象为有效专利权，二是存在未经专利权人许可实施其专利的行为，三是侵权行为是以生产经营为目的。与侵犯商标权、著作权等不同，侵犯专利权不以侵权行为人主观上是否存在过错为前提。如果自主研发的技术落入在先专利的权利范围之内，其生产经营为目的的实施同样属于侵权行为。

侵权判定对技术和法律有相当高的专业要求，除了一般侵权诉讼中涉及的问题之外，还会涉及更加专业的专利权保护范围界定、权利要求合理解释、被控侵权技术方案的取证和认定、两相对比是否相同或等同的判定、侵权赔偿数额计算问题，以及现有技术抗辩、先用权抗辩等各类特殊事由，甚至还须对专利权有效性进行先行判定。在实践中，通常都需要知识产权专业律师与技术人员配合共同应对。

三、授予专利权的条件

发明专利申请要获得授权，需要满足法律规定的形式上和实质上的要求。

形式方面的要求主要是按照法律规定的程序办理各种手续，提交一系列符合规定格式的文件，比如，向专利局递交申请文件，缴纳规定的费用，附上相关的证明。《专利法》《专利法实施细则》和《专利审查指南2010》中对许多文件的提交时间、提交格式和缴费期限都进行了规定，如申请文件应当包括请求书、说明书及其摘要和权利要求书等文件，请求书应当写明的事项，说明书应当包括的内容，权利要求的撰写方式，在中国完成的发明或实用新型向外国申请专利应进行保密审查，要求优先权的应在规定时间提交声明和首次申请副本，何时开始缴纳年费，等等。这些要求虽然繁多，但不难，基本都是流程和形式方面的规定，可以通过查询相关规定清楚地获知，形式方面的缺陷也容易通过修改克服，如果申请过程有专利代理机构的帮助，一般不会出错。

相对来说，满足实质方面的要求对于一份专利申请来说更为关键。实质方面的要求也可以称为可专利性，它是指发明创造内容方面必须具备的条件，如果不符合，则不能授予专利权。与通过补正手续或简单修改就容易克服的形式缺陷不同，实质缺陷很多情况下是技术方案本身或申请撰写存在较为严重的问题，如果原始申请文件没有留余地，则很难通过修改克服。以申请难度最高的发明专利申请为例，其授权的实质要件主要包括三个方面的规定：一是属于授予专利权的客体范畴，二是技术本身具备法律规定的"三性"，三是申请文件撰写需要满足一定条件。

1. 授予专利权的客体

什么东西可以得到专利制度的保护？这是申请专利首先应该弄清楚的问题。在《专利法》中，主要有三个条款对可授予专利权的客体进行了规定和限制，即第2条、第5条和第25条。

（1）不符合发明创造的定义

《专利法》第2条主要从正面定义了发明创造保护什么。以发明为例，其定义是：对产品、方法或者其改进所提出的新的技术方案。《专利审查指南2010》中又对什么是技术方案进行了规定，即对要解决的技术问题所采取的利用了自然规律的技术手段的集合。未采用技术手段解决技术问题，以获得符合自然规律的技术效果的方案，不属于《专利法》第2条第2款规定的客体。所以大多数自然界本身存在的事物或现象，如气味、声、光、电、磁、波等信号不属于《专利法》第2条第2款规定的客体。

（2）违反法律、社会公德、妨害公共利益

我国《专利法》第5条规定了对违反法律、社会公德或者妨害公共利益的发明创造，以及违反法律、行政法规的规定获取或者利用遗传资源，并依赖该遗传资源完成的发明创造，不授予专利权。由于与实行专利制度的目的相悖，不仅不利于社会发展，反而对社会造成危害，所以这种在授权客体中排除与法律或社会普遍接受的价值观相违背的做法具有普遍性，实行专利制度的国家和与专利相关的国际公约中大都有此规定。例如，"一种吸毒工具""一种赌博工具及其使用方法"，显然不符合法律规定、基本道德准则和公共利益需求，不能获得保护。

需要说明的是，违反《专利法》第 5 条的发明创造不包括仅其实施为法律所禁止的发明创造，也就是说发明创造本身并没有违反国家法律，而是由于其滥用而违法的才会被禁止。比如用于国防的各种武器的生产、销售及使用虽然受到法律的限制，但这些武器本身及其制造方法仍然属于给予专利保护的客体。

（3）明确排除的对象

除了从正面定义发明创造和排除与法律或社会基本价值观相悖的客体之外，我国《专利法》第 25 条还规定了一些特殊的对象，它们基于各方面的特殊考虑也不受专利制度保护。

一是科学发现。包括各种物质、现象、过程和规律，例如一颗新发现的小行星、一种新发现的物质。科学发现本身是自然的客观存在的，人类只是解释了这种存在，如果没有对客观世界进行改造，则不是专利法意义上的技术方案。但是，在科学发现基础上加以应用，形成改造世界的技术方案，可以申请专利。例如，发现卤化银在光照下有感光特性，这种发现不能被授予专利权，但是根据这种发现制出的感光胶片以及此感光胶片的制造方法则可以被授予专利权。

二是智力活动的规则和方法。包括游戏规则、企业管理方法、数学计算方法、情报分类方法、锻炼方法等。虽然人们完成发明需要进行智力活动，但如果仅仅是精神层面的思维运动，而不作用于自然并产生效果，则属于单纯的智力活动，比如创设一种游戏规则，编排的乐谱，这类活动不具备技术的特征，因此不适用专利制度的保护，也不符合发明创造的定义。

三是疾病的诊断和治疗方法。这主要是出于人道主义和社会伦理的原因而加以限制，让医生在诊断和治疗过程中应当有选择各种方法和条件的自由。试想外科手术大夫要为自己采用了一种先进的手术方法来治病救人而承担侵权责任，还会有实施的动力吗？这类方案不受保护的另一考虑是，许多诊断和治疗方案需要医生主观因素的介入，结果也因人而异，在产业上也不具有再现性，比如诊脉法、心理疗法、针灸法、避孕方法等。当然，诊断和治疗中使用的仪器、设备和药品是可专利的。

四是动物和植物品种。因为动物和植物属于有生命的个体，一般认为不适宜用专利制度来保护。在我国，植物新品种是通过单独的《植物新品种保护条例》来保护。需要说明的是，虽然品种本身不能申请专利，但其生产方法是可专利的，所谓生产方法，是指"非生物学方法"生产，即通过人工介入的方式加以技术干预，如杂交、转基因等技术生产动植物品种的方法。

五是用原子核变换方法和用该方法获得的物质。这类方案事关国家经济、国防、科研和公共生活的重大利益，不宜为单位或私人垄断，因此不能被授予专利权。但是，为实现原子核变换而增加粒子能量的粒子加速方法，为实现原子核变换方法的各种设备、仪器及其零部件等，如电子行波加速法、电子对撞法、电子加速器、反应堆等，不属于此列，是可被授予专利权的客体。

六是平面印刷品的图案、色彩或者二者的结合作出的主要起标识作用的设计。在 2009 年 10 月 1 日以前，这类设计并没有被排除在客体范畴之外，第三次专利法修改时增加这一排除客体主要是为了提高外观设计的质量，当时这类设计数量太多，而其设计要点和方法较简单，保护价值不高。

2. 技术方案应具备的"三性"

迈入可专利客体的门槛之后，接下来要对技术本身提出一定要求。《专利法》第 22 条第 1 款规定，授予专利权的发明和实用新型，应当具备新颖性、创造性和实用性。这通常称为发明创造的"三性"要求。

（1）新颖性

新颖性，顾名思义，就是要求发明创造是新的，前所未有的，这是对创新技术的基本要求。《专利法》第 22 条第 2 款规定："新颖性，是指该发明或者实用新型不属于现有技术；也没有任何单位或者个人就同样的发明或者实用新型在申请日以前向国务院专利行政部门提出过申请，并记载在申请日以后公布的专利申请文件或者公告的专利文件中。"该条款中将不具备新颖性情形分为两种，一是不属于现有技术，二是不属于抵触申请。

现有技术是在申请日之前（有优先权的指优先权日，下同）被国内外公众所知的技术。在申请日之前，在国内外出版物上公开发表的、在国内外公开使用的和以其他方式为公众所知道的技术都属于现有技术范畴。在发明专利申请的审查过程中，出版物公开是最主要的现有技术来源，审查员会检索专利文献、期刊、书籍、行业标准等以各种形式向公众公开的资料，随着网络技术的发展，影音资料也可能涉及。使用公开或者以其他方式公开也属于现有技术，其证据来源例如购买凭证、技术合同、实施现场照片、广告宣传册、展会资料等，由于审查员检索获得的困难度较大，实质审查过程中一般不会主动检索这些来源，但如果社会公众提交相关证据，审查员也会加以考虑。在无效宣告程序中，请求人提供使用公开或者以其他方式公开的现有技术证据相对较多。

"抵触申请"这一概念在《专利法》中没有直接使用，而是人们在学术上对破坏新颖性第二种情况的概括，即由任何单位或者个人就同样的发明或者实用新型在申请日以前向国家知识产权局提出并且在申请日以后（含申请日）公布的专利申请文件或者公告的专利文件。新颖性规定中纳入抵触申请破坏新颖性的主要目的是防止相同的发明创造被重复授予专利权。现有技术与抵触申请最大的区别在于公开时间不同，现有技术公开日期在本申请的申请日之前，理论上可以被本申请的申请人借鉴，专利制度设置新颖性和创造性就是防止在现有技术基础上不作任何改动或改动程度不大的技术被授予专利权，与鼓励技术发展进步的目的不符，而抵触申请公开日期在本申请的申请日之后，对于不同主体而言，理论上没有借鉴可能性，所以不能认为本申请的申请人在抵触申请基础上进行改进，因此抵触申请不能用于评价创造性。但如果放任抵触申请和本申请同时存在，又可能会出现先后两个"同样的发明创造"都可以被授予专利权的情形，破坏了专利法中的先申请原则。基于这种考虑，设立抵触申请以排除在后申请的新颖性，其特殊之处就在于抵触申请仅限于那些向国家知识产权局提出的专利申请，而且只能用于破坏在后申请的新颖性，而不能破坏创造性。本书第四章对于新颖性的判断将还有更详细的说明。

（2）创造性

如果仅仅要求"新"，这个标准是非常容易达到的，对于现有技术稍加变换即可，那样能够授予专利权的技术方案会非常之多，形成密集的专利丛林，社会公众稍不注意就会陷入侵权境地，不利于技术的传播和应用。因此，除了求新求变之外，现代专利制度还要求发明创造达到一定的创新高度，这就是创造性要求，我国《专利法》第22条第3款规定，创造性，是指与现有技术相比，该发明具有突出的实质性特点和显著的进步，该实用新型具有实质性特点和进步。从上述规定可以看出，发明比实用新型的创造性的标准要高一些。这一条款在授权和确权实践中是使用最多、争议最多的条款。

不同人依据自己的知识和能力，可能对创造性高度得出不同的结论。为使创造性的判断尽量客观统一，法律上拟制了一个"所属技术领域的技术人员"的概念。《专利审查指南2010》第二部分第四章规定，所属技术领域的技术人员也可称之为本领域的技术人员，是指一种假设的"人"，假定他知晓申请日或者优先权日之前发明所属技术领域所有的普通技术知识，能够获知该领域中所有的现有技术，并且具有应用该日期之前常规实验手段的能力，但他不具有创造能力。如果所要解决的技术问题能够促使本领域的技术人员在其他技术领域寻找技术手段，他也应具有从该其他技术领域中获知该申请日或优先权日之前的相关现有技术、普通技术知识和常规实验手段的能力。这样，就划定了一个评判创造性的基准，无论是谁来判断发明创造的创造性，都要站在所属技术领域的技术人员的基准去评判。

发明专利的创造性有两个标准：一是具体突出的实质性特点，二是具有显著的进步。所谓突出的实质性特点，是指对所属技术领域的技术人员来说，发明相对于现有技术是非显而易见的。如果发明是所属技术领域的技术人员在现有技术的基础上仅仅通过合乎逻辑的分析、推理或者有限的试验可以得到的，则该发明是显而易见的，也就不具备突出的实质性特点。所谓显著的进步，是指发明与现有技术相比能够产生有益的技术效果。例如，发明克服了现有技术中存在的缺点和不足，或者为解决某一技术问题提供了一种不同构思的技术方案，或者代表某种新的技术发展趋势。

上述两个标准中，突出的实质性特点在判断创造性时通常占据主导地位。审查实践中，通常采用《专利审查指南 2010》第二部分第四章第 3.2.1.1 节给出的判断要求保护的发明是否相对于现有技术显而易见的方法，即"三步法"，具体为：首先，确定最接近的现有技术；其次，确定发明的区别技术特征和发明实际解决的技术问题；最后，从最接近的现有技术和发明实际解决的技术问题出发判断是否显而易见。

创造性判断与每一个案件的现有技术状况和案件本身的技术水平相关，实践有非常多的考量因素。但简单归纳起来，影响专利申请创造性判断的因素实际上就两点，一是技术方案本身的创新高度如何，二是申请文件如何记载。其中技术方案本身的创新高度起决定性作用，但如果高水平的创新在申请文件中没有写好，例如没有让人明了其技术效果到底好在哪里，仍然会极大地影响审查员的判断结果。本书第四章对于高性能纤维材料领域创造性的判断还有更详细的说明。

（3）实用性

实用性作为"三性"中的最后一条要求，是门槛最低、最易达到的标准。实用性，是指发明或者实用新型申请的主题必须能够在产业上制造或者使用，并且能够产生积极效果。简单来说，就是确保发明创造是可行的、能够在产业上实施的、有用的技术方案。确立实用性作为授予专利权的条件之一，是为了确保发明者的构思能在产业中实施，而不仅仅是抽象的科学理论或理想状态，同时也是为了排除那些违背自然规律、存在固有缺陷而根本无法实现的方案。

在产业上能够制造或者使用的技术方案，是指符合自然规律、具有技术特征的任何可实施的技术方案。能够产生积极效果，是指发明或者实用新型专利申请在提出申请之日，其产生的经济、技术和社会的效果是所属技术领域的技术人员可以预料到的。这些效果应当是积极的和有益的。显然，绝大多数发明创造都能够满足这些要求，因此相对来说，不符合实用性的案例在实践当中很少。

3. 申请文件撰写要求

如果发明创造属于授权客体，又具备"三性"，那么这样的发明创造基本上就拥有锁定专利权的可能性了，而能否让这种可能性变成现实，则取决于专利代理师撰写申请文件的功力。《专利法》当中，对申请文件的撰写有许多要求，但影响最大、实践中问题最多的，是说明书公开充分和权利要求清楚且以说明书为依据这两个条款。

（1）说明书公开充分

《专利法》第 26 条第 3 款规定："说明书应当对发明或者实用新型作出清楚、完整的说明，以所属技术领域的技术人员能够实现为准；必要的时候，应当有附图。"这一条款体现了专利制度"公开换取保护"的理念，通过给予专利权人一定的垄断性特权，促进科学技术知识的传播，进而推动经济社会进步，根据权利义务对等的原则，要获得这种垄断权利，必须以向社会充分公开发明创造的内容为前提。

一些申请人希望获得专利权，但又怕别人知道自己的技术诀窍，因此在撰写说明书时故意有所保留；还有些申请人是刚刚想到一种问题解决思路，但对于其如何具体实现、能否实现以及效果如何还没有进行深入研究，就提出了专利申请以抢占申请日；还有一些申请人是对于法律规定不了解、对专利申请实践不熟悉，导致披露信息不足。上述种种做法如果导致本领域技术人员阅读说明书之后不清楚如何具体实现，或者不能实现其技术方案，或者无法得到预期的技术效果，则会导致说明书公开不充分而无法获得专利权。

《专利审查指南 2010》第二部分第二章给出了由于缺乏解决技术问题的技术手段而被认为无法实现的五种情况：一是说明书中只给出任务和/或设想，或者只表明一种愿望和/或结果，而未给出任何使所属技术领域的技术人员能够实施的技术手段；二是说明书中给出了技术手段，但对所属技术领域的技术人员来说，该手段是含糊不清的，根据说明书记载的内容无法具体实施；三是说明书中给出了技术手段，但所属技术领域的技术人员采用该手段并不能解决发明或者实用新型所要解决的技术问题；四是申请的主题为由多个技术手段构成的技术方案，对于其中一个技术手段，所属技术领域的技术人员按照说明书记载的内容并不能实现；五是说明书中给出了具体的技术方案，但未给出实验证据，而该方案又必须依赖实验结果加以证实才能成立。

说明书公开不充分是一个非常严重的问题，由于在提交申请以后，不允许再将原始申请文件中没有记载，也不能直接毫无疑义地确定的内容加入申请文件当中，一旦说明书出现公开不充分问题，是很难通过修改克服的。

（2）权利要求书清楚且以说明书为依据

《专利法》第 26 条第 4 款规定："权利要求书应当以说明书为依据，清楚、简要地限定要求专利保护的范围。"该条款实际上从两个不同的层面对权利要求提出了要求：一是以说明书为依据；二是清楚简要。

权利要求书以说明书为依据，是指权利要求具有合理的保护范围，请求保护的权利范围要与说明书公开的内容相适应，这是"公开换取保护"理念在权利范围方面的体现。《专利审查指南 2010》第二部分第二章对这项要求具体进行了解释，即权利要求书中的每一项权利要求所要求保护的技术方案应当是所属技术领域的技术人员能够从说明书充分公开的内容中得到或概括得出的技术方案，并且不得超出说明书公开的范围。

创新成果通常是一个个具体的实施方案，如果仅保护这些具体的实施方案，竞争对手很容易绕开，达不到有效保护的目的，因此，在申请专利时，申请人通常会将这些具体方案进行提炼概括，特别是在独立权利要求当中，只记载与核心发明点相关的特征，以获得最大化的保护范围。对于这种概括到底恰不恰当，是否与说明书公开的内容相匹配，就是判断权利要求是否以说明书为依据的过程。根据《专利审查指南 2010》的规定，如果所属技术领域的技术人员可以合理预测说明书给出的实施方式的所有等同替代方式或明显变型方式都具备相同的性能或用途，则应当允许申请人将权利要求的保护范围概括至覆盖其所有的等同替代或明显变型的方式。

反之，对于用上位概念概括或用并列选择方式概括的权利要求，如果权利要求的概括包含申请人推测的内容，而其效果又难以预先确定和评价，应当认为这种概括超出了说明书公开的范围。如果权利要求的概括使所属技术领域的技术人员有理由怀疑该上位概念或并列概括所包含的一种或多种下位概念或选择方式不能解决发明或者实用新型所要解决的技术问题，并达到相同的技术效果，则应当认为该权利要求没有得到说明书的支持。

如果权利要求未以说明书为依据，主要问题其实出在说明书当中，比如说明书对具体实施方式披露得不够多、不够充分、不足以支撑权利要求的概括范围，由于说明书不能增加新的内容，所以要克服权利要求未以说明书为依据的问题，只能限缩权利要求的保护范围。因此，如果希望得到较大的保护范围，在撰写说明书时，不能仅仅满足充分公开技术方案的要求，还要注意具体实施方式的个数和覆盖面。

最后，权利要求还有清楚、简要的要求。对于简要这一点，比较容易做到，即使不满足，也可以通过修改克服。更重要的是满足权利要求清楚的要求。根据《专利审查指南 2010》的规定：权利要求书应当清楚，一是指每一项权利要求应当清楚，二是指构成权利要求书的所有权利要求作为一个整体也应当清楚。有些不清楚的缺陷是能够修改和解释澄清的，但有一些严重的不清楚缺陷，可能会影响权利要求的可授权性或者使得授权权利要求失去保护作用。《专利审查指南 2010》第二部分第二章第 3.2.2 节规定，权利要求中不得使用含义不确定的用语，如"厚""薄""强""弱""高温""高压""很宽范围"等，除非这种用语在特定技术领域中具有公认的确切含义。否则，这类用语会在一项权利要求中限定出不同的保护范围，导致保护范围不清楚。

在柏某清与上海添香实业有限公司生产、成都难寻物品营销服务中心销售的涉及"防电磁污染服"实用新型专利侵权纠纷案当中，最高人民法院认为，该专利权利要求对其所要保护的"防电磁污染服"所采用的金属材料进行限定时采用了含义不确定的技术术语"导磁率高"，但是其在权利要求书的其他部分以及说明书中均未对这种金属材料导磁率的具体数值范围进行限定。在案件审理过程中，权利人柏某清提供的证据无法证明在涉案专利所属技术领域中，本领域技术人员对于高导磁率的含义或者范围有着相对统一的认识，导致本领域技术人员根据涉案专利说明书以及公知常识，难以确定涉案专利中所称的导磁率高的具体含义，所以该权利要求的保护范围也无法准确确定。最高人民法院指出，如果权利要求的撰写存在明显瑕疵，结合涉案专利说明书、本领域的公知常识以及相关现有技术等，仍然不能确定权利要求中技术术语的具体含义，无法准确确定专利权的保护范围的，则无法将被诉侵权技术方案与之进行有意义的侵权对比，因而不应认定被诉侵权技术方案构成侵权。

《专利法》第 26 条第 3 款要求说明书清楚，侧重于要求从技术角度说清楚方案如何实现，而《专利法》第 26 条第 4 款要求权利要求书清楚，则更侧重于要求从法律角度明确权利要求的保护范围。因此，在撰写申请文件时，要周到地考虑这些条款所提出的不同要求。

第四节　专利保护链条上的"风险控制要点"

利用专利制度保护创新成果是一项系统工程，绝非简单将技术创新内容写成专利申请文件并获得授权即可。好的专利保护需要从技术研发的源头就开始谋划，把握好技术研发、专利申请、授权保护、专利运用等各个环节，方能实现利益最大化。作为创新主体，在寻求专利保护时，虽不需要也不可能做到事事亲力亲为，但却需要了解从技术研发到专利运用这一全链条的概貌，知晓该链条上的风险控制要点。

一、确定适宜研发方向，占领关键技术"据点"

确定研发方向是创新主体开始新项目研究的第一步。通常，以企业和科研院所为代表的创新主体会在总结内部已有技术的基础之上，结合外部已经存在的专利技术，探索新的研发方向，而做出研发定位的决策往往成为关乎项目成败，甚至创新主体发展的关键之举。

不同创新方式的选择会带来不同程度的风险。一方面，原始创新起点高，成功后企业将拥有自主知识产权，避免对他人的技术形成依赖，有利于赢得市场竞争优势。另一方面，原始创新难度大，对技术研发规划、整体创新能力、技术人员综合素质、资金投入以及创新文化等都有较高的要求，任何环节不足，都将诱发风险。集成创新则是在现有技术基础上的集成和改进，通过站在他人技术之上，降低研发成本，节约研发时间。但这种方式，容易落入他人权利要求范围，受制约而存在不确定性。

此外，侵权风险管控是研发管理当中必须考虑的因素，如果没有做好充分的准备，一旦辛苦做出的技术成果陷入侵权纠纷，后果可能是灾难性的。因此，在研发过程中需要实时监控现有专利技术，弄清楚研发成果是否可能存在侵权风险，风险的级别如何，是否有规避的方式，需要提前做出怎样的防备，以便将可能引发的侵权和诉讼风险降到最低，降低可能带来的损失。

专利申请之前的技术研发是漫长且投入巨大的，因此，选对研发方向，避免重复研发和侵权风险至关重要。盲目的研发不仅可能导致前期投入颗粒无收，相关技术无法获得专利保护，还存在实施应用时侵犯他人已有专利权的风险。当然，创新主体想要在自己所属的技术领域具备竞争优势，光是想着如何避免重复研发和规避侵权风险是远远不够的，了解行业目前的发展状况，敏锐洞察该领域未来的核心/关键技术，才能使研发做到有的放矢。研发并掌握领域未来发展的"关键技术"，据此获得专利保护，无疑相当于在商业竞争这场"没有硝烟的战争"中占领"关键据点"，如此方可手握主动权，充分发挥自己的竞争优势。

了解行业发展现状，确定研发方向需要收集大量的专利情报、技术发展信息、行业内专利诉讼和侵权信息、行业动态、主要竞争对手的企业动态等资讯，还要对自身技术有全面客观的认识，结合发展阶段和特点，分析预判研发突破口和适合的方向。目前世界知识产权组织和各国专利主管部门的官方网站都提供免费的专利检索查询功能，可供创新主体在研发前进行必要的专利查询检索，常用的免费网站参见表2-2。

表2-2　各国专利查询网站一览表

专利局	网　址
国家知识产权局（CNIPA）	http：//pss-system.cponline.cnipa.gov.cn
世界知识产权组织（WIPO）	http：//www.wipo.int/pctdb/en/
美国专利和商标局（USPTO）	http：//patft.uspto.gov/
欧洲专利局（EPO）	http：//www.epo.org/searching-for-patents.html
日本特许厅（JPO）	http：//www.jpo.go.jp/
韩国知识产权局（KIPO）	http：//www.kipris.or.kr/enghome/main.jsp

除上述各官方查询网站外，目前也有许多商业付费的网站可供专利信息检索。当然，全面的专利检索需要具备"专业技能"，创新主体完全可以委托专业的检索查询机构进行，相关专利代理机构一般也提供检索查询服务。

二、写好专利申请文件，筑好筑牢"庇护之所"

技术创新能得到良好保护的前提是其专利是有效的，对创新的保护是充分的，如果给"创新之树"搭建的"庇护之所"不够牢固或者结构不够合理，很可能经不起风雨的考验，容易坍塌——不能获得权利或者权利无效，或者虽然不至于坍塌但不能对"创新之树"提供有效保护——保护范围过窄，则很容易让竞争对手窃取创新果实，规避侵权责任。因此，在研发出新技术后，写好专利申请文件便显得尤为重要，专利申请文件的撰写质量是除技术本身创新

— 80 —

性之外对研发成果能否获得授权的最重要影响因素。在一些情况下，高质量的撰写甚至能够弥补技术创新高度略显欠缺的不足，但这也极其考验申请智慧。

《专利法》规定了诸多授予专利权需要满足的形式和实质条件，一项发明创造能够取得专利权，除了形式要件要符合专利法规定之外，还要具备新颖性、创造性、实用性、说明书公开充分、权利要求以说明书为依据等诸多规定，同时为了有效保护创新成果，保护范围的大小也极为关键，撰写申请文件时需要通盘考虑这些因素。这导致专利申请文件的撰写具有很强的技术性和法律性，一般需要委托专业的专利代理机构进行。

专利代理机构和专利代理师的选择也是影响专利质量的重要因素，不合适的选择可能对专利的走向产生不利影响，这里说的选择不仅仅是对于代理机构和代理师资质能力的选择，还涉及代理服务合同内容的确定。有时候出问题并不是代理机构或者代理师选择得不对，而是购买的代理服务不合适，没有给予专业意见展示的机会。对于如何选择代理机构和代理师在本书第五章将有更详细的介绍。

三、合理进行专利布局，确保"进可攻、退可守"

专利布局是指围绕某一技术主题，研究该技术的发展趋势，并通过对专利申请状况，尤其是竞争对手的专利分布和申请情况进行分析，从而对自己的专利申请以及专利组合作出规划，达到最大限度地保护自身专利技术同时最大限度地抑制竞争对手的目的❶。

对于以企业为代表的创新主体而言，技术的发展和创新是一个持续不断的过程，而专利申请的价值通常也是通过专利组合的方式来体现的，零散的专利申请往往会给后来者的绕道设计留下空间。虽然核心技术相关专利在商业竞争中往往会成为扼住"战略要地"咽喉的关键"据点"，但如果没有搭配适当的其他相关专利形成合理布局，孤立的专利据点也终究难免被其他竞争对手的专利群"合围"而陷入困境。因此，单件专利申请就算是行业核心技术，就算撰写得很"完美"，也难以在长时间内实现对企业核心利益的有效保护。

我国中科院研究团队在 20 世纪 80 年代曾就超结半导体功率器件（MOS

---

❶　陈玉华. 如何玩转专利大数据——智慧容器助力专利分析与运营［M］. 北京：知识产权出版社，2019.

器件）的研发取得过突破性进展，成功解决了当时 MOS 功率管在降低导通电阻和提高耐压性能之间的矛盾问题。针对上述研究成果，研究团队在美国提交了专利申请，相关专利申请文件 US5216275A 被公开后引起了学术界和企业界的极大反响，文献被引用的次数接近上千次，且相关专利申请最后也获得了授权，直至 2011 年 9 月 17 日专利权期限届满失效。不过由于我们的研究团队并未针对上述核心技术进行相关专利布局，在上述核心专利内容被公开后，各大半导体公司纷纷在该核心技术方案的基础上进行改进并提交了专利申请。其中，仅英飞凌和仙童半导体两家公司的施引专利就达到了近 260 件，且上述公司即便在我国的上述核心专利失效后，仍不断就相关技术研发并申请新专利。相比之下，我国的科研团队由于缺乏专利布局意识，导致在核心专利失效后，便完全失去了相关技术在美国的保护权，而英飞凌和仙童半导体等公司则基于其不断的跟进研发和周密的专利布局，从而在该领域后来居上，导致我国企业后来要使用相关技术，还得向英飞凌等公司支付高额的授权费❶。

诸如上述手握核心技术，但却因缺乏专利布局意识而输掉商业竞争的现实案例还有很多，我国企业在“走出去”的过程中，大多在海外市场都经历过侵权诉讼，最常见、影响也比较大的有美国的“337 调查”。由于遭遇“337 调查”后的应诉成本非常高昂，且一旦败诉便可能会被处以排除令（禁止涉案产品进入美国）和制止令（禁止继续销售已经进口到美国的产品）等，因此，企业若不提前对拟进军的市场做好专利布局，往往会损失惨重。由于我国知识产权事业起步晚，很多企业早期的知识产权意识不够强，因此，早年我国企业在进军知识产权制度发展相对完善的欧美和日本市场的过程几乎可以说是一条“血路”，很多企业在遭遇侵权诉讼后，要么直接放弃了相应的海外市场，要么付出了极其惨重的代价。

可见，针对目标市场进行合理的专利布局，在核心技术的周围根据目标技术发展特点和企业发展需要等适当的研发并申请相关专利群以形成专利壁垒方能真正防止竞争对手绕道设计，并抵御相关侵权诉讼，维护好自己的核心利益。一般而言，针对某一核心技术的专利布局可以图 2 – 17❷ 的形式进行。

---

❶ 江苏省知识产权局. 高价值专利培育路径研究［M］. 北京：知识产权出版社，2018.

❷ 同①。

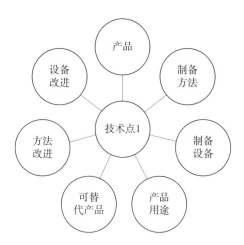

图 2-17　针对核心技术点的专利布局

当然，专利布局也是一个极其专业和复杂的系统过程，创新主体需要思考布局的具体技术类别和数量、提交专利申请类型、布局地区和竞争对手大概的布局状况等众多因素，因此，即便有专业的知识产权团队共同商讨谋划，创新主体仍需提前知晓相关风险和要点，根据自身商业发展需求与专利代理师密切配合，如此方能为"创新之树"真正筑好筑牢"庇护之所"，让自己在商业竞争中处于"进可攻、退可守"的主动局面。

四、专利申请审批过程中的充分沟通

专利申请的审批授权并非一个"提交专利申请文件后便等待审批结果"的简单过程，而是一个漫长的"交互"过程。从提交专利申请开始计算，到最后取得专利权证书，根据申请国和专利类型的不同，可能需要花费数月到数年的时间。由于技术创新的高度和申请文件撰写都难以做到"完美"，因此，提交专利申请后被直接授予专利权（后简称"一次授权"）的概率比较小，绝大多数专利申请都会收到专利审批主管部门发出的"审查意见通知书"，申请人需要基于审查意见通知书指出的问题与专利审查员进行书面和/或电话沟通，必要时需要修改申请文件为自己的专利申请争取一个适宜的保护范围。

为确保最后的授权范围能较好地维护创新主体的利益，审批过程中的沟通显得尤为重要。审查流程和法律法规方面的沟通可以委托专业的专利代理师进行处理，但由于专利审批人员和专利代理师在某种程度上来说都不是"本领域技术人员"，他们对专利申请中涉及的技术的理解在初期可能是不充分的，因此，针对技术层面的沟通则需要申请人/创新主体充分参与进来，与专利代理师密切配合为自己的专利申请争取一个合适的保护范围。

需要注意的是，针对审查意见通知书的答复要有针对性，聚焦技术方案，实践中常有意见陈述大量铺陈发明人在行业中的学术影响力、获奖情况和营业收入等，但对审查意见指出的问题却一笔带过，甚至没有针对性的答复，这样的意见陈述往往可能被视为"不具备说服力"，最终专利申请被驳回。很多时候，申请人还需要修改申请文件来克服审查意见通知书指出的缺陷，但这种修改也十分考究，应避免为了获得授权而过度限缩权利要求的保护范围，导致自己辛苦为"创新之树"搭建的"庇护之所"过小而起不到保护作用。当然，客观地查看审查意见通知书给出的证据（对比文件或公知常识证据等）和审查意见，并基于审查意见通知书指出的缺陷进行必要的修改也同样重要，若一味盲目争取扩大保护范围，那么即便获得专利授权，授权的范围同样需要经历后续"市场"的考验，竞争对手和公众都可以就已授权的专利提出无效宣告请求。侵犯公众利益的、过大的保护范围，在后续程序中同样可能被无效而丧失专利权或被迫缩小保护范围。由于专利无效程序中的修改比较受局限，没有实质审查过程中灵活，因此，对于保护范围不恰当的专利权，无效程序的启动极有可能导致申请人辛苦修筑的"庇护之所"一夜间彻底坍塌。最后，陈述理由也应注意分寸，若为获得授权而过度解释限缩，在后续主张权利时则可能因"禁止反悔"原则而形成对自己保护范围的限制。

五、专利申请获得授权后的风险防控

专利授权后，创新主体在专利权维持期间，会面临无效宣告和侵权纠纷应对等问题。

专利权被授予后，任何单位或个人都可以就专利权存在的不符合专利法及其实施细则规定的授权情形向专利复审和无效审查部提出无效宣告请求，且被宣告无效的专利权视为自始不存在。当专利被提起无效宣告请求时，最主要的风险在于由于专利技术本身或撰写存在缺陷导致被部分或全部无效。应对无效宣告请求的过程通常需要付出较高的时间和金钱成本，特别是自己的多件专利均被提出无效宣告请求时。在收到专利无效宣告请求的通知书时，创新主体可以就自己的相关专利进行全面评估，结合自己已有的专利布局和商业经营策略等制定相关应对策略，除积极针对无效理由准备答辩意见和/或修改权利要求外，也可就确定有效的部分权利要求或提前布局的其他相关专利与竞争对手谈判。

侵权诉讼是专利纠纷发生最主要也是最耗成本的形式。在其他方式难以达到保护效果时，创新主体通常不得不采用专利诉讼手段来维护自己的权益。但进入诉讼程序显然结果有不确定性，也会给创新主体带来诉累。而且，被控侵权人通常会对涉案专利提起无效宣告请求，因此有可能出现维权目的没有达到，专利反倒被无效的结果。此外，无效宣告的程序烦琐耗时，有可能导致整个专利诉讼耗费的时间成本和经济成本远远高于侵权损害赔偿金额，极端情况下甚至可能超出创新主体的承受能力。在我国，大多数企业专利风险意识不强，没有专职的法务人员和专利管理人员，证据保留和收集意识也较弱，使得其专利侵权的应对能力较低。因此，为能较好应对侵权风险，创新主体应增强风险意识，在专利申请提交后，特别是获得授权后，要有意识地收集和保留侵权证据，以便后续与侵权人协商解决侵权问题，或向当地管理专利工作的行政部门提出专利侵权行政裁决，也可直接向管辖法院提起民事侵权诉讼。

六、专利权的维持和运营

权利维持是指在专利授权后，在法定保护期限内，专利权人依法向专利行政部门缴纳规定数量维持费使得专利继续有效。专利维持费也叫专利年费，其并非每年都是额定数量，相反，专利年费会随着专利权年限的增长而呈梯度增长，诸如目前发明专利第 1～3 年的年费为 900 元，第 4～6 年为 1200 元，第 7～9 年为 2000 元，第 10～12 年为 4000 元，第 13～15 年为 6000 元，第 16～20年为 8000 元。不同类型的专利年费不同，具体可在国家知识产权局官方网站的"专利缴费"一栏查询。因此，创新主体在专利获得授权后需要考量的是专利权维持成本与收益之间的平衡。专利的保护期限过短，专利价值可能无法实现；专利保护期限长，则维护成本升高。比如一些专利密集型技术，如果专利带来的价值不及维护成本，显然也是不划算的。一些技术更新迭代快的领域，诸如通信领域等，可能等不及专利权到期，该项技术便已经被其他技术彻底替代，此时也无须继续缴纳专利年费，而可选择让其自动失效。

专利作为一种无形资产，其价值在于运用，也可以称为运营，包括通过自行实施、技术许可、转让、质押融资等方式实现市场价值，同时提高企业竞争优势。专利运用是创新主体对专利资产的系统开发和利用，其目的在于最大限度地实现专利价值，获取商业利益。专利运用是否成功不仅是技术本身的事，而且与创新主体自身的经营管理状况有关，该过程中的风险来自多个维度，比如专利许可和转让协议条款拟定不当、人员变动导致的核心专利流失、潜在竞争对手增加、经营不善导致丧失竞争优势地位等，这些也是专利运营中需要关注的风险点。

1. 专利实施不利的风险

我国目前的专利整体质量水平还不高，应用水平也较低。许多科研院所或中小企业专利数量虽然多，但核心竞争力强的不多，同时囿于研发与应用的隔阂、管理不科学、专业技术人才流失、配套技术缺失、营销能力不足和资金困难等因素，很多新技术方案难以通过二次创造应用于生产实践，最终导致专利技术成果商业转化率较低，长此以往，技术创新也将失去经济动力。

实施专利技术的过程中，有可能涉及利益纷争，被他人提出无效宣告请求而被动应对，甚至最后权利被宣告无效，也有可能侵犯他人的在先专利权，还有可能被模仿或替代而发现专利权由于范围不恰当而无法覆盖这些替代方案。同时，专利实施依赖于专利技术的成熟度。如果专利技术不成体系或者不够成熟，可能造成技术转化率低下或产品质量不稳定，缺乏市场竞争力。

2. 实施许可风险

专利实施许可，指专利权人允许另外的自然人或法律实体（例如公司），在专利有效期间的一定的时间和地域范围实施专利权的行为。专利实施许可分为独占实施许可、排他实施许可和普通实施许可。许可风险主要来自合同签订不明确或不恰当，许可方和被许可方都可能遭遇，比如许可期限、许可对象、许可方式、许可地域、许可费用以及违约责任等问题，双方经常发生争议。

许可方主要可能面临被许可方违约、债务不履行的风险。而被许可方在实施过程中，通常处于弱势地位，还可能进一步面临权利被无效、技术不能实现、出现可替代技术等风险。实践中由于专利过期失效、权利被无效、发生权属纠纷等原因造成被许可方遭受损失的例子比较常见，被许可方遭受的损失不仅仅是支付了高额使用费，更重要的是其借助专利技术迅速占领市场、获取垄断利润的经营布局被打乱。

3. 专利购买和转让风险

专利购买和转让，是指权利人将自己享有的专利申请权或专利权，依照相关法律规定转让给他人，一般包括出售和折股投资等形式，支付对价购买专利权的人为受让人。

转让通常通过合同实现，因此转让风险最主要的来源是签订的合同，如合同未清楚约定利益分配、侵权责任、专利被无效、技术无法实施等情况导致纠纷。实践中也经常出现将尚不成熟的技术当作成熟的技术、非专利产品当作专利产品进行转让的案例。还有的转让方在转让专利技术时，为了获取更多利益，会隐瞒其技术已转让的事实，甚至将已约定不能转让的技术拿来再次转让，给受让方造成经济损失或使受让方无法实现其预期的经济效益。

4. 质押融资风险

专利质押融资，是企业将自己拥有的专利权作为质权标的向商业金融机构申请贷款，是专利运用的新型模式。已经有越来越多的中小企业通过专利质押融资政策获得周转资金，从而获得快速发展的机会。通过专利质押融资虽然是科技型中小企业获得融资的一种途径，但在专利质押融资的过程中，企业仍会面临风险。例如，融资结果无法达到企业预期，使得企业难以得到与其专利价值等值的贷款，甚至使得银行对企业的质押贷款失去意愿，影响企业的资金运转。以专利作为质押标的进行融资时，与该专利相关的经营活动往往涉及企业的技术秘密，可能存在秘密泄露风险。此外，当披露内容涉及企业正在研发的技术和产品时，向银行披露经营活动时，很有可能会使技术公开，导致企业的研发成果无法被授予专利权。

本章给读者粗略地普及了一些专利制度和申请相关的基本知识，实践中，专利申请与保护是一个非常专业的问题，不同技术领域还有各自的申请特点和难点。如果选择专利代理机构代为申请专利，除了得到申请手续和文件规范性方面的帮助之外，专利代理师还会对技术方案是否属于可授权客体、是否具有实用性，以及申请文件撰写是否符合法律规定的基本要求进行初步判断，防止发生低级错误。但是，技术方案的新颖性和创造性，以及权利要求的保护范围是否能够有效保护创新成果，即要满足《专利法》第22条第2、3款以及第26条第3、4款的规定，很大程度上取决于申请人向专利代理师技术交底的充分程度，本书后面章节还将对此进行更详细的介绍。

第三章　高性能纤维材料领域的专利特点

通过专利权来保护发明创造是专利法赋予专利权人的法定权利，《专利法》第 64 条规定："发明或者实用新型专利权的保护范围以其权利要求的内容为准，说明书及附图可以用于解释权利要求的内容。"也就是说，专利权的保护范围与专利文件记载的信息息息相关，那么在专利撰写和专利申请布局阶段就需要认真考虑后续专利授权后的行权可能存在的问题和风险。由于不同的技术领域对保护对象有着不同的需求和侧重点，专利权的保护范围也应当根据技术领域制定合理的专利申请布局策略，恰当地撰写申请文件，否则可能对后续的专利授权以及授权后的行权、保护造成不利影响，甚至于由于专利申请文件的缺陷导致授权后无法行权，白白披露自身的关键技术，造成重大的利益损失。

本章聚焦高性能纤维材料领域，以该领域重点产品的专利布局情况为引，阐明高性能纤维材料领域专利布局和专利申请撰写的重要意义、专利保护的重要性和必要性，再围绕高性能纤维材料领域的技术创新特点，分析主要的高性能纤维细分领域的专利申请撰写特点，最后对该领域主要细分领域的专利申请态势、申请特点以及细分领域行业领头人的专利申请特点和技术热点进行比较分析，让读者从专利保护的角度大致了解该领域的专利申请和布局及专利撰写特点。

第一节　重点产品专利布局解析

高性能纤维是近年来先进材料领域发展非常迅速的一类特种纤维，如碳纤维、芳纶纤维、超高分子量聚乙烯纤维、芳砜纶纤维、聚酰亚胺纤维等，它们具有特殊的物理、化学结构及特定的功能性，例如高强度、高模量、耐高温、耐高压、耐化学试剂等功能，这类纤维材料大多应用于工业、国防、医疗、环境保护和高端科学等领域。虽然高性能纤维材料在整个合成纤维材料领域无论是应用领域还是市场份额占比有限，但高性能纤维材料具有高成长的特性，且在部分领域关系产业安全、供应链安全、国家安全。高性能纤维材料成长过程中也面临很大的风险和挑战，该行业具有技术含量很高、产品的开发周期很长、市场成长比较慢等特点，属于资金密集、技术密集、知识产权密集型行业。

随着市场和技术竞争的日趋激烈，专利已成为企业自身防守的盾牌和向竞争对手发起进攻的武器，是主要的创新保护手段之一。围绕核心产品进行的专利布局以及专利诉讼在该领域也逐渐增多，高性能纤维行业的技术引领与发展也与专利保护的力度息息相关，早期专利壁垒的存在也导致部分高性能纤维的市场化程度受到较大影响，形成几家寡头控制该行业的垄断局面。本节通过该领域重点产品的专利布局以及热点的专利事件，从中解析专利布局和专利运用的得与失。

一、纤维"硬汉"的发展与专利布局

荷兰帝斯曼公司（DSM）是首先实现超高分子量聚乙烯（UHMWPE）纤维工业化生产的企业，在 UHMWPE 纤维领域专业化、国际化方面有明显的竞争优势。本节以该公司在 UHMWPE 纤维领域的专利布局为引，重点讲述荷兰帝斯曼公司是如何围绕产业化进行专利布局的，为读者提供专利布局的思路。

1. "硬汉" UHMWPE 纤维概况

UHMWPE 纤维又称高强度高模量聚乙烯纤维、高取向度聚乙烯纤维、高性能聚乙烯纤维，通常认为它是分子量超过 100 万的聚乙烯纤维，具有高强度、高模量、耐腐蚀、低密度等特性，是目前比强度和比模量最高的纤维，可以说是纤维材料领域的"硬汉"。UHMWPE 纤维由于具有优异的性能被广泛应用于军事装备、海洋产业、安全防护、体育器械等领域，包括：绳缆，如汽车绞盘绳、减速伞绳索、渔网绳等；防护用品，如防弹衣、防弹头盔、防弹装甲、防弹盾牌、防割手套等。

UHMWPE 纤维在欧美等地区开发应用得较早，但受到技术和专利壁垒的限制，起初年均增长速度较小，近年来受世界各地冲突及国家安全保护意识提升的影响，军事装备、安全防护等行业获得快速发展，增加了全球范围对高强度、高性能超高分子量聚乙烯产品的需求。在 UHMWPE 纤维市场上，荷兰帝斯曼公司、美国霍尼韦尔公司、日本东洋纺织等是代表性龙头企业。相关统计数据❶显示，2020 年全球超高分子量聚乙烯纤维的总产能约为 6.56 万吨，其中荷兰帝斯曼公司的产能（包括纤维和无纺布）约为 17400 吨，美国霍尼韦尔公司的产能约为 3000 吨，日本东洋纺织的产能约为 3200 吨；中国的总产能约为 2.13 万吨。

干法纺丝和湿法纺丝是目前该领域两大主流生产工艺路线。20 世纪八九十年代，荷兰帝斯曼、美国霍尼韦尔、日本东洋纺织等企业分别实现了 UHM-WPE 纤维的产业化生产。❷

1975 年荷兰帝斯曼公司利用十氢萘作溶剂发明了凝胶纺丝法（Gel - spinning），成功制备出了 UHMWPE 纤维，于 1979 年申请了专利，并在 1990 年实现了凝胶纺丝法制 UHMWPE 纤维的工业化生产，商品名为"Dyneema"；1983 年日本三井石化公司采用凝胶挤压超倍拉伸法，以石蜡作溶剂，生产 UHMWPE 纤维，商品名为"Tekmilon"；1985 年美国联合信号公司（Allied Signal）购买了荷兰帝斯曼公司的 UHMWPE 纤维凝胶纺丝专利使用权，并在此基础上进行了改进，替换了溶剂形成自己的专利，而后建立了生产线于 1988 年实现了工业化生产，商品名为"Spectra"。1999 年美国联合信号公司被美国霍尼韦尔公司收购。荷兰帝斯曼公司和日本东洋纺织合资在日本建厂生产的产品名也为"Dyneema"，2006 年日本东洋纺织形成自己的 UHMWPE 纤维产品品牌"IZANAS"。中国先后有东华大学、中国纺织科学研究院、天津工业大学等高校和研究机构进行 UHMWPE 纤维的研制，1999 年宁波大成新材料股份公司实现了 UHMWPE 纤维的工业化生产，其后中国纺织集团投资的北京同益中、湖南中泰等公司也开始生产 UHMWPE 纤维。❸ 图 3 - 1 是 UHMWPE 纤维领域主要技术来源企业发展示意图，展示了 UHMWPE 纤维领域重要技术企业技术发展和入场时间情况。

2. 荷兰帝斯曼公司在 UHMWPE 纤维方面专利申请整体情况

图 3 - 2 是荷兰帝斯曼公司在 UHMWPE 纤维领域的专利申请趋势，回顾该公司在 UHMWPE 纤维领域专利申请充分体现了其绕着产品的产业化进程布局的策略。

---

❶ 数据来源于中国化学纤维工业协会。
❷ 尹晔东. 超高分子量聚乙烯纤维的发展状况 [J]. 化工新型材料，2008（10）：51 - 53.
❸ 达巍峰. 超高分子量聚乙烯纤维产业现状与发展 [J]. 新材料产业，2011（09）：17 - 20.

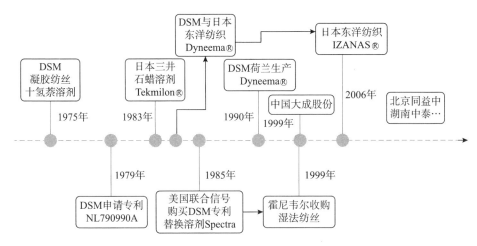

图 3－1　UHMWPE 纤维领域主要技术来源企业发展示意图

　　荷兰帝斯曼公司于 1975 年研究开发了 UHMWPE 纤维并开始专利布局，尤其是在 1979 年就申请 UHMWPE 纤维生产的专利，这一阶段是荷兰帝斯曼公司完善其 UHMWPE 纤维生产工艺的阶段，属于技术突破期，对于其采用的干法纺丝工艺进行了完备的专利布局，使得后进者无法在未经授权下通过此工艺路线生产 UHMWPE 纤维；1990 年左右，荷兰帝斯曼公司开始了大规模产业化生产，并进一步对与生产工艺相关以及部分应用的技术主题进行了专利保护，这一阶段属于荷兰帝斯曼公司 UHMWPE 纤维的工业化生产期；2000 年后，随着市场需求的增加，荷兰帝斯曼公司也在 UHMWPE 纤维的应用方面申请了较多的专利，巩固了该公司的市场地位。

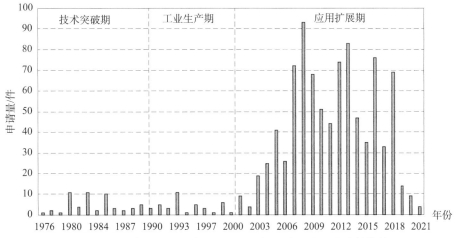

图 3－2　荷兰帝斯曼公司在 UHMWPE 纤维方面专利申请整体情况

图3-3是荷兰帝斯曼公司在UHMWPE纤维领域专利申请方向，专利申请布局的主要方向包括：D01F（制作人造长丝，线，纤维，鬃或带子的化学特征；专用于生产碳纤维的设备）、F41H（装甲；装甲炮塔；装甲车或战车；一般的进攻或防御手段，例如伪装工事）、B32B（层状产品，即由扁平的或非扁平的薄层，例如泡沫状的、蜂窝状的薄层构成的产品）、B29C（挤出成型，即挤出成型材料通过模子或喷嘴，模子或喷嘴给出要求的形状；所用的设备）、D02G（纤维；长丝；纱或线的卷曲；纱或线）等。荷兰帝斯曼公司专利申请布局的主题与公司的主要应用产品的领域相吻合，主要集中在纤维材料制备方法和生产设备，以及UHMWPE纤维主要的应用领域如防护设备、绳、缆等。

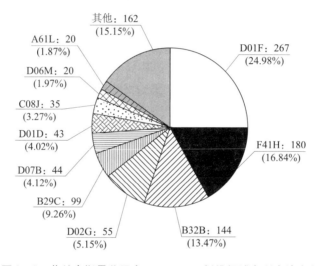

图3-3　荷兰帝斯曼公司在UHMWPE纤维领域专利申请方向

荷兰帝斯曼公司在UHMWPE纤维领域专利申请在全球的目标市场主要是：美国、中国、韩国、日本、印度、加拿大、西班牙等，因此全球的专利申请也主要集中在这几个国家。当然在不同的国家市场需求不同，专利布局的方向也有所差异，图3-4是荷兰帝斯曼公司（DSM）在主要几个目标市场专利布局的主题方向。

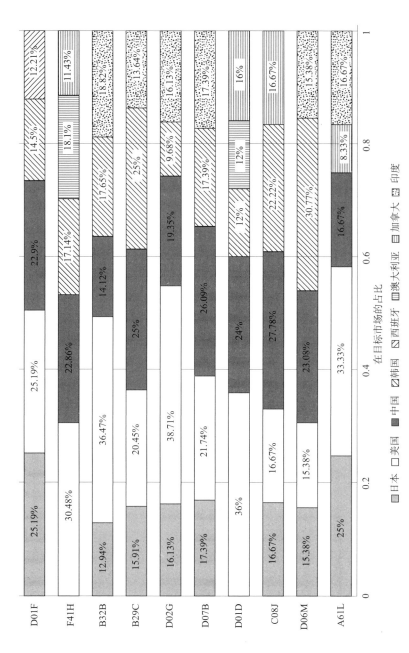

图 3－4 荷兰帝斯曼公司在 UHMWPE 纤维领域目标市场的专利布局主题方向

3. 荷兰帝斯曼公司在 UHMWPE 纤维方面的专利撰写和专利布局特点

作为 UHMWPE 纤维领域的技术引领者，荷兰帝斯曼公司在该领域的专利撰写特点和策略也比较突出。

（1）撰写方面尽可能通过诸如参数限定方式扩大权利要求保护范围，避免冗余特征记载

荷兰帝斯曼公司于 1979 年提出的采用十氢萘作为溶剂的制备 UHMWPE 纤维的方法（NL7900990A），权利要求如下：

1. 一种制备高模量和拉伸强度的聚乙烯长丝的方法，该方法包括纺丝浓度为 $1 \sim 20$ 重量% 的重均分子量 M_w 为至少 8×10^5 的高分子量线性聚乙烯聚合物的溶液，然后在 75℃ 至 135℃ 之间的拉伸温度下以至少（$12 \times 10^6 / M_w$）+ 1 的拉伸比拉伸纺丝，在拉伸比、浓度和所用温度下，长丝的模量至少为 20GPa。

2. 一种制备高模量和拉伸强度的聚乙烯长丝的方法，该方法主要包括纺丝浓度为高分子量线性聚乙烯聚合物的 1% 至 20% 的溶液，所述聚合物具有重均分子量 M_w 至少约为 8×10^5 使用在大气温度下沸程为约 100℃ 至约 250℃ 的烃或卤代烃溶剂，所述溶液在纺丝过程中的温度为约 100℃ 至约 240℃，通过具有约 0.2mm 至约 2mm 的主要横截面尺寸的纺丝孔来纺丝所述长丝，然后在拉伸时在约 75℃ 至约 135℃ 之间的温度下拉伸纺出的长丝，速度从大约 $0.5s^{-1}$ 到 $1s^{-1}$，并且使用至少（$12 \times 10^6 / M_w$）+ 1 的拉伸比，同时选择拉伸温度和拉伸比，以使长丝的模量至少约为 20GPa，最高可达 100GPa。

3. 一种制备高模量和拉伸强度的聚乙烯长丝的方法，该方法包括纺丝浓度为 $1 \sim 10$ 重量% 的重均分子量 M_w 至少约为 8×10^5 的高分子量线性聚乙烯聚合物的溶液，然后在 75℃ 至 135℃ 之间的拉伸温度下以至少（$12 \times 10^6 / M_w$）+ 1 的拉伸比拉伸纺丝。在拉伸比、浓度和所用温度下，长丝的模量至少为 30GPa。

4. 根据权利要求 1、2 或 3 中任一项的方法，其中所述拉伸比为至少（$14 \times 10^6 / M_w$）+ 1。

5. 根据权利要求 1、2 或 3 中任一项的方法，其中所述拉伸比为至少（$18 \times 10^6 / M_w$）+ 1。

6. 根据权利要求 1、2 或 3 中任一项的方法，其中所述拉伸速率为至少 $0.5s^{-1}$。

从说明书记载来看，该发明主要采用了十氢萘作为溶剂，对高分子量聚乙烯聚合物溶解后进行纺丝，但从该专利文件记载的上述权利要求的撰写来看，权利要求中并未以采用十氢萘为溶剂作为关键技术特征，而是对最终产品的性能模量进行了限定以及选用的原料高分子量聚乙烯的原料和浓度。这样的撰写方式使保护范围非常宽，为后续该领域进入者设置了相当大的技术障碍。

之后，荷兰帝斯曼公司又针对聚乙烯长丝出现较高的蠕变问题申请了"制备高拉伸和模量聚乙烯长丝和小生料的方法"专利（NL8401518A），其权利要求撰写时对于发明核心仅限定关键步骤，通过产品的性能参数作进一步限定，最大限度地扩大了权利要求的保护范围。独立权利要求 1 撰写如下：

> 1. 一种制备高拉伸强度、模量和低蠕变的聚乙烯长丝的方法，其中具有至少 4×10^5 的重均分子量和至少 80wt% 的溶剂的线性聚乙烯溶液，在高于凝胶的温度下纺丝，将纺丝液冷却至低于凝胶化温度的溶液温度，至少部分除去溶剂后，将由此获得的凝胶丝在高温下拉伸，其特征在于将冷却后得到的长丝在拉伸之前或拉伸过程中进行照射。

（2）专利权利要求和说明书内容适中

图 3-5、图 3-6 是对荷兰帝斯曼公司申请专利的权利要求项数和说明书页数统计情况，权利要求项数以 11~30 项居多，说明书的页数以 11~15 页居多。一般来说，权利要求的数量越多，保护层次越多，保护力度相对比较全面，后续的审查过程中修改答复也更容易，从一定意义上来说专利的质量也更高。说明书页数越多，通常说明技术披露相对比较详尽，专利价值也相对较高。

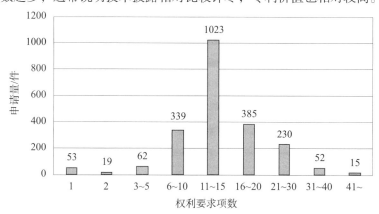

图 3-5 荷兰帝斯曼公司在 UHMWPE 纤维领域专利的权利要求项数分布

（数据来源于 HimmPat 数据库）

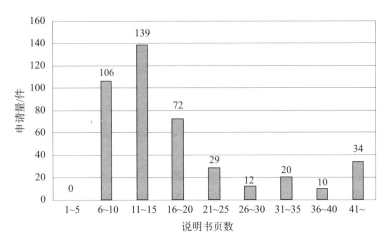

图 3 - 6   荷兰帝斯曼公司在 UHMWPE 纤维领域专利的说明书页数分布

（数据来源于 HimmPat 数据库）

（3）专利布局与技术发展和产业发展紧密结合

在 UHMWPE 纤维领域，荷兰帝斯曼公司于 1979 年提出了采用十氢萘作为溶剂制备 UHMWPE 纤维的方法（NL7900990A），并在 19 个国家进行了专利布局，对该核心技术在当时的 UHMWPE 纤维主要消费市场如美国、德国、日本、加拿大等均进行了专利布局。随后又针对聚乙烯长丝出现较高的蠕变问题申请了"制备高拉伸和模量聚乙烯长丝和小生料的方法"专利（NL8401518A），该申请拥有 35 件同族专利，涵盖了主要的消费市场。

总的来说，荷兰帝斯曼公司在 20 世纪 90 年代以前专利申请量较少，共申请了 50 多件专利。这一阶段 DSM 主要在对 UHMWPE 纤维生产工艺及其应用、制品进行探索，涉及生产工艺的专利申请有 39 件，主要方向包括制备 UHMWPE 纤维的聚乙烯溶液、分子量的选择、表面处理等工艺，以及 UHMWPE 长丝、UHMWPE 薄膜等制品。这与该公司的技术研发以及产品应用情况完全吻合。该公司 1980—1990 年在 UHMWPE 纤维领域的典型专利申请见表 3 - 1。

表 3 - 1   荷兰帝斯曼公司在 UHMWPE 纤维领域典型专利（1980—1990 年）

申请年份	公开号	标　题	技术要点	简单同族个数
1982	US4430383A	高拉伸强度和模量的长丝	产品	38
1982	US4436689A	生产具有高拉伸强度聚合物长丝的方法	制备工艺	23
1984	EP151343A1	取向聚烯烃	制备原料	15

申请年份	公开号	标 题	技术要点	简单同族个数
1985	EP167187A1	新的辐射的聚乙烯纤维丝、带和薄膜和及其方法	改性方法	26
1985	EP183285A1	所述的连续方法制备的均相溶液的高分子量聚合物	原料	18
1985	US4668717A	连续制备高分子聚合物均相溶液的方法	原料	18
1986	EP215507B1	用于生产聚乙烯过程制品具有一个高拉伸强度和模量	制备工艺	16
1988	EP292074A1	可超拉伸聚合物材料的制备方法以及用于制造物体的方法	原料	19
1988	US5004778A	可超拉伸聚合物材料制备方法、可超拉伸材料以及物体的制造方法	原料	19
1988	EP300232A1	聚烯烃的表面处理物体	原料	5
1988	EP320069A2	光纤电缆	用途	2
1989	AT110127T	工序和装置，用于所生产的环形塑料制品	长丝制造方法	13
1989	DE68917527D1	工序和装置，用于所生产的环形塑料制品	长丝制造方法	13
1989	EP344860A1	用于所述的制备方法和装置的连续物体的塑料	长丝制造方法	13
1989	US5080849A	连续塑料制品的制备方法	长丝制造方法	13
1989	US4948545A	一种制备取向聚烯烃的挤出方法	挤出方法	15

20 世纪 90 年代初期，荷兰帝斯曼公司 UHMWPE 纤维大规模产业化，于是开始加大专利布局，主要涉及纤维制品和制造方法改进。21 世纪的前十年，荷兰帝斯曼公司在 UHMWPE 纤维生产中占据绝对优势，申请量开始增加，对中游产品及其生产也进行了专利布局。专利申请的技术主题主要包括 UHMWPE 纤维的纱线、纺丝油剂以及更高性能的 UHMWPE 纤维，典型专利如 EP03786403A，独立权利要求如下：

1. 一种制造聚乙烯复丝纱线的方法，其包括以下步骤：a）从超高分子量聚乙烯在溶剂中的溶液纺出至少一根长丝；b）冷却获得的长丝以形成凝胶长丝；c）从凝胶丝中至少部分除去溶剂；d）在除去溶剂之前，之中或之后，在至少一个拉伸步骤中拉伸长丝；e）以占长丝的 0、1～10 质量%的量，对含有少于 50 质量%溶剂的长丝施加至少一次纺丝油剂；纺丝油剂包含至少 95 质量%的至少一种在 0.1MPa 压力下的沸点为 30～250℃的挥发性化合物；f）通过随后将细丝暴露于低于细丝熔化温度的温度来除去纺丝油剂。

2010 年之后，荷兰帝斯曼公司专利申请量进一步增加，技术主题重点是纤维蠕变性能的优化、功能性纱线和各种下游应用（绳、防护用品、医用制品等），见表 3-2。

表 3-2　荷兰帝斯曼公司在 UHMWPE 纤维领域典型专利（2010—2018 年）

申请年份	公开号	标　题	技术方向	同族数
2010	IN1981DELNP2010A	UHMWPE 纤维及其制备方法	产品	17
2010	IN4136DELNP2010A	生产 UHMWPE，UHMWPE 复丝的纺丝工艺及其用途	制备工艺	29
2010	WO2011012578A1	聚烯烃制造的部件和方法	制备方法	13
2010	US20120198808A1	涂覆高强度纤维	产品	27
2010	EP2461839A1	纱线	产品	34
2010	HK1142643A	从凝胶纺丝细丝中除去残留纺丝溶剂的方法，细丝、多丝纱线以及包含该细丝的产品	制备方法	23
2010	IN6327DELNP2010A	UHMWPE 复丝纱线及其生产方法	产品	15
2011	WO2011151314A1	膜适用于血液过滤	应用	13
2011	US9687593B2	HPPE 构件和制造 HPPE 构件方法	应用	4
2012	WO2012113727A1	多级拉伸方法用于拉伸聚合物的细长物体	应用	10
2012	WO2012139934A1	蠕变-优化 UHMWPE 纤维	产品	26
2012	WO2013076124A1	聚烯烃纤维	产品	25

申请年份	公开号	标　题	技术方向	同族数
2012	CA2857467A1	超高分子量聚乙烯复丝纱线	产品	32
2012	ID201505189A	一种复丝纱线	产品	1
2012	MYPI2014701377A	超高分子量聚乙烯复丝	产品	1
2013	WO2013120983A1	提高UHMWPE制品的着色的方法，其着色制品和含有该制品的产品	改进工艺	18
2013	KR1020140135189A	聚烯烃纤维	产品	22
2013	WO2013149990A1	聚合物纱和方法用于制造	产品	11
2013	US20140060307A1	高性能聚乙烯复丝纱的生产工艺	制备工艺	39
2013	US20140015161A1	高性能聚乙烯复丝纱的生产工艺	制备工艺	1
2013	CN104755662A	具有优化的抗反复弯曲性的经涂布的产品的应用	应用	1
2013	WO2014064157A1	一弯曲的优化所述的用途产品如绳	应用	3
2013	WO2014096228A1	聚烯烃的纱线和方法用于制造	制备工艺	18
2014	MX2015009421A	拉制出的复丝纱的制造方法	制备工艺	15
2014	US20150361588A1	拉伸复丝纱的制造方法	制备工艺	1
2014	WO2014187948A1	UHMWPE纤维	产品	24
2014	VN40027A	超高分子量聚乙烯磁性双丝纤维	产品	2
2014	WO2015091181A2	血液过滤	应用	2
2016	JP2018535847A	高性能复合板材	应用	12
2016	US20170044692A1	彩色缝线	应用	27
2016	WO2017102618A1	低蠕变光纤	应用	18
2016	US20180375203A1	具有多层聚合物片的天线罩壁	应用	9
2016	EP3390503A1	可被拉制物品	应用	1
2016	KR1020180095568A	透明拉伸数量的物品	应用	1
2016	WO2017103055A1	可被拉制物品	应用	1
2018	WO2018185049A1	耐切割的经填充的伸长体	应用	6
2018	US20210102313A1	高性能纤维混合片材	应用	7
2018	WO2019012129A1	均匀填充纱	产品	6
2018	WO2019012130A1	均匀填充纱	产品	6
2018	US20210095397A1	高性能聚乙烯纤维的混合织物	产品	4

可见，完备的撰写方式以及专利布局方式也给荷兰帝斯曼公司在 UHMWPE 纤维领域的专利保护提供了完备的屏障，形成了一定的技术壁垒。从行业发展上来看，日本东洋纺织采用与荷兰帝斯曼公司合资方式制造 UHMWPE 纤维，但东洋纺织的产品只能在日本和我国台湾地区销售，并且不能用于军事用途，市场大大受限，东洋纺织在合资多年后待荷兰帝斯曼公司部分专利过期后才推出自有品牌的 UHMWPE 纤维；而在美国市场，美国联合信号公司购买了荷兰帝斯曼公司的专利，开始进行 UHMWPE 纤维的生产，并在此基础上替换了溶剂探索出湿法纺丝工艺，后为美国霍尼韦尔公司收购，但由于与荷兰帝斯曼公司的专利使用出现长期的法律纠纷，即使二者在 1999 年达成和解协议，也导致其产能以及市场扩张缓慢。

荷兰帝斯曼公司在 UHMWPE 领域的专利布局是围绕该公司在该领域技术发展的脉络进行的，其申请上游围绕着 UHMWPE 纤维的制备工艺的优化和纤维性能的改进，中游围绕着 UHMWPE 纤维长丝、纺纱、丝束的制备工艺的优化，下游围绕着新的产品以及应用制品如绳、防护用品等进行专利布局，涵盖了 UHMWPE 纤维领域全产业链，但重点仍然是保护该公司占据技术优势的 UHMWPE 纤维的制备方面；另外在撰写方面始终是通过参数或者其他合理的限定方式将保护范围最大化，给后进者设置了较大的技术壁垒，并且专利撰写的权利要求数量相对较多，保护的范围也较大，说明书内容也比较详尽，这样的申请撰写和布局策略值得新的领域创新者借鉴。

二、"耐高温"芳砜纶纤维专利围堵战

本小节通过中国芳砜纶纤维发展历史详细阐述芳砜纶纤维专利围堵战。尽管上海特安纶纤维公司率先取得芳砜纶纤维产品相关制备方法专利，但由于专利布局问题以及专利撰写问题导致芳砜纶纤维产品、下游具体的应用领域中并未进行广泛专利布局，而同样是高纤维领域主要竞争者的杜邦公司在芳砜纶纤维中下游应用领域中布局了大量的专利，对芳砜纶纤维产品应用形成专利围墙，导致特安纶纤维公司在芳砜纶纤维应用领域处于明显的不利地位，这主要是由于具体应用芳砜纶纤维的下游产业链公司如果使用上海特安纶纤维公司的芳砜纶纤维产品，就可能侵犯杜邦公司的专利权，影响了下游厂商的选择。上海特安纶纤维公司的芳砜纶纤维产品在用于具体产业中可以自由实施但基本失去了实质技术保护意义，在商业上处于非常不利的地位。因此，需要根据创新主体核心业务、市场情况以及最有产业链控制价值的方向进行专利布局。

1. 芳砜纶纤维产业发展历史

芳纶纤维全称芳香族聚酰胺纤维，是由芳香族二元胺和芳香族二羧酸或芳香族氨基苯甲酸经缩聚反应所得的聚合物纺成的特种纤维。芳纶纤维最具代表性的产品为对位芳纶纤维（PPTA）和间位芳纶纤维（PMIA），主要应用于航空航天、国防、能源、环保、建筑、交通运输、防护用品、体育器材等领域。目前两种芳纶纤维中美国和日本占据绝对的技术和市场先发优势。

芳纶纤维最初由美国杜邦公司在 20 世纪 60 年代成功开发并率先产业化，经过 60 年的发展，杜邦公司无论是研发水平还是规模化生产都日趋成熟，占据技术和市场的垄断地位。1957 年，杜邦申请了第一件涉及由芳族二胺和芳族二酰基卤合成高分子量芳族聚酰胺的专利 US03642941，首次公开了以间苯二胺/对苯二胺、间苯二甲酰氯，通过含氯化锂的二甲基乙酰胺纺丝溶液来制备纤维的方法。1980 年之前，杜邦公司先后完成了间位芳纶和对位芳纶的研究和工业化生产，并形成 Nomex 品牌的耐高温芳纶纤维，形成了技术、产业、专利、品牌壁垒。

芳砜纶纤维是我国掌握自主核心生产技术的一种高性能纤维。芳砜纶学名聚苯砜对苯二甲酰胺纤维，是芳香族聚酰胺的一个技术分支，芳砜纶聚合物高分子链具有 75% 的对位结构和 25% 的间位结构，主链上含有砜基（—SO$_2$—），芳砜纶大分子链上的砜基基团属于强吸电子基团，加上苯环的双键共轭作用，有效降低了酰胺基上氮原子的电子云密度，砜基上的硫原子属于最高氧化状态，芳香环也难以氧化，这种聚合分子结构在高温下更不容易被破坏，其高分子结构决定了芳砜纶纤维具有优异的热稳定性、高温尺寸稳定性和抗热氧化性能，对生产设备要求不高，在耐高温应用领域拥有良好的发展前景。❶

芳砜纶纤维是与"Nomex"纤维可以相互替代的产品，并且芳砜纶纤维的性能更优异。我国对于芳砜纶纤维的研究也始于 20 世纪 70 年代，上海纺织控股（集团）公司、上海市纺织科学研究院、上海纤维研究所也在紧锣密鼓地研发一种可替代"Nomex"纤维的高性能纤维材料，取得了一定的成果，当时仅有上海市第八化学纤维厂于 20 世纪 80 年代开始生产，产能约 100 t/a，其抗热氧老化的性能已超过"业内老大"美国杜邦公司的"Nomex"纤维，但未进行大规模工业化生产；2002 年，上海纺织控股（集团）公司整合优势力量，结合产学研联合攻关，完成千吨级的芳砜纶产业化工程关键技术的开发，也就是现在行业熟知的芳砜纶。芳砜纶纤维与杜邦公司的"Nomex"纤维相比，具

❶ 张金城. 芳砜纶的性能与应用 [J]. 合成纤维, 1985 (05)：37−42.

有更加优异的性能，并且产品成本更低，有望全面取代"Nomex"纤维，打破发达国家在耐高温纤维领域的技术垄断。

2. 芳砜纶纤维专利布局史

芳砜纶纤维专利布局历程就是一段专利围剿史。梳理芳砜纶纤维专利布局历程有助于理解专利布局在技术发展、市场发展中的关键作用。从芳砜纶纤维涉及的技术内容看，芳砜纶纤维的专利申请可以覆盖上游的纤维、中游的纱线，以及下游的制品应用，从而实现产业全链条覆盖。但在具体的专利布局中上海特安纶纤维公司和杜邦公司由于技术来源不同，采用了不同的策略，进而导致在市场上出现明显的分化。芳砜纶纤维领域技术发展史如图 3 -7 所示。

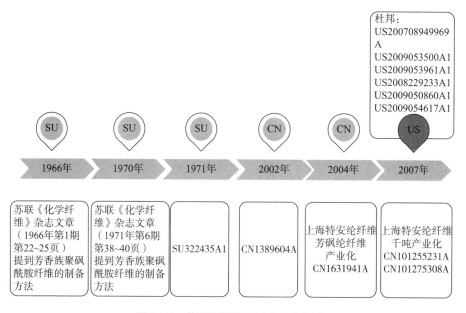

图 3 -7　芳砜纶纤维领域技术发展史

1966 年，苏联《化学纤维》第 1 期第 22 ~25 页 "聚砜酰胺纤维的溶液成型过程" 提到芳香族聚砜酰胺纤维的制备方法，使用的是实验室微型装置制备，凝固浴采用水、一元醇、二元醇和三元醇，以及与二甲基甲酰胺的混合物。

1971 年，苏联《化学纤维》第 6 期第 38 ~40 页 "以芳香族聚砜酰胺为基的纤维的制取" 提到芳香族聚砜酰胺纤维的制备方法，通过湿法纺丝制备纤维，凝固浴为二甲基甲酰胺和 LiCl，但未报道工业化生产。

1970 年申请的苏联专利 SU322435A1 公开了一种基于聚芳砜酰胺的耐热聚

酰胺纤维，其由 4,4′-二氨基二苯砜和对苯二甲酰氯在水和有机溶剂如 N-甲基-吡咯烷酮混合溶液作为沉淀浴下聚合得到，制备的纤维在 300~350℃下稳定存在，短时间可以耐 400℃ 高温。1971—1972 年，苏联开展了中试生产研究，生产出了芳砜纶纤维，但没有进一步规模化生产。

自 1974 年起，上海市纺织科学研究院首先对芳砜纶的树脂合成、纺丝等进行了研究，1975 年与上海市第八化学纤维厂开展了小试工作，1980 年进行了中试。❶

2002 年，上海纺织控股（集团）公司、上海市纺织科学研究院、上海市合成纤维研究所作为共同申请人提出了 CN1389604A 专利申请，并于 2004 年获得授权，后上海纺织（集团）有限公司成立上海特安纶纤维有限公司进行芳砜纶纤维的产业化。

> CN1389604A（ZL02136060X）公开了一种芳香族聚砜酰胺纤维的制造方法，包括纺丝浆液制备、湿法纺丝、后处理三个步骤，其特征在于将 4,4′-二氨基二苯砜（4,4′-DDS）50%~95% 和 3,3′-二氨基二苯砜（3,3′-DDS）5%~50%（均为质量百分比），溶解于二甲基乙酰胺（DMAc）中，冷却至 -20~-5℃，再加入与二氨基二苯砜等摩尔的对苯二甲酰氯（TPC），制成聚合体含量为 10%~20% 的纺丝浆液，制备得到的芳砜纶纤维可在 350℃ 下耐高温 50h。该专利提到制备的芳砜纶可用于防护制品、过滤材料、电绝缘材料、蜂窝结构材料、代石棉制品、其他工业织物。
>
> 该专利申请中通过实验数据的对比反映出芳砜纶纤维相比 Nomex 纤维材料各方面具有更为优异的性能，在全球的耐高温纤维市场中将有一定的竞争力。
>
> 该专利申请主要保护的是特定原料制备芳砜纶纤维材料的工艺，但对于材料本申请未进行保护，对于应用方面也没有进行保护（虽然说明书有记载），中游的纺丝工艺也没有进行保护。

2004 年，上海纤维研究所和东华大学共同提出 CN1631941A（ZL200410084387X）专利申请，公开了一种适用连续化双螺杆挤出机制备聚砜酰胺纺丝溶液的方法，实现了聚砜酰胺低温溶液缩聚的连续化，利于反应体系散热，避免了聚合物分子量不均一的问题。

2007 年，上海特安纶纤维有限公司开始了千吨级芳砜纶生产线的建设，

---

❶ 张金城. 芳砜纶的性能与应用 [J]. 合成纤维，1985（05）：37-42.

并提出 CN101255231A（CN2007100377987）专利申请，公开了一种分段聚合制备聚砜酰胺聚合溶液的方法，但该专利申请未获得授权。2007 年，上海特安纶纤维有限公司还提出专利申请（CN101275308A），公开了一种全间位芳香族聚砜酰胺纤维的制造方法。

CN101275308A 公开了一种全间位芳香族聚砜酰胺纤维的制造方法，包括纺丝浆液的制备、湿法纺丝、后处理三个步骤，其特征在于，所述纺丝浆液的制备包括如下步骤：

（1）将 3,3′-二氨基二苯砜溶解于有机极性溶剂中，冷却至 -20～20℃；

（2）再加入与 3,3′-二氨基二苯砜等摩尔的间苯二甲酰氯进行聚合反应，加入所述间苯二甲酰氯的速度应控制在使聚合温度在 -10～30℃的范围内；

（3）然后加入与 3,3′-二氨基二苯砜等摩尔的无机碱与所述聚合反应中产生的氯化氢进行中和反应，由此制成聚合体含固量 10%～20% 的纺丝浆液，所述无机碱是氢氧化钙、氢氧化锂、氢氧化镁、钙的氧化物、锂的氧化物或镁的氧化物中的一种。

该专利保护采用 3,3′-DDS 和 IPC 为单体通过低温溶液聚合后获得全间位芳香族聚砜酰胺分子，大分子结构中含有全部间位型的芳香族酰胺分子键和砜基，解决了 ZL02136060X 中制备的纤维存在的断裂伸长率较小、卷曲性能较差、影响纤维可纺性的问题。上海特安纶纤维有限公司以该专利为基础进入了欧洲（EP1975285B1）、美国（US20080242827A1）、德国（DE602007011890D1）等国家/地区，但在美国未获得授权。

正当特安纶纤维公司如火如荼地开展芳砜纶纤维专利布局以及产业化的阶段，作为国际上耐热纤维主要生产商的杜邦公司开始关注中国芳砜纶纤维的发展。2007 年杜邦公司首席科学家造访特安纶纤维公司，了解了芳砜纶纤维的产业化进展和相关知识产权状况后，提出全面收购上海特安纶纤维公司的芳砜纶业务，但由于种种原因，该收购提议未果。在此阶段特安纶纤维公司的专利布局才初步考虑走向国际，而且申请的主题涵盖内容也较少。由于专利并未进入其他国家，专利的保护也仅限于国内范围，但作为优异的耐高温纤维其后续发展不可避免地会在海外进行生产和销售。

杜邦公司在提议收购上海特安纶纤维公司的芳砜纶业务失败后，开始运用专利来进行攻击，短时间内布局了大量专利，围绕着芳砜纶纤维形成一系列的专利围堵墙。相继在下游应用的阻燃纱线、防护服、耐火纸等领域进行了申请，并在美国、中国、欧洲、日本、韩国、加拿大等主要国家和地区进行了专利布局。

2007 年杜邦公司提交了 14 项与芳砜纶相关的 PCT 申请。杜邦公司于 2007 年在美国申请了一件专利（US200708949969A），并以此为优先权进行了专利布局，申请了一系列专利，包括 US2009053500A1、US2009053961A1、US2008229233A1，同时杜邦公司也开始在中国市场进行专利布局。2008 年杜邦公司在全球进行芳砜纶纤维相关专利布局，主要代表性专利有 US2009050860A1 和 US2009054617A1，涉及整个产业链，包括上游纺丝工艺、纤维制造方法以及下游的具体应用领域。杜邦公司在芳砜纶纤维领域的专利布局见表 3 - 3。

表 3 - 3　杜邦公司在芳砜纶纤维领域的专利布局

产业链位置	技术主题	专利申请	同族专利数量（项）	中国专利申请状态
下游	对位芳香族聚酰胺在通风管中的应用	CN200710097314	5	CN200710097134（有效）
上游中游	阻燃短纤纱和包含这些纱线的织物和服装，以及它们的制备方法	US11894907	9	CN200880103716.7（失效）
		US11894909	9	CN200880103993.8（有效）
		US11894912	9	CN200880103882.7（失效）
		US11894940	9	CN200880103753.8（有效）
		US11894944	8	CN200880103879.5（失效）
		US11894953	10	CN201510097488.9（失效）
上游	所含结构产生自包括3,3'-二氨基二苯砜在内的多种胺单体的共聚物构成的纤维以及它们的制备方法	US11894969	8	CN200880103878.0（失效）
		US11894913	8	CN200880103995.7（失效）
		US11894939	9	CN200880103752.3（失效）
上游中游	包括得自二氨基二苯砜的纤维和耐热纤维的共混物的过滤毡和袋式过滤器	US11894976	8	CN200880103751.9（有效）

产业链位置	技术主题	专利申请	同族专利数量（项）	中国专利申请状态
下游	包含衍生自二氨基二苯砜的纤条体的纸材	US12004901	4	CN200880127306.6（有效）
		US11471907	3	—
		US11472007	3	—
		US11490107	4	—
		US12004719	4	CN200880127307.0（有效）
		US12004720	5	CN200880127316.X（有效）
		US12004720	5	CN200880127316.X（有效）

　　芳砜纶纤维领域竞争回合如图3-8所示，梳理这些历程我们发现一种有意思的现象：杜邦公司实际并不生产芳砜纶纤维，但其专利申请比首先生产芳砜纶的上海特安纶纤维公司更多，布局的国家更广泛，技术广度更广，并且在对芳砜纶下游应用布局数量相当多的专利后，还针对上海特安纶纤维公司对于芳砜纶纤维本身专利保护力度不够的现状，申请了两项芳砜纶纤维的专利。上海特安纶纤维公司可以自由生产芳砜纶纤维，但下游厂家一旦将芳砜纶纤维应用到具体领域时，就存在侵犯杜邦公司专利的风险。

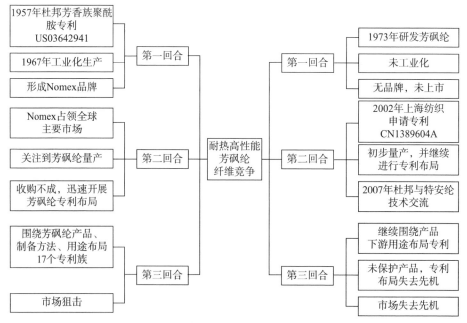

图3-8　芳砜纶纤维竞争回合示意图

3. 芳砜纶纤维市场情况

上海特安纶纤维公司开发的芳砜纶纤维在产品性能优异、价格适合的情况下，本应在全球耐热纤维领域有一席之地，但由于杜邦公司在芳砜纶产业链下游密集的专利布局，上海特安纶纤维公司虽然拥有专利，在上游生产芳砜纶原料不存在问题，但是进军芳砜纶的下游产业会受阻，且下游的相关公司也不能采购上海特安纶纤维公司生产的芳砜纶将其投入生产、使用，否则就可能侵犯杜邦公司的专利权，这使得特安纶公司最终未能获得预期的市场，技术优势由于专利布局的缺失导致失去市场优势。2011 年芳砜纶纤维和 Nomex 纤维市场见表 3 - 4。

表 3 - 4　2011 年芳砜纶纤维和 Nomex 纤维市场❶

国家	销售金额（亿美元）	
	芳砜纶	Nomex
中国	1	10
其他	0.2	74
总额	1.2	84

4. 小结

杜邦公司是纤维行业的优势企业，对于市场和技术的动向有很高的敏感性和较强的洞察力，极力主导产业竞争格局。从本案例可以看出，杜邦公司在敏锐地觉察到公司重点纤维产品 Nomex 可能的替代品芳砜纶纤维出现后，抓住芳砜纶纤维产业化和知识产权保护的弱点，也就是特安纶纤维公司未及时针对芳砜纶纤维进行全方位专利布局的现状，在收购未果的情况下，虽然自身并不实际生产芳砜纶，但围绕竞争对手产品应用开展专利布局，形成比该材料原创者上海特安纶更多的专利的现象，最终也阻碍了上海特安纶纤维市场的开发。杜邦公司的专利布局策略采用的是全产业链的布局，尤其是针对芳砜纶纤维中下游应用围绕芳砜纶纤维制成的产品和应用进行了全方位的专利布局，并在全球主要消费市场进行专利布局。当获得相应国家的授权后，杜邦公司就掌握了芳砜纶纤维中下游应用延伸的主动权，上海特安纶纤维公司芳砜纶纤维潜在的购买商一旦采购或者使用该公司的芳砜纶纤维进行中下游产品的制造，就涉嫌侵犯杜邦公司的专利权，导致中下游厂商在使用芳砜纶纤维时存在顾虑，限制

❶　柯晓鹏，林炮勤. IP 之道：30 家国内一线创新公司的知识产权是如何运营的［M］. 北京：企业管理出版社，2017.

了芳砜纶纤维的市场化，尤其是国际市场的开拓。

因此对于新技术，特别是核心技术或者关键技术，在进行专利申请时，除了要覆盖技术本身，还需要围绕核心产品进行合适的布局，并且做好技术情报工作，及时了解竞争对手的技术动向和市场动向，做好专利布局。

第二节　高性能纤维材料领域技术创新和专利申请撰写特点

高性能纤维具有普通纤维材料不具备的高强度、高模量、耐高温等性能，广泛应用于军事和高新科技领域。高性能纤维品种繁多，人们关注的性能重点也不尽相同，随着下游应用的不断拓宽，市场在对新技术研发提出更高需求的同时，创新成果保护也备受重视。

高性能纤维材料的特性决定了其具有复杂的研发维度，除了在制备纤维的原材料上下功夫外，制备工艺和生产装置的改进也发挥着重要作用，此外人们还在不断寻求性能更优、成本更低的替代产品。多样的研发维度决定了该领域的专利申请也存在不同维度的技术改进路线和表征方式，本节将总结高性能纤维材料领域常见的专利撰写类型，并选取重点创新主体的专利申请进行解析，便于读者对该领域的典型撰写方式有感性的认识。

一、高性能纤维材料领域的技术创新特点

1. 高性能纤维的研究对象

对于纤维材料而言，很难清晰地界定"高性能"的概念，其随着时代的发展一直处于变化之中。早期发展过程中，只要具有较高强度、模量、热稳定性、耐化学品性、高阻燃性等性能，都可以认为是高性能纤维，而如今还涵盖了具有特定高性能功能性的纤维材料❶。本书旨在对纤维材料领域的创新成果保护提供参考，因此其中提到的高性能纤维并不限于当前，而是涵盖所有在其技术产生之时相对之前的技术具有较优性能的纤维材料领域创新技术成果。

高性能纤维的品种多样，制备过程也各异，且制备和应用涉及众多学科交叉和融合，比如仅加工阶段就涉及有机化学、高分子化学、高分子物理、高分子加工工程、分析化学等学科。为了得到预期的性能，高性能纤维的制备过程

---

❶ 眭伟民，潘鼎，成晓旭. 高性能纤维和功能纤维［J］. 化学世界，1985（10）：34－36.

相比传统纤维制备过程更加复杂，如 PAN 基碳纤维，研究主要围绕如何提高其强度和模量，为此主要改进点包括制备工艺当中的聚合、纺丝、成型处理三大方面，还包括上浆和表面处理等细节。可见，高性能纤维材料领域研究的主要对象包括：聚合物形成（原料制备、化学结构、组成控制）、成纤后处理（表面、界面性能、稳定性等）、可加工性研究（应用），以及包含高性能纤维的复合材料研发。

2. 高性能纤维的性能表征

纤维材料的性能大致包括物理机械性能和化学性能，这些性能不仅影响纤维材料的加工，也会影响由纤维加工而成的纱线或织物的使用性能。

作为结构材料时，纤维的强度和模量是受到重点关注的力学性能指标。高强型高性能纤维主要用作先进复合材料的增强体。作为耐高温材料时，耐热型纤维通常在 160~300℃ 下可长期使用，极限氧指数、玻璃化温度和分解温度等指标是耐热性能的关键参数。耐热型纤维主要用于环保和防护领域。作为耐化学材料时，耐化学腐蚀性纤维能够耐酸、有机溶剂等，对化学试剂的惰性是其关键表征参数。

对于纤维材料的使用，一般还需要考虑纤维材料的表面性能、界面结合强度和浸润性等。

3. 高性能纤维材料性能改进方向和研发维度

高性能纤维的性能通常与其分子结构和聚集态结构相关。高性能纤维的分子组成一般为聚合物主链（比如超高分子量聚乙烯纤维的主链）或者网络状结构（如碳纤维）。高性能纤维通常需要关注的性能除了必备的机械性能外，还涉及高性能纤维材料在各自领域应用所关注的性能，如耐高温性能、耐辐射性能、高阻燃性能等。在诸多高性能纤维中，有一个共同的特点是在分子链排列上，即它们的链状大分子的排列是理想的结构，要么聚合物的分子链本身近似为长直链，要么经拉伸后取向变得规则有序并呈现晶体结构。然而大多数分子链是由柔性基团构成的，在结构上会自然呈现出松弛无规的乱麻状态，因此在纺丝时需采用高倍拉伸或者牵引的方法强制其分子链排列成直线状态，以提高纤维的强度和模量，目前从不同聚合物制得高性能纤维的方法包括高倍拉伸牵引、单晶拉伸、大分子凝胶纺丝、液晶纺丝。❶

高性能纤维材料的性能与其结构组成和改进结构有直接关系，当然还受其他多种因素的影响，比如纤维和树脂的类型和比例、纤维的形式、纤维的取

---

❶ 陈刚. 聚对苯二甲酰对苯二胺（芳纶 1414）聚合技术的研究 [D]. 长春：长春工业大学，2011.

向、纤维分布情况、纺丝工艺等，通过对上述影响因素的设计可能获得理想性能。

（1）聚合技术

对于纤维材料来说，催化剂对聚合反应、分子量及分子量分布有着很大影响，最终也影响了纤维的机械性能、耐热性能等其他关键性能，因此聚合催化体系研究在该类纤维材料的申请中占有相当大的比例。聚合阶段原料的类型、比例、聚合反应过程控制、中间体合成等都是控制高性能纤维材料性能的重要手段。

例如超高分子量聚乙烯合成过程中的关键技术点催化体系❶：a. 设计合理的金属催化剂和助催化剂；b. 为了提高链增长速率并抑制链转移速率，需要优化聚合条件；c. 设计路易斯酸度适中的金属催化剂，以减少 β - 氢化物的消除反应；d. 调控金属活性中心的位阻和电性能以减少链转移和终止反应。

比如对位芳纶纤维的制备方法有界面缩聚法、低温溶液缩聚法；间位芳纶的制备方法有低温聚合法、界面缩聚法、乳液聚合法、气相聚合法。聚合方法众多，每一种方法的改进涉及的面也比较广，如 Kevlar 纤维合成的成熟工艺是低温溶液缩聚法，典型的合成工艺❷如下：

在装有搅拌器并通有干燥 N_2 的聚合反应器中，加入含一定量无水 LiCl 和吡啶的 NMP 溶液，在室温下加入粉末状对苯二胺，待溶解后，用冰水浴将溶液降到一定温度，然后加入化学计量的粉末状对苯二甲酰氯，同时加快搅拌速度，随着反应的进行，溶液黏度增大，液面突起，数分钟后，发生爬杆现象并出现凝胶化，继续搅拌数分钟，粉碎黄色凝胶团，然后将产物静置 6h 以上。将所得的聚合体加少量水，粉碎过滤，再用冷水及热水洗涤多次，以除去残留的溶剂、LiCl、HCl 及吡啶，至洗液显中性，再将聚合物于 100℃ 下干燥 5h 以上，得干燥聚合体。然后将聚合体与冷浓硫酸混合，再加热至 75℃，成为向列型液晶溶液，再进行纺丝。

对位芳纶的低温溶液缩聚法中，对于催化剂 LiCl 的改进、凝胶化时间的控制、聚合体的后处理、原料的选择、反应时间均是聚合技术中的关键点，作为技术改进的方向就可以从这些方面进行改进并考虑专利布局。

间位芳纶典型的界面聚合法如下：

---

❶ Samir H. Chikkali. Ultrahigh molecular weight polyethylene：Catalysis, structure, properties, processing and applications ［J］. Progress in Polymer Science, 2020（109）：101290.

❷ 芳纶纤维的简介、工艺及应用 ［EB/OL］.（2022 - 03 - 31）［2022 - 08 - 10］. https：// xw. qq. com/cmsid/20220331A00TSS00.

将间苯二甲酰氯（IPC）溶于四氢呋喃（THF）溶剂中，形成有机相；将甲基丙二醇（MPD）溶于碳酸钠水溶液中，形成水相，然后在强烈搅拌下把有机相加入水相中，使有机相和水相在两相界面快速发生缩聚反应。生成的聚合物沉淀经过过滤、洗涤、干燥后得到固体产物。界面聚合法反应速度快，生成的聚合物的相对分子质量高，可以配制高质量的纺丝原液，但由于此法工艺复杂，对设备要求高，从而导致投资较高。

间位芳纶的界面聚合法中反应速度快，对于聚合进程的控制至关重要，选择不同的溶剂也会影响反应的速度，这些影响因素都是技术改进及专利布局的重要方向。

（2）加工制造

对于高性能纤维来说，除了改进原料类型之外，设备和部件设计、工艺自动控制、加工条件优化之类的加工制造和纺丝技术也是研发重点。例如，聚合反应阶段双螺杆反应器及其进料系统之间的配合，进料速度和原料温度等，都会影响聚合物的聚合情况，控制不好就会导致产品不合格甚至设备损坏；纺丝时，溶剂的选择、喷丝板和凝固装置以及导丝装置的设置也都会影响纤维材料的质量。

PAN 基碳纤维通常使用的纺丝工艺有熔融法、干法和湿法，生产过程包括聚合、脱气、计量、纺丝、拉伸、洗涤、上油、干燥、接受等，碳纤维碳化的过程包括送丝、预氧化、低温碳化、高温碳化、表面处理、上浆和干燥以及缠绕等，涉及的装置有聚合装置、拉伸牵引装置、碳化装置、缠绕装置等，每个装置都对最终产品性能有着重要影响，因此对上述装置的改进也是技术改进及专利布局的重要方向。

（3）辅助系统和技术

高性能纤维纺丝过程中需要对纤维原材料进行处理，如用酸或其他各种溶剂，纺丝过程中产生的废料需要进行环保处理后再排放，这些虽然属于纤维制造领域的辅助技术，但在产业化进程中不可或缺，如在超高分子量聚乙烯生产中存在废气、废水、固体废弃物的排放，对于废弃物的处理也需要通过工艺改进和专用设备处理，因而也是专利布局的重要组成部分。

（4）应用领域

不同性能的纤维应用领域差别较大，比如间位芳纶由于具有优异的耐高温性能和阻燃性以及绝缘性，在电气绝缘、航空航天、防护领域有着广泛的应用；UHMWPE 凭借其优异的性能在个人防护、医疗用品以及汽车领域应用广泛；碳纤维具有极高的比拉伸模量以及较宽的比拉伸强度范围，使得碳纤维在用作增强材料时根据不同的使用目的具有多种选择，从而使其在航空航天、军工、汽车制造、新能源等领域具有广泛的应用。基于市场需求和性能的不断提高，拓展高性能纤维材料或其复合材料的应用领域成为该领域的技术研发要点，也间接推动着高性能纤维产业的发展。

二、高性能纤维材料领域专利申请撰写特点

正如前文所述，高性能纤维材料领域的主要研发维度包括纤维材料聚合（如原料、催化体系），合成工艺，加工过程（如溶剂选择和回收），纺丝阶段（如纺丝装置）和工艺流程，以及产品应用，包括下游产品配套技术、复合材料成型技术等，环保回收再利用技术等。这些技术都有着对应的专利撰写特点和申请策略。

1. 权利要求撰写特点

权利要求用于划定权利的保护范围。目前高性能纤维材料领域的专利申请中，权利要求撰写的主题基本上涉及了常见的专利申请的主题形式，包括产品、方法、设备、用途以及上述四者之间的组合。从权利要求的撰写内容来看，基于上述主题的组合方式，往往通过原料组成、性能参数、工艺条件、生产设备、各种用途等技术细节分别或者以组合形式对权利要求进行限定，实现对技术的全面保护。

（1）高性能纤维及其制品

化学产品通常采用产品结构和/或组成和/或物理-化学参数和/或制备方法来表征。化合物的名称、结构式或分子式，组合物的组分和含量是最常见的表征方式。除此之外，对于仅用结构和/或组成特征不能清楚表征的化学产品，允许进一步采用物理-化学参数和/或制备方法来表征。

也就是说对于产品权利要求除了用产品结构/组成进行表征外，可以加入产品的参数或者产品的制备方法来表征。这里的物理化学参数可以是产品本身结构的参数也可以是产品物理化学性能。采用理化参数或制备方法对产品进行表征现已成为纤维材料领域最常见的方式。如案例1~案例6通过不同方式限定权利要求范围。

案例1：杜邦公司关于芳砜纶的专利US20090053500A1，产品权利要求1采用产品的组成成分表征。权利要求1撰写如下：

1. 一种纤维，其包含具有衍生自胺单体和多种酸单体的反应的结构的共聚物，其中 i ）所述胺单体为至少80摩尔%的4，4′－二氨基二苯砜；ii ）所述多种酸单体包括具有以下结构的那些：$Cl-CO-Ar_1-CO-Cl$ 和 $Cl-CO-Ar_2-CO-Cl$，其中 Ar_1 和 Ar_2 是芳族基团，芳族基团 Ar_1 不同于芳族基团 Ar_2。

案例 2：帝斯曼知识产权资产管理有限公司的专利 CN105658683A，对超高分子量聚乙烯产品采用结构性能参数进行表征。权利要求1撰写如下：

1. 颗粒状超高分子量聚乙烯（pUHMWPE），其具有至少 4dl/g 且至多 50dl/g 的特性黏度（IV），根据方法 PTC－179（Hercules Inc. Rev. 1982 年 4 月 29 日）在 135℃ 下在十氢化萘中测定，小于 4.0 的分子量分布 M_w/M_n，50 至 200μm 之间的中值粒径 D50，低于 10ppm 的残余 Ti－含量，低于 50ppm 的残余 Si－含量，和低于 1000ppm 的总灰分含量。

案例 3：荷兰帝斯曼公司（DSM）有关高强度聚乙烯纤维的专利 CN1311831A，采用结构性能参数加物理化学性能参数进行限定，保护范围涵盖了满足该性能的所有产品，非常宽泛。权利要求1撰写如下：

1. 一种高强度聚乙烯纤维，其特征在于它是一种在纤维状态下的特性黏度（η）为 5 以上的乙烯成分为主体的聚乙烯纤维，其强度在 20g/d 以上，弹性模量在 500g/d 以上，且其纤维动态黏弹性在松弛温度测定下的 γ 松弛损耗弹性模量的峰温度在 －110℃ 以下，其损耗正切（tanδ）在 0.03 以下。

案例 4：杜邦公司的专利 CN1035483A，对碳纤维产品采用制备原料加产品性能的表征方式。权利要求1和2撰写如下：

1. 一种由沥青制备的、具有拉伸强度和模量综合性能的、截面基本为圆形的碳纤维，其结晶取向角小于 6°，小角度 X 射线散射（SAXS）斜率介于大约 －1.8 至 －2.1 之间，纤维拉伸强度至少为约 500 千磅/平方英寸。

续表

2. 一种截面基本为圆形的碳纤维产品，具有超高综合拉伸性能，包括大于 100 兆磅/平方英寸的超高模量和大于 500 千磅/平方英寸的高拉伸强度；它是由溶剂分级的中间相沥青前体制备的，其特征在于中间相含量大于 90%（重量）和喹啉不溶物含量小于 1%（重量）；所述溶剂分级沥青前体在挤出为纤维后，先加热到至少 1000℃的温度进行碳化，冷却到较低温度，然后再加热到至少 2400℃的温度进行石墨化。

案例 5：杜邦公司的专利 CN1720134A，对高性能纤维制品采用制品性能加结构进行表征。权利要求 1 和 15 的撰写如下：

1. 一种复合材料，依次包含：（a）密度不大于 0.25g/cm³ 的材料层；（b）含有与树脂粘合的高强度纤维的织物层；（c）结构外壳层，其中根据 ASTM 实验程序 E1886 - 97 使用安装在刚性框架上的以 161 千米（100 英里）/小时速度的 33 千克（15 磅）2 × 4 木射弹进行冲击时，所述粘合的织物层将使其偏转 5.0 ~ 17.5cm。

15. 一种建筑结构，具有包含以下的结构的整体部分：（a）密度不大于 0.25g/cm³ 的材料层；（b）含有与树脂粘合的高强度纤维的织物层；（c）结构外壳层，其中根据 ASTM 实验程序 E1886 - 97 使用安装在刚性框架上的以 161 千米（100 英里）/小时速度的 33 千克（15 磅）2 × 4 木射弹进行冲击时，所述粘合的织物层将使其偏转 5.0 ~ 17.5cm。

案例 6：杜邦公司的专利 CN1681407A，对纤维材料制品采用应用领域结合产品结构进行限定。权利要求 1 撰写如下：

1. 用于单层防护服或防护服外层的耐热、抗燃和防电弧织物（1），其特征在于：所述织物包含至少两个独立的单层（2，3），每层包含经纱和纬纱系统，该至少两个独立的单层（2，3）在预定位置组合在一起，如此构成具有 S1 侧和 S2 侧的小袋，该至少两个独立的单层（2，3）的经纱和纬纱系统基于下述独立选择的材料：芳族聚酰胺纤维和长丝、聚苯并咪唑纤维和长丝、聚酰胺酰亚胺纤维和长丝、聚对苯亚苯基苯并双噁唑纤维和长丝、酚醛纤维和长丝、三聚氰胺纤维和长丝、天然纤维和长丝、合成纤维和长丝、人造纤维和长丝、玻璃纤维和长丝、碳纤维和长丝、金属纤维和长丝，以及其复合材料。

（2）高性能纤维的制备工艺

通常化学领域中的方法发明，无论是制备物质的方法还是其他方法（如物质的使用方法、加工方法、处理方法等），其权利要求可以用涉及工艺、物质以及设备的方法特征来进行限定。涉及工艺的方法特征包括工艺步骤（也可以是反应步骤）和工艺条件，例如温度、压力、时间、各工艺步骤中所需的催化剂或者其他助剂等；涉及物质的方法特征包括该方法中所采用的原料和产品的化学成分、化学结构式、理化特性参数等；涉及设备的方法特征包括该方法所专用的设备类型及其与方法发明相关的特性或者功能等。对于一项具体的方法权利要求来说，根据方法发明要求保护的主题不同、所解决的技术问题不同以及发明的实质或者改进不同，选用上述三种技术特征的重点可以各不相同。如案例 7～10 对权利要求的限定方式。

案例 7：杜邦公司的专利 CN1035483A，对碳纤维产品制备方法采用产品性能参数结合工艺步骤进行限定。权利要求 5 撰写如下：

> 5. 一种生产截面基本为圆形具有综合拉伸性能（包括大于约 100 兆磅/平方英寸的超高模量和大于约 500 千磅/平方英寸的高拉伸强度）碳纤维产品的方法，包括如下步骤：（a）热浸湿沥青原料以增加中间相含量；（b）用溶解度参数在 8～9.5 范围内的溶剂体系对经热浸湿的沥青进行溶剂分级；（c）回收溶剂分级沥青中的不溶物，所述不溶物的中间相含量大于 90%（重量），喹啉不溶物含量小于 1%（重量）；（d）通过喷丝头将上述不溶物挤出，所述喷丝头的喷嘴适于制备为数众多的截面基本为圆形的初纺纤维；（e）在氧化气体中于高温加热所述的初纺纤维将其稳定化；（f）通过在至少 1000℃ 的温度加热处理将稳定化的初纺纤维碳化；（g）将碳化的纤维冷却到碳化温度以下；（h）通过在至少 2400℃ 的温度加热处理将冷却的碳化纤维石墨化；（i）回收具有超高模量和高拉伸强度综合性能的最终碳纤维产品。

案例 8：帝斯曼知识产权资产管理有限公司的专利 CN105658683A，对超高分子量聚乙烯制备方法不仅采用工艺流程限定，还具体限定了工艺中使用的特定原料组成。权利要求 1 撰写如下：

> 1. 制备颗粒状超高分子量聚乙烯（pUHMWPE）的方法，所述方法包括以下步骤：a）通过组成为 $MgR_2^1 \cdot nMgCl_2 \cdot mR_2O$ 的有机镁化合物的溶液，其中 $n = 0.37～0.7$，$m = 1.1～3.5$，R^1 各自是芳族或脂族烃基残基且

R_2^2O 是脂族醚，以至多 0.5 的 Mg/Cl 摩尔比与氯化剂相互作用来制备含镁载体，其中 Mg 代表所述有机镁化合物的 Mg 且 Cl 代表所述氯化剂的 Cl；b) 用有机金属化合物装载所述含镁载体以形成负载型催化剂；c) 在聚合条件下，使所述负载型催化剂与至少乙烯接触，其中所述有机金属化合物是式 $R_3^3P=N-TiCpX_n$ 的化合物，其中每个 R_3 独立地选自由如下组成的组：氢原子，卤原子，任选地被至少一个卤原子取代的 C_{1-20} 烃基自由基，C_{1-8} 烷氧基自由基，C_{6-10} 芳基或芳氧基自由基，氨基自由基，式 $-Si-(R^4)_3$ 的硅烷基自由基，和式 $-Ge-(R^4)_3$ 的锗基自由基，其中每个 R_4 独立地选自氢、C_{1-8} 烷基或烷氧基自由基、C_{6-10} 芳基或芳氧基自由基组成的组，Cp 是环戊二烯基配体；X 是可激活的配体且 n 为 1 或 2，这取决于 Ti 的化合价和 X 的化合价。

案例 9：杜邦公司关于芳纶纤维加工工艺的早期专利 US3063966A，涵盖工艺步骤和原料特定组成结构，同时还限定了最终产品的性能。其权利要求 1 撰写如下：

1. 一种制备聚酰胺的方法，所述聚酰胺至少有 90% 是全芳族重复单元，所述聚酰胺具有至少约 300℃ 的熔点，并且在浓硫酸中的固有黏度至少约为 0.6，其中包括 (1) 接触，在低于 100℃ 下充分搅拌以产生可见的湍流，并且在原料与溶剂接触的情况下，基本上等分子量的 (a) 芳香二胺，其氨基与所述二胺的非相邻碳环碳原子相连，和 (b) 芳香族二羧酸卤化物，其酸卤基团与所述的二羧酸卤化物的非邻近碳环碳原子连接；所述溶剂具有与所述聚合物代表的互补模型化合物的小于约 1100 卡路里/摩尔平均溶质－溶剂相互作用能，属于以下类型的物质：（Ⅰ）卤化非芳香烃，与卤素相连的碳原子上包含至少一个氢原子，（Ⅱ）一种环亚甲基砜，（Ⅲ）式

$$\left[\begin{matrix} R_1 \\ R_2 \end{matrix} N - Z\right]_a \left[R_3\right]_b$$

化合物，其中 R_1、R_2 和 R_3 为低级烷基和亚烷基自由基，且 R_1、R_2 和 R_3 中的碳原子总数小于 7，"a" 是大于零且小于 3 的整数，"b" 是从 0 到 1（含）的整数，Z 是

$$\overset{O}{\overset{\|}{-}}O- \text{ and } -\overset{O}{\overset{\|}{P}}\left(N\overset{CH_3}{\underset{CH_3}{\diagup}}\right)_2$$

式中的"*a*"和"*b*"之和满足 Z 的价，如（Ⅳ）乙腈和（Ⅴ）二甲基氰胺，和（2）使反应物与酸受体在反应中接触以与几乎全部形成酸。

案例 10：帝斯曼知识产权资产管理有限公司的专利 CN111566434A，对超高分子量聚乙烯纤维制品的制备方法采用工艺步骤和原料性能参数限定方式表征。权利要求 1 撰写如下：

> 1. 一种用于制造防弹弯曲成形制品的方法，所述方法包括：形成多个复合片材的叠层；在介于 80℃ 至 150℃ 之间的温度和介于 10 巴与 400 巴之间的压力下压制包含所述复合片材的所述叠层至少 5 分钟以获得弯曲成形制品；将压实的叠层冷却至低于 80℃ 的温度同时维持大于 10 巴的压力；从所述冷却的弯曲成形制品释放压力；其中所述复合片材包含单向排列的高韧性聚乙烯纤维和包含聚乙烯树脂的基质，所述聚乙烯树脂是乙烯的均聚物或共聚物，具有当根据 ISO1183 测量时介于 870kg/m³ 至 980kg/m³ 之间的密度和当根据 ASTM1238B – 13 在 190℃ 的温度和 21.6kg 的重量下测量时介于 0.5g/10min 与 50g/10min 之间的熔体流动指数。

（3）高性能纤维生产中所使用的各种装置

高性能纤维生产中涉及聚合物的合成、纺丝、复合材料成型等的各个阶段都会涉及生产装置，这些阶段使用的装置对于聚合物、长丝、复合材料的性质也有较大的影响，对于这些装置的保护也是高性能纤维材料领域重要的专利布局方向。如案例 11 和 12 的限定方式。

案例 11：杜邦公司的聚酯纤维的纺丝装置专利 CN1429287A。权利要求 1 撰写如下：

> 1. 一种用于连续纺聚合物长丝的熔纺装置，该装置包括：
>
> （a）具有多个毛细管的喷丝头；
>
> （b）聚合物输出源，它排列成可与所述的喷丝头相通，并通过其喷丝头输出熔融聚合物，以生产出连续移动的排列熔融聚合物长丝，这种排列与喷丝头中的毛细管排列相对应；

（c）骤冷区，它位于所述喷丝头的下面，安排成可接受该排列熔融长丝，并且当长丝移动通过该骤冷区时，以相对该排列移动长丝向内通过冷却气体冷却该排列熔融长丝；以及

（d）整理剂涂膜器，它位于骤冷区内或骤冷区下面，将一定量的整理液涂敷到该排列长丝上，其中所述的整理剂涂膜器包括：

a）座板，它有外部边缘，该边缘相应于该排列移动熔融长丝的截面；以及

b）主体部分，它有与所述的座板同心的顶和底，并且与所述的座板连接，其中所述的底在形状上与由该座板外部边缘所界定的形状相对应，并且由在所述顶与所述底之间画出的多条线构成的面与长丝排列的移动方向呈向外的锥形。

案例 12：杜邦公司的纤维纺丝设备专利 CN101755080A。权利要求 18 撰写如下：

18. 一种控制气隙中纺成的长丝上的应变的设备，所述设备包括：

a）喷丝头；

b）凝固浴，所述凝固浴具有设置在喷丝头下方的骤冷管；和

c）一对间隔开的竖直平行表面，所述竖直平行表面设置在骤冷管下方形成竖直狭槽，所述竖直狭槽具有的宽度尺寸为所述平行表面之间的直线距离；

其中所述喷丝头、骤冷管和竖直狭槽均沿中心线对齐，并且所述竖直狭槽的宽度小于所述骤冷管的内径。

可见，高性能纤维材料领域专利申请的权利要求的一大特点是涉及主题繁多，包括纤维本身的合成，其中涉及原料、聚合工艺、聚合装置，甚至中间体等；纤维材料的加工，其中涉及纤维材料的纺丝、加工工艺、加工设备等；纤维制品的加工，其中涉及纤维制品和纤维制品的加工等；复合纤维材料的组成、制备工艺、生产装置。

由于产品权利要求在维权时比方法权利要求具有天然的优势，创新主体在申请方法权利要求时，往往也会同时申请对应的产品权利要求。同时，出于对更大保护范围的期待，在撰写时尽可能会减少产品权利要求的技术特征，如前面部分案例，申请人仅仅采用产品性能进行表征。

在权利要求具体撰写方式上，也根据主题特点和保护需求有不同的撰写策略。比如在纤维材料开发的早期，一般集中于纤维材料的组成或者合成原料、合成方式的研究，专利布局侧重于对纤维产品或纤维产品的制备方法进行保护，其中可以采用组成、结构的限定方式，也通常会采用参数或者制备方法进行限定；而在纤维材料制备工艺方面，尤其是纤维成型纺丝阶段，涉及纺丝工艺各个环节，均有可能进行专利布局，而且纺丝工艺各个环节要素众多，限定的维度比较广。高性能纤维材料领域技术研究涉及产品的上游、中游和下游全链条，专利布局也会沿此方向进行布局。相对于早期简单而范围较广的权利要求而言，现阶段权利要求撰写形式有日趋复杂的趋势以便在布满专利丛林的道路上寻求突破。

2. 说明书撰写特点

说明书的法律作用主要包括下述三个方面：第一，将发明或者实用新型的技术方案清楚、完整地公开出来，使所属技术领域的技术人员能够理解和实施该发明创造，从而为社会公众提供新的技术信息；第二，说明书提供有关发明创造所属技术领域、背景技术以及发明创造内容的情报和信息，是进行专利审查工作的基础；第三，说明书是权利要求的依据，在发生专利纠纷时，可以用来解释权利要求书，确定专利权的保护范围。因此，《专利法》第26条第3款规定，"说明书应当对发明或者实用新型作出清楚、完整的说明，以所属技术领域技术人员能够实现为准"，即要求说明书必须充分公开。这一制度的设立，为专利权的保护和专利技术的推广奠定了基础。

（1）说明书中对高性能纤维制备工艺的撰写

在高性能纤维材料领域逐步发展的几十年，主要是对纤维材料的制备原料或化合物结构本身逐步开发的过程，可以说很大一部分技术改进就是纤维材料的制备工艺的改变。因此，该领域绝大多数专利申请文件中，都需要撰写清楚制备工艺相比现有工艺的改进，以及采用改进后的工艺会获得何种技术效果。制备工艺的主要要素包括原料和操作步骤，这部分内容及其对应作用需要详细撰写，作用可以作为陈述权利要求具有创造性的理由，也可以是说明书公开充分的一个判断依据。除了单独原料或步骤之外，如果组分之间、步骤之间或者具体工艺参数范围的选择带来的协同效果，各大公司专利申请的说明书部分也会有对应的记载，保证说明书内容全面充分。

（2）说明书中对权利要求中出现的公式定义与工艺性能参数测定方法展开描述

对于采用特定公式、性能参数、微观组织结构以及工艺等技术要素限定的权利要求，对于性能参数是如何测定的，测定所采用的通用方法是什么，以及工艺参数的定义等，这些内容往往需要在说明书中进行详细的描述，以确保说明书是完整且公开充分的，同时还会对可能的机理进行说明。例如，申请人发现纤维纺丝工艺中凝固浴物质容易替换为另一物质时，制备的纤维材料性能获得提升，则该凝固浴物质是发明的关键点，需要在权利要求保护的纺丝工艺中给予明确记载，对应的说明书中则需要对比采用该凝固浴物质和采用现有凝固浴物质时产品性能或者其他改进性能，以及说明该改进的可能原理，从而证明该项发现具有技术进步性。

还有一些参数，如强度、耐热性等，也存在各国不同的测定标准，说明书需要记载本申请具体采用的是何种标准。在说明书中对于上述这类定义越全面越准确越好，既可以保证说明书起到解释权利要求保护范围的作用，让技术内容更完整清楚，同时也可以最大可能地发挥上述这些技术要素对于权利要求范围的多维度限定作用，便于后续审查过程中的审查意见答复和确权过程中的比较。

（3）说明书记载足以证明发明声称要解决的技术问题以及技术效果的实施方案和对比方案

高性能纤维部分申请内容可能涉及机械领域，但总的来说属于化学材料学科，属于实验科学范畴。说明书不仅应该提供足量、不同类型和覆盖性全的实施例，还应该提供具有直观对比效果的对比实验数据，从而令人可信地证明申请声称的各种效果。所谓足量，是指实施例数量应该足以覆盖或支持权利要求中请求保护的技术方案所涉及的技术要点。所谓不同类型，包括产品性能数据、工艺性能数据、用途和效果测试数据等。所谓覆盖性全，是指针对权利要求中各种并列的技术要素，对于说明书发明内容部分提及的各种效果，实施例都应该覆盖。尤其对于对比实施例，应该是单变量或直观变量对比试验，才有直观的对比效果。更好的策略是，专利申请说明书部分会提供试验数据不仅对应于独立权利要求请求保护的技术方案的实施例和对比例之间存在对比，不同从属权利要求的不同优选实施例之间也存在着更优选技术效果和一般优选技术效果之间的对比，且比较例不是随便确定的，而很可能是从众多现有技术中经过充分检索调查，客观确定的较为接近的现有技术。此外，必要的时候除了测试数据，还应该以说明书附图方式提供其他表征数据，例如红外图谱、SEM图谱、燃烧试验对比图等。

总之，高性能纤维材料领域撰写专利申请说明书时，实施例不仅数量种类多，而且对比试验数据很关键，同时需要提供各项测定表征数据，才能充分证明发明具有可再现性，为确定权利要求保护范围提供具体的技术情报，而且对相关领域的后续发明，特别对选择发明和偶然公开具有很好的防御性。在面对专利无效和专利侵权诉讼时实施例也将是有力的证据。当然，提供数据和布局成体系的实施例会增加申请人技术交底的时间和经济负担，但是说明书撰写全面细致化，实施例尤其对比例的设计合理化是发明专利撰写的发展趋势。

综上，高性能纤维材料领域说明书的撰写要针对权利要求的保护范围，提供足够多的实施例，对权利要求书中的每个技术特征作出说明，必要时还需要说明对权利要求特定原料的选择、工艺参数的选择所起的作用效果，还应该通过合理数量的实施例和比较例证明上述效果，对于某些关键的要素，还应该提供多组具有直观对比效果的单一对比试验数据证明所述技术效果。此外，除了重视对于改进作用机理的阐述和实施例设计的系统性，说明书的撰写也需要对具体参数测定条件和标准进行详细的说明，让权利要求中对应要素的表征更加清楚。

可以说权利要求中技术特征的并列要素越来越多，权利要求概括越上位，限定主题越复杂，相应要求说明书部分的撰写越全面和体系化。目前高性能纤维材料领域的专利申请说明书内容呈增多趋势，同时说明书中会覆盖大量不同类型的试验数据，就是为了满足上述目标，满足专利审查和专利授权后行权维权的要求。

3. 他山之石——高性能纤维专利申请典型案例撰写特点解析

案例 13：三菱丽阳株式会社关于碳纤维的专利申请 CN201380046285.6

三菱丽阳的碳纤维专利申请 CN201380046285.6 主要涉及 PAN 基碳纤维的制备，包含丙烯腈系聚合物溶液的制造方法、丙烯腈系聚合物溶液的剪切装置、丙烯腈系纤维的制造方法和碳纤维的制造方法 4 项主题，共 17 项权利要求。其中聚合物制造方法权利要求含转子转动参数公式，撰写如下：

> 1. 一种丙烯腈系聚合物溶液的制造方法，将丙烯腈系聚合物与溶剂的混合物供给至具有料筒和在料筒内旋转的转子的剪切装置的分散室，在下述条件下使所述转子旋转而向所述混合物施加剪切力，然后，将所得的混合物加热而获得丙烯腈系聚合物溶液。
>
> $$W = (W_1 - W_2)/M \geq 0.12(kW \cdot h/kg)$$
>
> 这里，W_1 为在向所述混合物施加剪切力时为了使转子旋转所需的功率（kW）；W_2 为在以质量流量与所述混合物相同的方式使用水而代替所述混合物的情况下，为了使转子的转速相同于在得到了 W_1 时的转子的转速所需的功率（kW）；M 为得到 W_1 时的、供给至分散室的丙烯腈系聚合物的质量流量（kg/h）。

— 121 —

对于权利要求存在的公式，说明书中解释可以将丙烯腈系聚合物均匀且有效率地溶解在溶剂中，可抑制过滤器、纺丝喷嘴的堵塞，可以稳定地制造丙烯腈系聚合物溶液。说明书实施例部分示出了指标 W 的求法（功率的测定方法），并提供实施例 1~13 和对比例 1~7 来验证未采用剪切装置或者未按公式的转子旋转指标 W 不符合公式时制备 PAN 聚合物溶液的情况。证明符合公式定义的方法时，剪切装置和加热式溶解装置可以将丙烯腈系聚合物均匀且充分地溶解在溶剂中，说明书附图还提供了装置的结构图。可见说明书的记载十分详尽有说服力，不仅明确了参数的定义和测定方法，有助于对申请技术方案的理解，还通过实施例和对比例证明了本申请主要改进手段的技术效果。

案例 14：上海纺织控股（集团）公司和杜邦公司关于芳砜纶纤维专利申请撰写比较

上海纺织控股（集团）公司是我国芳砜纶纤维领域的主要申请人，而杜邦公司在意识到芳砜纶纤维的竞争力后也及时围绕芳砜纶纤维开始专利布局。下面以两个公司的专利 CN1389604A 和 US2009053961A1 为例进行对比，从表 3-5 中可以看出专利申请的不同策略。

在权利要求的数量和类型方面，CN1389604A 的权利要求书只有一组独立权利要求，涉及芳香族聚砜酰胺纤维的制造方法，从属权利要求主要围绕制备方法中的各个工艺细节进一步限定。而 US2009053961A1 的权利要求书包含五组独立权利要求，涉及四组产品权利要求和一组方法权利要求，分别是含共聚物的纤维、含纤维的阻燃性纱线、含纤维的织物、含纤维的防护服和纤维的制备方法。显然，杜邦公司的专利保护维度要更多，涵盖了纤维材料和纤维材料的中下游制品和纤维的制造方法，且保护范围较大。

实际上 CN1389604A 说明书中也记载了其纤维材料的主要用途，但申请文件的权利要求中既没有保护上述用途，也没有在说明书中对相关应用予以验证。此外，CN1389604A 的权利要求采用非常具体的概念来记载方案，包含了较多非必要技术特征。例如：独立权利要求 1 中对原料的限定是 4,4′-二氨基二苯砜、3,3′-二氨基二苯砜、对苯二甲酰氯，限定了制备芳香族聚砜酰胺纤维的制造方法包括浆液制备、湿法纺丝、后处理三个步骤，并限定溶剂为二甲基乙酰胺，以及具体冷却温度和纺丝浆液中聚合物含量等，这些特征对于芳砜纶纤维制备领域的技术人员而言并非制备芳砜纶纤维的必要技术特征，即使不写进独立权利要求 1 中，本领域技术人员也能够根据该领域的常规技术得知，而写进独立权利要求 1 中就大大缩小了保护范围。

表3-5　上海纺织控股（集团）公司与杜邦公司芳砜纶纤维领域专利撰写对比

申请公开号	CN1389604A	US20090053961A1
	芳香族聚砜酰胺纤维的制造方法	由包含得自4,4'-二氨基二苯砜和多种酸单体的结构体的共聚物构成的纤维及其制备方法
申请人	上海纺织控股（集团）公司、上海市纺织科学研究院、上海市合成纤维研究所	纳幕尔杜邦公司
同族数量	1	9
独立权利要求数量/权利要求项数	1/10	5/16
权利要求类型	方法	产品，方法
权利要求主题	纤维制造方法	纤维、包含纤维的纱线、制备纤维的方法、纤维制品
权利要求内容	1. 芳香族聚砜酰胺纤维的制造方法，包括纺丝浆液制备、湿法纺丝，后处理三个步骤，其特征在于将4,4'-二氨基二苯砜（4,4'-DDS）50%～95%和3,3'-二氨基二苯砜（3,3'-DDS）5%～50%（均为质量百分比），溶解于二甲基乙酰胺（DMAc）中，冷却至-20～-5℃，再加入与二氨基二苯砜等摩尔的对苯二甲酰氯（TPC），制成聚合体含量为10%～20%的纺丝浆液。 2. 如权利要求1所述的制造方法，其特征在于加入TPC的速度应控制在使反应温度不超过50℃。 3. 如权利要求1或2所述的制造方法，其特征在于在TPC加完并继续反应0.5～1h后加入与二氨基二苯砜等摩尔的无机氧化钙和氧化钙。 4. 如权利要求3所述的制造方法，其特征在于所述无机碱为氧化钙和氧化钙。 5. 如权利要求1所述的制造方法，将所制成的纺丝浆液经计量、过滤，从喷丝头喷丝凝固槽，其特征在于凝固浴组成为DMAc 40%～70%，CaCl 20%～10%，加水至100%（均为质量百分比）。	1. 一种纤维，其包含有衍生自自胺单体和多种酸单体的反应的结构的共聚物，其中i）所述胺单体为至少至80摩尔%的4,4'-二氨基二苯砜；ii）所述多种酸单体包括有以下结构的那些：$Cl-CO-Ar_1-CO-Cl$和$Cl-CO-Ar_2-CO-Cl$，其中Ar_1和Ar_2是芳族基团，芳族基团Ar_1不同于芳族基团Ar_2。 2. 根据权利要求1所述的纤维，其中所述多种酸单体具有55摩尔%至75摩尔%的包含芳族基团Ar_1的单体和25摩尔%至45摩尔%的所述含芳族基团Ar_2的单体。 3. 根据权利要求2所述的纤维，其中所述芳族基团Ar_1是对位取向的苯环和芳族基团Ar_2是间位取向的苯环。 4. 根据权利要求1所述的纤维，其中所述多种酸单体包括对苯二甲酰氯，间苯二甲酰氯及其混合物。 5. 一种阻燃纱线，其包含根据权利要求1所述的纤维，所述阻燃纱线具有21或更大的极限氧指数。 6. 一种阻燃纱线，其包含根据权利要求5所述的纤维，所述阻燃纱线具有26或更大的极限氧指数。

续表

申请公开号	CN1389604A 芳香族聚砜酰胺纤维的制造方法	US20090053961A1 由包含得自 4,4′-二氨基二苯砜和多种酸单体的结构体的共聚物构成的纤维的纤维及其制备方法
权利要求内容	6. 如权利要求 5 所述的制造方法，经凝固成丝后丝束进入拉伸浴槽，其特征在于所述拉伸浴的组成为 DMAc 40%～60%，CaCl 20%～10%，加水至 100%（均为质量百分比）。 7. 如权利要求 6 所述的制造方法，其特征在于在所述拉伸浴的温度为 30～100℃ 条件下拉伸 1～3 倍。 8. 如权利要求 7 所述的制造方法，其特征在于在拉伸 1～3 倍后的丝束在 50～70℃ 条件下水洗，并在 200～250℃ 条件下干燥，再经 250～450℃ 热管拉伸 1～2 倍。 9. 如权利要求 8 所述的制造方法，其特征在于热管拉伸 1～2 倍丝束用阳离子型油剂上油并卷绕成形。 10. 如权利要求 9 所述的制造方法，其特征在于阳离子型油剂的上油率为 0.2%～0.8%。	7. 一种阻燃纱线，其包含根据权利要求 5 所述的纤维，其中，纱线具有 3 克/旦尼尔（2.7 克/分特）或更大的韧度。 8. 一种阻燃纱线，其包含根据权利要求 7 所述的纤维，其中，纱线具有 4 克/旦尼尔（3.6 克/分特）或更大的韧度。 9. 根据权利要求 5 所述的阻燃纱线，其中，纤维作为连续长丝存在于纱线中。 10. 根据权利要求 5 所述的阻燃纱线，其中，纤维作为短纤维存在于纱线中。 11. 一种织物，其包含根据权利要求 1 所述的纤维。 12. 一种防护服装，其包含根据权利要求 1 所述的纤维。 13. 一种生产纤维的方法，包括以下步骤：a）通过使胺单体为至少 80 摩尔%的 4,4′-二氨基二苯砜与多种酸单体反应形成共聚物，其中 i）所述多种酸单体包括具有以下结构的那些：$Cl-CO-Ar_1-CO-Cl$ 和 $Cl-CO-Ar_2-CO-Cl$，其中 Ar_1 和 Ar_2 是芳族基团，芳族基团 Ar_1 不同于芳族基团 Ar_2；b）提供在适合干纺丝纤维的溶液中的共聚物；c）由所述共聚物溶液制纺丝纤维。 14. 根据权利要求 13 所述的生产纤维的方法，其中，所述多种酸单体和 25 摩尔%至 75 摩尔%的含芳族基团 Ar_2 的芳族单体。 15. 根据权利要求 13 所述的生产纤维的方法，其中，芳族基团 Ar_1 具有对位取向的苯环，并且芳族基团 Ar_2 具有间位取向的苯环。 16. 根据权利要求 13 所述的生产纤维的方法，其中，多种酸单体包括对苯二甲酰氯和间苯二甲酰氯。

续表

申请公开号	CN1389604 A	US20090053961 A1
	芳香族聚砜酰胺纤维的制造方法	由包含得自 4,4'-二氨基二苯砜和多种酸单体的结构体的共聚物构成的纤维及其制备方法
说明书页数/栏数	5 页	8 栏
实施例数量	1（制备芳砜纶的实施例）	6
对比例数量	1（与 Nomex 纤维性能对比）	0
实施例	取 3,3'-DDS 7.542kg，4,4'-DDS 22.624kg，放入装有 375L DMAc 的聚合釜中，搅拌至完全溶解。溶解后用冷冻盐水将釜内容液冷却至 -5℃，缓慢加入 24.664kg TPC，加入时使釜内温度不超过 50℃。TPC 加完后撤去冷冻水，继续反应 0.5h，再加入 HCl，以中和缩聚反应中生成的副产物 HCl，搅拌使 HCl 溶解析出，它可溶解于水。$CaCl_2$ 不必生成 $CaCl_2$。和水。CaO 完全中和生成 $CaCl_2$ 和水。$6.813kgCaO$，以中和缩聚反应中生成的溶解性能，得到聚二苯砜对苯二甲酰胺中，并能改善聚合体的溶解性能，得到聚二苯砜对苯二甲酰胺含量为 13% 的纺丝浆液。	实施例 1 将溶剂二甲基乙酰胺纯化并干燥，然后在 P_2O_5 存在下通过蒸馏进行使用。将 200g 该溶剂置于配有机械搅拌器和氮气入口的烧瓶中。将 24.8g 4,4'-二氨基二苯砜溶于溶剂中，用水/冰浴将该溶液冷却至 0℃。在干燥箱中，将 14.21g 对苯二甲酰氯（TCL）与 6.09g 间苯二甲酰氯（ICL）混合。在搅拌下将酰氯混合物加入烧瓶中。移除冷却浴并继续聚合 30min。此时，加入 7.4g 氢氧化钙以中和作为副产物的 HCl。所得材料是黏性透明共聚物溶液。其在脱气后用于通过任何典型的纤维纺丝工艺形成纤维。所得纤维具有 3 克/旦尼尔（2.7 克/分特）或更大的断裂韧度和 21 或更大的极限氧指数。然后将纤维加工成织物和服装。 实施例 2 重复实施例 1，不同之处在于不首先混合酰氯，而是在搅拌下单独添加到烧瓶中，其后续将用于被加工成织物和服装。 实施例 3 重复实施例 1，不同之处在于使用如该实施例中的酸单体总量，颠倒 ICL 和 TCL 的量。产生黏性共聚物溶液，其在脱气之后用于形成纤维，所述纤维随后被加工成织物和服装。

续表

申请公开号	CN1389604A	US20090905961 A1
	芳香族聚砜酰胺纤维的制造方法	由包含得自 4,4′-二氨基二苯砜和多种酸单体的结构体的共聚物构成的纤维成形构成纤维及其制备方法
实施例	在传统湿法纺丝设备上纺丝。将上述浆液真空脱泡，并升温至 70℃，经计量泵计量，过滤器过滤后，进入喷丝头，孔数为 1000 孔的喷丝头挤出，浆液由孔径为 0.07mm，孔数为 1000 孔的喷丝头挤出，进入凝固浴。凝固浴组成为：DMAc 60%，$CaCl_2$ 3%，H_2O_5 7%（均为质量百分比）；凝固浴温度为 10~15℃，丝条以 3m/min 的速度引出。然后丝条在 90℃ 塑化拉伸中拉伸 2.5 倍。塑化拉伸浴的组成为：DMAc 40%，$CaCl_2$ 2%，H_2O_5 8%（均为质量百分比）。然后在 60℃ 下水洗，再用 400℃ 热管拉伸 1.1 倍。最后用阴离子型油剂上油，上油率 0.5%，随后卷绕成形。	实施例 4 重复实施例 1，不同之处在于用 N-甲基吡咯烷酮代替溶剂二甲基乙酰胺而不改变程序。产生黏性共聚物溶液，其在脱气之后用于形成纤维，所述纤维随后被加工成织物和服装。 实施例 5 重复实施例 1，不同之处在于将二氨基单体的总重量、使用 45 重量份的 ICL 和 55 重量份的 TCL。产生黏性共聚物溶液，其在脱气之后用于形成纤维，所述纤维随后被加工成织物和服装。 实施例 6 制备热保护目耐用方法的短纤维。实施例 1 的方法制备的短纤维，其在经纱和纬纱纱线中均包含加工纱。通过常规棉系统设备制备和加工约 21tex（28 棉纱支数）的短纱纱，然后使用环锭细纱机纺丝纱在 4.0 目单纱尺寸约合股以制备双股经纱。然后将两根单纱在合股机上合股以制造 24 tex 的双股纱。使用类似用于经纱的工艺和相同的捻度，制造 24 tex（24 棉纱支数）纱线用于纬纱。将这些单纱中的两根合股以形成阻燃双股纬纱。 然后将纱线用作经纱和纬纱，并在核织机上编织成织物，制备具有 2×1 斜纹组织和 26 根经纱 ×17 纬纱/cm（72 根经纱×52 根纬纱/英寸）的构造和约 215 g/m² 的基重的环布织物。然后将斜纹织物在水中精练并在低张力下干燥，然后使用碱性染料对精练的织物进行喷射染色。成品织物的基重为约 231 g/m²，该织物则用于制造适合子在接近火焰或高温下工作的人的防护服。
测试方法描述	简单说明	明确记载采用测试的标准和方法

CN1389604A 说明书记载的用途：

1. 防护制品：宇航服、飞行通风服、特种军服、军用篷布、消防服、消防战斗服、炉前工作服、电焊工作服、森林工作服、均压服、防辐射工作服、化学防护服、高压屏蔽服、宾馆用纺织品及救生通道、防火帘、儿童睡衣及床上用品等。

2. 过滤材料：烟道除尘过滤袋、化工滤布、稀有金属回收袋、热气体过滤软管等。

3. 电绝缘材料：电极绝缘材料、变压器绝缘材料、防电晕绝缘板、绝缘无纺布、絮片和毡、印刷电路板等。

4. 蜂窝结构材料：飞机夹层材料、赛艇夹层材料、隔音隔热和自熄材料、护墙材料、复合材料等。

5. 代石棉制品：摩擦材料、垫片盘根等密封材料。

6. 其他工业织物：耐热输送带、造纸和印染用衬布和毛毯、缆绳、熨烫台布装饰材料、体育用品、扬声器、复印机清洁毡、涂层织物等。

从说明书实施例的记载来看，CN1389604A 只记载了一个制备产品的实施例，尤其是在 4,4′-二氨基二苯砜（4,4′-DDS）50%~95%和 3,3′-二氨基二苯砜（3,3′-DDS）5%~50%（均为质量百分比）两种原料选择范围较宽泛的情况下，实施例只采用一个单一的配比，即 3,3′-DDS 7.542kg 和 4,4′-DDS 22.624kg，对权利要求范围支撑性不足，为权利要求的稳定性带来隐患。

反观杜邦公司的专利 US2009053961A 的撰写，权利要求书中不仅保护了纤维，也保护了纤维制品和纤维制备方法，从上游到下游均有考虑。另外，独立权利要求采用了"包含共聚物的纤维"这样较为模糊的上位主题名称，整个权利要求书中也未提及该纤维是芳香族聚砜酰胺纤维，更没有直接用对苯二甲酰氯、间苯二甲酰氯这样的具体原料，而是用"具有 Cl-CO-Ar-CO-Cl 的酸单体"这样的术语来对对苯二甲酰氯、间苯二甲酰氯进行了上位概括，然后在从属权利要求中进一步限定了酸单体具体为对苯二甲酰氯或间苯二甲酰氯。另外，权利要求 1 只限定了共聚物的反应原料的结构，没有限定制备工艺，而且原料也是采用纤维的极限氧指数、纱线的强度等性能参数限定，涵盖了任何满足上述极限氧指数和强度参数范围的纤维和纱线，而不论这些纤维或纱线采用何种方式制造而成，其保护范围显然很宽泛。

杜邦公司的专利 US2009053961A 的说明书中对纤维制品进行了性能测试，表明了其制品符合预期使用要求，实施例也给出了不同的原料配比，足以支撑其权利要求的保护范围。

上述两件申请是目前不同申请人在纤维材料领域申请撰写差别的缩影，可以看出不同创新主体在创新成果转化为专利申请过程中存在较大的差距。

第三节　高性能纤维材料领域专利申请概况

本节主要针对高性能纤维材料的专利申请整体情况和发展态势进行分析，了解不同主体的创新特点和相互之间的竞争态势，感受高性能纤维材料领域的"专利江湖"。

本节专利情报分析的数据源采集自 HimmPat 专利数据库。一般理解高性能纤维涵盖种类较多，考虑目前主要使用的高性能纤维类型，参考《中华人民共和国国民经济和社会发展第十四个五年规划和 2035 年远景目标纲要》以及《中国制造 2025》，本节专利整体特点的分析所针对的高性能纤维材料主要为碳纤维、芳香族聚酰胺纤维、超高分子量聚乙烯纤维和聚对苯撑苯并双噁唑 PBO 纤维，这些高性能纤维具有高强度、高模量、耐高温、耐气候、耐化学试剂等性能，广泛应用于军事科技和航空航天、航海、土木工程以及纺织服装等领域。

一、高性能纤维材料领域专利申请特点

碳纤维的研究时间起步较早，始于 20 世纪 50 年代后期，超高分子量聚乙烯纤维的研究始于 60 年代中期，芳香族聚酰胺纤维专利申请始于 70 年代，目前芳香族聚酰胺纤维是高性能纤维领域产量最大的纤维。

考虑到技术发展的热度，对于专利申请趋势分析采纳的数据为 2001—2021 年的专利信息数据，由于专利公布周期的问题，2020—2021 年的数据可能会偏少。涉及高性能纤维材料领域专利数据见表 3-6。

表 3-6　高性能纤维材料领域专利数据

技术领域	检索结果	检索截止日期
碳纤维	36525 件	2021 年 12 月 13 日
超高分子量聚乙烯纤维	14184 件	2021 年 12 月 13 日
芳香族聚酰胺纤维	21413 件	2021 年 12 月 13 日

图 3-9 是 2001—2021 年全球碳纤维、芳香族聚酰胺纤维、超高分子量聚乙烯纤维的专利申请趋势和专利来源地域分析。

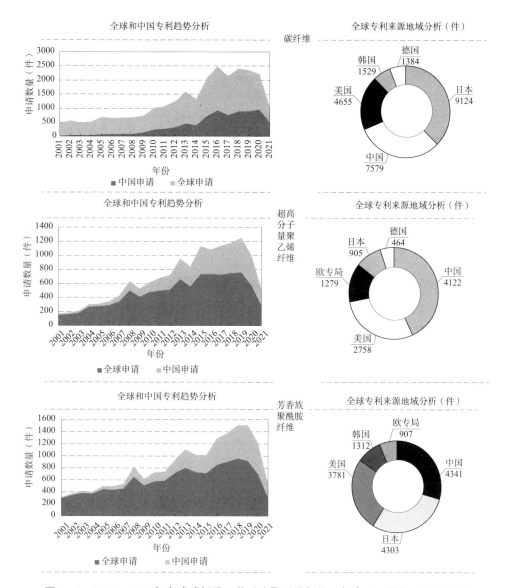

图 3 - 9　2001—2021 年全球碳纤维、芳香族聚酰胺纤维、超高分子量聚乙烯纤维的专利申请趋势和专利来源地域分析

　　从发展趋势上看，碳纤维、芳香族聚酰胺纤维、超高分子量聚乙烯纤维的全球申请量近二十年均保持快速增长。对三种高性能纤维的技术来源地进行分析，数据表明：在碳纤维领域，日本、中国、美国、韩国、德国位列前五位，而在超高分子量聚乙烯纤维领域，中国、美国、欧专局、日本、德国位列前五位，在芳香族聚酰胺纤维领域，中国、日本、美国、韩国、欧专局位列前五位。

对三种高性能纤维中国专利撰写情况分析，数据表明：不同国家申请人对于申请文件撰写差别较大，国外来华主要申请人的专利权利要求项数基本上超过 10 项，其中碳纤维领域东丽公司的平均权利要求项数为 15 项，超高分子量聚乙烯纤维领域帝斯曼公司的平均权利要求项数为 13 项，芳香族聚酰胺纤维领域杜邦公司的平均权利要求项数为 14 项，从宏观层面反映了国外来华申请人对保护范围有更高的要求。

图 3 – 10 所示为碳纤维、超高分子量聚乙烯纤维、芳香族聚酰胺纤维领域全球专利法律状态。由图 3 – 10 分析可知，碳纤维领域有效专利占比 23.82%，超高分子量聚乙烯纤维领域有效专利占比 33.62%，芳香族聚酰胺纤维领域有效专利占比 28.2%。该图反映出上述领域随着技术的发展，早期的专利逐渐失效，目前有效的专利数量均占比不高。这也是后进入者的发展机遇期。

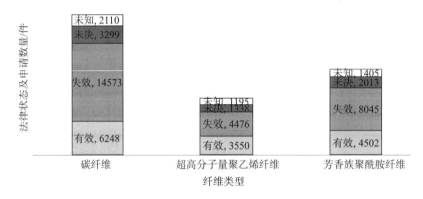

图 3 – 10   碳纤维、超高分子量聚乙烯纤维、芳香族聚酰胺纤维领域全球专利法律状态

二、高性能纤维材料领域的重要申请人和申请方向

对某一技术领域重要申请人分析主要是从市场主体或者研发主体的角度，识别和了解竞争对手，或者是寻求对标学习的目标。所谓的"申请人分析"通常指的是通过排名、类型、态势和合作关系等统计，对该技术领域不同申请人各自的基本状态和相互之间的联系进行初步的梳理，为创新主体深度研究提供信息支撑。通过专利申请人的排名分析，可以总体上获知该行业中有哪些参与竞争的市场主体，了解哪些申请人拥有较强的专利成果研发实力。图 3 – 11 所示为碳纤维、超高分子量聚乙烯纤维和芳香族聚酰胺纤维领域主要申请人。

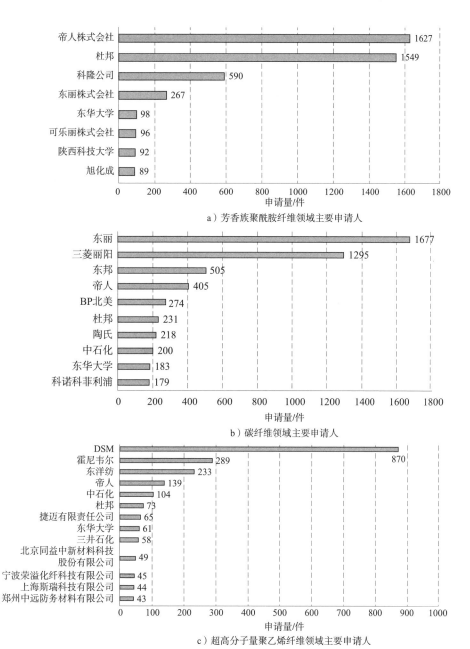

a）芳香族聚酰胺纤维领域主要申请人

b）碳纤维领域主要申请人

c）超高分子量聚乙烯纤维领域主要申请人

图 3-11　碳纤维、超高分子量聚乙烯纤维、芳香族聚酰胺领域主要申请人

在碳纤维领域，日本东丽、三菱丽阳、东邦、帝人占据绝对优势，日本企业在碳纤维领域处于领先地位。尤其是东丽、三菱丽阳、东邦三家公司代表了碳纤维生产的最高水平，无论是在技术上还是在市场上都占有主导地位。

芳香族聚酰胺纤维根据分子结构的不同，最具代表性的产品为间位和对位的芳香族聚酰胺纤维。芳香族聚酰胺纤维的制造工艺流程如下：低温溶液缩聚或界面缩聚—液晶纺初生丝—高温高倍拉伸。目前，世界上主要生产芳香族聚酰胺纤维的企业是美国的杜邦公司和日本的帝人公司，产品主要应用于复合材料、绝缘、过滤、防护等领域，在生产工艺方面，科隆公司、旭化成、东丽的申请量也占有一席之地。

在超高分子量聚乙烯纤维领域则是荷兰帝斯曼公司（DSM）、霍尼韦尔、东洋纺织三足鼎立，当然中国申请人随着市场份额的扩大也开始进行大量的专利布局。

第四节　高性能纤维材料领域的主要创新者

本节重点研究高性能纤维材料领域的主要创新者，揭示他们的创新和专利申请历程，对重点技术分支的专利申请从产品、保护策略角度进行分析，展示其竞争关系、专利申请特点和专利保护策略。

一、主要创新者

美国、日本和欧洲是最早开始研发高性能纤维的国家和地区，比如超高分子量聚乙烯纤维技术源于荷兰，碳纤维和芳香族聚酰胺技术源于美国，随着早期相关专利到期后，新兴市场如中国、韩国也加入了高性能纤维的研发、改进和生产行列，并取得了一席之地。目前全球的主要创新者主要集中于这几个国家和地区。

碳纤维方面，1960 年美国联合碳化物公司帕尔马技术中心的罗杰·培根（Roger Bacon）在 *Journal of Applied Physics* 杂志上发表了石墨晶须的论文，成为高性能碳纤维技术基础研究史上的一个里程碑；帕尔马技术中心的加利·福特（Curry E. Ford）和查尔斯·米切尔（Charles V. Mitchell）发明了在 3000℃高温下将黏胶热处理成石墨纤维的工艺方法，生产出了当时强度最高的商业化碳纤维，并获得专利。美国主要关注黏胶基和中间相沥青基碳纤维的发展。日本则开发出模量更高的聚丙烯腈基碳纤维。20 世纪 70 年代，由日本东丽株式会社（以下简称东丽或东丽公司）、东邦人造丝株式会社（2001 年 7 月更名为东邦特耐克丝株式会社，以下简称东邦或东邦特耐克丝）和三菱丽阳株式会社（以下简称三菱丽阳）发起日本的碳纤维大规模商业化。日本东丽公司开发了性能极优异的聚丙烯腈纤维，占据了碳纤维技术的领导地位。目前所使用的高强型和超高强型碳纤维中，约90%为聚丙烯腈（PAN）基碳纤维，PAN基碳纤维的主要生产商为日本的东丽、东邦、三菱丽阳三大集团和美国的卓尔泰克、阿克苏、阿尔迪拉及德国的西格里碳素公司。而中国的光威复材、吉林化纤、中复神鹰、江苏恒神等也逐步成长为碳纤维领域的主要生产商。

芳香族聚酰胺纤维主要品种有间位芳香族聚酰胺纤维、对位芳香族聚酰胺纤维和芳砜纶。1960年，美国杜邦公司研制出聚间苯二甲酰间苯二胺（PMIA）纤维（间位芳纶），商品名"Nomex"，于1967年开始生产。1972年日本帝人也开始生产商品名为"Conex"的PMIA纤维。2004年，烟台氨纶有限公司实现PMIA纤维的工业化生产，推出商品名为纽士达（Newstar）的PMIA纤维。1971年，杜邦公司试制成功聚对苯二甲酰对苯二胺（PPTA）纤维（对位芳纶），商品名"Kevlar"，并于1981年开始批量生产。1986年，阿克苏公司也开发出商品名为"Twaron"的PPTA纤维。上海纺织控股（集团）公司开发出商品名为"Tanlon"的芳砜纶纤维，也是芳砜纶最主要的生产商。在芳香族聚酰胺纤维领域，中国的泰和新材也逐步成为全球主要的供应商。

超高分子量聚乙烯纤维方面，1975年，荷兰帝斯曼公司试制出超高分子量聚乙烯纤维。1990年，开始生产商品名为"Dyneema"的UHMWPE纤维。1985年，联合信号公司购买了帝斯曼公司的专利权，并对制造技术加以改进，以矿物油为溶剂开发出商品名为"Spectra"的UHMWPE纤维。20世纪80年代，日本三井石化公司以石蜡为溶剂，采用凝胶挤压-超拉伸技术开发出商品名为"Tekmilon"的UHMWPE纤维。目前国际市场超高分子量聚乙烯纤维产品被荷兰帝斯曼公司、美国的霍尼韦尔公司与日本的三井石化公司所垄断。中国是目前全球拥有超高分子量聚乙烯纤维相关核心技术的极少数国家之一。

PBO纤维是具有代表性的芳杂环类聚合物纤维，号称高性能增强纤维中的超级纤维。该纤维最早由美国空军空气动力学开发研究人员发明。美国斯坦福大学研究所拥有该纤维的基本专利。美国陶氏化学公司得到授权，并对该纤维进行了工业性开发。1994年，日本东洋纺公司从美国陶氏化学公司购买了PBO专利技术，于1995年开始投入部分工业化生产。1998年10月开始进行商业化生产，商品名为Zylon。目前，世界上只有日本东洋纺公司掌握了高性能PBO纤维的合成、纺制技术，该PBO纤维的抗拉强度和模量有大幅度提升，达到了对位芳纶纤维的两倍，并已经形成了垄断地位，中国的中蓝晨光也实现了PBO纤维的工业化量产。

目前，全球高性能纤维材料领域的格局是：美国、日本、欧洲掌控最先进技术，韩国、中国正在努力加大自主研发和崛起力度，并且随着高性能纤维基础专利到期失效，中国在高性能纤维材料领域市场竞争也越来越强。表 3 - 7 阐明了高性能纤维材料领域主要产品领域中国和全球竞争者。

表 3 - 7　高性能纤维材料领域中国和全球主要竞争者

纤维名称	中国主要竞争者	全球主要竞争者
碳纤维	光威复材、吉林化纤 中复神鹰、江苏恒神	东丽 三菱丽阳 东邦
超高强高模量 聚乙烯纤维	江苏九九久 北京同益中	帝斯曼：Dyneema 霍尼韦尔：Spectra 日本三井：Tekmilon
间位芳纶	泰和新材：泰美达	杜邦：Nomex 帝人：Conex
芳砜纶	上海特安纶	—
对位芳纶	泰和新材：泰普龙 中化晨光：芳纶 - 3	美国杜邦：Kevlar 日本帝人：Technora® 和 Twaron® 韩国科隆：Heracron
PBO 纤维	中蓝晨光	东洋纺织株式会社

1. 产业集中度

碳纤维行业产业具有较高的技术门槛，专利技术和下游渠道构筑了产业链壁垒。全球碳纤维市场依然为日、美企业所垄断。碳纤维行业主要创新者几乎都拥有从原材料到复合材料全产业链生产能力，并且充分利用自身产能降低成本、匹配产品，如美国赫氏的 PAN 前驱体 100% 内部销售，美国赫氏、日本东丽的碳纤维材料完全利用自产。据中国化学纤维工业协会统计，从全球范围来看，2020 年，美国、日本和中国碳纤维理论产能占全球碳纤维理论产能的59.8%。日本东丽与卓尔泰克合并后，总产能在业内一枝独秀，达约 5.37 万 t；西格丽集团和三菱丽阳分别位列第二和第三，产能分别为 1.48 万 t 和 1.41 万 t。

在全球小丝束碳纤维市场竞争中，日本企业占据了优势地位，其中日本东丽、东邦和三菱丽阳的产能分别占全球小丝束碳纤维市场份额的 26%、13% 和 10%。在大丝束碳纤维领域中，美国赫氏为全球主要的大丝束供应商，占据 58% 的全球市场份额，其次是占比 31% 的德国西格丽集团，占比 9% 的日本三菱丽阳排第三位，其他企业仅占 2%。世界碳纤维技术主要掌握在日本公司手中，其生产的碳纤维无论质量还是数量均处于世界领先地位，日本东丽更是世界上高性能碳纤维研究与生产的"领头羊"。我国的光威复材、吉林化纤、中复神鹰、江苏恒神等也逐步发展起来，其中吉林化纤成为国内原丝龙头，据各企业官方网站公布，中复神鹰 2020 年碳纤维产能超过 8000t，江苏恒神和光威复材产能超过 5000t，国内的碳纤维行业实现了 T700 级碳纤维批量化生产和 T800 级碳纤维、M40J 石墨纤维的工程化制备，突破 T1000 级碳纤维、M50J、M55J、M60J 石墨纤维实验室制备技术，具备开展下一代纤维研发的基础。

芳纶纤维行业属于技术和资金密集型产业，工艺技术复杂，实验室与实际量产完全是两码事，需要企业具有长期工艺技术积累，曾有企业宣称巨额投入建成庞大产能，但实际上却无法产出，行业壁垒极高。芳纶纤维生产主要集中在美国、日本及欧洲，据中国化学纤维工业协会统计，截至 2020 年年底，全球芳纶名义产能为 11 万 ~ 12 万 t，主要产能被美国杜邦公司、日本帝人、韩国科隆和晓星公司等国际大公司占据，其中间位芳纶约 4 万 t，对位芳纶约 8 万 t。中国公司以泰和新材为代表，2020 年总产能实现 11500t，单产位居全球第三位。据中国化学纤维工业协会统计，全球芳纶纤维产量份额依次为欧洲 35.42%、美国 34.64%、中国 11.04%、日本 9.49%、韩国 8.40%、其他国家 1.01%。美国杜邦公司是最先研发和生产芳纶纤维的企业，目前其旗下的产品主要包括 Kevlar–29、Kevlar–49、Kevlar–49AP 等多个牌号，而每个牌号又有数十种规格的产品，在全球市场上占据绝对领导地位。紧随其后，日本、欧洲也开始生产芳纶纤维，如日本帝人、俄罗斯卡门斯克、韩国科隆和晓星。目前，在国际市场上美国杜邦和日本帝人在芳纶纤维领域占有统治地位，这两家公司的产能占全世界产能的 85% 左右，而且几乎垄断了高等级的对位芳纶纤维产品。杜邦自 1972 年实现对位芳纶（商品名为 Kevlar）的产业化以来，初期规模为 2000t/a，现产能为 28600t/a，占世界总产能的近 53%。日本帝人公司的对位芳纶有 Technora® 和 Twaron® 两种牌号。Technora® 是帝人公司利用独家技术开发的共聚型对位芳纶，1987 年产业化，实现产能 1500t/a。2000 年，帝人公司收购了 Twaron® 后，进行了三次大规模扩产。

PBO 纤维是 20 世纪 70 年代由美国研究人员研发的一种高性能芳杂环聚合物。其后由美国陶氏化学公司通过液晶纺丝将其制成纤维，1995 年日本东洋纺织取得陶氏化学公司的专利权，1998 年实现了 PBO 纤维商业化生产，商品名为 Zylon，产品有 Zylon AS 和 Zylon HM 两种。PBO 纤维为当今世界高性能纤维之冠，广泛应用于国防、航空航天、星球探测等重要领域之中。目前日本东洋纺织的 PBO 纤维年产能约 1000t，实际产量约 400t❶。

超高分子量聚乙烯纤维于 20 世纪 70 年代末期由荷兰帝斯曼公司制备成功，1990 年开始工业化生产。20 世纪 80 年代美国联合信号公司（后为美国霍尼韦尔公司收购）购买了帝斯曼公司的专利，开发出自己的生产工艺并实现工业化。日本东洋纺织与帝斯曼公司合作生产超高分子量聚乙烯纤维。20 世纪末，世界超高分子量聚乙烯纤维市场由上述三家公司共同主导，除此之外的其他企业包括巴西 Braskem、中国江苏九九久、山东爱地、仪征化纤、千禧龙纤、锵尼玛、普诺泰。据中国化学纤维工业协会统计，超高分子量聚乙烯领域主要市场竞争者见表 3 - 8。

表 3 - 8   超高分子量聚乙烯纤维领域主要市场竞争者

公司	主要产品	2020 年产能/t
荷兰帝斯曼	UHMWP 纤维	17400
美国霍尼韦尔	UHMWP 纤维	3000
日本东洋纺织	UHMWP 纤维	3200
江苏九九久	UHMWP 纤维及制品	10000
山东爱地	UHMWP 纤维	5000
仪征化纤	UHMWP 纤维及制品	3300
千禧龙纤	UHMWP 纤维及防护产品	2600
锵尼玛	UHMWP 纤维及制品	2500

2020 年，全球超高分子量聚乙烯纤维理论需求量约为 9.8 万 t，但产能仅达到 6.56 万 t，仍处于供不应求状态，近年来全球范围内产能发展趋势如图 3 - 12 所示。

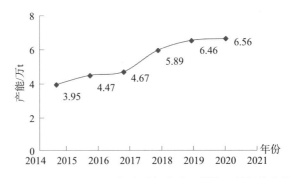

图 3 - 12   2015—2020 年全球超高分子量聚乙烯纤维产能

---

❶ 黑木忠雄，矢吹和之，毕鸿章. PBO 纤维"ザイロソ"的基本物性和应用 [J]. 高科技纤维与应用，1998（05）：36 - 39，12.

2. 市场集中度

碳纤维是发展国防军工与国民经济的重要战略物资，广泛应用于军工、航空航天、体育用品、汽车工业、能源装备、医疗器械、工程机械、交通运输、建筑及其结构补强等领域。2015—2020 年，全球和国内对于碳纤维的需求量逐年增长。受新冠肺炎疫情影响，2020 年需求增长放缓。据中国化学纤维工业协会统计，2015—2020 年中国和全球对碳纤维需求量如图 3 – 13 所示。

图 3 – 13　2015—2020 年中国和全球对碳纤维需求量

2020 年中国和全球对碳纤维的需求集中在风电叶片、体育休闲、航空航天等领域。受新冠肺炎疫情对全球碳纤维下游需求的影响，飞机订单大量减少，直接导致对碳纤维需求的大幅度降低。但是风力发电领域却逆势而上，2020 年增长保持 20%。2020 年风电领域碳纤维需求量占全球需求总量的 26.8%，是占比最高的领域。此外，采用碳纤维的汽车车型越来越多，尤其是新能源汽车上的电池盒和底盖，有望成为碳纤维的重大需求品种。随着汽车轻量化和风力发电的不断发展，全球的碳纤维在工业领域的应用将越来越多。据中国化学纤维工业协会统计，全球和中国 2020 年各领域碳纤维的需求量见表 3 – 9。

表 3 – 9　全球和中国 2020 年各领域碳纤维的需求量

领　域	中国各领域需求量占比	全球各领域需求量占比
体育休闲	29.90%	14.40%
风电叶片	40.90%	26.80%
航空航天	3.50%	15.40%
汽车工业	2.50%	11.70%
混配模成型	3.50%	9.20%
压力容器	4.10%	7.90%
其他	15.60%	14.6%

芳纶纤维目前的市场容量相对较小，宏观环境、供求形势及竞争手段的变化都会对行业产生较大影响，芳纶纤维应用领域和特点见表3－10。据中国化学纤维工业协会统计，2020年全球芳纶纤维需求量为8万~9万t，较2019年下降约20%。全球间位芳纶需求量约为4万t，全球产能排名前三的是美国杜邦、中国泰和新材及日本帝人。全球对位芳纶需求量约为8万t，杜邦、帝人、韩国科隆分居前三位，中国泰和新材与韩国晓星不相上下。对位芳纶在全球的应用主要为防弹防护（30%）、摩擦密封（30%）、光缆（15%）等。在中国主要为光缆（50%）、汽车（30%，包含部分摩擦密封）、防弹防护（10%）等。[1]

表3－10　芳纶纤维应用领域和特点

应用领域	产　品	主要特点
航空航天	航空结构材料如飞机机翼	具有耐高温、质量轻、超高强度和高模量、良好的绝缘性和抗老化性能
军事	应急手套、防火毯、高阻燃绳索、柔性阻燃防爆、冲锋舟、便携式高压氧舱、抢险救援服、防弹装备	具有阻燃、高耐磨、耐冲击、耐切割的特性
汽车	刹车片、离合器、整流器、车身	具有高比强度、高模量、低密度、耐高温、阻燃的特性
建筑	增强水泥，混凝土结构件	具有良好的耐腐蚀性、耐疲劳性、无磁性、绝缘、造价低等优点
体育	高尔夫球棒、网球拍、雪橇等	具有高比强度、高模量、低密度的特性

在间位芳纶的国外市场，防护、绝缘与蜂窝芯材占据80%，而在国内市场则被低端工业过滤应用占据大半份额。泰和新材的间位芳纶，70%为防护，20%为工业过滤，10%为芳纶纸和蜂窝芯材。

据中国化学纤维工业协会统计，在国外市场，超高分子量聚乙烯纤维下游应用领域中，防弹衣和武器装备占比约70%，绳缆占比约20%，劳动防护占比约5%，渔网占比约5%；在中国市场，防弹衣和武器装备占比约32%，防切割手套占比约28%，绳缆材料占比约26%，体育器材占比约6%，其他占比约8%。2020年，中国超高分子量聚乙烯纤维总产量和理论需求量分别约为4.20万t和4.91万t。中国超高分子量聚乙烯纤维行业整体处于供不应求的状态。2015—2020年全球超高分子量聚乙烯纤维需求如图3－14所示。

---

[1]　毕鸿章. 芳纶纤维复合材料及其应用概况［J］. 建材工业信息，1996（03）：8－9.

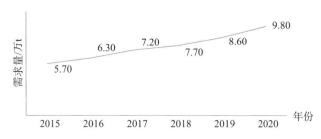

图 3 - 14　2015—2020 年全球超高分子量聚乙烯纤维需求

二、芳纶纤维"巨头"专利布局比拼

高性能纤维属于技术密集型行业，专利技术壁垒较高，以芳纶纤维为例，美国杜邦和日本帝人牢牢把持着相关技术，通过技术控制了全球大部分的市场，二者在芳纶纤维领域不仅具有技术和市场上的先发优势，而且善于利用专利资源巩固强化自身优势，不断扩展产业链，挤压弱小企业生存空间。而中国泰和新材凭借多年努力已跻身全球产量前三。下面将从杜邦、帝人、泰和新材三家公司在芳纶纤维领域专利布局之道剖析三者在全球芳纶纤维领域的技术竞争力。芳纶纤维领域的主要技术路线见表 3 - 11。

表 3 - 11　芳纶纤维领域的主要技术路线

项　　目	间位芳纶	对位芳纶
合成原料	间苯二甲酰氯/间苯二胺	对苯二甲酰氯/对苯二胺
聚合路线	杜邦：低温聚合 + 干法纺丝 帝人：界面聚合 + 湿法纺丝 泰和新材：低温溶液聚合 + 湿法纺丝	低温溶液缩聚（商业方法） 直接缩合 离子液体聚合 发烟硫酸聚合

杜邦和帝人作为芳纶纤维领域的技术引领者，从 20 世纪 60—70 年代就开始在芳纶纤维的制备工艺领域进行专利布局，而且是长时间持续性的。

1965 年美国杜邦公司率先研制出商品名为"Nomex"的芳纶 1313，并于 1967 年开始工业化生产；1966 年该公司又率先开发出商品名为"Kevlar"的芳纶 1414，并于 1971 年开始工业化生产。杜邦公司的芳纶纤维无论是研发水平还是规模化生产都日趋成熟，在全球占有主要的地位。日本帝人于 1972 年开始了间位芳纶"Conex"的产业化，1985 年开始了对位芳纶"Technora"的产业化，帝人公司的芳纶纤维的生产工艺原料不同于杜邦公司，在 2000 年收购了 AKZO NOBEL 公司的 Twaron 业务后快速发展。中国泰和新材于 2004 年开始间位芳纶的产业化，2011 年开始对位芳纶的产业化。图 3-15 是芳纶纤维领域主要技术发展历程。

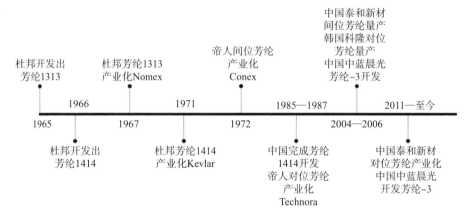

图 3-15　芳纶纤维领域主要技术发展历程

表 3-12 为芳纶纤维主要企业产能分布，从中可以看出全球芳纶产能主要被杜邦和帝人公司占据，中国泰和新材虽然产能居于全球第三位，但占比相对较小。目前全球芳纶名义产能为 14 万～15 万 t/a，对位芳纶需求 8 万～9 万 t/a、间位芳纶需求超过 4 万 t/a。芳纶产能主要被国际大公司占据，杜邦是全球绝对龙头企业，合计产能占 50% 左右，日本帝人排在第二位。

表 3-12　芳纶纤维主要企业产能分布

企　业	国　别	间位芳纶/（万 t/a）	对位芳纶/（万 t/a）
杜邦公司	美国	3	3.5
帝人公司	日本	0.5	2.7
泰和新材	中国	0.7	0.45

杜邦公司在芳纶纤维领域全球专利趋势如图 3-16 所示，其在该领域的专利申请始于 1957 年，杜邦公司在芳纶纤维领域的专利布局是持续性的。1957 年 2 月 28 日，杜邦公司申请了第一件涉及由芳族二胺和芳族二酰基卤合成高分子量芳族聚酰胺的专利 US03642941，首次公开了以间苯二胺/对苯二胺、间苯二甲酰氯，通过含氯化锂的二甲基乙酰胺纺丝溶液来制备纤维的方法。1967—1971 年间杜邦先后完成了间位芳纶和对位芳纶工业化生产。随着日本帝人 1972 年间位芳纶纤维的产业化以及其他国家逐渐开展芳纶纤维的研究，

为巩固市场，杜邦自 20 世纪 80 年代之后开始在芳纶纤维领域进行大规模的专利布局。进入 21 世纪，韩国、中国芳纶纤维市场逐渐崛起，杜邦再次加强了自身芳纶纤维专利布局体系。杜邦公司的专利布局有着明显的周期变化，这一周期的时间接近于专利保护的期限 20 年，因此在 1972 年、1990 年、2008 年、2017 年出现了较为明显的申请量增加，在 2018 年以后的申请相对较少。

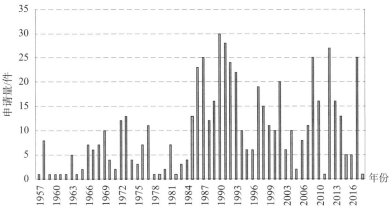

图 3 – 16　杜邦公司芳纶纤维领域全球专利申请趋势

日本帝人的专利申请量一直较高，其在 2000 年收购 AKZO NOBEL 公司的 Twaron 业务后快速发展，加大了专利申请的布局，但在近些年也出现了小幅的回落。其全球专利申请趋势如图 3 – 17 所示。

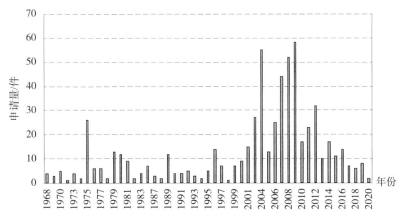

图 3 – 17　帝人芳纶纤维领域全球专利申请趋势

中国泰和新材专利布局时间较晚，而且主要集中在中国。

各大公司在芳纶纤维的工程化方面的申请数量不多，这也与芳纶纤维的制造工艺难度极大有一定的关系。典型的对位芳纶因其高速液晶纺丝技术被称作化纤业的又一次技术革命，许多知名科学家对其理论模型和产业化发展做出过重要贡献。对位芳纶的产业化难度很高，对实现工艺条件的设备和部件的设计、加工制造以及工艺条件的自动控制要求都很高，例如聚合双螺杆反应器及其配套进料系统，需要实现温度、流量差异很大的两股反应流体的精确计量，一旦控制不当，轻则带来聚合物产品的黏度波动，重则造成管路堵塞和损坏设备。纺丝工段方面，诸如喷丝板和凝固装置的设计、辊设备制造以及导丝件的材质和布局都会影响纤维品质，对位芳纶的工程化技术问题中，有很多都是在其发明后的十几年陆续解决和完善的。再如一些辅助系统的逐渐完善，包括稀酸处理技术、废溶剂的高回收率技术、废纱废浆回用技术等也都是在后来陆续得到改进。❶

从芳纶纤维领域杜邦公司和帝人公司专利布局来看，有着突出的特点：

（1）专利与产业发展紧密结合

杜邦公司和帝人公司在芳纶纤维领域的专利布局是随着技术完善、产业发展逐步进行的，在早期两家公司都比较注重对芳纶纤维产品的保护，并且是针对主要的消费市场逐步推进的，针对不同的市场进行不同的专利布局，抢先形成专利壁垒，给后进入者设置较高的门槛，确保了企业的销售自由。

（2）精准把握核心生产工艺专利布局时机

芳纶纤维领域生产工艺的专利布局不少，包括芳纶纤维的各项工艺技术，基本的合成方法以及工艺的研究，但在关键的芳纶纤维工程化生产技术方面进行专利布局的不多，只有当竞争对手可能取得工业化规模生产突破时才开始进行专利布局，进而阻碍竞争对手的发展。比如20世纪90年代，芳纶国际化发展的趋势逐渐显现，杜邦公司不仅进一步巩固了自身在美国的专利和市场地位，还加强了在德国、加拿大的专利布局，而且面对日韩芳纶产业的崛起，杜邦还在日本和韩国进行了大量的专利布局。

（3）利用好专利保护期限，持续对产品进行保护

杜邦公司在芳纶纤维领域专利的时间布局上有着明显的周期变化，这一周期的时间接近于专利保护的期限，在1973年、1990年、2008年、2017年前后出现了较为明显的申请量增加，持续地对关键技术进行专利保护。

---

❶ 彭涛. 我国对位芳纶产业现状剖析及其建议［J］. 高科技纤维与应用，2013，38（05）：8－10，16.

第四章 高性能纤维材料领域的专利化难点

专利权是具有垄断性质的特权。发明创造依法被授权后，专利权人在一定期限内拥有禁止他人未经允许不得实施其专利的权利。这种垄断性质的特权来自国家对专利权人公开其发明创造行为提供的"交易对价"，即通常说的"以公开换取保护"，目的是促进科技进步和社会发展。因而我们通常形象地把专利授权比喻成专利行政审查机关代表公众与专利权人签订交易合同，专利文件就是针对这个交易的合同文本，权利要求书是界定专利权人权利范围的条款，说明书对该权利范围进行必要的说明和解释。

这份合同不同于"意思自治"的普通民事合同，特殊之处在于，其中记载的"权利"受国家公权力保障。因此，基于公平正义的角度，国家需要通过立法解决许多基本问题，包括：什么样的发明创造可以受到保护，如何合理地划定权利范围，说明书应提供怎样的说明和解释，权利行使的条件和侵犯后果，等等。为此，各个国家都制定了配套法律法规进行详细规定，实践中还有审查指南、司法解释和案例进行支撑。在这样一个庞大的专利制度体系下，创新成果在专利化过程必然需要考虑许多因素，也存在许多难点，一些领域还有一些特殊问题。

本章将通过一件专利无效案件作引，让读者体会高性能纤维材料领域的创新成果专利化过程中可能遭遇的风险，然后从权利要求范围划定、创新性判断和说明书公开等多个方面，解析高性能纤维材料领域的专利化难点。

第一节 从热点案件"管窥"专利化难点

作为重要的无形资产，专利在各大企业及研究机构的竞争和发展中有着举足轻重的作用，其背后反映的是创新主体之间围绕看得见和看不见利益的竞争和较量。本节将通过一件案件的驳回、复审等案情分析来带领大家体会专利申请中的难点、成果专利化的风险。从中我们可以看出，专利申请远不是写篇论文、说明一个试验过程、发表一个研究结论那么简单，其涉及诸多复杂法条的合规性审查。有时，写在文件中的每个字、每个实施例、在审查过程中发表的每一条意见，乃至没有写在申请文件中的技术现状，都可能成为最后确定案件去留的"呈堂证供"。

一、案情经过

国家知识产权局于 2012 年 12 月 4 日驳回了一件专利号为 200980118941.2、名称为"聚酰胺 56 细丝、含有它们的纤维结构、以及气囊织物"的发明专利申请，申请人为东丽株式会社（以下简称东丽公司）。

该驳回决定的理由为：本发明专利申请权利要求 1、5、7、8 不符合《专利法》第 26 条第 4 款的规定。该驳回决定针对的权利要求 1、5、7、8 如下：

1. 聚酰胺 56 细丝，其特征在于具有 3 至 8 的在硫酸中的相对黏度、1.5 至 3 的 M_w/M_n 比、0.1 至 7dtex 的单纤维细度、7 至 12cN/dtex 的强度、在 98℃下沸水处理 30 分钟后 5% 至 20% 的收缩率、在 98℃下沸水处理 30 分钟后 5 至 11cN/dtex 的强度和在 98℃下沸水处理 30 分钟后 0.3 至 1.5cN/dtex 的 10% 伸长时应力。

5. 制造聚酰胺 56 细丝的方法，包括下列步骤：形成具有 3 至 8 的在硫酸中的相对黏度和 1.5 至 3 的 M_w/M_n 比的纺成纤维，用冷却空气固化该纺成纤维，随后施加无水油，以 300 至 2000 米/分钟卷取，随后以确保所得细丝可以具有 10% 至 50% 伸长率的拉伸比拉伸，用保持在 210 至 250℃的最终热处理辊温度热处理，随后以 0.8 至 0.95 的松弛率松弛，随后卷绕。

7. 聚酰胺 56 树脂，其特征在于具有 3 至 8 的在硫酸中的相对黏度和 1.5 至 3 的 M_w/M_n 比。

8. 聚酰胺 56 树脂丸粒，其具有 3 至 8 的在硫酸中的相对黏度、1.5 至 3 的 M_w/M_n 比和 2 至 70 毫克/丸粒的丸粒尺寸。

申请人东丽公司于 2013 年 3 月 19 日依据《专利法》第 41 条第 1 款的规定向专利复审委员会请求复审，同时提交修改后的权利要求书以克服驳回决定中指出的权利要求 1、5、7、8 不符合《专利法》第 26 条第 4 款的规定。基于上述修改，国家知识产权局于 2013 年 7 月 19 日授权公告了该发明专利。

该专利授权公告的权利要求书如下：

1. 聚酰胺 56 细丝，其特征在于具有在 25℃在 0.25g/100 毫升 98 重量% 硫酸的浓度下测量为 3 至 8 的在硫酸中的相对黏度、1.5 至 3 的 M_w/M_n 比、

0.1 至 7dtex 的单纤维细度、7 至 12cN/dtex 的强度、在 98℃下沸水处理 30 分钟后 5% 至 20% 的收缩率、在 98℃下沸水处理 30 分钟后 5 至 11cN/dtex 的强度和在 98℃下沸水处理 30 分钟后 0.3 至 1.5cN/dtex 的 10% 伸长时应力。

2. 根据权利要求 1 的聚酰胺 56 细丝，其具有 200 至 600dtex 的总细度。

3. 包含 50 重量% 或更多的权利要求 1 或 2 所述的聚酰胺 56 细丝的纤维结构。

4. 根据权利要求 3 的纤维结构，其中所述纤维结构是含有聚酰胺 56 细丝的气囊织物，其特征在于具有在 98℃下沸水处理 30 分钟后 0.3% 至 3% 的收缩率、200 至 600dtex 的其各组成纱线的总细度、0.1 至 7dtex 的其各组成纱线中的单纤维细度、5 至 10cN/dtex 的其各组成纱线的强度和 0.3 至 2cN/dtex 的其各组成纱线的 10% 伸长时应力。

5. 制造聚酰胺 56 细丝的方法，包括下列步骤：形成具有在 25℃在 0.25g/100 毫升 98 重量% 硫酸的浓度下测量为 3 至 8 的在硫酸中的相对黏度和 1.5 至 3 的 M_w/M_n 比的纺成纤维，用冷却空气固化该纺成纤维，随后施加无水油，以 300 至 2000 米/分钟卷取，随后以确保所得细丝可以具有 10% 至 50% 伸长率的拉伸比拉伸，用保持在 210 至 250℃的最终热处理辊温度热处理，随后以 0.8 至 0.95 的松弛率松弛，随后卷绕。

6. 制造气囊织物的方法，其包括对含有权利要求 2 所述的聚酰胺 56 细丝的织造织物施以湿热处理以使其热收缩的步骤。

7. 聚酰胺 56 树脂，其特征在于具有在 25℃在 0.25g/100 毫升 98 重量% 硫酸的浓度下测量为 3 至 8 的在硫酸中的相对黏度和 1.5 至 3 的 M_w/M_n 比。

8. 聚酰胺 56 树脂丸粒，其具有在 25℃在 0.25g/100 毫升 98 重量% 硫酸的浓度下测量为 3 至 8 的在硫酸中的相对黏度、1.5 至 3 的 M_w/M_n 比和 2 至 70 毫克/丸粒的丸粒尺寸。

9. 包含权利要求 7 所述的聚酰胺 56 树脂的聚酰胺 56 细丝，其中由己二酰戊二胺单元构成的聚酰胺 56 占重复单元的 90 摩尔% 或更多。

10. 根据权利要求 9 的聚酰胺 56 细丝，其具有 0.1 至 7dtex 的单纤维细度、在 98℃下沸水处理 30 分钟后 5% 至 20% 的收缩率和在 98℃下沸水处理 30 分钟后 5 至 11cN/dtex 的强度。

11. 包含权利要求 9 或 10 所述的聚酰胺 56 细丝的气囊织物。

12. 制造权利要求 7 所述的聚酰胺 56 树脂的方法，其中所述聚酰胺 56 树脂由 1,5-戊二胺和己二酸构成，该方法包括下列步骤：在水存在下对 1,5-戊二胺摩尔数与己二酸摩尔数比率保持在 0.95 至 1.05 范围内的原材料施以压力-热聚合，以制造具有下列性质（1）至（3）的树脂丸粒，随后在反应器中的温度保持在130至200℃的情况下搅拌所述丸粒，同时将压力减至133Pa或更低，并进行固相聚合1至48小时。

（1）在25℃在0.25g/100毫升98重量%硫酸的浓度下测量的在硫酸中的相对黏度：2.9或更低

（2）$0.3 \leq [NH_2]/([NH_2]+[COOH]) \leq 0.7$

$[NH_2]$：进行固相聚合的聚酰胺56树脂中的氨基端基浓度（当量/吨）；

$[COOH]$：进行固相聚合的聚酰胺56树脂中的羧基端基浓度（当量/吨）；

（3）丸粒尺寸：2至70毫克/丸粒。

13. 根据权利要求12的制造聚酰胺56树脂的方法，其中由生物质衍生的化合物通过选自酶反应和酵母反应的一种或多种反应合成1,5-戊二胺。

14. 根据权利要求13的制造聚酰胺56树脂的方法，其中该生物质衍生的化合物是葡萄糖和/或赖氨酸。

该专利涉及芳香族聚酰胺纤维这一领域，具体涉及聚酰胺56细丝以及含有它们的纤维结构，由于该产品被广泛应用于汽车乘客的安全气囊织物，因此在行业内具有重大影响。该授权专利分别于2014年、2015年先后两次被无效请求人提出无效请求。在第二次无效请求后，国家知识产权局专利局专利复审委员会最终作出"宣告专利权部分无效"的审查结论。

二、两次过招，部分专利权被无效

1. 第一次无效宣告请求

无效请求人于2014年11月17日就上述授权专利提出无效请求，并先后提交了十份证据。专利权人未提交任何反证，也未对授权权利要求书进行修改。可能无效请求人考虑到无效请求的理由仍不足够充分，不能将上述专利无效，主动撤回了该无效请求。

2. 第二次无效宣告请求

无效请求人于2015年1月16日就上述授权专利再次提出无效请求，请求宣告本专利上述权利要求全部无效，其提起无效的理由是：说明书不符合《专利法》第26条第3款的规定；权利要求1~14不符合《专利法实施细则》（1992年修订）第21条第2款（现为《专利法实施细则》第20条第2款）的规定；权利要求1、7、12不符合《专利法》第26条第4款的规定；权利要求1、7、9不符合《专利法》第22条第2款的规定；权利要求1~14不符合

《专利法》第22条第3款的规定。

专利复审委员会（专利局复审和无效审理部的前身）于2016年2月26日作出无效决定，宣告专利权部分无效。其中认定权利要求7相对于附件1或相对于附件1和8的结合不具备《专利法》第22条第3款规定的创造性；权利要求8、9相对于附件1或相对于附件1和8的结合不具备创造性。其中无效决定指出，权利要求7不具备《专利法》第22条第3款规定的创造性的理由为：

权利要求7囊括了一个很大的范围，所有符合3至8的在硫酸中的相对黏度（本专利的测定条件下）和1.5至3的 M_w/M_n 的聚酰胺56都在权利要求7的保护范围内。同时合议组查明：①根据本专利表4中的实验数据，落入权利要求7范围的聚酰胺56未必能够具备说明书所述的具有高强度、在沸水处理中的小收缩率、在沸水处理后仍保持的高强度、能够制得挠性和冲击吸收能力优良的气囊织物等效果，甚至有可能不适宜做成气囊织物，也就是说，除了相对黏度和 M_w/M_n 这两个与分子量有关的参数外，聚酰胺56细丝的性能还与很多其他因素有关；②附件1的表1记载了其实施例1的细丝强度为10.1g/d（换算后相当于8.82cN/dtex），与本专利实施例的水平相当，甚至好于本专利的对比例5（落入权利要求7的保护范围）。因此，本领域技术人员在阅读说明书的记载后无法确定权利要求7的聚酰胺56树脂具有何种更好的性能，故基于权利要求7与附件1的实施例1相比的区别技术特征是：①权利要求7与附件1公开的相对黏度测量方法中，聚合物使用的浓度不同；②附件1没有公开聚合物的 M_w/M_n 比，权利要求7相对于附件1实际解决的技术问题仅仅是具体限定了相对黏度和 M_w/M_n 的范围。

关于上述区别特征①，附件1与本专利测定相对黏度使用的溶剂、温度完全相同，但附件1的聚合物含量略高于本专利，本领域技术人员可以预期附件1在0.25g/100mL的聚合物含量下相对黏度值略小于3.72，有可能落入本专利权利要求7限定的3~8的范围。即使没有落入，附件1说明书第［0011］段记载，"本发明的细丝中使用的聚酰胺树脂的聚合度没有特别的限制，可根据其目的进行适当的选择和决定。一般而言，若相对黏度太低，则实际使用的强度可能会不足，而相对黏度太高，聚酰胺树脂的流动性下降，可能会损坏其成形加工性，25℃条件下0.019g/mL的聚酰胺树脂的98%硫酸溶液的相对黏度，较佳地为1.5~8，更佳地为1.8~5"。上述内容已经给出了可以根据强度的需要适当增加相对黏度的启示，因此，本领域技术人员根据强度的需要很容易将附件1的实施例1聚酰胺56树脂的相对黏度选择在权利要求7的范围内。

关于区别特征②，M_w/M_n 代表分子量的分布，附件 8 公开了聚酰胺树脂组合物，其说明书第 6 页第 3 段公开"通常，聚酰胺的分子量分布［定义为重均分子量（M_w）与数均分子量（M_n）之比，即比值 M_w/M_n］为 1～3"，而且请求人提交的公知常识性证据附件 12～14 页证明了这一点，因此附件 1 的 M_w/M_n 很可能落入权利要求 7 的范围。即便没有落入，本领域技术人员出于聚合物机械性能的考虑，也很容易将附件 1 的 M_w/M_n 选择在权利要求 7 的范围内。因此，权利要求 7 相对于附件 1 或相对于附件 1 和 8 的结合不具备《专利法》第 22 条第 3 款规定的创造性。

三、案件启示

该申请的申请人是东丽公司，该公司在高性能纤维材料领域具有非常强的实力，不仅是全球最大的碳纤维生产商，其在芳香族聚酰胺纤维等其他高性能纤维材料领域也具有深厚的技术储备。作为全球知名的化工巨头，东丽公司在专利撰写和布局上也具有丰富的经验和技巧，该申请的独立权利要求 1 采用表征参数对聚酰胺 56 纤维进行限定，在撰写方式上属于典型的参数限定型权利要求，其保护范围涵盖了其参数限定范围内的所有聚酰胺 56 纤维，可以说权利要求的保护范围是非常宽的。

该案的无效理由中涉及十四份证据和《专利法实施细则》第 65 条第 2 款关于无效理由规定中的多个重要条款，包括：《专利法》第 22 条第 2 款规定的新颖性、第 22 条第 3 款规定的创造性、第 26 条第 3 款规定的说明书公开充分、第 26 条第 4 款规定的权利要求清楚和得到说明书的支持，以及《专利法实施细则》（1992 年修订）第 21 条第 2 款（现为《专利法实施细则》第 20 条第 2 款）规定的独立权利要求要包含必要技术特征等规定。最终，权利要求 7～9 被无效，其主要原因在于权利要求中所限定的特征与申请人解决其技术问题和达到所取得的技术效果之间没有必然的对应关系，体现不出对现有技术所作出的贡献。从该案专利权利人和无效请求人的交锋中可以看出，面对无效请求人的无效，东丽公司表现得非常自信，并未对其权利要求进行修改，最终的结果也仅是部分保护原料的权利要求（聚酰胺 56 树脂）被无效掉，其核心的纤维产品权利要求、纤维制备方法权利要求和树脂制备方法权利要求仍然维持专利权利有效。

上述案件先后经历了驳回、复审修改后授权、两次无效程序，最终东丽公司仍获得了具有较宽保护范围的专利权，这不仅是东丽公司技术实力上的体现，也是该公司专利保护能力上的体现，这又具体体现在其高质量的专利申请文件撰写上。

对于每一个创新主体而言，能够切实保护创新成果的专利都蕴藏着很高的价值，这种价值不仅仅体现在排除竞争、限制对手，取得看得见或者看不见的收益，还是增强企业竞争力和话语权、获得谈判筹码、增加企业无形资产的有利工具。有时，一项专利是否有效甚至影响到一个企业的生死存亡。当创新成果确有保护价值时，作为权利的基础，专利申请文件的撰写质量对权利有效性和保护力度起着决定性的作用，申请文件没有写好，创新成果再好，聘请的代理师或律师团队再强大，也可能无力回天。遗憾的是，我国许多创新主体在这方面意识远远不够，本案中东丽公司的专利布局不可谓不尽心，但由于权利要求所要求保护的技术方案范围概括不合理，导致该案件被驳回，虽然后续经过复审提交修改文件而授权，但仍然在技术方案的概括上被对手抓住漏洞，导致案件部分无效。攻守双方各有利器、能够多回合交锋的案件在国内并不多见，有很多本来很好的成果，由于申请文件撰写时留下了隐患，战斗的号角刚一吹响，还没过几个招，就已经败下阵来。

第二节　容易"绕开"的保护范围

专利文件的核心是权利要求，因为其划定了专利权人所能够行使权利的范围。《专利法》第 64 条第 1 款规定："发明或者实用新型专利权的保护范围以其权利要求的内容为准，说明书及附图可以用于解释权利要求的内容。"然而，在研发、生产、实施过程中，通常获得的创新成果都是一个个具体的技术方案，如果只将这些具体技术方案作为权利要求的内容，则可能保护的只是一些离散的点，竞争对手稍作改变就能"绕开"保护范围，从而规避侵权责任，专利权也失去了保护作用。因此，创新成果专利化实践中面临的一个难点问题是，如何撰写权利要求，将创新成果有效地保护起来。为了回答这一问题，首先需要了解权利要求的组成、权利要求中术语的理解、保护范围大小等基本概念，还需要知道与领域相关的常用限定方式，在此基础上才能构建出能够有效保护创新成果、尽可能避免"规避设计"的权利要求体系。

一、权利要求书的由来及基本概念❶

欧洲是专利制度的发源地。在英、德两国早期的专利制度中，授予专利权的法律文件都只包括一个对发明的详细说明部分，即现在人们所说的专利说明书。说明书作为一份技术文件向全社会充分公开发明的技术内容，并使该领域技术人员能够实施，从而对社会发展作出贡献，而作为这种贡献的回报，申请人可在一定的时期内取得对该项发明的独占权。然而，由于授权的法律文件不包括权利要求书，在发生专利侵权纠纷时，需要由法院根据说明书的内容判断什么是受法律保护的发明。但是由于说明书是对发明创造的详细、全面的介绍说明，包括背景技术、发明原理、具体实施方式等，其篇幅常常很大。因此面对这样的说明书，无论是社会公众还是法院的法官，都难于归纳出什么是发明的新贡献；即便归纳出来，其内容也往往因人而异，无法统一。显然，这种方式导致了专利保护范围不清楚和不确定。

在各国的专利发展过程中，首先是专利申请人自己开始在专利文件中撰写权利要求书，而不是在其专利法有了强制性规定之后才开始这样做。美国率先在其专利法中明确规定专利申请文件和专利文件中应当包括权利要求书，随后逐渐为其他国家所采纳。权利要求书以简洁的文字来限定受专利保护的技术方案，向公众表明专利保护的范围。从 1973 年欧洲专利公约（EPC）规定中可以了解到权利要求书在欧洲专利制度中的地位："一份欧洲专利或者欧洲专利申请的保护范围由权利要求书的内容来确定，说明书和附图可以用于解释权利要求。"

也就是说，为了确保专利制度的正常运行，一方面需要为专利权人提供切实有效的法律保护，另一方面需要确保公众享有使用已知技术的自由。为此，需要有一种法律文件来界定专利独占权的范围，使公众能够清楚地知道实施什么样的行为会侵犯他人的专利权。权利要求书就是为上述目的而规定的一种特殊的法律文件，它对专利权的授予和专利权的保护具有重要意义。

因此，权利要求书最主要的作用是确定专利权的保护范围。这包括，在授予专利权之前，表明申请人想要获得何种范围的保护；在授予专利权之后，表明国家授予专利权人何种范围的保护。

权利要求书由一个或多个权利要求构成，其应当记载发明或者实用新型的

---

❶ 尹新天. 中国专利法详解 [M]. 北京：知识产权出版社，2011.

技术特征，技术特征可以是构成发明或者实用新型技术方案的组成要素，也可以是要素之间的相互关系。而技术方案则是对要解决的技术问题所采取的利用了自然规律的技术手段的集合。技术手段通常是由技术特征来体现的，下面我们通过案例说明。

案例1：

一种玄武岩纤维，其特征在于，以重量百分数计，所述玄武岩纤维组分由以下成分组成：SiO_2 63%～66%、Al_2O_3 10%～11%、CaO 4%～5%、MgO 8%～11%、Fe_2O_3 5%～8%、FeO 3%～5%、K_2O 0.3%～0.4%、Na_2O 0.2%～1%、TiO_2 0.3%～0.6%。

上述权利要求的主题是"玄武岩纤维"，SiO_2、Al_2O_3、CaO、MgO、Fe_2O_3等氧化物及其含量是该玄武岩纤维的组成要素，其构成权利要求的技术特征。这些技术特征体现了上述权利要求所采取的技术手段，其组合到一起共同形成权利要求请求保护的技术方案。

案例2：

一种碳纤维制造装置，其特征在于，包括：

筒状炉体，其由圆柱形波导管形成，其中，在上述圆柱形波导管的一端形成有纤维导出口，并且，在上述圆柱形波导管的另一端形成有纤维导入口；

微波振荡器，其向上述筒状炉体内导入微波；和

连接波导管，其一端连接上述微波振荡器侧，另一端连接上述筒状炉体的一端。

上述权利要求的主题是"碳纤维制造装置"，炉体、微波振荡器、连接波导管以及它们的形状、结构和设置方式是该碳纤维制造装置的组成要素，构成了权利要求的技术特征。这些技术特征体现了上述权利要求所采取的技术手段，其组合到一起共同形成权利要求请求保护的技术方案。

案例3：

一种超高分子量聚乙烯纤维的制备方法，其特征在于，包括以下步骤：

步骤（1），采用冻胶纺丝法制得超高分子量聚乙烯冻胶原丝；

步骤（2），将步骤（1）的超高分子量聚乙烯冻胶原丝经平衡静置处理；

步骤（3），然后将步骤（2）平衡静置处理后的超高分子量聚乙烯冻胶原丝依次进行预牵伸、萃取、干燥和进行不低于三级的热牵伸，并在热牵伸的同时，使超高分子量聚乙烯冻胶原丝经过带有抗静电剂水溶液的涂覆辊；其中，所述涂覆辊的上液速度为3～15m/min，带液量为1%～5%；

（4）干燥，即得超高分子量聚乙烯纤维。

上述权利要求中所记载的制备原丝、平衡静置、预牵伸、萃取、涂覆和干燥等各个步骤是构成该权利要求的组成要素，与此同时，步骤之间的先后顺序体现组成要素之间的相互关系，这些组成要素及其之间的相互关系均是该权利要求所包括的技术特征，共同构成该权利要求请求保护的技术方案。

二、权利要求的类型

1. 按照权利要求的性质分为产品权利要求和方法权利要求

产品权利要求的保护对象是"物"，包括主题为物品、物质、材料、工具、装置、设备、仪器、部件、元件、线路、纤维、组合物、化合物、药物制剂、基因等的权利要求。

方法权利要求的保护对象是"活动"，包括制造方法、使用方法、通信方法、处理方法以及将产品用于特定用途的方法等权利要求。

上述案例 1 要求保护的是"玄武岩纤维"，案例 2 要求保护的主题是"装置"，保护对象是"物"，因此案例 1 和案例 2 为产品权利要求。案例 3 要求保护的是"制备方法"，保护对象是"活动"，为方法权利要求。其中"将产品用于特定用途"就是所谓的用途权利要求，也属于方法权利要求的一种。

案例 4：

一种组合物在碳纤维制造中的应用，其特征在于，以该组合物作为碳纤维的制造原料，该组合物由热塑性树脂 100 重量份和选自沥青、聚丙烯腈、聚碳化二亚胺、聚酰亚胺、聚苯并吡咯以及芳族聚酰胺中的至少一种的热塑性碳前体 1~150 重量份构成。

该权利要求请求保护的主题是一种组合物在碳纤维制造中的应用，同样是一种"活动"，因此，该权利要求为方法权利要求。

案例 5：

一种高强芳纶纤维，其特征在于通过以下步骤制备：

（1）将 2,5 - 二胺对二甲苯溶解于冰醋酸中，2,5 - 二胺对二甲苯与冰醋酸的质量体积比为 1g：20mL，然后加入醋酸酐，2,5 - 二胺对二甲苯与醋酸酐的质量体积比为 1g：3.4mL，反应 30min 后过滤，得到对苯二乙酰胺对二甲苯；

（2）将对苯二乙酰胺对二甲苯加入水中，对苯二乙酰胺对二甲苯与水的质量体积比为 1g：40~50mL，并按对苯二乙酰胺对二甲苯与高锰酸钾的质量比为 1：4.2~4.6 的比例加入高锰酸钾，于 90℃反应 4~12h 后，加入稀盐酸调节 pH 值至 5～6 将产物析出，过滤得到 2,5 - 对苯二乙酰胺对苯二甲酸；

（3）将 2,5 - 对苯二乙酰胺对苯二甲酸溶于质量比浓度为 10% 的氢氧化钠溶液中，使用氮气为保护气，回流反应 12h，然后加入稀盐酸调节 pH 值至 5～6，经过滤、蒸馏水冲洗、烘干得到单体 2,5 - 二胺对苯二甲酸；然后按常规方法将单体 2,5 - 二胺对苯二甲酸溶解于浓硫酸中反应，聚合后采用液晶纺丝得到芳纶纤维。

该权利要求请求保护的主题是一种高强芳纶纤维，高强芳纶纤维是一种"物"，因此该权利要求为产品权利要求。

确定权利要求类型的唯一判断标准是依据权利要求的主题名称，不必再进一步分析该项权利要求中记载的各个技术特征是方法性质的，还是产品性质的。若主题为一种"物"，则为产品权利要求，若主题为一种"活动"，则为方法权利要求。例如，"一种用于导电复合材料的碳纤维"的主题是一种"物"，因此是包含用途限定的产品权利要求，而"碳纤维在导电复合材料中的应用"的主题是一种"活动"，因此是方法权利要求。

区分产品权利要求和方法权利要求的原因在于专利法对不同类型的专利权提供不同的法律保护。《专利法》第 11 条规定："发明和实用新型专利权被授予后，除本法另有规定的以外，任何单位或者个人未经专利权人许可，都不得实施其专利，即不得为生产经营目的制造、使用、许诺销售、销售、进口其专利产品，或者使用其专利方法以及使用、许诺销售、销售、进口依照该专利方法直接获得的产品。"由此可知，对于产品权利要求和方法权利要求而言，专利法对其采取不同的保护方式，产品权利要求的保护力度要远远大于方法权利要求。

在举证责任方面，产品权利要求的举证也要比方法权利要求的举证简单得多，因为产品权利要求是两个产品直接在结构上进行比较，而对于方法权利要求，专利权人很难确定该产品是通过什么方法得到的，因此从这一点而言，产品权利要求的保护力度也大于方法权利要求。

对于产品和方法权利要求的撰写，根据《专利审查指南 2010》第二部分第二章第 3.2.2 节规定可知：一般情况下产品权利要求应当用结构特征来描述，但是当产品权利要求中的一个或多个技术特征无法用结构特征予以清楚地表征时，允许借助物理或化学参数表征或方法特征进行表征；方法权利要求应当用方法本身的特征定义，例如所使用的原料、生产的工艺过程、操作条件和所得到的产品等。

2. 按照权利要求的形式分为独立权利要求和从属权利要求

案例 6：

1. 一种间位芳香族聚酰胺纤维的制备方法，其特征在于，包括如下步骤：

步骤（1），将间苯二甲酰氯和间苯二胺分别溶解在酰胺类极性溶剂中，降温至 $-15 \sim 0$℃；按间苯二胺和间苯二甲酰氯等摩尔比进行聚合，得到纺丝原液；

步骤（2），将步骤（1）得到的纺丝原液与等摩尔比的 CaO 混合使中和完全，并经过滤；

步骤（3），然后，纺丝原液经喷丝板或喷丝帽上的喷丝孔，直接挤在含有表面活性剂的低温凝固浴中，稀释纺丝原液所释放的溶剂，使纤维的圆形截面变形；

步骤（4），最后，将成形后的初生丝经水拉伸、水洗、干热拉伸得到非圆形截面的纤维。

2. 根据权利要求 1 所述的间位芳香族聚酰胺纤维的制备方法，其特征在于步骤（1）中所述的酰胺类极性溶剂为 N, N′ - 二甲基甲酰胺或 N - 甲基吡咯烷酮。

3. 根据权利要求 1 所述的间位芳香族聚酰胺纤维的制备方法，其特征在于步骤（2）和步骤（3）之间还包括纺丝原液进行真空脱泡的步骤。

4. 根据权利要求 1 所述的间位芳香族聚酰胺纤维的制备方法制备的间位芳香族聚酰胺纤维，其特征在于纤维截面为腰圆形，断裂比强度≥3.1cN/dtex。

在案例 6 中，权利要求 1 和权利要求 2、3 的撰写形式不相同，其中权利要求 2、3 引用了权利要求 1，并进行了进一步的限定。该权利要求 1 是独立权利要求，而权利要求 2、3 则是从属权利要求。权利要求 4 也引用了权利要求 1，但是权利要求 4 并非对权利要求 1 的进一步限定，因此权利要求 4 并不是权利要求 1 的从属权利要求。

那么如何区分独立权利要求和从属权利要求呢？独立权利要求从整体上反映了发明的技术方案，记载了解决发明提出的技术问题的最基本的技术方案，其保护范围最宽。从属权利要求描述进一步改进或者进一步限定后的技术方案。如果一项权利要求包含了另一项同类型权利要求中的所有技术特征，且对所述权利要求的技术方案作进一步的限定，则该权利要求为从属权利要求。

为使权利要求更加简明，从属权利要求一般采用引用在前其他权利要求的撰写方式。以案例 6 的权利要求 2 为例进行说明，其中的"根据权利要求 1 所述的间位芳香族聚酰胺纤维的制备方法"为引用部分，写明了其引用的权利要求的编号及其主题名称，而其中的"其特征在于步骤（1）中所述的酰胺类极性溶剂为 N, N′ – 二甲基甲酰胺或 N – 甲基吡咯烷酮"则为限定部分，写明了该权利要求进一步限定的附加技术特征。

需要说明的是，区分权利要求的形式需要了解以下事项：

第一，从属权利要求所包含的技术特征，不仅包括它所附加的技术特征，还包括它所引用的权利要求的全部技术特征，如案例 6 的从属权利要求 2 不仅包括其附加限定的酰胺类极性溶剂的相关技术特征，还包括其引用的权利要求 1 的包括四个步骤的整体制备方法的全部技术特征。因此，从属权利要求的保护范围小于其所引用的独立权利要求。

第二，从属权利要求中的附加技术特征可以是对所引用的权利要求的技术特征作进一步限定的技术特征，如案例 6 的从属权利要求 2 是对酰胺类极性溶剂种类的进一步限定；也可以是增加的技术特征，如案例 6 的从属权利要求 3 限定了步骤（2）和步骤（3）之间还包括真空脱泡的步骤。

第三，从属权利要求与其所引用的权利要求的主题名称一定是相同的，如案例 6 的从属权利要求 2 和 3 的主题与被引用的权利要求 1 主题名称均为"间位芳香族聚酰胺纤维的制备方法"；而案例 6 的权利要求 4 的主题名称为"间位芳香族聚酰胺纤维"，与权利要求 1 的主题名称不相同，因此权利要求 4 并非权利要求 1 的从属权利要求，而为采用引用方式撰写的独立权利要求。采用引用的方式撰写独立权利要求的目的在于避免权利要求之间相同内容的不必要重复，使权利要求书整体上简要。

第四，设置从属权利要求的目的是为专利权构建一个多层次的保护体系，比如，专利授权后，在无效过程中，独立权利要求因保护范围过大而被认定不具备创造性，如果从属权利要求不存在上述问题，则仍然能够有效存在。因此，在撰写申请文件时，布置多层次保护的独立权利要求和从属权利要求，对于专利权的有效保护是十分必要的。

三、权利要求的理解

1. 用词、术语的解释

根据《专利审查指南 2010》第二部分第二章第 3.2.2 节的规定，一般情况下，权利要求中的用词应当理解为相关技术领域通常具有的含义。例如，案例 6 中的"芳香族聚酰胺纤维"，相关技术领域中是指含芳香环的一类线型聚酰胺纺制成的合成纤维，主要品种有对位芳香族聚酰胺纤维和间位芳香族聚酰胺纤维两类；再如案例3中的"冻胶纺丝法"，相关技术领域中是指聚合物与大量溶剂在一定温度下配成纺丝液，用干湿纺方法冷却成型为冻胶体丝条。

在特定情况下，如果说明书中指明了某词具有特定的含义，并且使用了该词的权利要求的保护范围由于说明书中对该词的说明而被限定得足够清楚，这种情况也是允许的。

另外，权利要求中的数值范围一般以数学方式进行表达，例如案例1中的"63%～66%"，案例6中的"≥3.1cN/dtex"。同时也可以采用文字方式表达数值范围，其中"大于""小于""超过"等理解为不包含本数，例如"小于70%"就表示"<70%"；"以上""以下""以内"等理解为包括本数，例如"70%以下"就表示"≤70%"；对于数值区间，例如"63%～66%"或"63%至66%"，理解为包括两边端点值的范围。

2. 技术特征

权利要求的保护范围是由组成其技术方案的全部技术特征来限定的。一项权利要求所记载的技术特征越少，表达每一个技术特征所采用的措辞越具有广泛的含义，则该权利要求的保护范围就越大；反之，一项权利要求所记载的技术特征越多，表达每一个技术特征所采用的措辞越是具有狭窄的含义，则该权利要求的保护范围就越小。

例如，"一种碳纤维"与"一种含有ZnO纳米线的碳纤维"相比，前者保护了任意的碳纤维，其中囊括了后者保护的碳纤维，后者包含的技术特征更多（多限定了含有ZnO纳米线），因此其保护范围更小。又如，"芳香族聚酰胺纤维"与"间位芳香族聚酰胺纤维"相比，前者囊括了后者，后者的措辞含义更狭窄，因此其保护范围更小。

前面已经提及独立权利要求相比引用其的从属权利要求保护范围更大，也是由于从属权利要求的技术方案通过附加技术特征对独立权利要求作了进一步的限定。需要注意以下几点❶：

第一，权利要求中包含的功能性限定的技术特征应当理解为覆盖了所有能够实现所述功能的实施方式。例如，一种反应装置，其特征在于包括加热部件。其中的"加热部件"是功能性限定的技术特征，其覆盖了所有能实现加热功能的部件，例如酒精灯、水浴锅等。

第二，对于权利要求中包含的上位概念概况的技术特征，应当理解为覆盖了所有具有该上位概念的共性特征的具体实施方式。例如，案例3中的"抗静

---

❶ 田力普. 发明专利审查基础教程·审查分册［M］. 北京：知识产权出版社，2012.

电剂"覆盖了阳离子型抗静电剂、阴离子型抗静电剂和两性型抗静电剂等具体抗静电剂。

第三，对于权利要求中包含的并列选择方式概况的技术特征，应当理解为覆盖了所有罗列的并列具体实施方式。例如，案例6权利要求2中的"所述的酰胺类极性溶剂为N,N′－二甲基甲酰胺或N－甲基吡咯烷酮"，覆盖了N,N′－二甲基甲酰胺和N－甲基吡咯烷酮两个并列的具体酰胺类极性溶剂。

四、高性能纤维材料领域权利要求的特点

根据前文对权利要求类型的介绍可知，基于权利要求所保护的主题不同，权利要求可以分为方法权利要求和产品权利要求。在高性能纤维材料领域中最常见的方法权利要求为制备方法类权利要求，产品权利要求则主要包括纤维产品类权利要求，即所要求保护的主题为一种纤维，以及装置类权利要求。下面分别举例说明高性能纤维材料领域中这三类权利要求的特点。

1. 制备方法类权利要求

根据《专利审查指南2010》第二部分第十章第4.4节的规定，制备方法权利要求可以用涉及工艺、物质以及设备的方法特征来进行限定。涉及工艺的方法特征包括工艺步骤（也可以是反应步骤）和工艺条件，例如温度、压力、时间、各工艺步骤中所需的催化剂或者其他助剂等；涉及物质的方法特征包括该方法中所采用的原料和产品的化学成分、化学结构式、理化特性参数等；涉及设备的方法特征包括该方法所专用的设备类型及其与方法发明相关的特性或者功能等。

案例7：

一种耐高温高强度玄武岩纤维的制备方法，其特征在于，所述方法包括以下步骤：

（1）预处理：将玄武岩、煤矸石、石英石、辉绿岩和添加剂进行混合、球磨，得到混合物料；

（2）熔融：将步骤（1）得到的混合物料进行熔化，使混合物料形成均匀的熔体；其中，熔化温度为1550～1700℃，熔化时间为3～5h；

（3）拉丝：当步骤（2）的熔化时间达到预定时间后，将熔化温度降至1350～1550℃，再采用200孔铂铑合金漏板进行拉丝，拉丝速度为3.0～3.5m/min，即得连续玄武岩纤维。

该权利要求保护一种玄武岩纤维的制备方法，涉及制备方法的具体制备步

骤和各步骤的具体条件，均属于对工艺步骤和工艺条件的限定，即采用涉及工艺的方法特征对制备方法进行限定，是最常见的一种制备方法类权利要求。

案例 8：

一种丙烯腈系碳纤维前驱体纤维束的制造方法，其特征在于，具备如下工序：

凝固工序，在凝固丝牵引速度/流出线速度比小于等于 0.8 的条件下，从喷嘴口为 $45 \sim 75 \mu m$、孔数大于等于 50000 的纺丝喷嘴将丙烯腈系聚合物的有机溶剂溶液流出到二甲基乙酰胺水溶液中而得到膨润丝束；

湿热拉伸工序，将所述膨润丝束进行湿热拉伸；

油剂赋予工序，将所述湿热拉伸过的丝束导入第一油浴槽中而赋予第一油剂，接着用 2 根或 2 根以上的导纱器先轧液后，再导入第二油浴槽中而赋予第二油剂；

小丝束制造工序，将赋予了所述第一和第二油剂的丝束进行干燥、致密化及二次拉伸，而得到总拉伸倍数为 $5 \sim 10$ 倍的小丝束；以及

集合丝束制造工序，将多个所述小丝束并列邻接地导入交织赋予装置而使邻接的小丝束之间进行交织，所述交织赋予装置具有扁平矩形截面的丝道及多个喷气口，所述喷气口以规定间隔向所述丝道的扁平矩形截面的长边方向配置，且向所述丝道开口，通过从所述喷气口喷出气体而进行所述交织，得到集合丝束。

该权利要求除了采用涉及工艺的方法特征进行限定外，还采用了涉及设备的方法特征——制备方法中所用到的"交织赋予装置"这一装置的具体结构，进行了限定。

案例 9：

生产具有高韧度和改进的蠕变抗性的凝胶纺丝 UHMWPE 纤维的方法，所述方法包括步骤：

a. 在溶剂中制备 UHMWPE 溶液，所述 UHMWPE 在 135℃ 下十氢化萘中具有至少 5dL/g 的特征黏度；

b. 将步骤 a 的溶液通过具有多个喷孔的喷丝头喷丝到空气隙中，形成流体细丝；

c. 冷却所述流体细丝，形成含有溶剂的凝胶细丝；和

d. 在拉伸固体细丝之前和/或期间，从所述凝胶细丝中至少部分去除残余的溶剂形成固体细丝；

其特征在于，UHMWPE 的相角差值至多为 42°，相角差值由式（1）

得到：

$$\Delta\delta = \delta_{0.001} - \delta_{100} \tag{1}$$

其中 $\delta_{0.001}$ 是角频率 0.001rad/s 时的相角，δ_{100} 是角频率 100rad/s 时的相角。

所述相角使用频率扫频动态流变学技术，在 150℃ 下针对石蜡油中 10% 的 UHMWPE 溶液进行测量，前提条件是 δ_{100} 至多为 18°。

该权利要求除了采用涉及工艺的方法特征对制备方法进行限定外，还限定了所用 UHMWPE 原料的特征黏度和相角差值，即还使用了涉及物质的方法特征对制备方法进行限定。

案例 10：

一种聚芳砜酰胺纤维的制备方法，其特征在于：将表观黏度为 20～200Pa·s 的聚芳砜酰胺溶液在 60～130℃ 下经喷丝孔挤出后通过 20～80mm 的空气层后进入凝固浴，其中出凝固浴的牵伸速率与喷丝孔挤出速率之比为 1.2～5 倍，然后经过至少两级不同浓度梯度的塑化拉伸和不同温度梯度的水洗拉伸，并进行干燥拉伸和进一步的高温热拉伸，制备得到的聚芳砜酰胺纤维单丝纤度为 1.0～5.0dtex，断裂强度大于 3.8cN/dtex。

该权利要求同样采用涉及工艺的方法特征和涉及物质的方法特征联合对制备方法进行限定，其中所制得纤维产品的纤度和断裂强度属于涉及物质的方法特征。

对于一项具体的制备方法类权利要求来说，根据方法发明要求保护的主题不同、所解决的技术问题不同以及发明实质或者改进不同，选用涉及工艺的方法特征、涉及物质的方法特征和涉及设备的方法特征中的重点可以各不相同，也可以选择它们中的组合对方法进行限定。

2. 纤维产品类权利要求

纤维产品相对于其他产品而言具有一个重要的特点，就是具有相同组分及含量或者具有相同的原料及配比的纤维，由于加工工艺不同或者工艺条件不同，可能会呈现出不同的形态结构或微观组织结构，进而呈现出不同的性能。《专利审查指南 2010》规定，当产品权利要求中的一个或多个技术特征无法用结构特征予以清楚地表征时，允许借助物理或化学参数表征或方法特征对产品权利要求进行表征。因此，除了产品权利要求常用的结构特征限定之外，纤维产品还可能使用制备方法和表征参数等进行限定。比如，常见的表征参数包括断裂强度、断裂伸长率、模量、形貌特征、耐热性、取向度、晶形、红外光谱和动态热力学分析等。

对于包含表征参数特征或方法特征限定的产品权利要求而言，在判断保护范围时，会考虑这些特征是否隐含了要求保护的产品具有某种特定结构和/或组成。如果上述特征隐含了要求保护的产品具有某种特定结构和/或组成，则该特征具有限定作用；相反，如果上述特征没有隐含要求保护的产品在结构和/或组成上发生改变、具有某种特定结构和/或组成，则该特征不具有限定作用。上述判断原则在实际操作时可能面临非常复杂的情况，也会产生许多争议问题。

下面分别举例说明常用的纤维产品类权利要求限定形式，主要包括：成分含量限定型、结构式限定型、制备方法限定型和包含表征参数的复合限定型。需要说明的是，采用哪种限定形式，取决于发明创造相对于现有技术的贡献。

（1）成分含量限定型产品权利要求

成分含量限定型产品权利要求其本质是一种组合物权利要求。根据《专利审查指南2010》第二部分第十章第4.2.1节的规定，组合物权利要求，是以组合物的组分或组分和含量等组成特征来表征的权利要求。组合物权利要求按表达方式分为开放式和封闭式两种。开放式表示组合物中并不排除权利要求中未指出的组分；封闭式则表示组合物中仅包括所指出的组分而排除所有其他组分。

开放式一般使用"包含""含有""基本含有""基本组成为""本质上含有""主要由……组成""主要成分为""基本上由……组成"等方式进行定义；封闭式一般使用"由……组成""组成为""余量为"等方式进行定义。

案例1就是典型的成分含量限定的产品权利要求，其采用了"由以下成分组成"的表达方式，为封闭式权利要求，也就是说仅包括权利要求记载的SiO_2、Al_2O_3和CaO等氧化物，而排除其他的成分。

案例11：

一种耐高温玄武岩纤维，其特征在于：其原料组合物包括玄武岩矿石和氧化剂，所述氧化剂为CeO_2或La_2O_3中的一种或两种。

上述权利要求采用了"包括"的表达方式，为开放式权利要求，也就是说除了权利要求记载的玄武岩矿石和氧化剂外，不排除其他成分，例如还可以包括其他本领域常用的加工助剂。

案例11与案例1相比，除了开放式和封闭式的区别外，案例11中仅限定了成分，而案例1同时限定了成分和含量，造成上述差异的主要原因在于：案例1的发明点在于选择特定含量的氧化物以获得耐高温性能优异的玄武岩纤维，其发明点不仅在于组分的选择，还在于组分的特定含量；案例11的发明点在于向玄武岩矿石原料中添加 CeO_2 和/或 La_2O_3，高温作用下，会促使玄武岩中 FeO 氧化为 Fe_2O_3，使得玄武岩玻璃体的转变温度和晶化峰的峰值温度增加，并且高温黏度变小、析晶上限温度降低、拉丝工艺范围变大，有利于拉丝作业，制备得到的玄武岩纤维具有优良的耐高温性能，即其发明点仅在于组分的选择。

根据《专利审查指南 2010》第二部分第十章第 4.2.2 节的规定，如果发明的实质或者改进只在于组分本身，其技术问题的解决仅取决于组分的选择，而组分的含量是本领域的技术人员根据现有技术或者通过简单实验就能够确定的，则在独立权利要求中可以允许只限定组分；但如果发明的实质或者改进既在组分上，又与含量有关，其技术问题的解决不仅取决于组分的选择，而且还取决于该组分特定含量的确定，则在独立权利要求中必须同时限定组分和含量。

（2）结构式限定型产品权利要求

对于芳纶纤维这类合成纤维而言，对其结构特征通常采用结构式进行限定。

案例 12：

一种耐高温半芳香族聚酰胺超细纤维，其特征在于，所述半芳香族聚酰胺的结构式为：

其中，$n = 10 \sim 500$，$0 < x + y \leqslant 1$，$x \neq 0$；

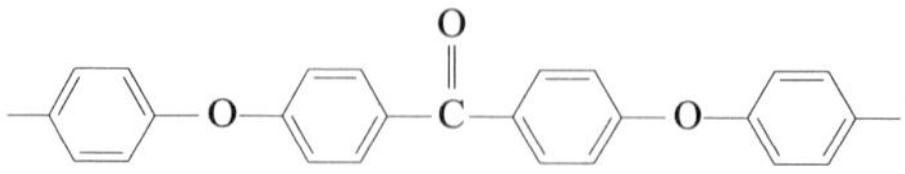

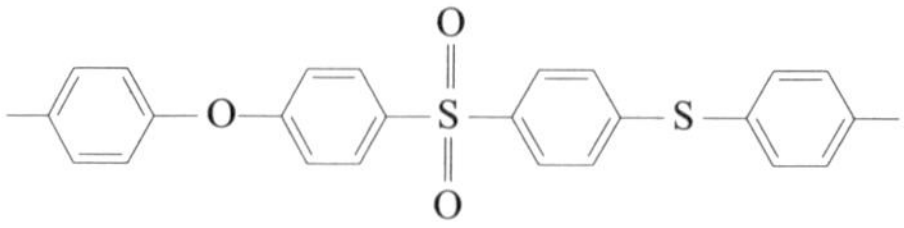

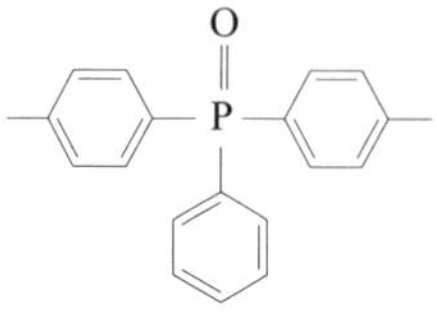

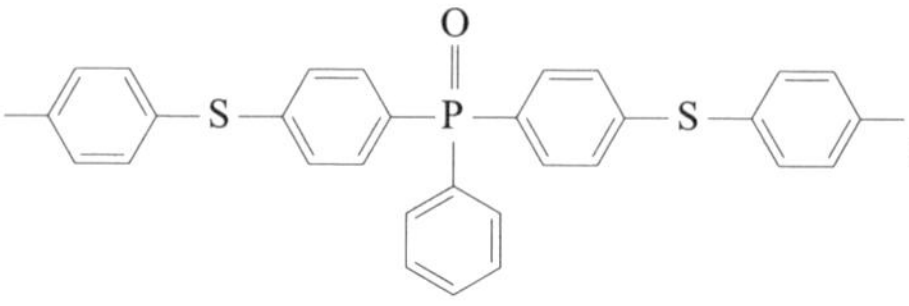

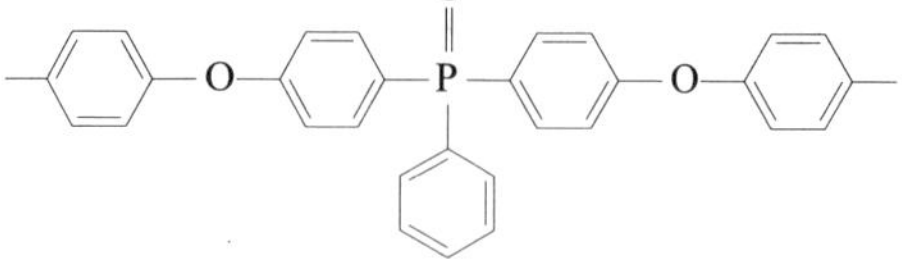

中的至少一种；

$R_1 = -(CH_2)_2-$、$-(CH_2)_4-$、$-(CH_2)_6-$、$-(CH_2)_9-$和$-(CH_2)_{10}-$中的至少一种；

$R_2 = -(CH_2)_4-$和/或$-(CH_2)_8-$；

$R_3 = -(CH_2)_5-$、$-(CH_2)_6-$、$-(CH_2)_7-$、$-(CH_2)_8-$、$-(CH_2)_9-$、$-(CH_2)_{10}-$和$-(CH_2)_{11}-$中的至少一种。

该权利要求通过结构式对聚酰胺的分子结构进行了限定，之所以如此限定，是由于其发明点在于采用具有上述结构式的聚酰胺，得到的聚酰胺超细纤维具有耐高温性能和较低的吸湿率。

（3）制备方法限定型产品权利要求

案例 13：

一种超高分子量聚乙烯多孔纤维，其特征在于，其制备方法包括以下步骤：

a）将超高分子量聚乙烯粉末、溶剂、抗氧剂和润滑剂混合，进行加热，得到絮凝状纺丝溶液；所述超高分子量聚乙烯粉末的重均分子量为$2.0 \times 10^6 \sim 5.5 \times 10^6$，分子量分布$< 3.0$；所述超高分子量聚乙烯粉末和溶剂的质量比为$(3 \sim 15):(85 \sim 97)$；

b）将所述絮凝状纺丝溶液进行纺制，得到冻胶丝；

c）将所述冻胶丝依次进行一级拉伸、定长萃取和干燥、二级拉伸，得到超高分子量聚乙烯多孔纤维；

所述一级拉伸的温度为$20 \sim 30℃$，应变速率为$0.1 \sim 1.2s^{-1}$，拉伸倍数为$3 \sim 12$；

所述二级拉伸的温度为 100～130℃，应变速率为 0.1～1.5s^{-1}，拉伸倍数为 1.5～6.0。

该权利要求采用制备方法对纤维产品进行限定，采用制备方法进行限定的原因在于，其发明创造相对于现有技术的贡献是通过对原料和制备方法的综合控制，可以获得超高比表面积的多孔结构的超高分子量聚乙烯纤维，吸附性能优异。显然该权利要求仅用原料进行限定并不能对其进行充分表征，因此权利要求中加入了制备方法的限定。

（4）包含表征参数的复合限定型产品权利要求

当纤维的成分含量、结构式、结构特征或制备方法的限定不足以使纤维区别于现有技术中的纤维时，可将纤维的表征参数的限定加入独立权利要求中。

案例 6 的权利要求 4 就是一种"制备方法 + 结构特征 + 表征参数"限定的复合限定型产品权利要求。权利要求中限定了间位芳香族聚酰胺纤维的制备方法、截面形状（结构特征）和断裂比强度（表征参数），之所以如此限定，是由于其发明点在于在不改变现有技术中整个纺丝工艺流程和纺丝设备的基础上，通过改变工艺条件，以改变纤维的截面形状并保持芳纶本身的优异性能，从而拓展纤维的应用领域。

案例 14：

一种玄武岩纤维，其特征在于：原料为 52.0wt%～67.0wt% 的玄武岩、28.0wt%～43.0wt% 的废弃滑石、1.5wt%～4.5wt% 的暗镍蛇纹石和 0.3wt%～3.3wt% 的氧化铝；

所述玄武岩的化学成分是：SiO_2 含量≥45.5wt%，Al_2O_3 含量≥13.7wt%，MgO 含量≥10.9wt%，CaO 含量≥9.6wt%，（Fe_2O_3 + FeO）≤11.2wt%，（Na_2O + K_2O）≤3.5wt%；

所述废弃滑石为造纸脱墨制浆的固体废弃物，废弃滑石的化学成分是：SiO_2 含量≥57.9wt%，MgO 含量≥28.5wt%，（Na_2O + K_2O）≤2.3wt%，IL≤4.7wt%；

所述暗镍蛇纹石的化学成分是：SiO_2 含量≥44.3wt%，MgO 含量≥31.9wt%，（Na_2O + K_2O）≤1.5wt%，IL≤9.5wt%，NiO 含量≥13.6wt%；

所述玄武岩纤维在 1000℃ 条件下的线收缩率为 5.60～5.92。

该权利要求对玄武岩纤维的原料组成进行限定的同时还限定了玄武岩纤维的热缩性能参数，之所以如此限定是为了区别现有技术并体现本申请的发明构思，即通过选择特定的原料组成以获得线收缩率小的玄武岩纤维。

案例 15：

一种超高分子量聚乙烯纤维，其特征在于，采用如下制备方法制得：

将纺丝原液送入双螺杆挤出机共混挤出，得到第一纺丝溶液，所述第一纺丝溶液的非牛顿指数为 0.1～0.8，结构黏度指数为 10～50；

将所述第一纺丝溶液送入纺丝箱体，在喷丝头处进行 5～20 倍的牵伸，得到第二纺丝溶液；

将所述第二纺丝溶液速冷固化，得到凝胶化预取向丝条；

将所述凝胶化预取向丝条进行平衡静置处理；

将所述静置处理后的凝胶化预取向丝条依次进行预牵、萃取、干燥和至少两级的正牵伸，所述预牵、萃取、干燥和正牵伸过程中对所述凝胶化预取向丝条施加的牵伸总倍数为 40～55，正牵伸后得到超高分子量聚乙烯纤维；

其中，所制得的超高分子量聚乙烯纤维的单丝纤度为 1.0D～2.2D，结晶度大于 81％，取向度大于 90％，特性黏度指数为 8～17dL/g。

该权利要求限定了纤维的制备方法和纤维的纤度、结晶度和取向度等性能参数。采用这样的方式进行限定的原因在于，其发明点在于通过工艺的控制，使纤维的正交晶系和六方晶系排列均匀，以提高纤维力性能的均一性，在实现单丝细旦化生产的同时使其拥有高强、高模的优异性能。

可见，高性能纤维材料领域的专利申请中，纤维产品类权利要求的撰写方式复杂多变，很难一言穷理。在撰写权利要求时，无论采用哪种方式撰写，都应在充分检索现有技术的基础上，准确确定发明构思和关键技术手段，综合发明高度、经济前景、授权愿望等因素，确定合适的权利要求限定方式和撰写方法，从而获得稳定且适当的权利要求。

3. 装置类权利要求

装置类权利要求也属于产品类权利要求，装置类权利要求撰写的难点在于用语言把由不同部件组合而成的产品确定地表达出来。在装置类权利要求的撰写中要抓住五个要素，也就是可以作为装置的技术特征的五种要素，包括名称、结构、材料、位置和连接关系，下文以一个案例举例说明五个要素的具体含义。

案例 16：

1. 一种碳纤维束制造用碳化炉，其包括：

热处理室，其具有纤维束出入的纤维束入口及纤维束出口，并且填充有惰性气体，用于加热该纤维束；

入口密封室及出口密封室，其分别与该热处理室的纤维束入口及纤维束出口连接，用于对该热处理室内的气体进行密封；

气体喷出喷嘴，其设于该入口密封室及该出口密封室的至少一方；以及

搬运路径，其在该入口密封室、该热处理室及该出口密封室内沿水平方向设置，用于搬运该纤维束。

该碳纤维束制造用碳化炉的特征在于：

该气体喷出喷嘴具有由空心筒状的内侧管与空心筒状的外侧管构成的双重管结构，沿与该纤维束的搬运方向正交的方向且水平的方向配置；

在该外侧管上，沿该外侧管的长度方向在该搬运路径的整个宽度长度上配置多个气体喷出孔，该外侧管的气体喷出孔的孔面积为 $0.5mm^2$ 以上且 $20mm^2$ 以下；

在该内侧管上，沿该内侧管的长度方向在该搬运路径的整个宽度长度上配置多个气体喷出孔，并且在该内侧管的圆周方向的两方向以上配置气体喷出孔的气体喷出方向，该内侧管的长度方向的该内侧管的气体喷出孔的孔间隔在 $300mm$ 以下。

该权利要求中"热处理室""入口密封室""出口密封室""气体喷出喷嘴"和"搬运路径"就是名称，是申请人为碳纤维束制造用碳化炉这个装置的各个组成部件确定的名称。"该气体喷出喷嘴具有由空心筒状的内侧管与空心筒状的外侧管构成的双重管结构"就是对"气体喷出喷嘴"这一组成部件的结构进行限定，部件的结构即为部件的形状和/或构造。"气体喷出喷嘴，其设于该入口密封室及该出口密封室的至少一方"是对"气体喷出喷嘴"这一组成部件的位置的限定，"入口密封室及出口密封室，其分别与该热处理室的纤维束入口及纤维束出口连接，用于对该热处理室内的气体进行密封"则是对"入口密封室""出口密封室"和"热处理室"三者的连接关系进行的限定，位置和连接关系是装置类权利要求中最重要的特征，比结构更加重要，因为仅罗列部件名称以及其构造，却不提及位置和连接关系的技术方案通常是不清楚、不完整的。另外，装置本身的发明点也可能在于部件的材料本身的改进，所以对材料的限定也可能成为装置类权利要求的技术特征。

五、为"创新之树"建造足够大的"庇护之所"

在介绍了与权利要求相关的基本概念之后，我们不难得出结论：在技术特征有对应性的情况下，一项权利要求所记载的技术特征越少，则该权利要求的保护范围就越大；反之，一项权利要求所记载的技术特征越多，则该权利要求

的保护范围就越小。比如，由技术特征 ABC 组成的权利要求保护范围大于由技术特征 ABCD 组成的权利要求保护范围。

对于创新主体而言，从保护力度角度看，肯定是希望保护范围越大越好，这样能够为"创新之树"提供足够大的"庇护之所"，哪怕竞争对手在自己的最优方案上进行改动，只要在权利要求圈定的保护范围之内，也难以逃脱侵权责任。如图 4 - 1 所示，创新主体实际发明是最优方案 A，但其获得了比该最优方案 A 更大的专利权保护范围 B，则竞争对手在 B - A 的区域内实施也属于侵权。因此，创新成果专利化过程中，一个最重要的问题是，如何最大化保护范围。

图 4 - 1 创新成果的最优方案与保护范围

这个问题看似简单，但不熟悉专利法的人却不一定能够建好这个"庇护之所"。我们来看下面的案例。

案例 17：

国家知识产权局于 2011 年 12 月 7 日公告，授予名称为"一种高强度高模量聚酰胺 6 纤维的制备方法"的发明创造专利权，授权公告的权利要求如下：

1. 一种高强度高模量聚酰胺 6 纤维的制备方法，其特征在于，包括以下步骤：

1）纺丝前驱体溶液的制备：将络合剂和相对黏度为 15～24 的聚酰胺 6 按摩尔比为 0.1～0.7 溶于溶剂中，得到聚酰胺 6 的浓度为 8wt%～30wt% 的纺丝前驱体溶液；

2）干法纺丝成形：将步骤 1）中制备的纺丝前驱体溶液在氮气保护下静置脱泡 24～48h 后，通过纺丝组件挤成连续长丝进入纺丝甬道，聚酰胺 6 初生纤维在甬道出口处卷绕成形；通过冷凝回收溶剂；

3）解络合：采用拉伸器将聚酰胺 6 初生纤维在室温下拉伸，拉伸倍数为 5～9 倍，而后于室温下浸泡于解络合溶剂中 0.5～24h 进行解络合处理；

4）热拉伸：将解络合后的丝条于 180～230℃进行热拉伸，拉伸倍数为 1.2～2.5 倍；

5）热定型：将热拉伸后的丝条于 120～140℃下保温 1～5min，得到高强度高模量聚酰胺 6 纤维；

步骤 1）中所述的络合剂为卤化锂、卤化钙、硼酸三甲酯或硼酸三丁酯中的一种；步骤 3）中所述的解络合溶剂为水或乙醇，或二者的混合液。

2. 根据权利要求 1 所述的方法，其特征在于，步骤 1）和 2）中所述的溶剂为甲酸或甲酸与氯仿的混合溶剂。

3. 根据权利要求 1 所述的方法，其特征在于，步骤 2）中所述的纺丝组件的喷丝孔径为 0.25～0.5mm，长径比为 10。

4. 根据权利要求 1 所述的方法，其特征在于，步骤 2）中所述的纺丝甬道温度为 70～150℃。

在独立权利要求 1 中，对各步骤的工艺参数都进行了详细的限定，专利权的保护范围过小，保护力度相对不强。实际上，该案核心发明点在于，络合剂与聚酰胺 6 局部络合，部分屏蔽聚酰胺 6 分子间氢键的同时又保留部分分子间氢键作用力，既改善了聚酰胺 6 纤维在加工过程中的可拉伸性能，又防止了拉伸加工过程中分子的过度打滑，显著提高了分子的取向度，从而得到了高强高模量的聚酰胺 6 纤维。因此，独立权利要求 1 中只需要限定跟络合相关的参数和步骤即可。与上述发明点无关的内容，例如纺丝、拉伸和定型等具体操作步骤，均属于本领域所公知的一些操作步骤，完全可以在合理范围内进行调节，因此没有必要在独立权利要求中具体限定。否则，竞争对手改换一下例如拉伸或定型条件，使之不落入权利要求限定的范围内，就能轻易"绕开"专利权人划定的保护圈。

类似上述撰写形式的权利要求在国内创新主体撰写的申请文件中并不少见。体现了技术人员的具体化、最优化思维与专利申请文件撰写时权利最大化思维之间的差异。那么如何将具体的、最优的解决方案进行抽象、概括，尽可能地扩大权利要求的保护范围呢？这就需要引入一个"必要技术特征"的概念。

根据《专利法实施细则》第 20 条第 2 款的规定，独立权利要求应当从整体上反映发明或者实用新型的技术方案，记载解决技术问题的必要技术特征。所谓必要技术特征，就是发明创造为解决其技术问题所不可缺少的技术特征，其总和足以构成发明或者实用新型的技术方案，使之区别于背景技术中所述的其他技术方案。换言之，必要技术特征就是涉及发明核心点且其总和能够组成完整方案的技术特征。

正如前面提到的，一项权利要求所记载的技术特征越少，则该权利要求的保护范围就越大。因此，为了获得更大的保护范围，在撰写保护范围最大的独立权利要求时，应尽量只记载解决技术问题的必要技术特征，去掉那些与核心发明点无关的非必要技术特征；而且，如果一项技术方案具有多个发明点时，可考虑只将其中最重要的一个写入独立权利要求中，其他的根据情况写入从属权利要求中，或者另起一个独立权利要求加以限定。也就是说，虽然我们的创新成果在具体应用时是一个个具体的实施方案，但撰写专利申请文件时，要从保护范围最大化的角度去构建独立权利要求。

案例 18：

以前极细纤维的着色通常采用预先在极细纤维的原料成分中添加颜料的方法，也就是所谓的原料着色法。但是，为了使纤度在 0.9dtex 以下的聚酰胺极细纤维充分着色，必须添加大量颜料，颜料与聚酰胺的酰胺键或端基相互作用，会部分生成颜料浓度升高的熔融物，熔融黏度上升，而不可避免地造成生产纺丝时的断裂、喷孔堵塞，从而导致纺丝性变差和纤维的力学性能下降。一家企业的研究人员发现，在纺丝原料中加入偶联剂和通式为 R′—CO—NH—R—NH—CO—R″ 的化合物，能够解决上述技术问题，具体做法是：

在 80 份数均分子量 13000 的尼龙 6 切片中，添加 20 份一次粒径为 20nm 的炭黑、2 份亚乙基双硬脂酰胺、0.5 份异丙基三异硬脂酰基钛酸酯，利用熔融挤出机在 280℃ 下进行熔融混合，水冷后将得到的丝束进行切割，得到原液染色用聚酰胺母料；

用切片掺混机将 25 份该原液染色用聚酰胺母料、25 份数均分子量 13000 的尼龙 6 切片、50 份低密度聚乙烯切片进行混合，使用纺丝孔数为 24 个的常规熔融纺丝装置，在 280℃ 的纺丝温度下对该混合物进行纺丝，得到尼龙 6 为岛、聚乙烯为海的纤度为 10.0dtex 的未拉伸海岛型纤维；

再将得到的未拉伸海岛型纤维在温水浴中逐级拉伸得到纤度为 0.1dtex 的极细海岛型纤维；

用 90℃ 的甲苯抽提除去海成分的聚乙烯，从而得到着色极细聚酰胺纤维。

于是，该企业以此技术申请了专利，权利要求如下：

1. 着色聚酰胺纤维，其含有聚酰胺树脂、颜料、偶联剂和下述通式（Ⅰ）所示的化合物：

$$R′—CO—NH—R—NH—CO—R″ \qquad （Ⅰ）$$

式中，R 表示碳数为 1~4 的亚烷基，R′、R″ 各自独立地表示碳数为 9~18 的脂肪族烃基。

着色聚酰胺纤维是平均纤度小于等于 0.9dtex 的极细纤维。

2. 根据权利要求 1 所述的着色聚酰胺纤维，其中相对于 100 质量份的聚酰胺树脂，含有 1~30 质量份的颜料。

3. 根据权利要求 1 所述的着色聚酰胺纤维，其中颜料是平均 1 次粒径为 8~120nm 的炭黑。

4. 根据权利要求 1 所述的着色聚酰胺纤维，其中通式（Ⅰ）所示的化合物是亚乙基双硬脂酰胺或亚甲基双硬脂酰胺。

5. 根据权利要求 1 所述的着色聚酰胺纤维，其中偶联剂是钛酸酯类偶联剂。

6. 着色聚酰胺纤维的制造方法，其包含制造极细纤维发生型纤维，然后将该极细纤维发生型纤维制成平均纤度小于等于 0.9dtex 的极细纤维的工序，所述极细纤维发生型纤维含有着色聚酰胺组合物作为一种成分，所述着色聚酰胺组合物含有聚酰胺树脂、颜料、偶联剂和下述通式（Ⅰ）所示的化合物：

$$R'\text{—}CO\text{—}NH\text{—}R\text{—}NH\text{—}CO\text{—}R'' \qquad （Ⅰ）$$

式中，R 表示碳数为 1~4 的亚烷基，R'、R'' 各自独立地表示碳数为 9~18 的脂肪族烃基。

可以看出，上述独立权利要求 1 和 6 记载的内容比具体操作要简化得多，在产品权利要求 1 中仅限定了纤维的原料和纤度，而且并未对原料的具体含量进行限定。显然，该独立权利要求的保护范围是相当大的，可以说只要采用了上述化合物（Ⅰ）的着色极细聚酰胺纤维都将纳入其保护范围。类似地，在制备方法权利要求 6 中仅限定了着色聚酰胺组合物的组成和采用将极细纤维发生型纤维进行极细化的方法制备极细纤维，并未对各个具体步骤进行限定。

该发明的发明点在于通过在原料中加入偶联剂和通式为 R'—CO—NH—R—NH—CO—R'' 的化合物以提高着色极细聚酰胺纤维的纺制稳定性并提高纤维的力学性能，所以原料的组分这一技术特征是本专利与背景技术的区别技术特征。独立权利要求 1 和 6 中对原料的组成作出了明确的限定，即含有聚酰胺树脂、颜料、偶联剂和通式为 R'—CO—NH—R—NH—CO—R'' 的化合物，而对于聚酰胺树脂、颜料、偶联剂的具体选择及其含量并不是本专利区别于现有技术的特征，也不是解决其技术问题的必要技术特征，它们的具体选择和含量可以根据实际对性能的需求进行常规的调整，同样，生产工艺中涉及的着色用聚酰胺母料的制备方法、海岛型纤维的制备方法、拉伸等也都是常规的操作。因此，独立权利要求 1 和 6 中限定的技术特征非常精简，只包括解决技术问题的必要技术特征，从而使其保护范围最大化。

通过上面两个案例可知，在撰写权利要求书时，首先应当保证其技术方案能够区别于现有技术，并能够解决其所要解决的技术问题；在此基础上，无须限定其他非必要技术特征，以扩大权利要求的保护范围，这些非必要技术特征可考虑写入从属权利要求中。

当然，上述案例情况相对简单，实践中有很多发明创造方案非常复杂，可能涉及术语含义的界定、发明贡献的概括、限定方式的选择、不止一个发明点时的权重布局，等等，都是权利要求撰写时选择、取舍和表达技术特征必须慎重考虑的因素。

第三节　容易"雷同"的技术方案

想要防止竞争对手"绕着走"，可以精简权利要求中的技术特征，尽可能扩大权利要求的保护范围。但显然，保护范围也并非越大越好，否则很可能与现有的技术方案或其合理变形方案发生"雷同"，如图 4 - 2 所示，如果保护范围 B 过大，与现有技术 C 或 D 产生交集，则会发生技术方案的"雷同"。因此，在最大化权利要求保护范围的同时，小心地避开现有技术的"雷"，是创新成果专利化过程中面临的又一难点。

图 4 - 2　最优方案、保护范围与现有技术

"雷同"在字典中的意思是指随声附和，与他人的一样；也指一些事物不该相同而相同。这里使用这个词是指专利技术方案与现有技术相同或相近，其中"相同"是指存在新颖性问题，"相近"是指存在创造性问题。

根据《专利法》第 22 条第 1 款的规定，授予专利权的发明和实用新型应当具备新颖性、创造性和实用性。因此，创新成果相对于现有技术具备新颖性和创造性是授予专利权的必要条件之一，即请求保护的发明创造必须与现有技术不相同，而且还要有一定的创新高度。在撰写专利申请文件时，要想避免走入缺乏新颖性或创造性的"雷区"，必须弄清楚专利法规定的新颖性和创造性是什么，以及如何评判技术方案的新颖性和创造性，下面将结合具体案例来说明。

一、新颖性

1. 新颖性的基本概念

根据《专利法》第 22 条第 2 款的规定，新颖性是指该发明或者实用新型不属于现有技术；也没有任何单位或者个人就同样的发明或者实用新型在申请日以前向国务院专利行政部门提出过申请，并记载在申请日以后（含申请日）公布的专利申请文件或者公告的专利文件中。

该条款实质上包括了两部分内容，一是与现有技术不同，二是不构成"抵触申请"。所谓抵触申请，就是在本申请的申请日之前向国家知识产权局申请，但在本申请的申请日之后（含申请日）公开的专利文件。"抵触申请"是一个较为专业的概念，后面将会对它进行详细说明。现有技术和抵触申请都可能成为专利授权和确权过程中使用的对比文件。

需要注意的是，"新颖性"是专利法中具有特定内涵的一个特定法律术语，与我们日常生活中理解的"新颖"或"新的"不完全相同。要求发明创造具有新颖性的原因有如下两点。

一是鼓励发明创造和科技创新。国家之所以对一项发明创造授予专利权，为专利权人提供一定期限内的独占权，是因为他向社会提供了前所未有的技术成果，丰富了技术资源，应当受到奖励。而对于那些已经出现过的技术来说，已经是现有资源的一部分了，当然不可能再获得授权。对新的技术授予专利权，才有可能鼓励发明创造和科技创新，因而新颖性是授予发明和实用新型专利权最基本的条件之一。

二是避免权利冲突。专利权是排他权，如果相同技术内容的多项发明或实用新型被重复授予专利权，必然会造成权利之间的冲突。

2. 现有技术

根据《专利法》第 22 条第 5 款的规定，现有技术是指申请日以前在国内外为公众所知的技术。现有技术包括在申请日（有优先权的，指优先权日）以前在国内外出版物上公开发表、在国内外公开使用或者以其他方式为公众所知的技术。

现有技术的本质在于公开，即现有技术应当是申请日以前公众能够得知的技术内容，或者说应当在申请日以前处于能够为公众获得的状态，并包含能够使公众从中得知实质性技术知识的内容。构成现有技术的公开只需要公众想要了解即能得知、想要获取即能得到就足够了，并不要求公众必须已经得知或者必须已经获得，也不要求公众中每一个人必须都已经得知。其中公开的实质性技术知识内容必须是客观的，不能带有臆测的内容。例如，申请日前在非洲国家塞舌尔某公共图书馆上架的图书，虽然其出版量小且难以获得，但是该图书已经处于能够为公众获得的状态，就符合了现有技术中对"公开"的要求。

而相反，处于保密状态的技术内容不属于现有技术。所谓处于保密状态，包括受保密规定或协议约束的情形，以及社会观念或者商业习惯上被认为应当承担保密义务的情形（即默契保密）。但是，保密的内容一旦被公开（即解密）或者负有保密义务的人违反规定、协议或者默契而泄露了秘密，则该内容从解密日或泄密日起即成为现有技术。

（1）时间界限

现有技术的时间界限是申请日，享有优先权的，则指优先权日。广义上说，申请日以前（不包括申请日当天）公开的技术内容都属于现有技术。

根据《专利法》第28条的规定，国务院专利行政部门收到专利申请文件之日为申请日，如果是邮寄的，以寄出的邮戳日为申请日。以电子文件形式递交的，以国家知识产权局专利电子申请系统收到电子文件之日为递交日。另外，根据《专利法实施细则》第40条的规定，说明书中写有对附图的说明但无附图或者缺少部分附图的，申请人应当在国务院专利行政部门指定的期限内补交附图或者声明取消对附图的说明。申请人补交附图的，以向国务院专利行政部门提交或者邮寄附图之日为申请日；取消对附图的说明的，保留原申请日。

（2）地域要求

分析现有技术的定义可知，其中并没有对技术的地域进行规定。也就是说，要求一项发明或实用新型必须在全世界任何地方都未在出版物上公开发表或公开使用过，或以其他方式为公众所知，才认为其具有新颖性；而只要有一个地方公开过该发明或实用新型，无论是以什么方式，都认为其丧失了新颖性。

（3）公开方式

《专利审查指南2010》中列出的现有技术公开方式包括出版物公开、使用公开和以其他方式公开三种。

专利法意义上的出版物是指记载有技术或设计内容的独立存在的传播载体，并且应当表明或有其他证据证明其公开发表或出版的时间。符合上述含义的出版物可以是各种印刷的、打字的纸件，也可以是用电、光、磁、照相等方法制成的视听资料，还可以是以其他形式存在的资料，例如存在于互联网或其他在线数据库中的资料等，常见的比如在线电子期刊。

出版物的印刷日视为公开日，有其他证据证明其公开日的除外。印刷日只写明年月或者年份的，以所写月份的最后一日或者所写年份的 12 月 31 日为公开日。多版次或多印次的，以最后一次印刷日为公开日。互联网证据则通常以上传日或审核发表日为其公开日。

使用公开是指由于使用而导致技术方案的公开，或者导致技术方案处于公众可以得知的状态。具体方式包括能够使公众得知其技术内容的制造、使用、销售、进口、交换、馈赠、演示、展出等方式。但是，未给出任何有关技术内容的说明，以致所属技术领域的技术人员无法得知其结构和功能或材料成分的产品展示，不属于使用公开。使用公开是以公众能够得知该产品或者方法之日为公开日。

为公众所知的其他方式，主要是指口头公开等。例如，口头交谈、报告、讨论会发言、广播、电视、电影等能够使公众得知技术内容的方式。口头交谈、报告、讨论会发言以其发生之日为公开日。公众可接收的广播、电视或电影的报道，以其播放日为公开日。

3. 抵触申请

抵触申请是指由任何单位或者个人就同样的发明或者实用新型在本申请的申请日以前向国家知识产权局提出并且在本申请的申请日以后（含申请日）公布的专利申请文件或者公告的专利文件，其能够损害本申请的新颖性。抵触申请的判断主要分为形式判断和内容判断两部分。

（1）形式判断

其一是"在先申请、在后公开"，即申请日必须在本申请的申请日之前（不含申请日当天），公开是在本申请的申请日之后（含申请日当天）；其二是抵触申请必须是中国专利申请。

（2）内容判断

除上述形式条件外，抵触申请还必须满足"同样的发明或者实用新型"这个实质性条件。

抵触申请不属于现有技术。当两个不同的创新主体分别独立完成相同的发明创造后，一个先申请专利，另一个在前一个申请的申请日之后、公开日之前申请专利，虽然后一申请的申请人完成发明创造并没有借鉴前一申请，有其存在的正当性，但从专利制度角度讲，由于前一申请公开后已经为公众所知，后一申请不再能给公众提供进一步的好处，因而不应再对后一申请提供以公开换取保护的"对价"。不同创新主体尚且如此，相同创新主体做出的相同发明创造更不会被授予两次专利权。但是，由于前一个申请公开日在后一申请的申请日之后，不构成现有技术，由此就产生了"抵触申请"的概念。因此，抵触申请概念的创设是为了解决特殊的新颖性问题，抵触申请不能用于评价创造性，而且通常具有地域性，在我国，抵触申请只能是向国家知识产权局提交的申请或者PCT进入了中国国家阶段的申请。

4. 如何判断技术方案的新颖性

根据《专利审查指南2010》的规定，方案是否具备新颖性，有两个判断原则：一是方案与现有技术或抵触申请相比，属于同样的发明创造；二是单独对比原则。

同样的发明创造是指，专利申请与现有技术或者抵触申请的相关内容相比，技术领域、所解决的技术问题、技术方案和预期效果实质上相同。判断一项发明创造是否具备新颖性，核心在于技术方案是否实质上相同，如果其技术方案实质上相同，而所属技术领域的技术人员根据两者的技术方案可以确定两者能够适用于相同的技术领域，解决相同的技术问题，并具有相同的预期效果，则认为两者为同样的发明创造。

单独对比原则是指，在判断新颖性时，应将申请文件中的各项权利要求分别与每一项现有技术或抵触申请的相关技术内容单独进行比较，不能将其与几项现有技术或者抵触申请的内容的组合，或者与一份对比文件中的多项技术方案的组合进行对比。这一点与创造性判断不同。

新颖性判断通常采用特征对比法，即首先确认专利申请权利要求的类型和保护范围，再对每项权利要求作技术特征分解，将每个技术特征与对比文件公开的技术特征逐一对比，判断技术特征是否均被对比文件公开，由其全部技术特征对比结果的总和确认两者的技术方案是否实质上相同，然后判断所述技术方案是否能够用于相同的技术领域、解决相同的技术问题并产生相同的技术效果，通过整体分析判断确定是否具备新颖性。

常见的不具备新颖性的情形有以下几种：

（1）相同内容

权利要求与对比文件所公开的内容完全相同，或者仅仅是简单的文字变换，或者某些内容虽然在对比文件中没有文字记载，但可以从对比文件中直接地、毫无疑义地确定。其中，所谓简单的文字变换指的是虽然对于某一技术特征的文字表述上有差异，但对于本领域技术人员而言，可以清楚地确认本申请和对比文件的文字表述指代的是同一特征，两者含义完全相同。例如，"PA纤维"和"聚酰胺纤维"指代的是同一种纤维。

案例 19：

权利要求请求保护一种碳纤维碳化炉，包括炉体和预除氧装置，炉体上设置有纤维入口和纤维出口，预除氧装置与纤维入口固定连接。对比文件公开了一种连续碳纤维高温碳化炉，其中预除氧装置与炉体的纤维入口固定连接，虽然其中并未记载炉体上设置有纤维出口，但是本领域技术人员知晓连续碳纤维高温碳化炉的炉体上必然需要设置纤维出口。因此，所属领域技术人员可以直接地、毫无疑义地确定对比文件中的炉体上设置有纤维出口，本申请和对比文件的技术方案相同，属于相同的技术领域，能解决相同的技术问题，并能实现相同的预期效果，因而本申请相对对比文件不具备新颖性。

（2）惯用手段的直接置换

所谓惯用手段的直接置换指的是所属技术领域的技术人员在解决某个问题时熟知和常用、可以互相置换，且产生的技术效果与预期相同的技术手段。惯用手段的直接置换通常用在使用抵触申请评述权利要求新颖性的情形中，区别仅仅在于非常简单的、次要的细节。例如，权利要求与对比文件均涉及一种纺丝设备，权利要求的绝大部分技术特征都在对比文件中公开，区别仅在于其中控制箱的固定方式不同，一个是"螺钉固定"，另一个是"螺栓固定"。

（3）上下位概念

通俗来说，如果一个概念完全落入另一个概念的范畴内，并且为后者的一部分，则前者即为后者的下位概念，后者即为前者的上位概念。下位概念除了反映上位概念的共性以外，还反映了上位概念未包含的个性。例如，"沥青基碳纤维""聚丙烯腈基碳纤维"相对"碳纤维"而言是下位概念，而"碳纤维"相对"沥青基碳纤维""聚丙烯腈碳纤维"而言是上位概念。上位概念和下位概念是相对的，而非绝对的。例如，"沥青基碳纤维"相对"碳纤维"而言是下位概念，但"沥青基碳纤维"却是"通用级沥青碳纤维"和"高性能沥青碳纤维"的上位概念。

在新颖性的判断中，遵循的基本原则是"下位概念破坏上位概念的新颖性、上位概念不破坏下位概念的新颖性"，也就是说，如果发明或者实用新型要求保护的技术方案与对比文件公开的内容相比，区别仅在于前者采用上位概念，而后者采用下位概念，那么对比文件将使得发明或者实用新型不具备新颖性；相反，若对比文件采用的是上位概念，而发明或者实用新型采用的是下位概念，则该对比文件不能使发明或者实用新型丧失新颖性。例如，发明包括"二元酸"，而对比文件包括的是"邻苯二甲酸"，那么后者将破坏前者的新颖性，反之则不能破坏新颖性。

这种判断方法与我们日常生活中所认知的"新颖"是不相同的，具体来说，按照日常认知，对于上述"对比文件采用的是上位概念，而发明或者实用新型采用的是下位概念"，我们也会认为发明或者实用新型不是"新颖"的。专利法之所以作如此规定，也是从鼓励发明创造和科技创新的角度考虑：权利要求的保护范围通常是在说明书充分公开的内容的基础上概括得到的，并不是权利要求所概括的所有技术方案都是发明人已经充分研究并完全掌握的，其中有可能存在发明人未意识到的、技术效果超出预期的内容，因此为了避免"跑马圈地"的权利要求在授权后就变成"无人禁区"，专利法对于"新颖性"有了上述规定，鼓励发明人及其他社会公众在已有技术方案的基础上进行进一步的研究开发，以期获得更好的发明创造。这种类型的发明创造便是后面将会进一步介绍的选择发明。

（4）数值和数值范围

在高性能纤维材料领域中，权利要求中往往存在以数值或者连续变化的数值范围限定的技术特征，例如组分含量、反应温度、拉伸倍数、纤维的性能参数等。了解涉及数值和数值范围的权利要求的新颖性判断标准对于行业人员来说是十分重要的。具体地，在其余技术特征与对比文件相同的前提下，新颖性的判断应按照如下规定进行。

第一，对比文件公开的数值或者数值范围落在权利要求限定的技术特征的数值范围内，将破坏要求保护的权利要求的新颖性，即通常所说的"小范围公开大范围"。

案例 20：

专利申请的权利要求请求保护一种玄武岩纤维，以重量百分数计包含：47%～59% SiO_2、11%～16% Al_2O_3、7%～16% Fe_2O_3。如果对比文件公开了包含50%（重量）SiO_2、12%（重量）Al_2O_3 和10%（重量）Fe_2O_3 的玄武岩纤维，则上述对比文件破坏该权利要求的新颖性。

第二，对比文件公开的数值范围与权利要求限定的技术特征的数值范围部分重叠或者有一个共同的端点，将破坏要求保护的发明或者实用新型的新颖性。

案例 21：

专利申请的权利要求请求保护一种纤维热拉伸方法，其拉伸温度为180～230℃，拉伸倍数为1.2～2.5倍。如果对比文件公开的纤维热拉伸方法中的拉伸温度为170～200℃，拉伸倍数为2.5～2.8倍，由于本申请和对比文件的拉伸温度的数值范围部分重叠，而拉伸倍数的数值范围有共同的端点2.5倍，因此该对比文件破坏该权利要求的新颖性。

第三，对比文件公开的数值范围的两个端点将破坏权利要求限定的技术特征为离散数值，并且具有该两端点中任意一个的发明或者实用新型的新颖性，但不破坏上述限定的技术特征为该两端点之间任一数值的发明或者实用新型的新颖性。

案例 22：

专利申请的权利要求请求保护一种熔融纺丝方法，其中的熔融挤出温度为280℃、300℃、310℃或者320℃。如果对比文件公开了熔融挤出温度为280～310℃的熔融纺丝方法，则该对比文件破坏熔融纺丝温度分别为280℃和310℃时权利要求的新颖性，但不破坏熔融纺丝温度分别为300℃和320℃时权利要求的新颖性。

第四，权利要求限定的技术特征的数值或者数值范围落在对比文件公开的数值范围内，并且与对比文件公开的数值范围没有共同的端点，则对比文件不破坏要求保护的发明或者实用新型的新颖性。此种情形与上述"上位概念不破坏下位概念的新颖性"实际是同一判断思路，相应的发明创造同样属于选择发明。

案例 23：

专利申请的权利要求请求保护一种芳香族聚酰胺纤维，其特征在于，抗拉强度为1500～5000MPa，拉伸模量为200～500GPa，断裂伸长率为0.8%～1.4%。而对比文件公开了一种芳香族聚酰胺纤维，其特征在于，抗拉强度为1200～3500MPa，拉伸模量为300～410GPa，断裂伸长率为0.6%～1.6%。虽然抗拉强度和拉伸模量已被对比文件公开，但由于本申请断裂伸长率落在对比文件公开的数值范围内，并且没有共同的端点，因此该对比文件不破坏该权利要求的新颖性。

（5）包含性能、制备方法或用途等特征的产品权利要求

本章第二节已经提到，对于包含性能、制备方法或用途的产品权利要求而言，应当考虑上述特征是否隐含了要求保护的产品具有某种特定结构和/或组成。如果上述特征隐含了要求保护的产品具有某种特定结构和/或组成，则该特征具有限定作用；相反，如果上述特征没有隐含要求保护的产品在结构和/或组成上发生改变、具有某种特定结构和/或组成，则该特征不具有限定作用。

进一步地，若要求保护的产品权利要求包含性能、制备方法或用途特征，而其余技术特征与对比文件相同，则此时，若上述特征隐含了要求保护的产品具有某种特定结构和/或组成，则该权利要求具备新颖性；若根据上述特征，

本领域技术人员无法将要求保护的产品和对比文件公开的产品区分开，则可推定要求保护的产品与对比文件公开的产品实质上相同，因此该权利要求不具备新颖性。

案例 24：

专利申请的权利要求请求保护一种高耐碱玄武岩纤维，其特征在于，按照重量百分比包括以下组分：SiO_2 47.0% ~ 56.0%，Al_2O_3 13.0% ~ 16.0%，CaO 6.5% ~ 10.0%，MgO 4.0% ~ 8.0%，Na_2O 2.5% ~ 4.5%，K_2O 0.4% ~ 1.5%，TiO_2 0.5% ~ 4.0%，ZrO_2 0.5% ~ 8.0%，Fe_2O_3 9.5% ~ 17.0%。而对比文件公开了一种玄武岩纤维，其成分如下（重量百分比）：SiO_2 45.0% ~ 55.0%，Al_2O_3 12.0% ~ 15.0%，CaO 5.0% ~ 8.0%，MgO 5.0% ~ 8.0%，Na_2O 2.0% ~ 3.5%，K_2O 1.5% ~ 3.0%，TiO_2 2.0% ~ 3.0%，ZrO_2 3.0% ~ 10.0%，Fe_2O_3 9.0% ~ 12.0%。

虽然专利申请权利要求中采用了"高耐碱"的性能限定，但是由于本领域中对于"高耐碱"并无具体标准，也就是说具体什么样的耐碱性才是高的并无明确规定，在对比文件的玄武岩纤维组成与本申请相同的情况下，所述"高耐碱"的性能限定不能将本申请的玄武岩纤维与对比文件公开的玄武岩纤维区分开，因此该权利要求不具备新颖性。

案例 25：

专利申请的权利要求请求保护一种防黄变聚酰胺纤维，其权利要求 1 为：

1. 一种防黄变聚酰胺纤维，其特征在于：成纤聚合物聚酰胺分子链的末端含有 1.0×10^{-5} ~ 3.0×10^{-5} mol/g 的末端氨基含量以及如下所示含氮末端结构：$R_1 \underset{\underset{O}{\overset{\|}{C}}}{\overset{\overset{O}{\|}}{C}}N—$，且 R_1 为碳原子为 2 ~ 20 的饱和或不饱和的脂肪族烃基；所述成纤聚合物聚酰胺分子链的含氮末端结构由乙二酸与聚酰胺聚合物分子链的末端氨基通过发生化学反应而形成；所述聚酰胺聚合物是以芳香族二元酸为共聚单体而形成；所述防黄变聚酰胺纤维白度为 75 ~ 85。

对比文件公开了一种防黄变聚酰胺纤维，其特征在于，成纤聚合物聚酰胺分子链的末端含有末端氨基以及如下所示含氮末端结构：

$R_1 \underset{\underset{O}{\overset{\|}{C}}}{\overset{\overset{O}{\|}}{C}}N—$，且 R_1 为碳原子为 2 ~ 20 的饱和或不饱和的脂肪族烃基；所述

含氮末端结构由乙二酸与聚酰胺分子链的末端氨基通过发生化学反应而形成。聚酰胺在与二元酸反应前先经过与对苯二甲酸共聚合，能够控制聚酰胺在纺丝过程中的黏度上升，纺丝过程中无须通过切片水分的控制来抑制黏度的上升。聚酰胺为聚己内酰胺或聚己二酸己二胺。该纤维的成纤聚合物聚酰胺的末端氨基含量为 $1.0 \times 10^{-5} \sim 3.0 \times 10^{-5} \mathrm{mol/g}$。

通过比较可知，对比文件的防黄变聚酰胺纤维类型聚己内酰胺或聚己二酸己二胺与本申请实施例采用的类型 N6、N66 相同，聚酰胺末端含氮结构及末端氨基含量也与本申请相同。显然，防黄变聚酰胺纤维的白度参数主要由聚酰胺的分子结构决定，因此本领域技术人员有理由推定对比文件公开的防黄变聚酰胺纤维的白度至少与本申请的白度范围存在部分重叠。由此可见，对比文件公开了权利要求的全部技术特征，技术方案实质上相同，属于相同的技术领域，能解决相同的技术问题，并实现相同的技术效果，因此，权利要求不具备新颖性。

二、创造性

1. 创造性基本概念

根据《专利法》第 22 条第 3 款的规定，发明的创造性，是指与现有技术相比，该发明有突出的实质性特点和显著的进步。

创造性也是授予专利权的必要条件之一。可以说，创造性审查是实质审查中最常涉及的法条，方案是否具备创造性往往是审查员和申请人的关键争议焦点。因此，理解《专利法》第 22 条第 3 款规定的创造性，对于技术交底、申请文件撰写、答复审查意见通知书乃至确权过程中的相关抗辩都有着至关重要的意义。

一项发明创造虽然相对于现有技术来说是新的，但如果与现有技术相比变化很小，且其变化是本领域技术人员容易想到的，对于这样一类专利申请如果授予专利权将导致授权的专利过多、过滥，对公众应用已知技术带来很多制约，很可能干扰社会发展的正常秩序，不利于实现专利制度鼓励和促进创新的宗旨。所以专利法规定，授予专利权的发明或者实用新型除了必须具有新颖性之外，还必须具有创造性。

换言之，能够授予专利权的发明创造不仅需要与现有技术不一样，而且这种不一样还不应是本领域的技术人员很容易想到的，应该是在现有技术基础上向前迈出了较大一步，这一步应当迈得有些难度，不是轻而易举的。那么，到底怎么衡量这一步够不够大呢？发明与实用新型专利的创造性在高度方面略有不同，发明专利要高于实用新型专利的创造性标准。接下来我们将以发明为例梳理创造性判断中涉及的基本概念。

（1）所属技术领域的技术人员

发明创造是否具备创造性需要由人作出判断，而不同的人依据自己的知识和能力，可能得出不同的结论。为使创造性判断的结论尽量客观，首先需要拟定一个判断基准，这就有了"所属技术领域的技术人员"的概念。

《专利审查指南2010》对所属技术领域的技术人员给出了定义，其也可称为本领域的技术人员，是指一种假设的"人"，假定他知晓申请日或者优先权日之前发明所属技术领域所有的普通技术知识，能够获知该领域中所有的现有技术，并且具有应用该日期之前常规实验手段的能力，但他不具有创造能力。如果所要解决的技术问题能够促使本领域的技术人员在其他技术领域寻找技术手段，他也应具有从该其他技术领域中获知该申请日或优先权日之前的相关现有技术、普通技术知识和常规实验手段的能力。

所以，对于权利要求保护的技术方案是否具备创造性的评价，要站在上述拟制的"所属技术领域的技术人员"的角度来进行判断。也就是假设存在这么一个人，他具有上述背景知识和能力，但没有创造能力，如果他能够得到权利要求的技术方案，则认为该方案不具备创造性；反之，如果他不能得到权利要求的技术方案，则认为方案具备创造性。

（2）突出的实质性特点

发明有突出的实质性特点，是指对所属技术领域的技术人员来说，发明相对于现有技术是非显而易见的。如果发明是所属技术领域的技术人员在现有技术的基础上仅仅通过合乎逻辑的分析、推理或者有限的试验可以得到的，则该发明是显而易见的，也就不具备突出的实质性特点。也就是说，发明具有突出的实质性特点意味着所述发明是必须经过创造性思维活动才能获得的结果，不是本领域技术人员运用其已掌握的现有技术知识和其基本技能能够预见到的。

其中，"有限的试验"指的是试验结果可预期，试验手段是有限的，试验是常规的。试验结果是否可预期是判断发明是否是"有限的试验"的关键要素。所谓的"可预期"指的是本领域技术人员在试验前已然可以预期某些技术特征的改变将产生的结果。而相反地，若试验结果是不可预期的，那么即使试验手段是有限的、试验是常规的，本领域技术人员也无法通过"有限的试验"获得发明的技术方案。

（3）显著的进步

发明具有显著的进步，是指发明与现有技术相比能够产生有益的技术效果。例如，发明克服了现有技术中存在的缺点和不足，或者为解决某一技术问题提供了一种不同构思的技术方案，或者代表某种新的技术发展趋势。对显著的进步进行判断主要考虑发明的技术效果。

"有显著的进步"并不是说申请专利的发明在任何方面与现有技术相比都要有进步或者产生了好的效果。有的情况下，发明有可能在某一方面取得了进步，而在其他方面又需要作出一定牺牲，这并不意味着否定其显著的进步性，而需要综合判断。比如，许多药物虽然有着一定程度的副作用，但若在治疗某些疾病方面有着明显积极的技术效果，那么该药物相关的申请也可能具有显著的进步。

2. 创造性判断的原则

创造性判断与新颖性判断的相同之处在于不仅要考虑技术方案本身，而且还应当考虑发明所属技术领域、所解决的技术问题和所产生的技术效果，将其作为一个整体予以看待。不能因为每个技术特征被不同的现有技术公开了，就简单地认为该技术方案已被现有技术公开。换言之，不能因每一个特征都是已知的而直接否定由这些已知技术特征构成的技术方案的创造性，应当关注特征之间的关系，例如协同关系、制约关系、支持关系、顺序关系等。例如，在玄武岩纤维中二氧化硅、三氧化二铝、氧化钙和氧化镁等都是常见的组分，本领域技术人员熟知上述组分的作用，但是特定含量的上述组分互相组合在一起时，就有可能相互配合或相互弥补，产生彼此的支持协同作用，从而得到具有创造性的玄武岩纤维。

创造性判断与新颖性判断的不同之处在于，在承认发明是新的，即与现有技术不相同的基础上，需要进一步判断这种不相同是否使得发明对于所属领域技术人员来说显而易见，以及是否具有有益的技术效果。创造性的判断是相对于现有技术的整体而言的，即允许将现有技术中的不同的技术内容结合在一起与一项权利要求要求保护的技术方案进行对比判断。

3. 创造性判断的方法❶

（1）突出的实质性特点

判断发明是否具有突出的实质性特点，就是要判断对本领域的技术人员来说，要求保护的发明相对于现有技术是否显而易见。如果要求保护的发明相对

---

❶ 国家知识产权局. 专利审查指南 2010（2019 年修订）［M］. 北京：知识产权出版社，2020.

于现有技术是显而易见的，则不具有突出的实质性特点；反之，如果对比的结果表明要求保护的发明相对于现有技术是非显而易见的，则具有突出的实质性特点。

判断要求保护的发明相对于现有技术是否显而易见，通常可按照以下三个步骤进行：

首先，确定最接近的现有技术。其次，确定发明的区别特征和发明实际解决的技术问题。发明实际解决的技术问题可以根据说明书的记载或本领域技术人员的预期来确定。可见，技术效果直接影响创造性判断的结果，所以申请文件中应尽可能详细地描述每个关键特征对方案技术效果的影响，必要时提供试验数据予以证明，无法得到确认或无记载的技术效果通常难以作为证明发明具有创造性的依据。最后，判断要求保护的发明对本领域的技术人员来说是否显而易见。即判断现有技术整体上是否存在某种技术启示，使本领域的技术人员在面对所述技术问题时，有动机改进该最接近的现有技术并获得要求保护的发明。如果现有技术存在这种技术启示，则发明是显而易见的，不具有突出的实质性特点。

技术启示的判断具有一定的主观性，是创造性判断中的难点。下述情况，通常认为现有技术中存在技术启示：

① 所述区别特征为公知常识，例如，本领域中解决该技术问题的惯用手段，或教科书或者工具书等披露的解决该技术问题的技术手段。

案例 26：

某专利申请的权利要求 1 请求保护一种用于交变应力应用的复合纤维束，包括至少一种高强度纤维，所述高强度纤维是对芳族聚酰胺纤维、液晶聚合物（LCP）纤维、聚苯并咪唑（PBO）纤维、超高分子量聚乙烯（UHMWPE）纤维、高强度金属纤维、高强度矿物纤维或它们的组合；和至少一种含氟聚合物纤维；所述含氟聚合物纤维的含量为小于 10 重量%。

根据该专利说明书的记载，其发明点在于在高强度纤维束中添加含氟聚合物纤维，以提高复合纤维束的耐磨性和使用寿命。在该专利的实质审查阶段，审查员以权利要求不具备创造性为由作出了驳回决定，驳回决定中引用了一份对比文件，其开了一种用于交变应力应用的复合纤维束，该复合纤维束包括至少一种高强度纤维；和至少一种 PTFE（聚四氟乙烯）纤维；PTFE 纤维的含量为 10wt% ~ 75wt%，其中纤维 12a 可以是玻璃、石英、陶瓷或聚苯硫醚长丝，并且使用玻璃纤维与 PTFE 形成的复合束，具有提高的耐磨性和耐挠性。

申请人对驳回决定不服，提出了复审请求，在复审请求中提出：本申请含氟聚合物纤维含量远小于对比文件中的 PTFE 的含量，高强度纤维的具体类型也没有被对比文件公开，并且在高强度纤维束中加入相对较小重量百分含量的含氟聚合物纤维能够使耐磨性和耐磨寿命有令人惊奇的显著提高。

合议组认为，权利要求 1 与对比文件的区别在于：高强度纤维是对芳族聚酰胺纤维、液晶聚合物（LCP）纤维、聚苯并咪唑（PBO）纤维、超高分子量聚乙烯（UHMWPE）纤维、高强度金属纤维、高强度矿物纤维或它们的组合，含氟聚合物纤维的含量小于 10 重量%。基于上述区别技术特征，权利要求 1 实际解决的技术问题为：提供一种特定组分的复合纤维束。对比文件已经披露了高强度纤维中添加 PTFE 纤维可以增加耐磨性和耐挠性；而对芳族聚酰胺纤维、液晶聚合物（LCP）纤维、聚苯并咪唑（PBO）纤维和超高分子量聚乙烯（UHMWPE）纤维等是常见的高强度纤维类型，PTFE 纤维的强度低于高强度纤维，这也是本领域的公知常识；通常来说形成复合纤维束，随着某种性能纤维含量的增加，该纤维束会更多地显示上述某种性能；而本领域技术人员在实际生产过程中，例如为了达到更大的强度，使得高强度纤维含量更多；为了具有更好的耐磨性，增加 PTFE 纤维的含量，以满足最终产品性能。虽然权利要求进一步限定了含氟聚合物小于 10 重量%，但这是本领域的技术人员通过有限试验可以确定的，其技术效果也在本领域技术人员的预料之中。因此，该权利要求不具备创造性。

② 所述区别特征为与最接近的现有技术相关的技术手段，例如，同一份对比文件其他部分披露的技术手段，该技术手段在该其他部分所起的作用与该区别特征在要求保护的发明中解决技术问题所起的作用相同。

案例 27：

某专利请求保护一种多孔碳纤维的制备方法，具体是在前驱体纤维的纺丝溶液中添加有机金属化合物，纺丝得到前驱体纤维，最后碳化得到具有多孔结构的碳纤维。

对比文件的实施例 1 公开了一种具有多孔结构的碳纤维的制备方法，包括如下步骤：①将含有可纺高分子的溶液或熔融体通过静电纺丝制备的原丝悬浮于液相承接屏中；②以 5~60 转/分钟的速度抽取所述液相承接屏中的原丝且将该原丝卷绕到取丝轴上得到连续的定向排列的原丝束；③将所述原丝束分段加热碳化处理；其中，该方法还包括将无机盐分散在所述可纺高分子的溶液或熔融体中。

另外，对比文件 1 说明书发明内容部分还公开了造孔剂可以为无机盐（如三氯化镓、氯化锌）或可溶性金属盐（如异丙氧基钛金属盐）。

由此可见，请求保护的发明和对比文件的实施例 1 之间的区别技术特征在于"造孔剂的不同"，其中本申请使用的是有机金属化合物，而对比文件的实施例 1 使用的是无机盐。基于该区别技术特征，本发明实际解决的技术问题是如何使碳纤维形成多孔结构。而对比文件说明书的发明内容部分公开了上述区别技术特征，并且与其在本申请中所起作用相同，都是使碳纤维形成多孔结构。因此，对比文件说明书发明内容给出了使用有机金属化合物作为碳纤维造孔剂的技术启示，在该启示的教导下，本领域技术人员有动机对对比文件的实施例 1 进行改进，使用有机金属化合物代替无机盐作为造孔剂，进而得到请求保护的发明的技术方案。

③ 所述区别特征为另一份对比文件中披露的相关技术手段，该技术手段在该对比文件中所起的作用与该区别特征在要求保护的发明中所起的作用相同。

案例 28：

某企业在其申请的一件发明专利被驳回后提出了复审请求，该申请涉及一种原位含氮聚合物氮掺杂活性纳米碳纤维的制备方法，复审决定所针对的权利要求 1 为：

1. 一种原位含氮聚合物氮掺杂活性纳米碳纤维的制备方法，包括如下步骤：

（1）在细菌纤维素匀浆中通过氧化法原位合成含氮聚合物得到含氮聚合物包覆的细菌纤维素；所述细菌纤维素浆的制备方法为：将细菌纤维素加入水中制成细菌纤维素匀浆；所述细菌纤维素与水的比为 1：5～30g/mL；

（2）用活化剂浸泡后分离含氮聚合物包覆的细菌纤维素，并冷冻干燥得到含氮聚合物/细菌纤维素前驱体；所述活化剂为磷酸、CO_2 中的一种或两种的混合；所述活化剂的浓度为 0.5～3mol/L；所述活化剂：细菌纤维素为 10～30mL/g；所述浸泡时间为 2min 以上；

（3）将含氮聚合物/细菌纤维素前驱体经碳化掺杂处理得到氮掺杂活性纳米碳纤维。

复审决定中引用了两篇对比文件，认为权利要求 1 相对于对比文件 1 和对比文件 2 的结合不具备创造性。本申请权利要求 1 与对比文件 1 相比区别技术特征在于：用活化剂浸泡后分离含氮聚合物包覆的细菌纤维素，所述活化剂为磷酸、CO_2 中的一种或两种的混合；所述活化剂的浓度为 0.5～3mol/L；所述活化剂：细菌纤维素为 10～30mL/g；所述浸泡时间为 2min 以上；本申请要求保护的是氮掺杂活性纳米碳纤维，而对比文件 1 公开的是氮掺杂纳米碳纤维。

基于上述区别技术特征，本申请实际解决的技术问题是如何提高纳米碳纤维的性能。

对比文件2公开了一种纳米活性碳纤维的制备方法，包括如下步骤：

第一，将细菌纤维素浸泡在去离子水中超声洗涤，然后用液氮冷冻后进行冷冻干燥15～30h，获得备用细菌纤维素。

第二，将备用细菌纤维素浸泡在氢氧化钾水溶液中，吸收至饱和，获得氢氧化钾/细菌纤维素（相当于用活化剂浸泡细菌纤维素）。

第三，将氢氧化钾/细菌纤维素再用液氮冷冻后进行冷冻干燥40h制得氢氧化钾/细菌纤维素前驱体。

第四，将氢氧化钾/细菌纤维素前驱体置于管式炉中进行高温热解，即得纳米活性碳纤维。

本发明利用氢氧化钾/细菌纤维素作为前驱体，一步制备纳米活性碳纤维；氢氧化钾是根据碱碳比1∶（30～100）的比例进行配制的；活性碳纳米纤维的制备方法主要有物理活化与化学活化，物理活化法通常使用二氧化碳、水蒸气、超临界水等氧化性气体为活化剂，化学活化法常用的活化剂主要为氢氧化钾、氯化锌、磷酸等。纳米活性碳纤维的电化学性能优于纳米碳纤维，由于对比文件1公开了细菌纤维素匀浆中通过氧化法原位合成含氮聚合物得到含氮聚合物包覆的细菌纤维素，并通过冷冻干燥后高温碳化得到氮掺杂纳米碳纤维；对比文件2公开了细菌纤维素浸泡活化剂，并通过冷冻干燥后高温碳化得到纳米活性碳纤维，因此本领域技术人员为了简化步骤容易想到将含氮聚合物包覆的细菌纤维素浸泡活化剂，并通过冷冻干燥后高温碳化得到氮掺杂纳米活性碳纤维。本领域技术人员根据需要控制活化剂、细菌纤维素的浓度以及浸泡时间不需要付出创造性的劳动。

（2）显著的进步

除了显而易见性之外，创造性判断还需要考虑显著的进步性，这主要是指发明具有有益的技术效果。例如，发明与现有技术相比具有更好的技术效果，如质量改善、产量提高、节约能源、防治环境污染等；或者发明提供了一种技术构思不同的技术方案，其技术效果能够基本上达到现有技术的水平；或者发明代表某种新技术发展趋势；或者尽管发明在某些方面有负面效果，但在其他方面具有明显积极的技术效果。

可以看出，在创造性判断的两个条件当中，突出的实质性特点更难达到，显著的进步相对容易实现，因此创新成果专利化过程中的一个难点是突出发明创造相对于现有技术的非显而易见性。

4. 选择发明和要素替代发明创造性的判断

前文在新颖性的判断中提到过两个概念，即"小范围公开大范围"和"惯用手段的直接置换"，在创造性的判断中也存在与之类似的情况，即选择发明和要素替代发明，它们均属于高性能纤维材料领域发明创造的常见类型。

（1）选择发明创造性的判断

选择就是从现有技术中公开的宽范围中，有目的地选出现有技术中未提到的窄范围或个体的发明。也就是说，从一般性公开的较大范围选出一个未明确提到的小范围或个体，与公知的较大范围相比，所选出的小范围或个体具有特别突出的作用、性能或效果，这样的发明称之为选择发明。

选择发明与其他发明不同，它不是在现有技术的基础上增加了新的技术特征或者更换了不同的技术特征，而是一种进一步的选择，它落入现有技术的已知范围内。所谓进一步的选择，一般有两种情形：一是从一般（上位）概念中选择具体（下位）概念，二是从一个较宽的数值范围中选择较窄的数值范围，包括点值。

在进行选择发明的创造性的判断时，选择所带来的预料不到的技术效果是考虑的主要因素。根据《专利审查指南 2010》的规定，所谓预料不到的技术效果，是指发明同现有技术相比，其技术效果产生"质"的变化，具有新的性能；或者产生"量"的变化，超出人们预期的想象。这种"质"或者"量"的变化，对所属技术领域的技术人员来说，事先无法预测或者推理出来。

如果发明仅是从一些已知的可能性中进行选择，或者发明仅仅是从一些具有相同可能性的技术方案中选出一种，而选出的方案未能取得预料不到的技术效果，则该发明不具备创造性。

如果发明是在可能的、有限的范围内选择具体的尺寸、温度范围或者其他参数，而这些选择可以由本领域的技术人员通过常规手段得到并且没有产生预料不到的技术效果，则该发明不具备创造性。如果发明是可以从现有技术中直接推导出来的选择，则该发明不具备创造性。如果选择使得发明取得了预料不到的技术效果，则该发明具有突出的实质性特点和显著的进步，具备创造性。

案例 29：

某专利申请涉及一种超高分子量聚乙烯和纳米无机物复合材料，其独立权利要求 1 为：

一种超高分子量聚乙烯和纳米无机物复合材料，其特征在于，其制备方法为：将 2wt% ~10wt% 的纳米无机物添加在超高分子量聚乙烯中，经过制备凝胶溶液、抽真空脱泡、纺丝、空气骤冷、水相固化及多段变温延伸的步骤，以得到该复合材料；该纳米无机物为马来酸酐接枝处理的碳纳米管。

在该案的审查过程中，主要的争议在于：本申请添加的纳米无机物是马来酸酐接枝改性的碳纳米管，而对比文件1仅公开了添加接枝改性的碳纳米管，并未公开采用马来酸酐接枝改性的碳纳米管。申请人提出：本申请的实施例中的碳纳米管皆经过马来酸酐处理，并证明了经过马来酸酐处理的碳纳米管皆具有良好的拉伸性能及极低的红光透过率，取得了预料不到的技术效果。

根据该申请说明书的记载，其目的在于提供一种超高分子量聚乙烯和纳米无机物复合材料及其高性能纤维制造方法，即可得到一透光率近似为零的高强力纤维的复合材料；本申请的实施例中添加有低于10wt%的经接枝处理的碳纳米管的超高分子量聚乙烯纤维，其抗张强力和红光透过率分别为12.5GPa、0~1%，而未添加纳米无机物的纤维分别为6.1 GPa、50%~70%，即抗张强力和红光透过率得到了改善。但是，本申请说明书没有给出任何证据证明添加经过马来酸酐接枝改性的碳纳米管相对于添加其他基团接枝改性的碳纳米管对超高分子量聚乙烯纤维的性能存在何种改善和提高。同时，对比文件1同样公开了添加有接枝改性的碳纳米管的超高分子量聚乙烯纤维，由实施例和对比例可以看出，添加有接枝改性的碳纳米管的纤维相对于未添加的拉伸强度得到了提高。此外，对添加到聚合物中的碳纳米管进行接枝改性处理是改善碳纳米管表面特性的重要方法，碳纳米管经过纯化或功能化处理后可以含有一定数量的活性基团，如羟基、羧基等，通过与这些活性基团反应，聚合物可以接枝到碳纳米管上，马来酸酐也是本领域常规的无机材料接枝改性剂。

本案中，本领域技术人员在对比文件1的基础上对具体的接枝改性碳纳米管进行常规选择，就能得到权利要求1的技术方案。同时对比文件1公开的技术方案得到的超高分子量聚乙烯纤维的强度也得到了提高，即上述区别技术特征的引入也没有使权利要求1相对于对比文件1产生预料不到的技术效果。因此，权利要求1不具备《专利法》第22条第3款规定的创造性。

案例30：

某专利申请涉及一种丙烯腈系共聚物、其制造方法、丙烯腈系共聚物溶液和碳纤维用聚丙烯腈系前体纤维及其制造方法。该案的主要争议在于，修改后的独立权利要求1的创造性的判断。权利要求1为：

一种丙烯腈系共聚物，其含有 1.0×10^{-5} 当量/g 以上的来自聚合引发剂的磺酸基，来自聚合引发剂的硫酸基的含量/上述磺酸基和上述硫酸基的总量的值，即当量比，为0.4以下，所述丙烯腈系共聚物中全部强酸性基团的含量为 1.0×10^{-5} 当量/g 以上、不足 4.0×10^{-5} 当量/g。

审查过程中引用的对比文件 1 公开了一种丙烯腈均聚物和共聚物，用过硫酸钾、焦亚硫酸钠作催化剂，硫酸亚铁铵作促进剂。其中，硫酸基/磺酸基和硫酸基的总量的值为 0.1 ~ 0.82，与权利要求 1 中限定的小于 0.4 的范围部分重叠。

比较可知，权利要求 1 与对比文件 1 技术方案的区别在于丙烯腈系共聚物中全部强酸性基团的含量为 1.0×10^{-5} 当量/g 以上、不足 4.0×10^{-5} 当量/g，而对比文件 1 中无此种要求。

根据本申请说明书背景技术部分的记载，聚丙烯腈系纤维通常通过将在有机或无机溶剂中溶解了丙烯腈系聚合物的纺丝原液湿式或干湿式纺丝，赋形成纤维状，然后拉伸、洗净、干燥致密化而制造。然而，在使用酰胺系溶剂作为纺丝原液溶剂的情况下，存在纺丝原液的保存稳定性不佳的问题。本申请旨在提供一种即使在酰胺系溶剂中溶解的情况下，溶液（纺丝原液）的热稳定性也优异，能获得适用于碳纤维制造的致密聚丙烯腈系纤维的丙烯腈系共聚物及其前体纤维。

本申请实施例对比了丙烯腈共聚物所制得前体纤维在具有不同全部强酸性基团含量时丝强度和丝弹性模量的测试数据，对本申请的实验数据进行分析可以看出，当全部强酸性基团的含量高于 1.0×10^{-5} 当量/g、低于 4.0×10^{-5} 当量/g 时，丙烯腈共聚物所制得前体纤维的强度和弹性模量均优于不在此范围内的前体纤维。因此，基于权利要求 1 与对比文件 1 的区别，权利要求 1 实际解决的技术问题是：提供一种能够用于制备具有更高丝强度和丝弹性模量纤维的丙烯腈共聚物。因此，判断本申请是否具备创造性的关键在于，现有技术中是否存在通过将全部强酸性基团的含量限定在上述范围内以解决所述技术问题的启示。

对比文件 1 的背景技术部分记载了高分子量丙烯腈系的均聚物和共聚物用作制备纤维和纱线的原料，所述高分子量聚合物的 K 值通常是 80 ~ 90，而对比文件 1 的目的是制备低 K 值的丙烯腈系均聚物和共聚物，并且对比文件 1 中制得的产品适于用作涂料体系和涂层的组分。对比文件 1 中并未明确记载所获得产品可以用于制备纤维，也未给出通过调整强酸性基团的含量从而改善丙烯腈系聚合物所制备的纤维的成丝质量的相关技术信息。本领域技术人员基于对比文件 1 公开的技术内容以及本领域的一般技术知识难以获得通过将丙烯腈共聚物中强酸性基团的含量限定为权利要求 1 所述特定范围时可以得到本申请所述技术效果的启示。

本案例中，通过使丙烯腈共聚物的全部强酸性基团的含量高于 1.0×10^{-5}

当量/g、低于 4.0×10^{-5} 当量/g，所带来的前体纤维的强度和弹性模量得到提高的技术效果在对比文件 1 中没有任何提示。所属领域技术人员也不会预料到采用本申请权利要求 1 的丙烯腈共聚物所制得的前体纤维具有提高的强度和弹性模量。因此，权利要求 1 的技术方案相对于对比文件 1，具有突出的实质性特点和显著的进步，进而具备创造性。

通过上述两个案例可以看出，在选择发明的创造性判断中，预料不到的技术效果是考察非显而易见性的重要指标，而预料不到的技术效果通常需要大量的实施例、对比例来证明。在案例 29 中，专利申请中所记载的实验数据并不能证明申请人所声称的预料不到的技术效果；而案例 30 中，申请人所记载的实验数据能够支撑申请人的主张，两件申请的最终命运也就大相径庭了。

（2）要素替代发明创造性的判断

要素替代发明，是指已知产品或方法的某一要素由其他已知要素替代的发明。根据《专利审查指南 2010》的规定，在判断要素替代发明是否具备创造性时，需要注意：①如果发明是相同功能的已知手段的等效替代，或者是为解决同一技术问题，用已知最新研制出的具有相同功能的材料替代公知产品中的相应材料，或者是某一公知材料替代公知产品中的某材料，而这种公知材料的类似应用是已知的，且没有产生预料不到的技术效果，则该发明不具备创造性；②如果要素的替代使发明产生预料不到的技术效果，则该发明具有突出的实质性特点和显著的进步，具备创造性。可见，在要素替代发明创造性的判断中的两个关键点在于，判断要素的替代是否属于"相同功能的已知手段的等效替代"以及要素的替代是否产生了"预料不到的技术效果"。

在判断要素的替代是否属于"相同功能的已知手段的等效替代"时，一是判断替代所采用的手段是否属于已知的具有相同功能的手段，二是判断是否属于真正意义上的"等效替代"，通常前者是相对容易的，重点和难点在于对后者的判断。已知手段所解决的技术问题、产生的技术效果或实现的功能是否与发明创造相同是判断是否为等效替代的前提条件。

案例 31：

专利复审委员会作出的第 114247 号决定涉及发明名称为"一种碳纤维材料、碳纤维材料制造方法、具有所述碳纤维材料的材料"的专利申请，该发明属于典型的要素替代发明。复审决定针对的权利要求 1 为：

一种碳纤维材料制造方法，包括分散液制作工序、离心纺丝工序和改性工序，

所述分散液制作工序是制作含有树脂和碳颗粒的分散液的工序，

所述离心纺丝工序是从所述分散液制作由碳纤维前驱体形成的不织布的工序，

所述改性工序是所述碳纤维前驱体改性为碳纤维的工序，

所述碳纤维材料制造方法还包括使不织布解体的解布工序，碳纤维材料是碳纤维，

所述碳纤维材料制造方法在解布工序之后包括分级工序。

对比文件 1 公开了一种碳纤维材料的制备方法，本申请与对比文件 1 相比，区别在于本申请采用离心纺丝而对比文件 1 采用静电纺丝。

申请人提出：本申请采用离心纺丝能够提高生产性，同时还能提高所得碳纤维的导电性，将本申请与对比文件 1 的实验数据进行对比，可以发现本申请的碳纤维的导向性能更好，具有预料不到的技术效果，因此具备创造性。

根据本申请说明书的记载，现有技术中将含有碳源的树脂静电纺丝后，进行碳化处理，并进行解体粉碎，所得到的碳纤维导电性比较高。但是当作为电池材料使用时，要求电阻低，并且近年来，要求进一步提高导电性，另外，因使用静电纺丝法，因此生产性不高，为此，成本较高。本申请要解决的技术问题是提供低廉且导电性高的碳纤维材料，以及提供纤维直径小且纤维直径偏差也少，并且金属粉混入少的碳纤维材料。与静电纺丝法相比，离心纺丝法可以使用高黏度的液体以及固体成分浓度高的分散液，其受湿度和温度的影响小，可长时间进行稳定的纺丝，以高生产性且低廉的成本得到碳纤维材料。离心纺丝法是利用离心力的纺丝法，纺丝时的延伸倍率高。也许因为这一点，纤维中的碳颗粒的取向度高，并且导电性高，所得的碳纤维的直径小，纤维直径的偏差小，金属粉的混入少，纵横比大。对比文件 1 记载其解决的问题是提供表面积大、石墨化度高、纤维直径小，并且偏差小的碳纤维。

对此合议组认为：从技术手段上而言，离心纺丝法的原理是将聚合物熔体或溶液借助高速旋转装置产生的离心力和剪切力由细孔甩出以形成纤维，其与静电纺丝法都属于本领域技术人员在制备碳纤维过程中常规采用的方法。传统的静电纺丝法中，其需要借助喷出口进行射流，在电场的作用下拉伸成纤维状，喷出口的数量以及多喷口之间的相互影响都会阻碍静电纺丝生产效率的提高。相比之下，离心纺丝法不需要加设电场，生产装置更为简单，生产效率更高，成本也更低，本领域技术人员通过分析两种工艺的自身特点可以确知二者的优劣特性。本申请的发明点不在于改进离心纺丝法的相关工艺，而是将离心纺丝法运用到对比文件 1 的分散液，从对比文件 1 来看，其聚合物分散液具备

了拉伸成纤维的基础，本领域技术人员出于提高生产效率的需要，可以选择通过离心法进行纺丝。

首先，从技术效果上而言，从本申请说明书提供的静电纺丝法的对比实验来看，其分散液的组成与对比文件 1 实施例 1 ~ 17 提供的分散液组成均不同，并且也没有对制备得到的碳纤维形态进行检测，结合对比文件 1 实施例 1 ~ 17 中提供的 17 种碳纤维不织布的制备过程来看，碳和树脂的比例不同，所制备的碳纤维的相关性质例如大径部、小径部的直径分布、不织布的厚度、BET 表面积等也会产生不同，导电性也可能存在差异；此外，本申请实施例 1 与对比例 1 在石墨化处理中的温度也不同，而温度与碳纤维的结构相关，高温处理有利于提高碳纤维中的石墨化结构，从而提高碳纤维的导电性。由于实施例 1 与对比例 1 在纺丝方法之外的其他工序中存在诸多不同，而这些不同因素也可能对碳纤维的导电性产生影响，因此依据本申请提供的对比实验，不能确定与静电纺丝法相比，离心纺丝法必然能够提高碳纤维的导电性。其次，结合本申请与对比文件 1 的记载来看，二者所制备的碳纤维在具体形态（例如都具有大径部和小径部）、相关参数表征（例如大径部和小径部的直径、长度、比表面积、X 射线衍射参数）等方面都相同，本申请也未能实际证明其与对比文件 1 的碳纤维在产品形态和物理结构上实际有何不同，并且会进而导致碳纤维的导电性存在差异。因此，本申请未能证实通过离心纺丝方法制备的碳纤维的导电性均优于静电纺丝方法制备的碳纤维。

本案的争议焦点在于对用"离心纺丝"替代"静电纺丝"是否具备创造性的判断。离心纺丝和静电纺丝均属于纤维领域常用的纺丝方法，即这两种纺丝方法均属于"相同功能的已知手段"，那么本案判断的关键就在于判断这样的替代是否是"等效替代"以及是否产生了"预料不到的技术效果"，"等效替代"和"预料不到的技术效果"两者均涉及发明的技术效果，这两个概念实质上相互关联的，在判断是否为"等效替代"时也需要考虑本领域技术人员对技术效果是否可预期。离心纺丝和静电纺丝两种工艺的自身特点决定了其效果必然存在差异，当采用离心纺丝法时，发明取得的效果显然与采用静电纺丝法不尽相同，比如离心纺丝能够提高生产效率，但这样的效果对所属领域技术人员而言是可以预期的，因为这属于离心纺丝工艺本身所具有的一种公知的特点。因此离心纺丝能否提高碳纤维的导电性才是判断是否为"等效替代"和是否取得了"预料不到的技术效果"的核心，该案的实验数据并不能证明采用离心纺丝法能够提高碳纤维的导电性。因此，最终合议组得出了权利要求不具备创造性的结论。

案例 32：

上海斯瑞科技有限公司于 2016 年 11 月 23 日申请了一件名称为"一种超高分子量聚乙烯纤维及其制备方法"的发明专利申请，国家知识产权局于 2019 年 7 月 5 日作出驳回决定，驳回的理由是所有权利要求不具备创造性，驳回决定中引用了两篇对比文件。申请人对驳回决定不服，提出了复审请求。复审决定所针对的权利要求 1 为：

1. 一种超高分子量聚乙烯纤维的制备方法，其特征在于，包括以下步骤：

（1）采用冻胶纺丝法制得超高分子量聚乙烯冻胶原丝；

（2）将步骤（1）的超高分子量聚乙烯冻胶原丝经平衡静置处理；

（3）然后将步骤（2）平衡静置处理后的超高分子量聚乙烯冻胶原丝依次进行预牵伸、萃取、干燥和进行不低于三级的热牵伸，并在热牵伸的同时，使超高分子量聚乙烯冻胶原丝经过带有抗静电剂水溶液的涂敷辊；其中，所述涂敷辊的上液速度为 3～15m/min，带液量为 1%～5%；

（4）干燥，即得超高分子量聚乙烯纤维，所述超高分子量聚乙烯纤维的静电压<0.05kV；其中，所述抗静电剂水溶液的质量浓度为 0.2%～0.8%，所述抗静电剂为由烷基化试剂与脂肪胺反应而得的季铵盐阳离子高效抗静电剂，所述抗静电剂在 40℃时的运动黏度为 15～20mPa·s；

按质量百分比计，所述季铵盐阳离子高效抗静电剂由十二烷基二甲基乙基溴化铵 30%～40%、十二烷基二甲基羟乙基氯化铵 20%～30% 和双十二烷基二甲基氯化铵 30%～40% 配制而成。

该案争议的焦点在于抗静电剂的选择。权利要求 1 与对比文件 1 相比，存在的区别技术特征之一为：权利要求 1 抗静电剂由十二烷基二甲基乙基溴化铵 30%～40%、十二烷基二甲基羟乙基氯化铵 20%～30% 和双十二烷基二甲基氯化铵 30%～40% 配制而成，抗静电剂水溶液的质量浓度为 0.2%～0.8%，抗静电剂在 40℃时的运动黏度为 15～20mPa·s，对比文件 1 抗静电油剂为聚氧乙烯醚型抗静电剂和阴离子型抗静电剂的混合物，抗静电油剂水溶液的质量浓度为 1%，抗静电油剂在 20℃下黏度为 85mPa·s。根据本申请说明书的记载，本申请要解决的技术问题是：通过使用一种有别于现有技术中聚氧乙烯醚型抗静电剂和阴离子型抗静电剂混合物的抗静电剂，提供一种低静电的超高分子量聚乙烯纤维及其制备方法，既提高了强度和模量，又解决了纤维因带电而影响后加工的问题。

驳回决定中认为，对比文件 2 公开了由烷基化试剂与脂肪胺反应得到阳离子季铵盐，而基于所得阳离子季铵盐的分子结构——长链的烷基季铵衍生物，可以直接地、毫无疑义地确定其可以作为抗静电剂。因此，本领域技术人员容易想到可以用对比文件 2 中所公开的阳离子季铵盐替代对比文件 1 中的聚氧乙烯醚型抗静电剂。

但合议组认为，本申请说明书中记载的实施例 1～3 分别制备纤度为 150D、200D、1600D 的超高分子量聚乙烯纤维，涂覆的抗静电液使用的均是由十二烷基二甲基乙基溴化铵、十二烷基二甲基羟乙基氯化铵和双十二烷基二甲基氯化铵配制而成的季铵盐阳离子抗静电剂。对比例 1～3 制备纤度 200D 的超高分子量聚乙烯纤维，对比例 4～5 制备纤度 1600D 的超高分子量聚乙烯纤维，对比例 1 使用的抗静电剂为 PP－L969，对比例 2～5 使用的抗静电剂为聚氧乙烯醚型＋阴离子型，其中对比例 3 为对比文件 1 说明书记载的实施例 3，对比例 5 为对比文件 1 说明书记载的实施例 4，虽然对比文件 1 的实施例未明确公开其上液速度、带液量，但根据说明书发明内容记载，其上液速度必然在 15～25m/min、带液量必然在 1%～5% 的范围内。实验数据显示，在采用不同的抗静电剂的情况下，本申请使用更低的上液浓度，达到了与对比文件 1 相同或更优的重量合格率，比对比文件 1 更低的静电压，更高的模量和强度。据此，基于上述区别特征确定权利要求 1 相对于对比文件 1 实际解决的技术问题是：提供一种具有更低静电压和含水率，更高重量合格率、强度和模量的纤维的制备方法。对比文件 2 以及公知常识证据中均没有给出采用权利要求 1 中限定的季铵盐型阳离子抗静电剂可以获得相对于聚氧乙烯醚型和阴离子型抗静电剂具有更低的静电压，更高的重量合格率、强度和模量的纤维的技术启示。因此，权利要求 1 相对于对比文件 1 和 2 是非显而易见的。

该案中，申请文件中所记载的实验数据成为影响案件审查结论的关键，其实验数据证明了选择权利要求 1 中限定的季铵盐型阳离子抗静电剂取得了预料不到的技术效果——使纤维具有更低的静电压和含水率，更高的重量合格率、强度和模量，因此这样的要素替代对本领域技术人员而言并不是显而易见的，合议组最终撤销了之前的驳回决定。

选择发明和要素替代发明的创造性判断中，是否取得了预料不到的技术效果往往是判断的关键，在高性能纤维材料领域中技术效果通常由产品的性能体现，因此预料不到的技术效果通常需要大量的实施例、对比例来证明。案例 30 和案例 32 中，申请人之所以能够得到合议组的支持，正是因为其在申请专利权之初就写好了一份较完善的说明书，特别是实施例部分，运用了大量的实施例和比较例证明了本申请取得的技术效果，这是我们撰写专利申请文件时应该特别注意的地方。

第四节　容易披露不到位的说明书

万丈高楼平地起，要为"创新之树"建构稳固的"庇护之所"，需要有扎实牢固的地基。在专利申请文件中，权利要求书决定了"庇护之所"的面积，那么什么是"庇护之所"的地基呢？答案是说明书。

说明书（包括说明书附图）是申请文件的重要组成部分，具有充分公开发明、支持权利要求书要求保护的范围、修改申请文件的依据、解释权利要求等作用。尤其是在包括高性能纤维材料在内的化学领域，包括高性能纤维材料制备装置以及具体应用的机械领域，说明书中的具体实施方式部分是极其重要的关键内容。权利要求保护范围是否合适、清楚，有没有新颖性和创造性，很多问题都要从说明书中去寻找依据。而专利申请文件的说明书与产品说明书或者论文有很大的不同，没有经验的申请人往往会忽视一些重要内容，披露不到位，导致"地基"不牢固。

本节将通过说明书的作用和组成、说明书的充分公开和权利要求以说明书为依据三部分内容对说明书进行介绍。

一、说明书的作用和组成

1. 说明书的作用

说明书是记载发明或实用新型技术内容的法律文件，其主要有以下四方面的作用：❶

（1）充分公开发明，使所属技术领域的技术人员能够实现

《专利法》第 26 条第 3 款规定：说明书应当对发明或者实用新型作出清楚、完整的说明，以所属技术领域的技术人员能够实现为准；必要的时候，应当有附图。因此，说明书的首要作用是充分公开发明，使所属技术领域的技术人员能够实现。

（2）公开技术内容，支持权利要求书请求保护的范围

《专利法》第 26 条第 4 款规定：权利要求书应当以说明书为依据，清楚、简要地限定专利保护的范围。也就是说，申请人获得的专利保护范围应当与其

---

❶ 田力普. 发明专利审查基础教程·审查分册［M］. 北京：知识产权出版社，2012.

在说明书中向社会公众披露的技术信息相匹配。因此，说明书的第二个作用是对权利要求提供支撑，要让权利要求这座建筑稳固而宽阔，需要在作为地基的说明书中详细公开足以支撑该建筑的技术内容。

（3）审查程序中修改申请文件的依据

在专利审查程序中，申请人可能出于各种目的而修改申请文件。《专利法》第33条规定：申请人可以对其专利申请文件进行修改，但是，对发明和实用新型的专利申请文件的修改不得超出原说明书和权利要求书记载的范围。因此，说明书是修改申请文件的重要依据。实际申请过程中，将说明书中记载的技术内容加入权利要求书中也是克服申请文件不符合相关规定的主要修改方式之一。

（4）用于解释权利要求

《专利法》第64条第1款规定：发明或者实用新型专利权的保护范围以其权利要求的内容为准，说明书及附图可以用于解释权利要求的内容。因此，在审查、侵权诉讼等程序中，说明书及附图是判断权利要求保护范围的辅助手段。

2. 说明书的组成

通常，说明书除了发明名称之外，还包括下列组成部分：

① 技术领域：写明要求保护的技术方案所属的技术领域。

② 背景技术：写明对发明或者实用新型的理解、检索、审查有用的背景技术；在可能的情况下，还需引证反映这些背景技术的文件。说明书中引证的文件可以是专利文件，也可以是非专利文件，例如各种期刊、杂志和书籍等。在背景技术部分中，通常要客观地指出背景技术中存在的问题和缺点，在可能的情况下，说明存在这种问题和缺点的原因以及解决这些问题时曾经遇到的困难。

③ 发明内容：这是说明书最重要的组成部分，需写明发明创造所要解决的技术问题以及解决其技术问题采用的技术方案，一般与权利要求有对应关系，还要对照现有技术写明发明或者实用新型的有益效果。有益效果是确定发明是否具有"显著的进步"，实用新型是否具有"进步"的重要依据。例如，有益效果可以由产率、质量、精度和效率的提高，能耗、原材料、工序的节省，加工、操作、控制、使用的简便，以及有用性能的出现等方面反映出来。需要注意的是，有益效果最好不要只是断言性的，可以通过对发明创造的要素特点进行分析和理论说明，或者通过列出实验数据的方式予以说明，特别是化学领域的发明更是如此。

④ 附图说明：说明书有附图的，对各附图表示什么含义作简略说明。

⑤ 具体实施方式：这也是说明书的重要组成部分，它对于充分公开、理解和实现发明创造，支持和解释权利要求都是极为重要的，一般是详细写明发明创造的优选方式，比如可以对照附图举例说明，在具体实施方式中可以进一步包括多个实施例，或者还可以将实施例与对比例进行比较。包括纤维材料在内的化学领域申请容易存在原料或产品结构不清楚、表征不规范、技术效果难预期、能否实现靠实验等特点，因此具体实施方式部分的内容，特别是实验数据，显得尤为重要。

⑥ 说明书附图：作为说明书的组成部分之一，说明书附图的作用在于用图形补充说明书文字部分的描述，使人能够直观地、形象化地理解发明或者实用新型的每个技术特征和整体技术方案。发明专利申请文件中，附图并不是必须有的内容。在纤维材料领域中，常见的附图包括装置结构图、工艺流程图和材料性能测试图等。

二、充分公开的立法初衷和具体要求

《专利法》第 26 条第 3 款规定：说明书应当对发明或者实用新型作出清楚、完整的说明，以所属技术领域的技术人员能够实现为准；必要的时候，应当有附图。这一条款是《专利法》中对"公开换取保护"理念的主要体现——专利权与发明创造的公开互为对价，平衡专利权人的利益与公众利益，通过给予专利权人一定垄断性特权鼓励专利权人公开其发明创造，促进科学技术知识的传播，进而推动经济社会进步。

从经济学上来说，垄断是一种效率低下的资源配置方式，不利于社会总福利的增长，世界各国基本都有禁止垄断的相关法律，但专利权却是由政府机关根据申请而颁发的，是受国家强制力保障的垄断权。对于这种矛盾如何解释？理论影响最大的是专利契约论，为各国所普遍接受。专利契约论认为：专利权是国家与申请人之间签订的一项特殊契约。申请人和国家都能从该契约获得利益，专利权人对其发明享有一定时间内的排他性权利。国家（社会公众）则获得了该发明的内容。这就是常说的"以公开换垄断""以公开换保护"。专利权人从垄断中获得了物质上的利益和精神上的鼓励，社会公众则可以利用专利公开的技术信息，避免重复劳动，可以"站在巨人的肩膀上"进行科研。

另外，利益应当具有平衡性。专利权人获得的潜在收益与其公开专利技术而产生的对社会的贡献应当相匹配。因此，技术方案的公开必须要达到所属技术领域的技术人员能够实现的程度才有意义，如果所属技术领域的技术人员根据公开的发明内容不能实现发明，就等于申请人没有向社会作出足够的贡献，这种情况下，申请人若获得垄断权利，则会造成与公众利益之间的极度不平衡。因此，要求说明书充分公开，就是希望申请文件中记载的技术信息资料能够使所属技术领域的技术人员在已知技术信息的基础上进一步开发研究，实现促进科学技术进步和创新的目的。

也就是说，申请人若想构建其独占的"庇护之所"，那么就必须首先清楚、完整地公开其建筑的设计方案，以使得社会公众能够准确了解其方案，并判断其方案是否的确对社会作出了足够的贡献；而公开的程度则需要达到社会公众能够重复并实现其方案的要求。

那么，说明书充分公开的具体要求是什么呢？简单来说，就是清楚、完整和能够实现。

所谓清楚，就是说明书应该主题明确、表述准确。应当使用所属技术领域的技术人员能够理解的语言，从现有技术出发，明确地反映出想要做什么和如何去做，使所属技术领域的技术人员能够确切地理解该发明或者实用新型要求保护的主题。换句话说，说明书应当写明发明或者实用新型所要解决的技术问题以及解决其技术问题采用的技术方案，并对照现有技术写明有益效果。

所谓完整，就是包括有关理解、实现发明创造所需的全部技术内容。比如，形式上记载有关所属技术领域、背景技术状况的描述以及说明书有附图时的附图说明；内容上说明发明创造所要解决的技术问题，解决其技术问题采用的技术方案和有益效果，以及具体实施方式。

所谓能够实现，就是指所属技术领域的技术人员按照说明书记载的内容，就能够实现该发明或者实用新型的技术方案，解决其技术问题，并且产生预期的技术效果。能够实现是充分公开的核心，是否清楚、完整归根结底是要看所属技术领域的技术人员根据说明书是否能够实现本发明或实用新型。

三、高性能纤维材料领域的说明书易漏写的点

《专利审查指南2010》中列出了说明书公开不充分的几种情形：

①说明书中只给出任务和/或设想，或者只表明一种愿望和/或结果，而未给出任何使所属技术领域的技术人员能够实施的技术手段。

②说明书中给出了技术手段，但对所属技术领域的技术人员来说，该手段是含糊不清的，根据说明书记载的内容无法具体实施。

③说明书中给出了技术手段，但所属技术领域的技术人员采用该手段并不能解决发明或者实用新型所要解决的技术问题。

④申请的主题为由多个技术手段构成的技术方案，对于其中一个技术手段，所属技术领域的技术人员按照说明书记载的内容并不能实现。

⑤说明书中给出了具体的技术方案，但未给出实验证据，而该方案又必须依赖实验结果加以证实才能成立。

以下案例33、34就是典型的说明书中给出了技术手段，但对所属技术领域的技术人员来说，该手段是含糊不清的，根据说明书记载的内容无法具体实施。

案例33：

说明书中记载轻质高强的碳纤维三明治板的具体制备工艺如下：（1）配置胶液，将环氧树脂与固化剂按一定质量比例混合均匀后形成环氧树脂复合物，控制每平方米的胶液量在 450～650g 范围内，涂刷至碳纤维层的表面；（2）将中间层的纤维平铺于下碳纤维层上后，真空导入微珠形成微珠层；（3）交替铺设纤维层与微珠层，然后铺上碳纤维层；（4）开启热压机，于 90～110℃、0.3～1MPa 下进行辊压复合 50～130s，取出冷却后即得到碳纤维三明治板。然而，"真空导入微珠"并非本领域常规技术手段，说明书中也没有关于真空导入微珠的进一步记载，因此，该技术手段是含糊不清的，本领域技术人员根据说明书记载的内容无法具体实施所述技术方案。因此，有合理的理由认为该申请没有达到充分公开的要求。

案例34：

某专利申请请求保护一种多功能玻璃纤维复合滤料的制造方法，由基布织造、面纱制造、针刺成毡、后整理四道工序构成，其特征在于基布织造前的纺纱工序包括退解、并捻、合捻三个步骤，最后采用合捻后规格为 EC – 12×2×3×5 –180Z 的合捻纱织造基布，基布的经纬密度为 $5×6/cm^2$，所述的后整理中的浸轧处理是将成毡在处理剂中浸轧，然后烘干，使成毡表面形成一层有机膜，再经热压处理，所述的处理剂的技术配方是（重量百分比）：聚四氟乙烯分散液 12%～30%、苯甲基硅油乳液 6%～15%、聚丙烯酸酯乳液 6%～12%、硅烷偶联剂 0.8%～1.6%、吐温 0.2%、无水乙醇 0.8%～1.6%、醋酸铅 0.5%～1.0%、水 38.6%～73.7%。

虽然本案例中说明书给出了处理剂配方中各组分所占的重量百分比以及具体的配制方法，但其给出的解决手段是不完整的。这是由于处理剂在滤料上要形成一层有机膜，固含量的多少会对有机膜进而对滤料的品质产生影响，固含量过低，起不到作用，固含量过高，树脂易脱落或影响透气性。因此，本申请说明书在没有直接给出如聚四氟乙烯分散液、苯甲基硅油乳液等组分固含量的情况下，仅根据说明书记载的内容，不经创造性的劳动无法获得能解决其技术问题的本申请权利要求的处理剂配方。

案例 35 则属于说明书中给出了技术手段，但所属技术领域的技术人员采用该手段并不能解决发明或者实用新型所要解决的技术问题。

案例 35：

某专利申请请求保护一种防切割聚乙烯纤维的制备方法，包括如下步骤：

a. 超高分子量聚乙烯和二氧化硅混合得到混合原料，并且二氧化硅与超高分子量聚乙烯直接混合，不需要加热和加有机溶剂；

b. 将混合原料加入双螺杆挤丝机中进行纺丝，形成原丝；

c. 将原丝进行萃取、干燥和超倍拉伸，得到防切割聚乙烯纤维；

所述步骤 a 中二氧化硅的重量为超高分子量聚乙烯重量的 40%，所述步骤 c 中拉伸为热拉伸，拉伸倍数 45 倍，得到防切割聚乙烯纤维，所述防切割聚乙烯纤维的防切割指数按照欧标 EN388 测试达到 14.33 以上。

所述步骤 b 中的纺丝温度为 100～320℃。

本领域技术人员熟知制造高强力聚乙烯纤维的有效方法为凝胶纺丝法，这是由于超高分子量聚乙烯链长，且相互缠结，结晶度在 60%～85%，密度为 0.92～0.94g/cm³ 之间，熔体呈高弹态，黏度极高，可达 10^9 泊，几乎没有流动性，难以采用通常的熔融法纺丝制备出高强度高模量的聚乙烯纤维；如果超高分子量聚乙烯采用熔融纺丝工艺，则需要添加适当的流动改性剂或稀释剂以降低超高分子量聚乙烯的熔体黏度从而实现纺丝。然而本申请采用的超高分子量聚乙烯直接混合熔融纺丝的方法，既没有对超高分子量聚乙烯的流动性进行改进，也没有对熔融挤出工艺或设备进行改进，因此基于本领域现有的技术水平，这种常规的熔融纺丝方法对于几乎没有流动性的超高分子量聚乙烯而言是难以制备出高强度高模量的聚乙烯纤维的。因此，基于本申请技术方案无法再现生产出超高分子量聚乙烯纤维，无法解决其声称的技术问题并获得相应的技术效果。

案例 36 则属于说明书中给出了具体的技术方案，但未给出实验证据，而该方案又必须依赖实验结果加以证实才能成立。

案例 36：

某专利申请请求保护一种可降解纤维，其特征是：

它由以下重量份数为主要组分的原料组成：碳碳双键聚合物 150～400 份、

酯键聚合物 135～1000 份、植物纤维 75～175 份、肽键聚合物 0～100 份、纤维素处理物 40～300 份、CPAE 0～200 份、碳纤维 0～200 份；其中，碳碳双键聚合物由以下重量份数的聚合物组成：聚烯烃类共聚物 100～200 份、PVA 50～200 份；酯键聚合物由以下重量份数的聚合物组成：PCL 25～100 份、PHA 40～100 份、PHBV 20～100 份、聚酯类共聚物 50～100 份、PGA 0～100 份、PHB 0～100 份、聚乳酸类共聚物 0～400 份；肽键聚合物为：蛋白纤维 0～100 份；纤维素处理物由以下重量份数的聚合物组成：磷酸纤维 20～100 份、钛酸纤维 20～100 份、磷酸钙纤维 0～100 份；所述聚乳酸类共聚物由以下重量份数的聚合物组成：PLA 0～100 份、PLGA 0～100 份、PLLA 0～100 份、PCLLAC 0～100 份。

该专利申请说明书中声称获得了温度范围广的完全降解纤维。而众所周知碳纤维不可降解，碳纤维的降解回收利用是现有技术中的难点，故本申请添加上述物质后仍然能生成完全降解纤维是本领域技术人员难以预见的，因此必须要有具体实验数据的验证。而说明书中关于降解时间的实验数据均未明确时间单位，本领域技术人员无法明确该时间是以分钟、小时还是以天计算，导致该本申请降解数据存疑。因此，有合理的理由认为该申请没有达到充分公开的要求。

在高性能纤维材料领域，其专利申请主要涉及产品的原料、性能、制备方法以及应用等，而产品性能的好坏与其原料的具体成分、制备工艺的具体步骤等密切相关，实验数据则是客观反映及证实产品性能的重要指标。如果在专利申请文件中没有对原料的具体成分、制备工艺的具体步骤进行详细明确的记载，往往导致本领域技术人员根据说明书记载的内容无法具体实施该发明或者实用新型的技术方案，解决其技术问题，并且产生预期的技术效果。

很多创新主体认为，我做出来了，告诉你怎么做的，你照着做就能够做出来，这就是公开充分了。但是，专利法意义上的公开充分，不仅要求披露怎么做，还要让所属领域的技术人员阅读申请文件之后，有基本的信服度。对于机械装置之类的技术方案，是否可行基本上在介绍完装置构成之后就能明了，但化学领域的发明创造，比如组合物，能不能做出来、到底有什么作用和效果，都需要实验证实。尤其是还存在某些方案所要达到的技术效果是为了克服某些技术偏见，该技术效果是所属领域技术人员难以预见的情况，更需要给出足够的实验数据加以验证。也有一些创新主体在记载产品的性能时用语不严谨，导致该专利申请公开不充分，如上述案例 33 中"真空导入微珠"用语。

需要说明的是，许多创新主体在披露发明创造时出于各种担心，希望在申请专利时有所保留，比如一些不容易破解的关键点和最优方案，这也是许多知识产权保护意识较强的创新主体在一些情况下会采取的做法。但是，技术秘密的保留程度是一个非常具有技巧性的事情，稍不留神就可能导致申请存在公开不充分或者缺乏新颖性、创造性的问题。如果审查员认定该技术方案无新颖性或创造性，而作为技术秘密保护而没有记载在说明书中的技术要点不能加入原技术方案中，则导致整个申请不能授予专利权，此种情形下保留技术秘密显然是得不偿失的做法。另外，我们还需要考虑这些技术要点作为技术秘密保护是否有实际意义。如果技术要点实际是竞争对手在我方专利文件的基础上通过较为简单的研究就能够搞清楚并获得的，那么这些技术要点作为技术秘密保留便没有实际意义。所以专利申请与技术秘密之间的平衡需要进行专业的评估，对于不熟悉专利规则的人来讲，最好与专业专利代理师充分交流沟通，选择最佳的策略。

四、说明书对权利要求的支持

说明书中对技术内容要进行充分公开，其直接目的在于对权利要求的保护范围提供支持；反过来讲，权利要求的保护范围应该来源于说明书充分公开的内容，这是权利要求撰写时第三个需要考虑的问题（前两个问题参见本章第二节和第三节内容，即保护范围不能太小，否则竞争对手很容易"绕开"，又不能太大，否则可能涵盖了现有技术的内容而缺乏新颖性或创造性）。

如图4-3所示，为解决某一技术问题，发明创造提供了三个具体方案A、B和C，这三个方案具有一些共同点，可以从中发现解决该技术问题的共性，在一定条件下，可以基于这些共性将方案A、B、C归纳概括成保护范围D。保护范围D大于单个的方案A、B、C或者其加和，这样就能扩大发明创造的保护范围，防止被"绕过"，当然为了满足新颖性和创造性的条件，保护范围D也不能太大，免得与现有技术存在交集。而上面说的一定条件，就是要求说明书要对该保护范围D涵盖的不同方案提供具体说明，即说明书要对权利要求的保护范围提供支持。

图4-3　权利要求的概括

《专利法》第26条第4款规定：权利要求书应当以说明书为依据，清楚、简要地限定要求专利保护的范围。上述条款的前半部分就是解决权利要求书与说明书相适应的问题，"权利要求书应当以说明书为依据"的本意是指权利要求具有合理的保护范围，请求保护的权利范围要与说明书公开的内容相适应，体现"以公开换保护"这一立法宗旨。

具体而言，"以说明书为依据"的判断标准是，权利要求能够从说明书充分公开的内容得到或概括得出。"得到"的含义是权利要求的技术方案与说明书记载的内容实质上一致，即权利要求的技术方案在说明书中有一致性的记载。"概括得出"则是指，如果所属技术领域的技术人员可以合理预测说明书给出的实施方式的所有等同替代方式或明显变型方式都具备相同的性能或用途，允许申请人将权利要求的保护范围概括至覆盖其所有的等同替代或明显变型的方式。实践中，哪些属于可以合理预测的等同替代方式或明显变型方式，哪些超出了这一范围，往往成为申请人与审查员之间的争议焦点，因此也是申请文件撰写时的一个难点。常见的概括包括上位概括、并列概括和功能性限定三种方式，下面将分别举例说明这三种方式。

（1）上位概括

关于上位概念和下位概念已经在本章前面进行了介绍，而判断上位概括是否合理有两种方法❶：①如果权利要求的概括包括申请人推测的内容，而其效果又难于预先确定和评价，应当认为这种概括超出了说明书公开的范围，因而导致权利要求得不到说明书的支持；②如果权利要求的概括使所属技术领域的技术人员有理由怀疑该上位概括包含的一种或多种下位概念不能解决发明所要解决的技术问题，并达到相同的技术效果，则应当认为该权利要求得不到说明书的支持。

在说明书中记载的一个小的数值范围的基础上，权利要求概括了一个大的数值范围的情形也可以理解为特殊形式的上位概括，因此其判断方法与上述判断上位概括是否合理的方法相同。

案例37：

某专利申请要求保护的发明是一种碳纤维增强聚碳酸酯复合材料，应用于IMR成型中，其特征在于，该复合材料按重量份数表示包括：聚碳酸酯树脂100份；碳纤维10~60份；阻燃剂5~30份。说明书中只记载了一个实施例为：聚碳酸酯树脂100份；碳纤维60份；阻燃剂30份。

❶ 田力普. 发明专利审查基础教程·审查分册［M］. 北京：知识产权出版社，2012.

上述权利要求要求保护较大的范围，而只给出了单一点值的实施例。当权利要求覆盖的保护范围较宽，其概括不能从一个实施例中找到依据时，至少应当给出两端值附近的实施例，当数值范围较宽时，还应当给出至少一个中间值的实施例。比如本案权利要求保护范围较宽，限定的碳纤维的重量份数范围为 10~60 份，两端值的含量差达到 6 倍，限定的阻燃剂的重量份数范围为 5~30 份，两端值的含量差同样达到 6 倍，所属技术领域的技术人员有理由怀疑当碳纤维重量份数为 10 份，阻燃剂重量份数为 5 份时效果有明显不同，不能解决发明要解决的技术问题，从而导致权利要求没有得到说明书的支持，不符合《专利法》第 26 条第 4 款的规定。

（2）并列概括

概括的第二种方式是提供"并列选择"方式，即用"或者"或"和"并列几个必择其一的具体特征。采用并列选择概括时，被并列的具体内容应该是等位价的，例如金或银，不能将上下位概念作并列概括，例如金属或银。

采用并列选择方式概括的权利要求中的所有技术方案都应当在说明书中充分公开到本领域技术人员可以实现的程度，否则，如果仅有部分技术方案满足"充分公开"的要求，而其他的技术方案不满足该要求，则这样的权利要求也得不到说明书的支持。判断并列选择方式概括是否合理的方法与判断上位概括是否合理的方法相似。

案例 38：

某专利申请要求保护的发明是一种超高分子量聚乙烯纤维，该纤维的制备方法包括以下步骤：将超高分子量聚乙烯、无机纳米填料和白油混合，得到纺丝液；所述超高分子量聚乙烯的重均分子量为 300 万~600 万；将所述纺丝液挤出后冷却，得到冻胶丝条；将所述冻胶丝条依次进行预牵引、萃取、热水浴处理、干燥、热拉伸，得到超高分子量聚乙烯纤维，所述无机纳米填料包括纳米氧化锆、纳米碳酸钙、纳米氧化锌、纳米二氧化钛、纳米二氧化硅和纳米氧化铈中的任意两种的混合物。说明书实施例中包括多个实验数据，但所有实验数据中无机纳米填料只涉及纳米氧化锆、纳米碳酸钙，其他无机纳米填料均未涉及。

该案例权利要求限定无机纳米填料包括纳米氧化锆、纳米碳酸钙、纳米氧化锌、纳米二氧化钛、纳米二氧化硅和纳米氧化铈中的任意两种的混合物，这就排列组合出多个并列的技术方案，说明书中虽然给出了多个实验数据，但这些实验数据中只对应的是含有纳米氧化锆、纳米碳酸钙的技术方案。而说明书中明确记载以无机纳米填料作为助剂对超高分子量聚乙烯进行改性，能够提高超高分子量聚乙烯的力学性能，制备的高强型超高分子量聚乙烯纤维的强度高，模量大，力学性能优良，且具有不易开裂的特点，能够应用于国防军工领域，因此对于所属技术领域的技术人员而言，难以预见含有除纳米氧化锆、纳米碳酸钙外其他无机纳米填料的技术方案也能够达到相同的技术效果。因此，该权利要求概括了较宽的保护范围，得不到说明书支持，不符合《专利法》第 26 条第 4 款的规定。

（3）功能性限定

功能性限定就是用功能描述来限定技术特征，比如转动机构、加热装置等。在权利要求中，通常有两种情况会使用功能性限定，一种是使用结构限定无法很好地描述清楚技术特征的本质时，另一种情况是为了扩大保护范围，涵盖多个实现同一功能的多个技术特征。《专利审查指南 2010》中规定，对于权利要求所包含的功能性限定的技术特征，应当理解为覆盖了所有能够实现所述功能的实施方式。例如，某生产工艺中包括加热装置，其概括了该领域中所有能够实现"加热"这一功能的装置。另外，有的情况下，使用功能或效果性参数来表征技术特征也属于功能性限定，如强度为大于 35g/d 的纤维。如果权利要求中限定的功能是以说明书实施例中记载的特定方式完成的，并且所属技术领域的技术人员不能明了此功能还可以采用说明书中未提到的其他替代方式来完成，或者所属技术领域的技术人员有理由怀疑该功能性限定所包含的一种或几种方式不能解决发明或者实用新型所要解决的技术问题，并达到相同的技术效果，则权利要求中不能采用覆盖了上述其他替代方式或者不能解决发明或实用新型技术问题的方式的功能性限定。

案例 39：

某专利申请要求保护的发明是一种增强纤维织物，其特征在于，所述增强纤维织物是在含有多根增强纤维束的织物基材的至少一侧表面上粘着有树脂材料的增强纤维织物，由非纤维轴方向拉伸试验得到的拉伸变形达到 1% 为止的荷重的最大值在 0.01~0.75N 的范围内，且由非纤维轴方向拉伸试验得到的拉伸变形达到 5% 为止的荷重的最大值在 0.1~1.0N 的范围内。

在该案例中，"由非纤维轴方向拉伸试验得到的拉伸变形达到 1% 为止的荷重的最大值在 0.01~0.75N 的范围内，且由非纤维轴方向拉伸试验得到的拉伸变形达到 5% 为止的荷重的最大值为 0.1~1.0N 的范围内"为效果特征限定，说明书中仅记载了一种具体实施方式："在含有多根增强纤维束的织物基材的至少一侧表面粘着树脂材料后，通过改变构成所述织物基材的多根增强纤维束的相对位置，将同时粘着在 2 根以上增强纤维束上的树脂材料从所述 2 根以上增强纤维束的一部分上剥离"使增强纤维织物达到上述效果，本领域技术人员根据说明书的内容不能明了，具有上述效果的增强纤维织物还可以采用说明书中未提到的其他替代方式来制造，从而解决该申请的技术问题。可见所属技术领域的技术人员从说明书公开的内容中不能得到或概括得出权利要求 1 所请求保护的技术方案，该权利要求得不到说明书的支持，不符合《专利法》第 26 条第 4 款的规定。

另外，权利要求不允许使用纯功能性特征来限定。所谓纯功能性限定，是指权利要求仅记载了发明所要达到的目的或产生的技术效果，完全没有记载为达到这种目的或技术效果而采用的技术手段。

案例 40：

某专利申请要求保护的发明是一种超高分子量聚乙烯纤维退绕机，其特征在于该退绕机的绕线张力可调。

该权利要求描述了发明所要产生的技术效果，是纯功能性限定的权利要求，其覆盖了所有能够实现上述效果的技术方案，而本领域技术人员难以将说明书公开的具体技术方案扩展到所有能够实现该功能的技术方案，因此该权利要求得不到说明书的支持，不符合《专利法》第 26 条第 4 款的规定。

特别需要指出的是：权利要求技术方案与说明书存在一致性表述，并不意味着权利要求实质上必然能够得到说明书的支持。如果所属领域的技术人员基于说明书公开的技术内容无法获得权利要求的技术方案或者无法确认权利要求的技术方案能够解决发明的技术问题，即使权利要求技术方案与说明书的表述一致，权利要求也得不到说明书的支持。

案例 41：

某专利申请权利要求 1 要求保护一种由成纤聚合物添加远红外陶瓷粉制成的纤维，远红外陶瓷粉的含量占纤维重量的 2% ~ 50%，其特征是还添加有助纺剂，远红外陶瓷粉的平均颗粒直径在 0.02 ~ 2μm 之间，最好是在 0.05 ~ 1μm 之间，并且颗粒直径在 2μm 以上颗粒的重量应小于粉末总重量的 10%，最好是小于 5%，所述的助纺剂是指钛酸酯系列、硅烷系列、硬脂酸系列等物质中的至少两种，其中钛酸酯系列包括异丙基三异硬脂酸钛酸酯、异丙基异硬脂酰基－甲基丙烯基钛酸酯等，硅烷系列包括双－（γ－三乙氧基硅基丙基）四硫、γ－巯基三甲氧基硅烷、γ－甲基丙烯酰基三甲氧基硅烷、γ－缩水甘油氧基三甲氧基硅烷和 γ－氨丙基三乙氧基硅烷，硬脂酸系列包括硬脂酸、甘油单硬脂酸酯、甘油三硬脂酸酯等。说明书中存在一致性表述，且记载了使用助纺剂对远红外陶瓷粉的表面进行处理，其目的是改善成纤聚合物分子链与远红外陶瓷粉颗粒之间的混溶性。说明书仅记载了 2 个实施例，实施例 1 中记载的助纺剂为：0.8 份异丙基三异硬脂酸钛酸酯和 0.4 份 γ - 氨丙基三乙氧基硅烷；实施例 2 中记载的助纺剂为：0.5 份 γ - 甲基丙烯酰基三甲氧基硅烷和 0.3 份硬脂酸。

该案例权利要求限定的技术特征是："助纺剂是指钛酸酯系列、硅烷系列、硬脂酸系列等物质中的至少两种，其中钛酸酯系列包括异丙基三异硬脂酸钛酸酯、异丙基异硬脂酰基 - 甲基丙烯基钛酸酯等，硅烷系列包括双 - (γ - 三乙氧基硅基丙基) 四硫、γ - 巯基三甲氧基硅烷、γ - 甲基丙烯酰基三甲氧基硅烷、γ - 缩水甘油氧基三甲氧基硅烷和 γ - 氨丙基三乙氧基硅烷，硬脂酸系列包括硬脂酸、甘油单硬脂酸酯、甘油三硬脂酸酯等。"虽然在说明书中存在一致性表述，但说明书中的实施例仅记载了两种情况，而权利要求 1 中涉及三类添加剂及其混合物，其总数可能达数百种，本领域技术人员不能预期其他数百种组合的助纺剂均能作为制备本申请可纺性良好的远红外纤维的必用助剂，因此助纺剂作为一个关键技术特征，请求人要求保护的范围很宽，但实施例没有对其进行充分支持，故权利要求 1 得不到说明书的支持。

五、修改、解释权利要求书的依据

在专利审查程序中，申请人可能出于各种目的而修改申请文件，如申请人为了克服权利要求不符合《专利法》第 26 条第 4 款的规定、不符合《专利法》第 22 条第 2 款关于新颖性的规定；权利要求不符合《专利法》第 22 条第 3 款关于创造性的规定等。《专利法》第 33 条对修改的内容与范围作了规定：对发明和实用新型专利申请文件的修改不得超出原说明书和权利要求书记载的范围。原说明书和权利要求书记载的范围包括原说明书和权利要求书文字记载的内容和根据原说明书和权利要求书文字记载的内容以及说明书附图能直接地、毫无疑义地确定的内容。说明书摘要以及摘要附图是说明书记载内容的概述，仅是一种技术信息，不具有法律效力；摘要以及摘要附图可以在申请日后提交，其内容不属于专利申请原始记载的内容，不能作为修改说明书或者权利要求书的依据。因此，申请人需要将实现该发明或者实用新型的技术方案、解决的技术问题，并且产生的技术效果等均清楚、完整地记载在说明书和/或权利要求书中，为"创新之树"建构稳固的"庇护之所"。

案例 42：
申请人为了克服第一次审查意见通知书中指出的权利要求 1 不符合《专利

法》第22条第3款关于创造性的规定，依据说明书摘要对权利要求1的技术方案进行修改，并且强调修改依据为原始提交的说明书摘要。虽然修改的技术特征在原始提交的说明书摘要中出现过，但摘要及摘要附图不具有法律效力，不能作为修改申请文件的依据，故权利要求1修改超范围，不符合《专利法》第33条的规定。

案例43：

权利要求1请求保护一种用于利用可纺性物质的溶液制取纤维的气体牵伸纺丝方法的装置，其特征是它包括有一个气体牵伸纤维的气牵模头，所述的气牵模头由模体、上盖板、下盖板和模板组成，在模体的两侧边对称开有两条上宽下窄的锥形槽，底部中央开有一条矩形槽，带有一个锥棱的模板锥棱向下镶嵌在模体下部的矩形槽内；固定在模体上的圆弧形上盖板与模体间的空间构成了气牵模头气室；固定在模体、模板之间构成了与气室相通的气流狭缝并使锥槽成为压缩空气的出口；模板中部有毛细管并向下伸出下盖板的锥槽外；模体的中部有纵向的溶液腔与毛细管相通；进气孔设在上盖板的上部。

申请人为了克服第一次审查意见通知书中指出的权利要求1不符合《专利法》第22条第3款关于创造性的规定的问题，在权利要求1的技术方案中增加技术特征"模板锥棱的角度为90°"，并且强调该修改是经过测量说明书附图2中模板锥棱的角度而得到的。指出说明书中记载了锥棱角度的设计可以防止纤维"结块"现象的发生，减少断头率。同时也消除了高速气流通过气流狭缝时产生的噪声。而上述角度值的技术特征明显属于通过测量附图得出的尺寸参数技术特征，并未在原说明书和权利要求书中有直接文字记载，也不可能由原说明书、权利要求书文字记载的内容以及说明书附图直接地、毫无疑义地确定，不能作为修改申请文件的依据。故权利要求1修改超范围，不符合《专利法》第33条的规定。

从案例30、32、42、43可以看出，申请人创新成果专利化过程中，应尽量将实现该发明或者实用新型的技术方案的关键技术特征以及基于上述特征产生的技术效果等清楚、翔实地记载在说明书和/或权利要求书中，为"创新之树"建构更加稳固的"庇护之所"。

本章介绍了创新成果在专利化过程中面临的最主要的几个难点问题，涉及诸多法律条款，这些法律条款在具体实践中还有配套的细则、审查指南、相关司法解释和案例，构成一个庞大的体系，要弄清楚所有内容是非常困难的事情，即使熟悉各项法律条文，在实践操作中还会面临很多难以界定的争议。而且专利权是技术与法律紧密结合的权利，通过法律语言将技术内容布局成为有效权利，不仅需要专业知识，还需要熟悉流程、能够预判风险，甚至需要懂得企业管理和经济学知识，高性能纤维材料领域更是具有一些特殊要求。因此，为了避免考虑不周到而带来后续无法弥补的后果，在创新成果专利化过程中，最好在专业人士指导下进行专利申请和布局。

第五章　创新保护的专业工种——专利代理

如果把发明人比作"创新之树"的种树人，那么专利代理师（2018 年前称专利代理人）就是为"创新之树"建造"庇护之所"的建筑师。关于专利代理师的工作，人们通常存在两种认识误区：一种认为专利代理师就是在发明人提供的技术交底书基础上重新编排整理文字内容，并提供流程便利；另一种则认为只要把发明创意点大致讲述一下，后面的事情就可全权由专利代理师搞定，申请人坐等授权颁证即可。

在前一种认识的人眼里，专利代理师就像房产中介一样——能够帮申请人省点事，但只要稍加用心，看看网上攻略，也能像自己办理"房产过户"一样取得专利授权。而在后一种认识的人眼里，衡量专利代理师水平高低的标准就是看其能否帮助自己的专利很快获得授权，专利被驳回则说明专利代理师水平不行。

那么，将技术转换为专利的过程中，到底要不要请专利代理师帮忙？自己写出来的专利和请专利代理师写的专利会有区别吗？怎样选择有含金量的专利代理服务？专利获得授权真的是评价专利代理师能力的"金标准"吗？上述问题实际上是各技术行业从业者所共有的。为了消除认识误区，本章将首先普及一些专利代理的基本知识，再以高性能纤维材料领域的专利代理服务为切入点，介绍专利代理师的工作。相信阅读完本章之后，读者心目中将自然会有以上问题的答案。

第一节　"自己写"还是"请人写"

就像"种树"与"建房"属于完全不同的社会分工一样，发明创造与专利代理也着实存在很大的专业差异。虽然一些"种树人"自己用木材、砖和水泥等材料也能搭建出外观上看似像那么回事的房屋，但是如果考究房屋是否结实耐用、结构布局是否合理、能否承受风雨或外力撞击，等等，则这些"房屋"往往难以经受住考验。

类似的道理，在大量可获取的专利申请模板的指引下，将发明创造撰写成符合格式要求的申请文件并非难事。然而，作为权利与利益的博弈基础，专利申请文件在审查过程中以及授权之后都极有可能面临由审查机构、利益相关方，甚至社会公众发起的多方挑战。因此，一份申请文件是否能够顺利走到授权，并且更进一步地，能够在授权后发挥其社会经济价值，则绝非"照猫画虎"就能够实现的。

一、中国专利代理制度发展概况

专利事务可能涉及技术、法律、经济、金融、贸易和企业管理等多方面内容，而且申请专利和办理其他专利事务在程序上也有很多繁杂的手续，有时候一个不恰当的处理，比如申请时信息没有披露到位、提交文件时间晚了几天，就会使权利遭受无法挽回的损失。正是由于专利事务的这种复杂性和专业性，使得专利代理成为创新保护体系中不可或缺的一环。

专利代理属于民事法律行为中的委托代理，即专利代理机构接受当事人的委托，以委托人的名义按照专利法的规定向国家知识产权局办理专利申请或其他专利事务。专利代理师是获得了专利代理师资格证书，持有专利代理师执业证并在专利代理机构专职从事专利代理工作的人员。世界上实行专利制度的国家都有专门从事专利代理事务的专利代理机构以及一大批从事专利代理工作的专利代理师。我国目前的专利代理率在 80% 左右，而美国、德国、日本等专利制度起步较早的发达国家，每年 90% 以上的专利申请都是通过专利代理机构代理的❶，专利代理师在发明人、申请人、专利行政机关、法院和社会公众之间架起沟通桥梁，为保护权利人的合法权利、保障专利制度正常运转、鼓励创新和技术进步发挥着非常重要的作用。

中国的专利代理制度是与专利制度同步建立和发展起来的。1985 年《专利法》颁布实施，标志着中华人民共和国专利制度的正式建立，然而此时我国改革开放刚刚起步，整个经济体制还属于计划经济模式，在绝大多数人的意识中，"发明技术成果"理所应当贡献给国家，人们对私权属性的专利权非常陌生，申请人连"专利权保护的是什么""保护有什么用""为什么申请专利还要缴费"等基本常识都没有认知，更不知道如何申请专利了。因此，尽快建立起一支专业化的专利代理队伍具有十分重要的意义。为此，国务院各部委科技局或情报所、各省市自治区的科委或情报所、国家教委所属重点高校和一

---

❶ 谷丽，洪晨，丁堃，等. 专利代理行业准入制度国内外比较研究［J］. 专利法研究，2016：142－153.

些实力雄厚的企业、科研院所相继成立了专职或兼职的专利代理机构，培养了最早的一批专利代理人。受到社会经济、科技创新和人们专利意识等多方面的发展限制，当时的专利申请数量不多，涉外专利更少（当时能够做涉外案件的专利代理机构必须由国务院指定，最早只有三家），专利代理机构的从业人员还都属于国家干部编制。20 世纪 80 年代后期，全国每年的专利申请数量仅 2 万多件，1989 年全国共有代理机构 450 个，专利代理人 4800 名。第一代专利代理人奠定了中国专利代理制度和代理精神的基石，也为促进中国专利制度发展、创新成果繁荣和专利代理专业化发展做出了卓越的贡献。

20 世纪 90 年代，随着国内外形势的发展，扩大化学品和药品的专利保护、中国正式加入《专利合作条约》（PCT）、"科教兴国" 基本国策制定等一系列对创新利好的事件发生，人们的知识产权意识慢慢觉醒，国外公司到中国申请专利的积极性也不断提高，1997 年，外国企业或个人在中国的专利申请数量第一次突破 2 万件大关，而这些案件促使专利代理机构在不断发展壮大的同时，也探索着新的运营机制，出现了合伙制和股份制形式的专利代理机构。

进入 21 世纪，以中国加入 WTO 为契机，国家对法律法规进行了全面整顿，废止不适用的部分，制定或修改新的法律。2000 年 8 月，国家知识产权局向各专利代理机构明确提出了脱钩改制的任务，即不能再挂靠在政府部门及下属单位，必须改成合伙制或有限责任制。这一规定淘汰了一批不能适应市场的专利代理机构，而留下的专利代理机构也被激发出更高的能动性并提供更优质的服务。之后，中国成功加入 WTO，按照国际规则，向外国公司开放市场，外国专利申请量每年以 20% ~ 30% 的幅度增加，越来越多的专利代理机构取得了涉外专利代理资格。

2008 年，为了建设创新型国家，国务院颁布《国家知识产权战略纲要》，将知识产权工作上升到国家战略层面，从此中国进入了以专利为代表的知识产权事业高速发展时期，2011—2020 年，中国专利申请量连续十年居世界首位，这大大促进了专利代理行业的发展。同时，《专利法》第三次修改取消了涉外专利代理事务需要国务院指定的限制，专利代理机构不再区分涉外代理和涉内代理，全国代理机构数量和取得专利代理师资格的人数都呈现快速增长态势。截至 2020 年年底，全国约 5.3 万人取得专利代理师资格，执业专利代理师达到 2.3 万人，专利代理机构达到 3253 家（不含港澳台地区）❶。2011—2020 年

---

❶ 国家知识产权局.《全国专利代理行业发展状况（2020 年）》显示：我国专利代理行业呈现蓬勃发展态势［微信公众号］（2021 - 08 - 26）.

我国专利代理机构及专利代理师数量变化情况如图 5-1 和图 5-2 所示。

图 5-1　2011—2020 年我国专利代理机构数量变化情况（不含港澳台地区）

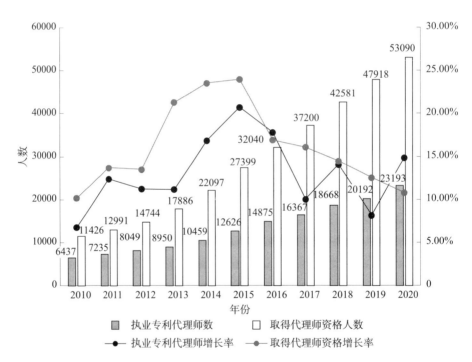

图 5-2　2011—2020 年执业专利代理师及取得代理师资格数量
变化情况（不含港澳台地区）

国家知识产权战略的实施促进了创新，驱动社会不断发展进步，随之而来的是，创新主体对创新成果的保护需求也朝着更加专业化、高端化的方向发展，除了专利挖掘与申请、专利侵权诉讼等传统业务之外，还出现了诸如专利导航、专利布局、自由实施（Freedom to Operate，FTO）分析、专利价值评估、专利质押融资咨询等新兴高端业务。专利代理作为技术和法律相结合的高端专业化服务，在知识产权创造、运用和保护全过程中都扮演着重要角色。

二、专利代理机构的业务范围

按照一件专利申请诞生前后的时间顺序，专利代理机构的业务范围包括以下方面。

1. 申请前阶段：查新检索、专利预警与 FTO 分析和专利挖掘等咨询服务

查新检索：当人们拥有一个技术创意或者想要朝着某个预判有前景的技术方向努力时，比如新产品研发时或销售前，新工艺使用前，为了避免与前人已有的成果重复导致创新资源浪费，一个非常重要且有效的环节是对目标技术方案进行查新检索，即在现有数据库中进行检索，并基于检索结果判断目标技术方案是否符合专利法意义上的新颖性和创造性要求，从而为下一步决策提供支持。数据库、关键词、分类号、时间范围和检索策略直接影响检索结果的准确性，有经验的专利代理师能够帮助人们更客观地了解自己技术的创新水平。

专利预警与 FTO 分析：专利预警与 FTO 分析是近些年较为热门的专利咨询服务种类，与查新检索类似，专利预警与 FTO 分析通常也是在新技术实施前进行的，不过其目的更多的是确认自己的技术是否落入他人的专利权保护范围。专利预警与 FTO 分析在概念和工作内容上有一定重叠，但应用情况仍然有一些区别。专利预警一般在技术研发前端未成型时进行，侧重于对已有专利权的规避设计，目的在于为研发方向提供建议；而 FTO 分析则一般在技术成型度较高时进行，如新产品发布前或新技术使用时，侧重于自己自由实施，目的在于证明自己已尽到明显注意义务，以排除故意侵权指控。专利代理师在进行专利预警与 FTO 分析时，除了检索可能侵犯的专利权之外，还会对规避该潜在障碍专利的可能性和应对方法进行分析。例如，提出规避设计方案，或者分析潜在障碍专利的稳定性，提供对其提起无效宣告请求的建议，等等。

专利挖掘：查新检索通常是在人们认为自己的技术有创新性的情况下进行的确认性检索，专利预警与 FTO 分析通常是人们为了避免自己的技术侵犯他人专利权而进行的分析，而专利挖掘则与它们都不同。由于申请人对自己的技术以及本行业领域相关技术非常熟悉，导致其往往产生一种错觉，即认为自己

日常接触的这些技术都是很常见很普通的，没有什么创新点。实际上，这是一种认识的误区。即使是现有的产品和技术，比如从市面上购买的机器设备、原材料，在按照说明书操作和使用过程中，或多或少还是会发现一些不方便、不好用的地方，或是需要自己摸索设计一些优化方案，如果成功解决了技术问题、优化了技术方案，哪怕是很小的点，也是对现有技术的改进，都可以尝试寻求专利保护。专利代理师能够帮助人们理清"现有技术"和"自己的发明"，深入挖掘创新点并进行尽可能多的拓展，从法律角度寻求合理且最大化的保护范围。简言之，专利挖掘就是从创新成果中提炼出具有专利申请和保护价值的技术创新点和技术方案。

其他咨询服务：包括专利申请咨询、专利基础知识培训、用户自定义的专利信息数据库搭建与维护，等等。

2. 申请阶段：代为办理从专利申请文件撰写、提交到结案❶的相关事务

申请文件撰写：技术创新通常都是具体的产品或方法，而专利申请文件却是一种以文字或者文字加附图形式呈现的法律文书。这种信息转换看上去简单，照着现成的专利申请文件也能"攒"出来，但实际上真正好的专利申请文件撰写是大有讲究的，每一字句都需要仔细斟酌，写多了写少了都有可能给后续授权或维权造成影响。比如权利要求保护范围写小了，竞争对手稍加变换就能绕开，相当于把创新成果白白奉送给他人；而权利要求保护范围写得太大，则有可能不能通过审查。再如，技术事实应当披露到什么程度、哪些是实施方案中的关键点而需要构建多维度立体保护策略、哪些可以作为技术秘密保护而不必披露，都不单是技术披露层面考虑的问题，更是涉及权利、利益以及合规合法性层面的问题。专利代理师的职业专长就是给具象化的技术披上法律的外衣，以帮助申请人争取最优的权利保护。

审查意见的转达与建议：审查员对申请文件进行审查之后，经常会提出各种各样的审查意见。实用新型和外观设计只经过初步审查，审查意见相对较少，相当多的申请不用发出任何补正通知书可以直接授权，而对于发明专利申请而言，能够直接授权的案件就极少了，大约90%以上的案件都会收到审查意见通知书❷，审查员在其中指出申请文件存在的问题，要求申请人修改或者陈述意见。专利代理师的一项重要工作就是按照《专利代理委托协议书》中的约定，将这些审查意见转达给申请人，并且向申请人提供针对性的答复意见

---

❶ 结案包括授权、驳回和撤回申请三种方式。
❷ 数据来自国家知识产权局内部统计，全局近五年一次授权率平均值为6%。

和申请文件修改的建议。审查意见通知书是审查程序中的听证手段，同时也是审查员与申请人之间的沟通手段。由于技术的复杂性和文字表达的局限性，很多时候审查员对申请文件的理解和合法性判断不能一步到位，其通过审查意见通知书表达对申请文件的理解和认定，经这种方式达到与申请人沟通确认的目的，再作出授权还是驳回的审查决定。因此，审查意见通知书答复得是否恰当，对申请能否走向授权、保护范围的大小有非常重要的影响。然而，审查意见通知书中的法律语言具有很强的专业性，对不熟悉法律规定、缺乏实践经验的人来讲，不一定能够正确理解和有效地应对。好的专利代理师熟悉审查意见答复规则，能够帮助申请人更好地理解审查意见通知书，并通过解释、澄清、举证、反驳、修改等方式应对其中指出的问题，为申请人争取合法利益的最大化。

"外向内"或"内向外"专利申请的特殊事务："外向内"专利申请是指将中国大陆以外的申请人的申请向国家知识产权局递交；而"内向外"专利申请则相反，是指中国大陆申请人向中国大陆以外的国家或地区（包括港澳台）主管专利的行政机构或者国际知识产权组织（WIPO）提出专利申请。这两种申请代理过程中有很大的区别。由于专利具有地域性，各个国家对于授予专利权的条件和专利申请流程有不一样的要求，而且通常都要求在申请目标国或地区无固定居所的申请人委托该国代理机构办理相关事务，因此"外向内"的专利申请代理过程除了普通的撰写和审查意见转达建议之外，另一项主要工作是翻译外文申请文本并根据中国《专利法》的规定提供一些修改建议。而"内向外"的专利申请代理过程的特殊性则更多体现在处理申请人与目标申请国的代理机构之间的衔接沟通以及办理该申请在中国国内的一些手续，例如，约定费用和支付方式、提交保密审查、文本翻译、优先权文件准备，等等。对于在中国以外寻求专利布局的申请人来讲，尽管可以直接委托目标申请国或地区的专利代理机构办理相关手续，但出于语言沟通、法律知识、便利性等方面的考虑，绝大多数都会选择委托中国的代理机构代为办理向外申请的事宜，即由中国的代理机构负责与目标申请国或地区的代理机构进行对接。

流程性事务处理：主要包括文件准备、期限监控、费用缴纳等各种专利申请流程手续办理。这既包括在普通申请流程中会涉及的通用流程事务，又包括可能视情况不同发生的一些特殊性流程事务，例如，请求保密审查、中止、恢复权利、延期、著录项目变更、更正等。这些事务对于申请人来说没有技术性难度，按照网上可以查到的流程操作指引办理即可，国家知识产权局发出的行政文书通常也会提示下一步应该如何操作。但是，流程性事务都比较琐碎繁杂，稍不留神就容易出错，比如错过了时限、缴费时申请号没有填对、文件不齐全、缺少必要的签字盖章，等等。如果企业专利数量较多，情况就更为复杂。专利代理机构有专业的流程管理团队，不少还有自动化监控提醒系统，在流程方面能够帮助申请人节省不少精力和时间成本。

3. 驳回/授权后阶段：提供复审、无效、诉讼等服务

驳回申请文件的复审：专利申请被驳回后，并不一定意味着申请人丧失了授权机会，根据专利法的规定，申请人对驳回决定不服的，可以向国务院专利行政部门❶请求复审。复审程序是对之前审查过程的一种救济和延续，通常由有经验的审查员组成三人合议组对案件进行审查，对于驳回不恰当或者通过修改克服了驳回缺陷的案件，合议组会撤销驳回决定，案件再次回到前一审查程序继续审查。2020 年，对驳回决定提起复审请求的发明专利申请中有约 39%经过复审程序后驳回决定被撤销。对于一些重要专利申请、一些明显不恰当的驳回决定以及一些能够通过修改挽回的申请，驳回后请求进入复审程序非常值得一试。专利代理师根据自己的经验，向申请人提供复审成功可能性、利弊和策略的分析意见，帮助申请人做出最适合自己的选择。

专利权无效宣告请求的应对：一件专利授权后，根据《专利法》的规定，任何单位和个人认为其不符合授权规定的，都可以请求宣告该专利无效。被无效专利权被视为自始不存在。因此，无效宣告请求程序就是向国务院专利行政部门提起挑战专利权有效性、确认专利权是否应该存在的程序。一件专利能否经受无效宣告请求程序的"检验"，专利文件的撰写质量是首要决定因素，但很多情况下，专利权人能否在无效宣告程序中恰当地应对也同样十分重要。比如，对无效宣告请求人的证据进行质证、对理由进行反驳、对程序不合法问题提出质疑，以及及时提交反证，向合议组进行演示说明，利用法律规定修改时机对权利要求进行修改，等等。专利代理师的角色类似于民事诉讼中被告的代理律师，能够利用自己的专业知识帮助专利权人尽可能争取最优结果，维护专利权人的合法权益。

提起行政和侵权诉讼：对于专利申请人或专利权人而言，专利行政诉讼通常发生在对国务院专利行政部门作出的复审决定或者无效宣告请求审查决定不服时，权利人应向管辖法院北京知识产权法院提起行政诉讼，国务院专利行政部门在案件审理中作为被告出庭。专利侵权诉讼通常发生在被控侵权行为发生地或者被告所在地的管辖法院，很多情况下侵权诉讼会伴随发生涉案专利被提

---

❶ 即国家知识产权局专利局复审和无效审理部，下同。

起无效宣告请求，两个程序相互影响相互制约。因此，专利权人的对手——无效宣告请求人（很多情况下也是侵权诉讼的被告）也可能提起专利行政诉讼。由于行政诉讼和侵权诉讼中涉及许多非常专业的事项，例如准备立案材料、证据收集和提交、庭审过程中的质证和辩论，侵权诉讼管辖法院的选择、专利稳定性分析等，绝大多数权利人在这个阶段都会委托专利代理师和/或知识产权律师代为办理。

专利权处分、行政维权和权利维持：包括专利授权后的转让、许可、质押融资、海关知识产权备案保护、请求地方知识产权管理职能部门查处假冒专利或专利侵权，等等。除此以外，还包括授权后专利权的程序性维持，主要是代缴年费和转送文件等。

4. 综合性专利事务

企业专利顾问：对企业来说，在日常经营中建立自己的知识产权管理体系，明确自己现有的权利、构建权利体系、防范与他人发生侵权纠纷并应对可能的风险，最有效且节省成本的方式是搭建自己的专利管理团队。在企业的专利管理团队中，除了负责将企业知识产权战略与技术和法律进行对接的专职IP管理人员以外，通常还会在专利代理机构中聘请一名或多名具有丰富实践经验的专利代理师或具有专利代理师和律师双重身份的人担任专利顾问。此外，企业经营中经常会遇到专利转让、专利技术许可、侵权纠纷、专利技术合同纠纷等事务，也都会向专利顾问寻求建议。专利数量不多的中小企业甚至不设专职IP管理人员，由法务与专利顾问对接。一个好的专利顾问，不仅能够应付企业日常专利管理方面的服务需要，还能着眼于长远，结合企业的经营目标与现实需要，为企业制订切实可行的专利策略，保护和增值企业的无形资产，减少遭遇被控侵权的风险。

专利布局：对于以企业为代表的创新主体而言，专利作为限制竞争、谋求市场利益的工具，关系到企业的发展，申请和保护过程中有许多考虑因素。例如，企业需要对哪些技术进行专利保护？申请什么类型的专利？在哪些国家或地区申请专利？申请多项专利还是申请单个专利？什么时间提出申请？什么时间公开为好？这些问题实际上已经不仅仅局限于专利技术本身，更要考虑企业发展和需求。例如，企业在行业中是领先者还是追随者？技术先进性和可替代性如何？竞争对手所拥有的专利情况如何？技术迭代周期长短如何？申请专利的主要目的是抢占市场、授权许可、作为谈判筹码还是风险控制？总之，专利布局实际上是关于企业发展战略层面的事务，考虑因素众多，需要企业管理者、技术团队和专利代理师共同商讨谋划。

企业专利托管：通俗地讲，企业专利托管就是企业将自己专利方面的事务，包括前面介绍的所有服务内容中的一项或多项，外包给一个管家进行打理。管家通常由专门知识产权代理机构中的服务团队组成。根据托管协议的约定，托管服务可以包括专利知识培训、基本制度建设、查新检索、专利挖掘、申请取得、使用、转让许可、质押融资、侵权保护和维权等。专利托管与传统个案委托的最显著区别在于，托管服务团队能更加深入地参与到企业专利管理当中，更能了解企业需求，从而制定更加契合企业实际情况的专利战略。通过专业化的专利托管服务，企业管理和使用自己的专利可以更加省心，也可以更加全面地管理和使用自己的无形资产，实现人才的合理配置。

三、专利代理的价值

按照我国专利法的规定，中国单位或者个人在国内申请专利或办理其他专利事务可以委托专利代理机构办理，也可以自行办理。从前面介绍的专利代理制度的基本情况和专利代理的业务范围可以看出，专利代理机构是随专利制度产生而产生的、提供专业化专利代理服务的机构。但是，实践中也确有一部分人不通过专利代理机构而自行申请专利并获得专利授权。那么，专利代理到底有什么价值？自己写的专利和请专利代理师写的专利有什么不同？

要回答这个问题，首先要弄清申请专利的目的。概括地讲，人们申请专利的目的主要有以下三种：

一是通过专利保护自己的创新技术成果，获得经济利益。专利作为一种无形资产，具有巨大的商业价值，也是企业提升竞争力的重要手段。无论是个人、企业还是科研院所，作为专利权人都可通过自行实施、许可、转让、质押融资等各种方式获得较长期的利益回报。同时，企业和科研院所申请专利还可以防止因人才流失导致的技术成果流失。

二是在商业竞争中争取主动、限制对手。专利权具有排他性，而先进技术的可替代性是比较小的，如果企业对自己的创新成果不申请专利，则很可能会被竞争对手抢占先机，对企业生产销售安全造成巨大影响。相反，取得了专利权的权利人可以限制竞争对手使用相同的技术，对竞争对手的发展形成障碍。另外，当发生被控侵权纠纷时，企业自己拥有的专利权可以成为反击工具，还可以通过交叉许可的方式降低或免除许可使用费，这成为现代企业非常有效的谈判筹码。

三是利用专利权的其他附加价值。主要包括宣传、职称或荣誉评审、税费减免、补贴等。

前两点是建立专利制度最根本的目的，如果申请专利的目的是前两点，则专利申请文件的质量就十分重要，它决定了权利范围、稳定性和授权可能性，实践中因一件核心专利被无效而导致企业付出沉重代价甚至整个团队解散的例子比比皆是。如果仅仅出于第三种目的申请专利，则相对来说专利质量的重要性就不那么高了。

现实中，没有系统学习过专利法，没有专利申请和实际运用经验的一些发明人照着现成的模板也写出了看上去像那么回事的专利申请文件，其中一部分也获得了授权。但实际上，这些文件可以说只有专利申请文件的形貌而毫无其神韵——仅仅将方案的实施内容分别填放在权利要求书和说明书当中，而没有仔细考究甚至真正意识到专利类型、权利要求特征构成、权利要求布局、说明书公开程度等因素对于保护范围、通过审查的可能性、维权难易度和无效风险等的影响。这样撰写的专利申请往往存在很大的隐患，导致通过专利审查的可能性降低，或者即便通过了审查，最终得到授权的专利大多也不能有效地保护发明创造，成为没有太大实际效用的"证书专利"。

以复合材料领域 B29C70 分类号下全部 5997 件授权专利申请为例进行统计，其中 90.31% 的授权案件是通过专利代理机构递交的，仅 9.69% 的授权专利申请是没有请代理机构而是由申请人自己撰写的。

通过前面的介绍我们已不难得出结论，对于无专利相关专业知识的申请人而言，若出于成本考虑，可以将重要性不高、质量要求也不高的技术自行申请专利，前提是对审查结果具有较高的容忍度。但对于那些重要的创新技术成果，即抱有前面说的第一、二种目的申请专利的，必须重视专利文件撰写质量，优选聘请专业的专利代理团队来代理，以尽可能地帮助实现自己的专利目的和专利价值。聘请专业的专利代理团队的优点归纳起来，有以下几个方面：

第一，从申请前就开始介入，有的放矢地提供专业化服务。

申请专利有许多需要注意的事项，涉及技术、法律、文献检索、权利布局、专利战略等多方面知识，很多问题在申请之前就要"未雨绸缪"。例如，在决定将一项技术成果申请专利前，首先应对通过专利保护该项技术成果的利弊进行分析，包括判断该技术成果有无申请专利的价值，是采取专利保护还是技术秘密保护更优，申请内容是否属于专利制度保护的客体；然后还要对欲保护的技术方案进行查新检索，评估其新颖性和创造性，确立申请专利类型、申请策略和申请时机；此外，还可以对竞争对手的专利进行分析，看自己的技术成果是否落入他人的保护范围，是否需要进行规避设计或者改进设计。这些情况如果没有考虑周全往往会对后续的专利申请过程产生很大的影响。

如果申请人不熟悉专利法律法规，也无申请专利的知识经验，又不委托专利代理机构去做这些事情，仅按照自己的理解将技术记载于纸上，很有可能考虑不周到，对后续申请产生不利影响，不能充分有效地维护自己的权利，甚至会丧失本可以获得的权利。专利代理机构专注于这一领域，拥有专业化团队，他们可以在专利申请之前，甚至技术研发早期就提前介入，提供咨询意见，同时他们在文献检索的手段、深度和广度、结论判断、后续专利申请策略方面相对于申请人要专业许多，对风险也有预判和应对策略，能够帮助申请人提前谋划，在申请起始阶段就避免一些问题的产生，或者将潜在风险降低，为后续专利申请打牢基础。

第二，熟悉法律要求，申请文件撰写质量好。

在专利代理领域有句话叫"没有授权不了的专利，只有没写好的申请"。这句话虽然有些绝对，但也反映出专利申请文件的撰写质量在整个专利申请过程中起着何其重要的作用。

法律对授予专利权规定了很多限制条款，比如，技术方案本身存在缺陷，不能实施，或者违反国家法律、社会公德，或者妨害公共利益的发明创造，不能被授予专利权；专利法还专门规定了一些不能授权的客体，如科学发现、疾病的诊断和治疗方法，不能被授予专利权。又比如，技术方案没有对现有技术作出实质贡献，即不具备新颖性或创造性的技术方案，也不能被授予专利权。另外，专利申请文件撰写或审查过程中存在严重缺陷也不能获得授权。比如，对技术方案的公开不够充分，或者权利要求保护范围记载不清楚，或者审查过程中的修改超出了原申请文件记载的范围，等等，都会引起不能授权的法律后果。

要及时正确地完成法律规定的撰写要求，就需要懂得有关专利申请的法律知识，熟悉专利法的规定。专利代理师具备专门从事此类工作的专业素养，对于那些本身存在缺陷的技术方案，在申请之前就可以帮助申请人筛查出来，看看有没有弥补之法；对于方案缺乏新颖性或创造性的方案，在申请之时可以帮助申请人再次挖掘和完善；而在文件撰写过程中，专业的专利代理师能够尽可能地避免出现导致不能授权的撰写或修改缺陷。

申请阶段的撰写情况还决定了后续审批过程中的可修改性和可澄清性、授权后的无效和维权难度等，专利代理师会综合考虑这些因素，相对于不熟悉这方面知识的申请人而言，专利撰写质量就高得多。

第三，流程事务不操心，省时高效，降低风险。

专利申请过程中，国家知识产权局对申请文件的格式有比较严格的要求，流程比较复杂琐碎，不了解的人往往要花费相当大的精力去学习探索。比如，请求书各种选项填写和勾选代表什么含义、需要附上什么资料、是否有必要的证明和签章、是否在规定时限内提交，等等。如果文件不符合要求，会被要求补正，时间成本增加，更严重的是，有时一个小细节没注意就导致无法补救的权利丧失。比如，由于没有勾选不丧失新颖性宽限期的声明，导致自己在国际展会上展示的样品破坏了专利申请的新颖性，或者由于没有勾选对同样的发明创造在申请发明同日申请了实用新型专利，导致先授权的实用新型专利影响发明专利申请授权。而且，个人办理比较辛苦，可能会走些冤枉路，费时费力，受理速度也一般不如请代理公司办理快，如果算上这些，耗费的综合成本可能比请代理公司还要高。代理公司提供系统专业化的服务，资料准备和流程处理有专门的负责人，确保申请人正确地办理取得和维持专利权的各种法定手续，也为申请人节省了大量的时间成本。

第四，有利于提高专利审查机关的工作效率，加快审批速度。

专利审查机关受理申请、审查、颁布专利等工作效率，不仅与工作人员的业务素质有关，包括申请文件以及各种手续在内的文件质量也常常有很重要的影响。若文件不合乎要求，可能会给审查工作带来困难，要求申请人修改、补正，拖延审批时间，甚至给以后发生各种纠纷留下隐患。因而专利代理师出色、有效的工作，与审查机关配合默契，将大大提高专利审批效率。

在第二节中，还将以案例的形式形象地演示聘请了专利代理机构的申请与没有聘请专利代理机构的申请在授权前的审查阶段的差异。

总而言之，专利代理师承担的社会角色与技术创新的发明人有着显著的区别。发明人是技术人，是将技术知识应用于解决实际问题的劳动者，是"创新之树"的种树人；而专利代理师虽然也有一定的技术功底，他能够在发明人介绍的基础上理解背景知识和发明创造内容，但其专长上却更偏重于法律，是将发明创造的技术信息加工为合法专有权的"法律人"，是给"创新之树"搭建"庇护之所"的"建筑师"。合适的"庇护之所"能够促进"创新之树"健康地成长，创新成果从其开始萌芽到开花结果，从申请专利到维权运用的整个过程中，专利代理师都发挥着十分重要的作用。美国前总统林肯有句名言："专利制度是为天才之火浇上利益之油"，而这个"利益之油"必须正确地添加，"天才之火"才能越烧越旺，专利代理师就是确保"利益之油"正确添加过程中十分重要的因素，是专利制度有效运转的强有力支撑。

第二节　请什么样的人写

　　尽管将创新技术成果交由专业的专利代理机构代理有着诸多优点，但实践中却时常听到一些申请人抱怨，请的专利代理师只是在自己提供的技术交底书或者申请文件初稿上简单地作了些文字变换就递交了，例如，把一些参数范围稍加扩展，将碳化炉中5%的拉伸率修改成2%~7%，将加热时间由2~3min修改为1~5min，这些工作完全没有技术含量，专利代理费花得不值。

　　的确，真正意义上的专利申请文件撰写绝不仅仅是把技术交底书作文字编排和格式变换，正如上一节提到，将技术信息转换为申请文件的过程中，每一字句都需要仔细斟酌。尽责的专利代理师在成稿之前都会向申请人反复确认细节，弄清技术关键点和预期的保护范围，说明不同撰写方式对申请人利益的影响，并提供合理化建议。同样，在审查意见的转达和建议等其他代理服务过程中，专利代理师的专业性也相当重要，而且，不同技术领域的案件对于代理师的专业要求并不一样。没有选择对专利代理师，不仅仅是代理费花得冤枉，更糟糕的是可能导致本来能够获得的权利遭受无法挽回的损失。因此，如何选择合适的专利代理机构和专利代理师对于申请专利而言也是需要慎重考虑的。

一、"自己写"与"请人写"在专利申请阶段的差异

　　在"技术创新—专利申请—授权保护—权利运用"这一创新保护链条当中，技术创新是源头根本，但只有技术创新是远远不够的，如何将技术创新转化为法律文件，即作为权利基础的专利申请文件写得好不好，决定了技术创新能否得到有效保护，能否发挥其经济和社会价值。实践中，经常有一些很好的发明，因为没有写好而丧失了授权的机会，也有一些已经授权的专利，因为保护范围写得过小而被使用的竞争对手"规避"掉，输掉侵权官司。因此，在申请阶段写好专利申请文件，并在审查过程中恰当地应对审查意见通知书指出的问题，是确保技术创新能够得到授权保护并发挥权利运用功效的基础性工作。

　　那么，在这至关重要的专利申请阶段，专利代理师应该或者能够发挥怎样的作用呢？我们来看下面这个案例，这是由发明人自己撰写的一份专利申请文件，全文如下：

说　明　书

一种高韧性高强聚乙烯纤维的制造方法

技术领域

本发明属于高分子化合物的合成加工领域，涉及一种高韧性高强聚乙烯纤维的制造方法。

背景技术

超高分子量聚乙烯纤维具有优异的力学性能、耐化学腐蚀性、耐磨性、生物相容性及密度小等特点，从而被广泛应用于航空航天、国防军事、生物医学、海洋渔业及体育竞技等领域。对于超高分子量聚乙烯纤维，其纤度越小，其耐磨性、耐紫外辐射等性能越差，导致超高分子量聚乙烯纤维制品性能下降，容易在使用中产生失效。因此，制备高韧性高强聚乙烯纤维对其制品的使用便尤为重要。

现有技术中以分子量在 $1 \times 10^6 \sim 6 \times 10^6$ 的超高分子量聚乙烯粉末制备 20% ~25%（wt）纺丝溶液，利用冻胶纺丝湿法工艺制备得到超高分子量聚乙烯冻胶纤维，通过微波辅助萃取、热拉伸制备得到超粗旦超高分子量聚乙烯纤维。该方法制得的超高分子量聚乙烯纤维具有超高纤度，但由于浓度过高，在实际制造过程中，不可避免受超高分子量聚乙烯粉末溶解不均一、分子量降解严重及纺丝体系中超高分子量聚乙烯黏度大、对设备损耗大等缺点的限制。

发明内容

本发明为解决以上技术问题，特提供了一种高韧性高强聚乙烯纤维的制造方法。

本发明是这样实现的：一种高韧性高强聚乙烯纤维的制造方法，该制造方法包括如下步骤：1）利用溶剂清洗超高分子量聚乙烯纤维的表面，以得到表面低杂质超高分子量聚乙烯纤维；2）利用超高分子量聚乙烯溶剂将步骤1）所得到的超高分子量聚乙烯纤维进行表面溶解处理后，并丝、除溶剂干燥得到超高分子量聚乙烯纤维初生单丝或复丝；3）将步骤2）中所得到的超高分子量聚乙烯纤维初生单丝进行热拉伸，制得高韧性高强聚乙烯纤维。

本发明通过不改变通过低浓度纺丝液制备超高分子量聚乙烯纤维工艺，同时极大降低了高浓度超高分子量聚乙烯熔体对设备的磨损，降低纤维制备难度；通过对多束细旦超高分子量聚乙烯纤维单丝（或复丝）表面处理，制备的超高分子量聚乙烯纤维单丝（或复丝）具有高强度，同时还具有超高纤度、高断裂伸长率和断裂比功，有利于超高分子量聚乙烯纤维在绳索方面的应用，对实际生产具有十分重要的意义。

具体实施方式

具体实施方式一：一种高韧性高强聚乙烯纤维的制造方法，该制造方法包括如下步骤：1）利用浴比为 1：10～1：100 的溶剂清洗超高分子量聚乙烯纤维的表面，以得到表面低杂质超高分子量聚乙烯纤维；2）利用浴比为 1：10 超高分子量聚乙烯溶剂将步骤 1）所得到的超高分子量聚乙烯纤维进行表面溶解处理后，并丝、除溶剂干燥得到超高分子量聚乙烯纤维初生单丝或复丝；3）将步骤 2）中所得到的超高分子量聚乙烯纤维初生单丝在 120～300℃进行热拉伸 1.5 倍，制得高韧性高强聚乙烯纤维，说明书附图 1 为高韧性高强聚乙烯纤维 SEM 图。

具体实施方式二：本具体实施方式是对具体实施方式一所述的一种高韧性高强聚乙烯纤维的方法的进一步说明，制备高韧性高强聚乙烯纤维的超高分子量聚乙烯溶剂为十氢萘。

权 利 要 求 书

1. 一种高韧性高强聚乙烯纤维的制造方法，该制造方法包括如下步骤：1）利用浴比为 1：10～1：100 的溶剂清洗超高分子量聚乙烯纤维的表面，以得到表面低杂质超高分子量聚乙烯纤维；2）利用超高分子量聚乙烯溶剂将步骤 1）所得到的超高分子量聚乙烯纤维进行表面溶解处理后，并丝、除溶剂干燥得到超高分子量聚乙烯纤维初生单丝或复丝；3）将步骤 2）中所得到的超高分子量聚乙烯纤维初生单丝在 120～300℃进行热拉伸 1.5 倍，制得高韧性高强聚乙烯纤维。

2. 如权利要求 2 所述的一种高韧性高强聚乙烯纤维的制造方法，其特征在于：超高分子量聚乙烯溶剂为十氢萘。

摘 要

本发明提供一种高韧性高强聚乙烯纤维的制造方法，该制造方法包括如下步骤：1）利用溶剂清洗超高分子量聚乙烯纤维的表面，以得到表面低杂质超高分子量聚乙烯纤维；2）利用超高分子量聚乙烯溶剂将步骤 1）所得到的超高分子量聚乙烯纤维进行表面溶解处理后，并丝、除溶剂干燥得到超高分子量聚乙烯纤维初生单丝或复丝；3）将步骤 2）中所得到的超高分子量聚乙烯纤维初生单丝进行热拉伸，制得高韧性高强聚乙烯纤维。

在实质审查阶段，审查员采用了两篇现有技术文献作为证据，其中对比文件 1 披露了权利要求的绝大多数特征，对比文件 2 披露了对比文件 1 中没有公开的特征——通过将纤维表面进行溶解来细化纤维，细化后的纤维具备超细纤维的一些性能优势。审查员认为本申请全部权利要求相对于对比文件 1 和 2 的结合不具备《专利法》第 22 条第 3 款规定的创造性，并给予申请人四个月的修改答复期限。申请人答复意见如下：

1. 本人修改了专利权利要求。将权利要求 2 并入权利要求 1 中并在权利要求 1 中添加了内容"超高分子量聚乙烯溶剂为十氢萘与二甲苯的混合物，十氢萘与二甲苯的体积比为 7∶3～1∶1"，并对"说明书"作了相应修改。

2. 对比文件 2 中尽管提到使用溶剂对纤维进行溶解细化，但是并没有给出使用何种溶剂及其详细的实验配方。附上本人找到的 5 个已授权专利，都使用丙酮作为洗涤剂，并且制备方式也类似，但这并不影响相关专利的授权。

之后，审查员发出第二次审查意见通知书，指出申请人对申请文件的修改超出了原申请文件的记载范围，不符合《专利法》第 33 条的规定。通过电话沟通，申请人弄清楚了审查员指出的修改超范围缺陷无法通过修改克服，放弃答复，此案最后视为撤回。

本申请的发明人显然不太了解专利法，虽然提交的申请文件看上去具备基本形式要件，但实质内容却存在严重缺陷，而且面对审查意见指出的问题，不太能够理解其含义和采取有效应对方式。

第一，申请文件完全没有写入真正发明点的内容"超高分子量聚乙烯溶剂为十氢萘与二甲苯的混合物，十氢萘与二甲苯的体积比为 7∶3～1∶1"。而这些内容作为在申请日提交的申请文件中毫无记载的新信息，是不允许事后加入申请文件当中的——如果允许这种行为，则意味着申请人可通过日后不断补充新内容而使得申请文件纳入申请日后完成的发明创造，显然不合理，违背了同样的发明创造以申请日定先后的先申请制原则。

第二，本申请是一种改进型发明，说明书中记载了许多其相对于现有聚乙烯纤维的优点，例如"超高纤度、高断裂伸长率和断裂比功"等，但申请文件中并未提供任何证明。也就是说，这些效果仅仅停留在申请人声称的层面，这一点很可能在审查过程中被认为是没有太大说服力的。

第三，权利要求书和说明书具体实施方式记载完全相同，说明书对于权利要求书所要求保护方案的各特征选择、原理、效果等没有任何具体说明，具体实施方式记载的仍然是概括性的实施范围，而不是具体而详细的实际操作"示例"。这样的记载一方面令人怀疑申请人是否实际作出并验证过方案的可行性；另一方面不清楚哪些内容是关乎发明核心的要点，哪些是现有技术，没有给后续修改或者受到诸如创造性质疑时留出足够的争辩或修改空间。

第四，权利要求中一些参数范围很大，一些又小至一个点值。例如"浴比为 1：10 ~ 1：100""在 120 ~ 300℃""热拉伸 1.5 倍"，这些参数的选择看上去较为随意：浴比、温度在一个非常宽的范围中选择适用，缺乏多层次的优选；而拉伸倍率又固定在单一点值，导致保护范围极小，很容易被规避设计，专利即使授权也基本无实用价值。

上述四个方面的问题是原始文件自带的致命缺陷，后续基本上没有可修改的余地，导致本申请不能被授权。当然，申请文件还存在其他一些欠考虑之处，例如，说明书中提到了"附图 1"而申请文件并没有提交附图，权利要求 2 引用自身，等等。虽然这些问题可以通过修改克服，但也显示了申请人自己撰写的文件非常不专业。

此外，在审查员发出第一次审查意见通知书之后，申请人并没有完全理解其中认定"技术方案不具备创造性"在专利法中的含义，申请人陈述的两点意见都不是应对创造性审查意见时具有针对性和说服力的答复。第一点意见是申请人修改了申请文件，加入了原始申请文件中没有记载的内容。这反而暴露出申请文件没有充分揭示其发明内容，一旦如此修改则超出原申请文件记载的范围，违反《专利法》第 33 条的规定，这是不允许的。第二点意见是虽然现有技术中提到对纤维进行表面溶解来细化纤维，但没有给出详细配方，并举出几篇专利文献，意欲说明个别特征被公开不一定影响在后申请的创造性。然而，审查员评价方案的创造性是基于一个完整技术方案作出的，并非单个特征，本案中审查意见是认为两篇现有技术结合能够破坏本申请的创造性，即认为本领域技术人员有动机将对比文件 2 公开的"采用溶剂细化纤维"这一特征结合到对比文件 1 公开内容基础上从而获得本申请的方案，申请人仅提出对比文件 2 公开详细度不够并不足以否认这种结合动机。

从上面的案例可以看出，对于专利申请缺乏了解的申请人来说，自己撰写申请文件不是一个明智的选择，很可能在原始申请文件中留下许多隐患，而很多情况下这些隐患是不能通过修改克服或者意见陈述澄清的，加之很多申请人对审查意见的理解和应对能力不足，导致原本很好的创新成果由于申请文件的撰写和审查过程应对的失误而丧失了获得授权的机会。

下面我们再来看一个由专利代理机构代理的一件专利申请。该申请在审查阶段同样遭受了全部方案不具备创造性的质疑，但最终却通过十分得当的应对获得了授权。

说　明　书

一种用于车辆管件中的碳纤维复合材料及其制备方法

技术领域

本发明属于碳纤维材料领域，涉及一种碳纤维复合材料及其制备方法和应用。

背景技术

环氧树脂是一种强度高、黏结性能好，具有优良耐热性、防腐性和承载能力的热固性高分子材料，被广泛应用于涂料、电气绝缘材料和结构材料等领域，在航空航天、船舶、电子电气、机械制造及国防事业中起着重要的作用，随着航空工业的迅速发展，环氧树脂在这些方面的应用不断扩展，对其摩擦磨损性能也提出了更高的要求。同时，碳纤维也作为一种惰性增强材料，人们更多地研究如何将碳纤维与环氧树脂结合起来运用到上述领域。

碳纤维为由碳元素组成的一种特种纤维。具有耐高温、抗摩擦、导电、导热及耐腐蚀等特性；外形呈纤维状，柔软、可加工成各种织物，由于其石墨微晶结构沿纤维轴择优取向，因此沿纤维轴方向有很高的强度和模量。碳纤维的密度小，因此比强度和比模量高。碳纤维的主要用途是作为增强材料与树脂、金属、陶瓷及炭等复合，制造先进复合材料。碳纤维增强环氧树脂复合材料，其比强度及比模量在现有工程材料中是最高的。

现有技术1公开了一种抗磨损环氧树脂/碳纤维复合涂层及其制备、涂覆方法，该复合涂层由碳纤维织物置于基体溶液中固化而成，基体溶液由64~66.5重量份环氧树脂、32~33.5重量份聚酰胺树脂、体积与环氧树脂总重量的比例为2.4mL：1g的甲苯溶液和1.5~2.5重量份经过硅烷偶联剂改性的纳米无机填料组成。该专利得到的复合涂层具有较优的耐磨效果，但是并未对碳纤维进行研究。现有技术2公开了一种抗磨损碳纤维涂层及其涂覆方法，将碳纤维涂层材料中树脂与溶剂、黏土、粘合剂、填料混合熔融，在球磨机的作用下得到颗粒均匀且小于1000目筛的涂层材料，结合分散机的分散作用，使得涂层材料可以更好地与碳纤维表面结合，但仍未对碳纤维进行研究。

碳纤维种类繁多，分为60T、40T、30T、24T等，碳纤维60T是一种高刚性而低强度的纤维，材料极脆，在使用过程中重量弯曲稍微过大就会断裂导致其无法发挥其刚性的作用，因此，保管和操作中均需特别管控，费时费力。

因此，目前需要提供一种碳纤维复合材料以解决碳纤维刚性大、强度低的缺点。

发明内容

本发明的目的在于提供一种碳纤维复合材料及其制备方法和应用，本发明提供的碳纤维复合材料在保持了碳纤维刚性基本不变的情况下大幅度地增加了材料的强度和韧性。

为达到此发明目的，本发明采用以下技术方案：

第一方面，本发明提供了一种碳纤维复合材料，包括碳纤维层以及涂覆于所述碳纤维层上的环氧树脂层，所述碳纤维层包括间隔设置的第一碳纤维束和第二碳纤维束；

其中，所述第一碳纤维和所述第二碳纤维各自独立地选自60T纤维、40T纤维、33T纤维、30T纤维或24T纤维，且第一碳纤维和第二碳纤维不同。

在本发明中，通过选用两种不同拉伸模量的碳纤维共同使用，可以改善拉伸模量较大的纤维强度较差的缺陷，使得最后得到的碳纤维复合材料在具有较好刚性的同时韧性和强度较好，可以满足应用要求。

在本发明中，所述第一碳纤维和第二碳纤维分别选自60T纤维和40T纤维。

进一步，所述60T纤维为YSH-60A纤维，所述40T纤维为HR40纤维。

YSH-60A纤维刚性较大，但是强度以及韧性极差，其与HR40纤维共同使用，可以确保在基本上不损害YSH-60A纤维的刚性的同时，提升YSH-60A碳纤维的韧性和强度。

进一步，所述第一碳纤维束和所述第二碳纤维束各自独立地包括6000～36000根碳纤维，例如7000根、10000根、15000根、20000根、25000根、30000根、35000根等。

进一步，所述第一碳纤维和第二碳纤维分别选自60T纤维和40T纤维，所述60T纤维的质量百分含量为50%～75%，例如52%、55%、57%、60%、62%、65%、67%、70%、72%等。

选用60T纤维和40T纤维时，60T纤维的添加量为50%～75%，40T纤维的质量百分含量为25%～50%时，最后得到的碳纤维复合材料的性能最优。

进一步，以所述碳纤维复合材料的总质量为100%计，所述碳纤维层的质量百分含量为60%~67%，例如61%、62%、63%、64%、65%、66%等。

进一步，所述碳纤维层的厚度为0.07~0.15mm，例如0.08mm、0.09mm、0.10mm、0.12mm、0.14mm等。

在本发明中，所述环氧树脂层的组成原料包括A剂和B剂，以所述组成原料总质量为100%计，所述A剂包括如下组分：双酚A环氧树脂128：20%~30%，苯氧树脂：10%~15%，聚乙烯醇缩苯甲醛：1%~5%，固体环氧树脂901：10%~15%，酚醛环氧树脂：10%~15%，双酚A环氧树脂170：12%~17%；

所述B剂包括如下组分：双酚A环氧树脂128：5%~10%；固化剂：3%~7%；

固化促进剂：1%~3%。

本发明选用的环氧树脂具有黏结力强、机械强度高、尺寸稳定、耐腐蚀性好的优点，同时具有良好的电绝缘性能和较低的吸水性能，固化温度范围广。

在A剂中，所述双酚A环氧树脂128的质量百分含量为20%~30%，例如腐蚀性好的优点，同时具有良好的电绝缘性能和较低的吸水性能，固化温度范围广。

在A剂中，所述双酚A环氧树脂128的质量百分含量为20%~30%，例如22%、24%、25%、26%、28%等。

在A剂中，所述苯氧树脂的质量百分含量为10%~15%，所述聚乙烯醇缩苯甲醛的质量百分含量为1%~5%，所述固体环氧树脂901的质量百分含量为10%~15%，所述酚醛环氧树脂的质量百分含量为10%~15%，所述双酚A环氧树脂170的质量百分含量为12%~17%。

在B剂中，所述双酚A环氧树脂128的质量百分含量为5%~10%，所述固化剂的质量百分含量为3%~7%，所述固化促进剂的质量百分含量为1%~3%。

进一步，所述固化剂为双氰胺。

进一步，所述固化促进剂为有机脲促进剂。

第二方面，本发明提供了一种根据第一方面所述的碳纤维复合材料的制备方法，所述制备方法包括如下步骤：

将第一碳纤维束和第二碳纤维束依次间隔设置，然后浸涂环氧树脂组合物溶液并固化，得到所述碳纤维复合材料。

第三方面，本发明提供了一种根据第一方面所述的碳纤维复合材料的制备方法，所述制备方法包括如下步骤：

将第一碳纤维束和第二碳纤维束依次间隔设置，然后涂覆环氧树脂组合物并固化，得到所述碳纤维复合材料。

本发明所述碳纤维复合材料可通过干法复合或湿法复合制备而成。所述干法复合即在一定的温度下通过设备将不含溶剂的环氧树脂均匀铺涂到碳纤维层上，使树脂均匀地包覆纤维；所述湿法复合即用丁酮溶解树脂基体得到树脂溶液，然后将纤维层浸润于树脂溶液中，待丁酮挥发后得到树脂均匀包覆碳纤维的复合材料。

第四方面，本发明提供了根据第一方面所述的碳纤维复合材料在车辆管件中的应用。

本发明提供的碳纤维复合材料可以应用于碳纤维自行车的管件的左右两侧，可以提高自行车的刚性。

相对于现有技术，本发明具有以下有益效果：

（1）在本发明中，通过选用两种不同拉伸模量的碳纤维共同使用，可以改善拉伸模量较大的纤维强度较差的缺陷，使得最后得到的碳纤维复合材料可以满足应用要求；

（2）YSH－60A 纤维刚性较大，但是强度以及韧性极差，其与 HR40 纤维共同使用，可以确保在基本上不损害 YSH－60A 纤维的刚性的同时，提升 YSH－60A 碳纤维的韧性和强度。当选择 YSH－60A 纤维和 HR40 纤维进行配合时，拉伸模量最高可达 327GPa 以上。

具体实施方式

下面通过具体实施方式来进一步说明本发明的技术方案。本领域技术人员应该明了，所述实施例仅仅是帮助理解本发明，不应视为对本发明的具体限制。

实施例 1

一种碳纤维复合材料，由碳纤维层以及涂覆于碳纤维层上的环氧树脂层组成。

其中，碳纤维层厚度为 0.1mm，由间隔设置的第一碳纤维束和第二碳纤维束组成，第一碳纤维为 YSH－60A 纤维，第二碳纤维为 HR40 纤维，其中第一碳纤维和第二碳纤维的质量比为 1：2。

其中，环氧树脂层的组成原料为 A 剂和 B 剂，以组成原料的总质量为 100% 计，A 剂由 25% 双酚 A 环氧树脂 128、12% 苯氧树脂、3% 聚乙烯醇缩苯甲醛、12% 固体环氧树脂 901、13% 酚醛环氧树脂、15% 双酚 A 环氧树脂 170 组成，B 剂由 10% 双酚 A 环氧树脂 128、7% 固化剂、3% 固化促进剂组成。

制备方法如下：

(1) 制备环氧树脂组合物：将 A 剂和 B 剂混合均匀，得到环氧树脂组合物；

(2) 制备碳纤维复合材料：分别取三束第一碳纤维束（6000 根 YSH - 60A 纤维）和第二碳纤维束（12000 根 HR40 纤维），将第一碳纤维束和第二碳纤维束间隔放置，在 68℃ 下，将环氧树脂组合物均匀铺涂到碳纤维层上，使树脂均匀地包覆纤维，涂膜速度为 0.2m/s，然后在 68℃ 下固化，得到碳纤维复合材料。

实施例 2~5

与实施例 1 的区别在于，改变第一碳纤维和第二碳纤维的质量比，使 YSH - 60A 纤维和 HR40 纤维的质量比为 3∶2（实施例 2）、3∶1（实施例 3）、4∶1（实施例 4）、2∶3（实施例 5）。

实施例 6

与实施例 1 的区别在于，将第二碳纤维替换为 30T 碳纤维 MR60。

实施例 7

与实施例 1 的区别在于，将第一碳纤维替换为 24T 碳纤维 TR50S。

实施例 8

一种碳纤维复合材料，由碳纤维层以及涂覆于碳纤维层上的环氧树脂层组成。

其中，碳纤维层厚度为 0.1mm，由间隔设置的第一碳纤维束和第二碳纤维束组成，第一碳纤维为 YSH - 60A 纤维，第二碳纤维为 24T 碳纤维 TR50S，其中第一碳纤维和第二碳纤维的质量比为 2∶1。

其中，环氧树脂层的组成原料为 A 剂和 B 剂，以组成原料的总质量为 100% 计，A 剂由 30% 双酚 A 环氧树脂 128、15% 苯氧树脂、1% 聚乙烯醇缩苯甲醛、15% 固体环氧树脂 901、15% 酚醛环氧树脂、12% 双酚 A 环氧树脂 170 组成，B 剂由 5% 双酚 A 环氧树脂 128、6% 固化剂、1% 固化促进剂组成。

制备方法如下：

（1）制备环氧树脂组合物：将 A 剂和 B 剂混合均匀，得到环氧树脂组合物；

（2）制备碳纤维复合材料：分别取 10 束第一碳纤维束（6000 根 YSH-60A 纤维）和第二碳纤维束（12000 根 TR50S 纤维），将第一碳纤维束和第二碳纤维束间隔放置，在 68℃下，将环氧树脂组合物均匀铺涂到碳纤维层上，使树脂均匀地包覆纤维，涂膜速度为 0.2m/s，然后在 68℃下固化，得到碳纤维复合材料。

实施例 9

一种碳纤维复合材料，由碳纤维层以及涂覆于碳纤维层上的环氧树脂层组成。

其中，碳纤维层厚度为 0.1mm，由间隔设置的第一碳纤维束和第二碳纤维束组成，第一碳纤维为 HR40 纤维，第二碳纤维为 30T 纤维 MR60，其中第一碳纤维和第二碳纤维的质量比为 7:8。

其中，环氧树脂层的组成原料为 A 剂和 B 剂，以组成原料的总质量为 100%计，A 剂由 20%双酚 A 环氧树脂 128、15%苯氧树脂、5%聚乙烯醇缩苯甲醛、15%固体环氧树脂 901、12%酚醛环氧树脂、17%双酚 A 环氧树脂 170 组成，B 剂由 10%双酚 A 环氧树脂 128、3%固化剂、3%固化促进剂组成。

制备方法如下：

（1）制备环氧树脂组合物：将 A 剂、B 剂和丁酮混合均匀，得到环氧树脂组合物溶液；

（2）制备碳纤维复合材料：分别取 7 束第一碳纤维束（12000 根 HR40 纤维）和 8 束第二碳纤维束（12000 根 MR60 纤维），将第一碳纤维束和第二碳纤维束间隔放置，然后将环氧树脂组合物溶液浸涂到碳纤维层上，使树脂均匀地包覆纤维，含浸速度为 0.2m/s，然后在 100℃下固化，得到碳纤维复合材料。

对比例 1

一种碳纤维复合材料，由碳纤维层以及涂覆于碳纤维层上的环氧树脂层组成。

其中，碳纤维层厚度为 0.1mm，由间隔设置的第一碳纤维束和第二碳纤维束组成，第一、第二碳纤维均为 YSH-60A 纤维，其中第一碳纤维和第二碳纤维的质量比为 1:2。

其中，环氧树脂层的组成原料为 A 剂和 B 剂，以组成原料的总质量为 100% 计，A 剂由 25% 双酚 A 环氧树脂 128、12% 苯氧树脂、3% 聚乙烯醇缩苯甲醛、12% 固体环氧树脂 901、13% 酚醛环氧树脂、15% 双酚 A 环氧树脂 170 组成，B 剂由 10% 双酚 A 环氧树脂 128、7% 固化剂、3% 固化促进剂组成。

制备方法如下：

（1）制备环氧树脂组合物：将 A 剂和 B 剂混合均匀，得到环氧树脂组合物；

（2）制备碳纤维复合材料：分别取三束第一碳纤维束（6000 根 YSH-60A 纤维）和第二碳纤维束（12000 根 YSH-60A 纤维），将第一碳纤维束和第二碳纤维束间隔放置，在 68℃下，将环氧树脂组合物均匀铺涂到碳纤维层上，使树脂均匀地包覆纤维，涂膜速度为 0.2m/s，然后在 68℃下固化，得到碳纤维复合材料。

对比例 2

一种碳纤维复合材料，由碳纤维层以及涂覆于碳纤维层上的环氧树脂层组成。

其中，碳纤维层厚度为 0.1mm，由间隔设置的第一碳纤维束和第二碳纤维束组成，第一、第二碳纤维均为 HR40 纤维，其中第一碳纤维和第二碳纤维的质量比为 1:2。

其中，环氧树脂层的组成原料为 A 剂和 B 剂，以组成原料的总质量为 100% 计，A 剂由 25% 双酚 A 环氧树脂 128、12% 苯氧树脂、3% 聚乙烯醇缩苯甲醛、12% 固体环氧树脂 901、13% 酚醛环氧树脂、15% 双酚 A 环氧树脂 170 组成，B 剂由 10% 双酚 A 环氧树脂 128、7% 固化剂、3% 固化促进剂组成。

制备方法如下：

（1）制备环氧树脂组合物：将 A 剂和 B 剂混合均匀，得到环氧树脂组合物；

（2）制备碳纤维复合材料：分别取三束第一碳纤维束（6000 根 HR40 纤维）和第二碳纤维束（12000 根 HR40 纤维），将第一碳纤维束和第二碳纤维束间隔放置，在 68℃下，将环氧树脂组合物均匀铺涂到碳纤维层上，使树脂均匀地包覆纤维，涂膜速度为 0.2m/s，然后在 68℃下固化，得到碳纤维复合材料。

续表

对实施例 1~9 和对比例 1~2 提供的碳纤维复合材料进行性能测试，方法如下：参考《聚合物基复合材料拉伸性能标准测试方法》的标准进行刚性、强度、韧性测试，测试结果见下表：

样品	拉伸强度/MPa	拉伸模量/GPa	断裂伸长率/%
实施例 1	1490.1	327.64	1.6
实施例 2	1523.6	328.01	1.59
实施例 3	1441.3	328.10	1.58
实施例 4	1412.2	328.20	1.57
实施例 5	1600.2	327.0	1.62
实施例 6	1785.0	310.00	1.7
实施例 7	1932.1	190.02	2.0
实施例 8	1516.0	280.02	1.75
实施例 9	2137.0	192.01	1.66
对比例 1	1294.7	328.50	1.42
对比例 2	1881.1	194.32	1.60

由实施例和性能测试可知，本发明提供的碳纤维复合材料在具有较好刚性的同时韧性和强度较好，其中，拉伸强度在 1410MPa 以上，拉伸模量在 190GPa 以上，断裂伸长率在 1.57% 以上。当选择 YSH-60A 纤维和 HR40 纤维进行配合时，拉伸模量最高可达 327GPa 以上。

由实施例 1 和实施例 2~5 的对比可知，在碳纤维层中，60T 纤维的质量百分含量在 50%~75% 范围内时，最后得到的复合材料的刚性、韧性和强度能达到一个最优结果，相比于 YS60 碳纤维的刚性仅下降了 1% 的同时，强度和韧性具有大幅度增加。由实施例 1 和实施例 6~7 的对比可知，本发明优选 YSH-60A 纤维和 HR40 纤维进行配合。

由实施例 1 和对比例 1~2 的对比可知，相比于单纯使用 60T 纤维或者 40T 纤维，本发明提供的碳纤维复合材料可以在基本上不降低 60T 纤维的刚性的同时增加其强度和韧性。

权利要求书

1. 一种用于车辆管件中的碳纤维复合材料，其特征在于，由碳纤维层以及涂覆于所述碳纤维层上的环氧树脂层组成，所述碳纤维层由间隔设置的第一碳纤维束和第二碳纤维束组成；

其中，所述第一碳纤维和第二碳纤维分别选自 60T 纤维和 40T 纤维；
所述 60T 纤维为 YSH‒60A 纤维，所述 40T 纤维为 HR40 纤维。

2. 根据权利要求 1 所述的碳纤维复合材料，其特征在于，所述第一碳纤维束和所述第二碳纤维束各自独立地包括 6000～36000 根碳纤维。

3. 根据权利要求 1 所述的碳纤维复合材料，其特征在于，所述第一碳纤维和第二碳纤维分别选自 60T 纤维和 40T 纤维，所述 60T 纤维的质量百分含量为 50%～75%。

4. 根据权利要求 1 所述的碳纤维复合材料，其特征在于，以所述碳纤维复合材料的总质量为 100% 计，所述碳纤维层的质量百分含量为 60%～67%。

5. 根据权利要求 1 所述的碳纤维复合材料，其特征在于，所述碳纤维层的厚度为 0.07～0.15mm。

6. 根据权利要求 1～5 中的任一项所述的碳纤维复合材料，其特征在于，所述环氧树脂层的组成原料包括 A 剂和 B 剂，以所述组成原料总质量为 100% 计，所述 A 剂包括如下组分：双酚 A 环氧树脂 128：20%～30%，苯氧树脂：10%～15%，聚乙烯醇缩苯甲醛：1%～5%，固体环氧树脂 901：10%～15%，酚醛环氧树脂：10%～15%，双酚 A 环氧树脂 170：12%～17%；

所述 B 剂包括如下组分：双酚 A 环氧树脂 128：5%～10%；固化剂：3%～7%；固化促进剂：1%～3%。

7. 根据权利要求 6 所述的碳纤维复合材料，其特征在于，所述固化剂为双氰胺。

8. 根据权利要求 6 所述的碳纤维复合材料，其特征在于，所述固化促进剂为有机脲促进剂。

9. 根据权利要求 1～8 中的任一项所述的碳纤维复合材料的制备方法，其特征在于，所述制备方法包括如下步骤：

将第一碳纤维束和第二碳纤维束依次间隔设置，然后浸涂环氧树脂组合物溶液并固化，得到所述碳纤维复合材料。

10. 根据权利要求 9 所述的碳纤维复合材料的制备方法，其特征在于，所述制备方法包括如下步骤：

将第一碳纤维束和第二碳纤维束依次间隔设置，然后涂覆环氧树脂组合物并固化，得到所述碳纤维复合材料。

续表

11. 根据权利要求 1~8 中的任一项所述的碳纤维复合材料在车辆管件中的应用。

摘　　要

本发明提供了一种碳纤维复合材料及其制备方法和应用，包括碳纤维层以及涂覆于所述碳纤维层上的环氧树脂层，所述碳纤维层包括间隔设置的第一碳纤维束和第二碳纤维束；其中，所述第一碳纤维和所述第二碳纤维各自独立地选自 60T 纤维、40T 纤维，且第一碳纤维和第二碳纤维不同。在本发明中，通过选用两种不同拉伸模量的碳纤维共同使用，可以改善拉伸模量较大的纤维强度较差的缺陷，使得最后得到的碳纤维复合材料可以满足应用要求。

这是一个对现有技术中的碳纤维复合材料进行材料选择而做出的改进型发明创造，申请人通过对原材料的优化改善了碳纤维复合材料产品的机械性能从而满足应用要求。

在审查过程中，审查员一开始质疑本发明的复合材料的材料选择没有创造性，原因是对比文件 1 公开了类似的碳纤维复合材料，区别有一点：对比文件采用玄武岩纤维与碳纤维复配制作为混杂纤维复合材料，本申请是采用碳纤维一种材料，认为该区别属于本领域根据实际需要进行的常规调整。

申请人在答复意见中，指出该区别并非常规调整可以得到的，其详细分析了对比文件 1 和本申请目的和手段的区别：对比文件 1 中选择玄武岩纤维是为了使得门窗型材的强度和耐腐蚀性能、抗老化性能均能提高。本专利针对碳纤维复合材料中碳纤维刚性大、强度低的缺点，经过大量的试验，得到选择两种不同拉伸模量的碳纤维共同使用，可以改善拉伸模量较大的纤维强度较差的缺陷，使得最后得到的碳纤维复合材料在具有较好刚性的同时韧性和强度较好。另外，为了进一步提高刚性，本申请选择刚性较大但是强度以及韧性极差的 YSH-60A 纤维，与 HR40 纤维共同使用，可以确保在基本上不损害 YSH-60A 纤维的刚性的同时，提升 YSH-60A 碳纤维的韧性和强度，YSH-60A 纤维和 HR40 纤维配合时，拉伸模量最高可达 327GPa 以上，拉伸强度在 1410MPa 以上，断裂伸长率在 1.57% 以上。

最终，上述观点说服了审查员，此案在一通后授权。值得指出的是，本案虽然看上去是在意见答复时作出的得当应对改变了案件走向，但实际上，原始申请的撰写才是关键。本申请的创新点在于发现了通过选择两种不同拉伸模量的碳纤维束进行配合能够使得碳纤维复合材料具有较好刚性的同时韧性和强度较好，这个发现看着简单，然而，说明书中对其选择的初衷以及取得的效果给出了充分的证据证明：通过选用两种不同拉伸模量的碳纤维共同使用，可以改善拉伸模量较大的纤维强度较差的缺陷，使得最后得到的碳纤维复合材料可以满足应用要求；YSH－60A 纤维刚性较大，但是强度以及韧性极差，其与 HR40 纤维共同使用，可以确保在基本上不损害 YSH－60A 纤维的刚性的同时，提升 YSH－60A 碳纤维的韧性和强度。当选择 YSH－60A 纤维和 HR40 纤维进行配合时，拉伸模量最高可达 327GPa 以上。说明书中还针对这些发现进行了对比实验。

换言之，尽管这些选择单独来看在现有技术范围内的改变很细微，但却是针对碳纤维复合材料特点而有目的地进行选择，且相互之间有关联协同作用。原始申请文件的记载给出了这样选择的合理理由，并非可以在常规范围中任意选出来都能够实现相同效果。因此，当申请人答复提出相应观点时，能够得到审查员的认可。

案件审查过程中可能面临审查员提出的各种质疑，这种质疑不仅取决于技术成果本身的价值，申请文件撰写以及答复阶段的专业性同样重要，许多时候能够影响案件走向结果和权利大小。因此，委托专业的代理机构和代理师申请专利绝不是像买房委托房产中介那样只是图方便获取资讯、加快进度、自己省事那么简单，创新成果以何种方式转化为能够受到法律保护的权益，是专利代理过程中真正具有技术含量的工作内容。

二、专利代理机构的选择

一旦决定将创新成果交给专利代理机构代理，接下来就要面临选择代理机构的问题：是选择行业知名度高的所？代理量大的所？价格实惠的所？还是找认识的朋友推荐一个所？显然，这个问题没有统一的答案，就像要在路边选择一家餐馆吃饭一样，既无须一味追求知名度高、代理量大的，价格当然也不是越便宜越好，而是需要根据自身需求综合比较各方面因素来进行选择，适合自己的最好。通常在选择代理机构方面，可以考虑如下因素。

1. 具有正规代理机构资质

这是选择代理机构的基本前提。由于专利代理事务的专业性，《专利代理条例》规定，从事专利代理业务必须经过国务院专利行政部门批准，取得专利代理机构执业许可证。然而，受市场利益的驱动，也有一些没有获得代理机构注册证却擅自开展代理业务的无证机构，即我们经常说的"黑代理"。"黑代理"以牟利为目的，一方面为了招揽客户夸大其词，承诺专利申请100%授权等不可能做到的事项；另一方面不注重服务质量，没有规范的服务流程，甚至瞎编乱造专利。这些"黑代理"没有承担相应责任的能力，无法保证申请人的权益，一旦发生纠纷，专利权人可能会受到严重损害，同时扰乱了市场秩序。

因此，申请专利一定要选择正规的代理机构，以获得最基本的权益保障。现实中有一些"黑代理"利用申请人不了解相关规定，以混淆视听的营业执照冒充专利代理机构，比如某知识产权咨询公司、某专利技术成果转化公司等。

正规的代理机构都有国家知识产权局颁发的"专利代理机构注册证"，证书上有唯一识别的代理组织机构代码，通过国家知识产权局网站（http：//www. cnipa. gov. cn/）或者中华全国专利代理人协会网站（http：//www. acpaa. cn/）可以查询代理机构的资质。查询网页（网址 http：//dlgl. cnipa. gov. cn/txnqueryAgencyOrg. do）界面如图5-3所示。

图5-3　专利代理机构查询界面

2. 具有专业且稳定的服务团队

专利代理当中最重要且最有专业技术含量的内容是申请文件的撰写和在相关各种程序当中向申请人、行政机关和司法机关提供专业意见。而这两类服务内容取决于直接为客户提供专利服务的代理师团队，因此，可以说代理服务团队是选择专利代理机构时最为重要的考虑因素。

每个代理机构内部通常会根据合伙人或组长划分为不同的服务团队，每个团队内部人员素质和经验也有所不同。因此即便是同样技术领域的同类案件，由于对接团队的人员不同，提供的服务质量也有所差别。这就是有时同一家代理机构能给甲公司提供满意的服务，却不能让乙公司满意的原因。只有选对了代理团队，发明人与代理师之间才能默契、高效地配合，在加深技术方案理解基础上，丰富拓展可能的实施方式和技术效果，根据需求有层次地撰写权利要求，以及绘制出便于理解且展示充分的附图，为最终获得高质量的专利奠定基础。

因此，在选择代理机构的时候，最好能够先了解提供服务的人员信息，例如事先请他们提供拟服务团队的成员简历，商定一名经验丰富对接人员，通过与对接人员的充分交流大致了解团队的服务能力，再通过试探性接触加深彼此的了解，然后再作出合作与否的决定。日本索尼（Sony）公司在选择自己的代理机构时就十分慎重，它们先用一些案件对欲考察的几个服务团队进行测试，考察通过后再进行拜访，以自己的标准主导代理机构的选择。

应该了解，具有一些特殊经历和背景的代理服务团队人员可能在某些代理服务方面相对更为擅长。例如，具有实质审查经历和检索经验的专利代理师较擅长查新检索、把握发明创造性高度，在专利申请文件撰写和审查意见答复中可能更能抓住关键；具有技术研发经历的专利代理师了解申请人的思维方式，特别是领域接近的代理师对技术方案具有较深刻的理解力和预见性，有利于创新点的交流和启发；具有无效和诉讼经验的专利代理师则更能准确预判专利授权后程序中可能存在的风险，从而在撰写专利申请文件时提前做好规避；具有涉外案件，特别是美、日、欧、韩和PCT案件代理经验的专利代理师对相关国家、地区和组织机构的审查实践更为了解，在撰写申请文件时能够兼顾要点，合理布局权利要求和说明书，例如有些主题虽然在中国属于不能授权的客体，而在美国或者欧洲却可以授权，在说明书中详细记载便于后续拓展海外市场。

此外，专利代理机构本身及其人员的稳定性也是一个非常重要的考量因素。目前国内专利代理机构人员流动性较高，例如，一件案件撰写新申请时是A代理师，等第一次审查意见通知书下来就换成了B代理师，待授权或驳回结案后，无效或复审程序中又换成了C代理师，这非常影响技术方案理解和权利布局的连贯性，进而影响服务质量。因此对于申请人来讲，专利代理机构频繁换人显然是不利的，选择时还是应该通过细致深入的调查，尽可能选择人员流动性相对较小的代理机构。

— 239 —

3. 国内专利申请的代理质量

之所以限定在国内专利申请，是因为涉外专利申请，尤其是"外向内"专利申请，通常还有国外专利代理机构的参与，而国内专利申请从撰写到结案，甚至结案后的流程通常完全由代理机构自身负责，可以说是代理能力的试金石。在所有代理服务之中，含金量最高的当属申请文件撰写，申请文件作为法律文件的基础直接影响着发明创造最终能否得到授权、保护范围是否理想、授权后的权利是否稳定，以及整个过程所花费的人力、时间和金钱成本。当然，后续审查过程中的意见答复、修改策略也是相当重要的代理能力。

为了客观衡量和横向比较代理机构的代理质量，业内创设了一些指标，通常由知名媒体或咨询机构进行发布，下面分别列举部分指标的含义：

发明专利申请授权量：代理机构代理的发明授权数量；

发明专利申请的授权率：代理机构代理的发明授权数量/（发明专利申请的代理总数量 - 在审发明专利数量）×100%；

发明专利申请的驳回率：代理机构代理的发明驳回数量/（发明专利申请的代理总数量 - 在审发明专利数量）×100%；

专利度：专利申请中平均权利要求个数（独立权利要求 + 从属权利要求）；

特征度：专利申请中独立权利要求的平均技术特征个数；

审通答复次数：从专利申请到授权或驳回结案过程中答复审查意见通知书的平均次数；

权项有效答复率：从申请到授权时，权利要求书中减少的权利要求个数；

特征有效答复率：从申请到授权时独立权利要求中增加的特征个数；

专利申请周期：从申请到授权或驳回结案的时间；

被引用次数：一件专利被在后专利的申请人或审查员所引用的次数；

专利维持时间：从申请日或授权日起至专利无效、终止、撤销或期限届满之日的实际时间。

然而，这些指标由于其表征局限性，并不能完全说明问题，比如，对于授权量大、成立时间久的代理机构，其在审专利数量占比基本可以忽略，因此发明授权量与授权率呈正相关；而对于成立时间不久、在审专利数量占比较大的代理机构，发明授权量大的代理机构授权率不一定大。更重要的是，代理机构的发明授权量和授权率更大程度上取决于其案源，即原始技术方案本身的技术含量，这又与代理机构的商业开拓能力相关，另外审查过程的随机性也会造成一定影响。当然，在完全不了解的情况下，这也不失为一种较为量化的撰写质量参考指标。

除了上述量化指标之外，最直接的代理质量评判还是来自实战案例，例如申请人与代理师之间的交流、文件撰写、提供的代理意见，尤其是代理师对各类情况的解释、风险的预判和相关建议，等等，虽然时间战线较长，但更加真实地反映了对接代理人员或团队的服务水平。申请人可在每次合作后对代理机构进行评估，包括专利申请书撰写质量、权利保护范围、领域技术熟悉度、建议专业度、沟通配合度等，再根据评估结果考虑是否需要进一步沟通、合作，还是需要更换代理机构。

4. 擅长领域是否匹配

大多数专利代理机构通常都声称是全领域覆盖的，从内部而言一般分为机械、电学、化学三大领域，但实际上，与机构主要案源领域和合伙人或资深代理人擅长领域分布相关，许多代理机构，特别是中小型代理机构通常会有自己更加擅长的领域，甚至是更为细分的技术分支。例如，有些代理机构特别擅长代理生物医药类案件，有些擅长通信技术类案件，有些则擅长人工智能领域。如果化工类申请人找的代理机构主要致力于机械或电子技术类专利代理，显然遇到对路的代理团队的概率相对较小。因此，在选择代理机构时，还需要做一些调研，如询问候选代理机构的客户主要有哪些，也可以检索一下这些代理机构曾经代理过的案件，看看是否与自己的技术领域接近，评估一下这些案件的数量和质量。

5. 流程管理是否规范

流程管理的规范性一方面反映了代理机构的管理能力水平，很难想象一个总是交错交漏文件、时限等注意事项常常提醒不到位的机构能够做好申请文件的质量管控；另一方面，专利申请过程中，专业化的流程管理规范本身就是一个极其重要的环节，对于代理机构而言，"时限大于天"，如果不能够保证做到各类时限的零差错监控，避免各类流程事项的延误错漏，轻则导致客户时间延误或经济损失，重则可能导致权利丧失等不可挽回的后果。

例如，专利申请过程中，不仅有专利行政机关的各种要求和注意事项，包括文件提交、补正、提出各类请求、审查意见答复、提交复审与无效、提交海外申请等，还有另一端来自客户的各种指示，包括何时返稿、何时递交文件、是否出具意见和建议、账单如何出具，等等。将全部案件统一起来监管，定期提醒满足各类事项要求是一项非常复杂的工作，现在大部分代理机构都有专业的流程管理软件来进行全部案件的集成精细化管理，同时还有一个团队负责行政机关、客户和专利代理师之间的流程性事务链接。例如，将期限监控结果及时提醒客户、核查提交文件的形式、向行政机关递交材料、将客户或行政机关的意见转达给专利代理师，等等。因此，代理机构的流程团队需要足够专业和负责，精确监控各类时限和流程要求，确认客户知晓相关事项，保证代理师严格遵守作业时间。

6. 服务意识是否到位

专利代理机构是提供技术服务的，因此服务意识是否到位是选择代理机构必须要考虑的因素。服务意识强、以用户为中心的代理机构往往管理水平较高，而且对于客户而言，与这样的代理机构打交道容易比较顺畅地进行需求沟通，方便企业自身的专利技术管理。

专利代理机构的服务意识主要包括以下三个方面：

一是以将心比心的心态从客户需求出发，主动站在客户立场上思考问题，争取客户利益最大化。比如当客户想要尽快获得专利授权保护时，可以根据客户和技术方案情况分析能否走保护中心预审途径或者优先审查途径，或者是否适合同时申请实用新型和发明专利；当客户需要向国外申请专利时，根据需求规划最经济的申请方式；当撰写申请文件时，启发客户充分拓展实施方式，提炼概括争取更优的保护范围；当审查员指出申请文件存在的问题时，根据自己的专业知识评估该问题是否的确存在，是否有争辩余地，等等。

二是以专业精神而非"忽悠"留住客户。例如，当发现客户案件存在问题时以有理有据的方式指出，帮助客户作出正确的判断，而非事先拍胸脯作保证，出了问题将责任都推到客户技术方案或者审查员身上；当客户面临复杂情况选择时，对每种选择可能出现的风险和后果进行分析，让客户作出选择时心中有数，而不是让客户糊里糊涂地做决定或者直接代替客户决定；对客户做好沟通解释和专利申请与审查知识的普及，而不是用让人误以为自己有关系、有能力的言辞与客户建立委托关系，等等。

三是以积极主动的方式了解客户，以更好地契合客户需求。比如，一些代理机构对于有长期合作意向的客户，在初次合作时以及后续不定期地会举行面对面沟通、调研技术一线，甚至主动给客户提供定制化服务，如上门挖掘、专利培训等，通过各种形式了解客户技术研发历史、行业水平情况、创新成果与布局方向等，同时向客户普及自己的工作，以便在代理服务时双方的配合更加默契。

7. 价格是否合理

服务价格是申请人选择代理机构时绕不开的话题，但是，显然代理机构的服务价格并非越低越好。目前市场有一些代理机构为了争取客户，服务价格低得离谱，但机构服务成本本身是固定的，低竞价的结果只能是通过减少在每个案件上花的时间和精力来降低服务成本，最终损害的是客户的利益。

比如，通常专利申请收费 5000 ~ 10000 元/件的专利代理机构❶，一个专利代理师撰写一个国内案件通常要花费 1 ~ 3 个工作日的时间，因为字句的斟酌再加上与申请人的沟通、反复修改、最终成稿确认要付出很多精力。然而，一些代理机构仅收费 1000 ~ 3000 元，可想而知其服务也会大打折扣。通常其仅仅是在客户提供的技术交底书上进行文字调整，使之形式上符合专利法的要求，而不会去深入理解客户的技术成果，更不用说替客户做方案挖掘和权利扩充了，对于案件的后续走向，他们要么不考虑是否有授权前景，以拿到国家知识产权局下发的"受理通知书"为完成任务，要么单纯追求授权结果而完全不顾权利要求保护范围是否过于狭窄变成了无用的"证书专利"。这类代理机构所提供的服务实际上就是形式审核与流程"跑腿"，真正具有技术含量的专利文件撰写工作还是客户自己完成的，而结果很可能是专利保护范围过小，甚至是专利无法授权。从这个意义来讲，低价格反而更不划算。

另外需要注意的是，一些"黑代理"常用"包授权"承诺来吸引客户，正规的专利代理机构都不会承诺包授权，哪怕进行了检索。申请能否获得授权，很大程度上取决于技术方案本身，而且审查过程有一些不确定性，例如对于一些法条的适用存在模糊地带，连专利行政部门内部也存在学术争议，这是专利代理机构不可控的。"包授权"承诺实际上是对申请人的不负责任，或者完全不考虑专利保护内容，胡乱编写无用的技术方案，或者把权利要求从一个保护范围缩小到一个保护点，成为传说中的"垃圾专利"。

专利申请的代理费用（不包含官方收取的费用）与具体案件情况密切相关，影响收费的因素包括技术交底书的完善程度、技术复杂度、在技术交底书基础上的加工程度（要做实质性深加工还是仅规范格式）、是否要提供通知书答辩建议、是否要进行检索、是否后续要申请国外或 PCT 专利、是否有特殊需求（如规避设计、可授权性、防规避性、抗无效性、易维权性）等。总之，对质量要求越高，收费也越高。所以，创新主体不能只以价格成本为导向，而应该正视价格背后可能存在的服务质量差异。

8. 其他参考性因素

除了上面列出的主要考虑因素之外，我们选择代理机构还应注意其他一些方面，比如代理机构是否代理与自己有利益冲突的案件，代理机构的成立时

---

❶ 案件收费依据案件技术领域、技术内容和代理机构地域、代理师级别等有所不同，这里为举例说明而非行业标准。

间、人员规模、异地还是本地、是否能提供更多类型的服务，等等。这些因素或多或少也会对申请人的选择有一定影响。

（1）存在利益冲突

《专利代理条例》仅限制了针对同一专利申请或专利权发生利益冲突的委托，比如，无效案件当中同一专利代理机构不能同时为专利权人和无效宣告请求人提供代理服务。看上去专利申请阶段很难即刻显现利益对抗，直接利益冲突的可能性较小，但是如果做竞争性产品的两个企业，比如日本新日铁住金公司与我国宝钢集团旗下的钢铁企业，都委托同一代理机构，甚至同一专利代理师对创新成果进行专利撰写，在技术挖掘和方案拓展时相互从对手的技术中获得启发有时候是难以避免的，这应该是双方企业都不愿意看到的事情。

许多大企业会在委托代理机构之前做利益冲突调查，例如三星和LG的液晶技术团队，如果存在利益冲突情形，通常会放弃委托或者要求代理机构选边站队。当然，优质的代理机构难得，如果综合其他因素在这方面有所妥协，至少也应当要求代理机构内部有较为完善的利益冲突"防火墙"机制，即将利益冲突客户案件分配到不同的团队，并且严格禁止团队之间的技术交流。但即使如此，一旦发生诸如相似技术同时竞争专利申请权之类的情况，代理机构泄密的嫌疑实际上是很难被排除的。

（2）人员规模

关于代理机构人数的考察可能存在两个误区：一是单纯从机构总人数规模上考察代理机构的代理能力。申请阶段的代理能力"瓶颈"在于撰写申请的能力，而撰写申请的能力则取决于相关领域专利代理师人数以及其带的助手人数，其他诸如流程、诉讼、商标、领域差异较大的代理师的人数影响可以忽略不计。二是认为大型代理机构业务量大、代理质量肯定相较小型代理机构好。无论是公司制还是合伙制的代理机构，实质上仍都是多个合伙人的聚集体，合伙人底下的团队之间业务相对独立，并不像普通企业那样纵向管控横向联动，因此对于每个案件的质量把控基本上仍是由合伙人负责的，大型代理机构不同合伙人所带领团队的代理质量很有可能有高有低，而不少中小型代理机构中的优秀合伙人带出团队的案件质量也相当高。

当然，在某些情况下，代理机构的人员规模也有一定参考意义，例如，对于年申请量在几百上千件的集团企业，如果选择的代理机构人数太少，处理能力有限，显然是不能胜任的；而对于年申请量只有几件到十几件的创新主体而言，一般代理机构从数量上都能够接收，但选择大型代理机构在资源分配上有可能会处于较为不利地位。此外，如果企业具有一定规模的申请量，可以选择不止一家代理机构，科学地加以管理，所谓"把鸡蛋放在不同的篮子里"。

（3）地理位置

我国专利代理机构的数量和专利代理师的人数地区分布非常不均衡，大多数代理机构都位于北京和东部几个大的沿海省市，与经济和科技发展程度呈正相关。2020年，全国3253家专利代理机构中，位于北京、广东、江苏、浙江和上海五省市的总和为2039家，占比达63%，而位于甘肃、新疆、宁夏、海南、青海、内蒙古和西藏的专利代理机构不到10家；2.3万名执业专利代理师中，北京、广东、江苏和上海四地总和为15065人，占比达65%。在经济活跃、专利服务需求服务旺盛的地区，代理机构和代理师的实践经验也更丰富，总体上代理能力和代理质量更优。其中，尤以北京为公认的优质代理机构聚集地，老牌知名代理机构最多，这与北京是国家知识产权局、北京知识产权法院和最高人民法院所在地，也是众多国内外500强企业、大量创新主体、科研院所的所在地，代理机构在这里经历了多年实践历练是分不开的。

然而，本地代理机构有利于深入交流。科研人员与专利代理师的思维经常有不在一个"频道"的情况，而技术方案有时又很难用文字或语言准确地表达，如果专利代理师能够方便地与申请人现场交流，例如一线参观、样品演示，或者当面答疑解惑，肯定是比不见面的沟通更为充分，有助于更加深入地理解技术和申请需求，甚至有时邮件来来回回没说清楚的事情，到现场一看或者申请人对着产品演示一下就明白了。特别是技术方案复杂、申请量较大、技术关联性较高的情况下，创新主体的专利管理人员及技术人员与代理机构之间的充分沟通是非常必要的。异地代理机构在这一点上显然不如本地代理机构有优势，但幸好互联网和通信技术的高速发展拉近了人与人之间的距离，方便了异地沟通。在本地代理机构不能够满足创新主体的需要时，也可以考虑委托异地的优质代理机构，通过视频会议、远程演示等方式办公，弥补不能当面交流的弊端。

（4）业务范围

除了专利代理服务之外，许多专利代理机构还能够提供多样化的服务种类，例如有的从事商标、版权、法律诉讼代理业务，有的拥有从事知识产权许可、转让和运营的团队，有的在海外有良好的合作伙伴，还有的承担了一些政府项目申报和知识产权联盟管理工作。如果申请人有这些方面的需求，可以作为选择代理机构的加分项。例如，实施"走出去"战略的企业可以选择海外合作业务较为成熟、有长期稳定海外合作伙伴的代理机构；面临较高的行政管理或诉讼风险的企业，则可选择那些有专业诉讼团队和争议解决能力的代理机构。

当然，没有任何一个专利代理机构是十全十美的。申请人需要结合自身实际情况，综合考虑各种因素来选择，也可以尝试选择具有不同特点的多家代理机构，既可以分担风险，又能够获得差异化服务。

三、专利代理师的基本素养

虽然优质的专利代理机构能够提供规范的流程管理和代理质量控制，但申请文件撰写、审查意见答复等与技术相关的代理服务不是流水线上的标准操作，需要专利代理师付出大量的脑力劳动。因此，在技术交底和申请阶段，专利代理师的选择非常关键，好的专利代理师能够较为准确地预判一项技术申请专利过程中的各种风险，提供专业化的建议，帮助申请人争取尽可能最优的结果。

那么，怎样选择合适的专利代理师呢？专利代理是一个综合型的知识工作，合格的专利代理师关键需要具备四个方面的基本素养：一是过硬的专利服务技能；二是良好的沟通能力；三是与时俱进的学习能力；四是客户至上的服务意识和履职尽责的职业操守。

1. 专业服务技能

过硬的专业服务技能是对一个合格专利代理师的基本要求，也是赢得客户尊重、获得案源的保障。具体包括以下几个方面：

① 具有基本技术知识。这里所说的基本技术知识，是指能够理解普通技术知识，有相关领域基础知识和逻辑分析推理能力，比如化学领域的代理师要了解基础化学知识，看得懂化学结构式和反应方程，否则，就会很难理解技术方案，甚至犯低级错误。当然，专利代理师的技术门槛要求并不需要非常高，因为其毕竟专业擅长点在于专利法律法规，即便一开始不知晓发明中一些比较专业或前沿的技术知识，也可以通过与发明人的沟通或者自己补充背景知识来弥补，而且，专利申请审批和涉案专利诉讼时，审查员或者法官很多也都不具备深厚的技术功底，专利代理师本身就需要从普通技术人员容易看懂的角度去撰写申请文件或者代理意见，比如在申请文件中做一些专业技术普及的工作。

② 掌握专利相关法律法规。作为专利代理师，至少应当熟悉《专利法》《专利法实施细则》和《专利审查指南 2010》，特殊领域的专利代理师还应当熟练掌握相关领域的特殊规定，比如，《专利审查指南 2010》第二部分第十章"关于化学领域发明专利申请审查的若干规定"要求说明书中必须记载化学产

品的确认（化学名称及结构式或化学式）、化学产品的制备（至少一种制备方法）和化学产品的用途，以满足化学产品发明充分公开的要求。此外，专利代理师还应该了解其他相关知识产权法律法规，如《商标法》《著作权法》《知识产权海关保护条例》《植物新品种保护条例》《计算机软件保护条例》《集成电路布图设计保护条例》等。

③ 严谨的逻辑思维。技术方案的描述、权利要求的概括和整体布局，都需要系统而严谨的逻辑思维。比如，从方案与现有技术的核心区别提炼权利要求保护范围；从产品、制备方法、应用等方面布局独立权利要求；递进式地构建从属权利要求体系；在保护范围和授权前景之间作出合理的评估，等等。

④ 具象与抽象思维的转换能力：专利代理师通常是基于技术交底书来撰写申请文件，但由于很多发明人不熟悉专利申请文件撰写的要求，他们提供的技术交底书通常是非常具体的实现方式，比如直接提供一种产品结构样图、具体到每种原料用量的组合物配方或者像实验流程说明那样详细的步骤描述。还有些交底书又显得过于简单，似乎仅停留在构思阶段，缺乏可操作性。专利代理师通常需要对这些问题进行修正，对具体的实现方式进行归纳概括，去掉非必要技术特征，提炼合适的保护范围，对抽象的方案引导发明人进行细节挖掘，有时还需要进行思维扩展，启发和帮助发明人发现发明实施的更多可能性。

此外，专利代理师还有一些加分技能，如善于文献检索、能够处理无效和诉讼案件、熟悉涉外专利申请事务、精通多种语言、能够运用软件制图等。

2. 沟通能力

沟通包括倾听、理解和表达。专利代理师是连接申请人和审查员的桥梁，良好沟通协调能力是确保信息准确传递的基础。

专利语言以技术语言为基础，但又与技术语言有较大区别，专利语言要求具有法律语言的严谨性和专业性。特别重要的是，专利文件撰写时不能仅考虑读者受众是技术内容心照不宣、一点就透的本领域人员，还要设想文件会被不了解相关技术的审查员、法官甚至社会公众看到和评判。

曾经有一位专利代理师被委托人投诉，委托人认为这位专利代理师在说明书中写了太多和发明创新点无关的内容，权利要求写得不符合技术语言习惯，看上去"怪怪的"，不认可代理师的专业性。这位委托人的案件涉及改善芳纶纤维力学性能和表面性能的工艺，专利代理师在申请文件中花了一定篇幅介绍在申请人眼里非常基础而"毋庸赘述"的知识，如芳纶纤维的改性技术有哪些，这些不同的改性技术的具体工艺、区别、优缺点等。而权利要求书中，又有一些"所述""根据权利要求""其特征在于"这样"怪怪的"字眼。

稍微了解专利知识的人应该清楚，专利申请文件中撰写的这些内容是非常常见的。说明书中引入相关基础知识用于清楚、完整地说明技术方案，并对权利要求提供必要的技术支撑，有些知识虽然看似简单常见，但对于不太了解技术的行政审查人员和司法审判人员却具有引导、暗示和启发的作用，能帮助他们更清楚地理解发明构思，判断不同改性技术之间是否可以相互借鉴，进而影响新颖性或创造性的判断结论。权利要求作为圈定权利保护范围的核心内容，专利代理师会充分考虑通过审查可行性、权利稳定性和后续维权便利性等因素，在记载方式上也有这个行业通常的专用描述方式。

申请人不了解专利知识时，往往对代理师的工作存在一些误解和质疑，进而影响双方沟通的顺畅程度。同时，申请人又是最了解技术的人，如果其提供的技术信息不足以满足专利申请文件合法性的要求，可能对专利申请获得授权和授权后的稳定性产生影响。因此，专利代理师必须在申请阶段充分与申请人沟通，理解申请人的基本技术内容和申请诉求，换位于审查员或法官的角度去发现其中没有说清楚的技术疑问和后续可能的法律风险的点，用申请人能够理解的方式传递给申请人，促使申请人进一步澄清。

另外，在专利审查和授权后的维权过程中，专利代理师又要扮演申请人代言人的角色，还要换位到审查员和法官的角度思考，把复杂难懂的技术用审查员和法官能够理解的方式表达出来，将己方的观点用理论依据和事实证据支撑起来，有时还要借助通俗的比喻形象化起来。比起不善言辞、多使用固定套话沟通的专利代理师，那些肯在沟通上下功夫，能够换位思考的专利代理师显然更可能帮助申请人获得尽可能多的权益。

所以，专利代理师的沟通理解能力能够在相当大的程度上影响申请文件的撰写质量和获得授权的可能性。当然，沟通是双方的事情，具体沟通什么，本章第三节中将会详细介绍。

3. 学习能力

专利代理师虽然有一定的技术功底，有的还特别精通某一技术领域，但代理行业不可能对技术领域分工特别细，大多数情况下专利代理师面对的都是自己并不熟悉领域的案件。为了理解所代理的发明创造，专利代理师需要通过检索、查阅文献资料、与申请人沟通等方式迅速、高效地了解发明创造的内容。这就需要专利代理师在技术方面永远具有开放的学习心态和刨根问底的信息收集能力。

同时，专利代理师还需要掌握专利相关法律法规，关注最高人民法院不断更新司法解释，了解国家知识产权局和地方知识产权局最新出台的文件，通过研究社会热点和典型案例了解官方最新动向和主流观点。专利代理师协会每年都会组织专利代理师学习研讨，要求学习时长是代理师通过年检的一个重要考量因素。

可以说，一旦选择了这个行业，就永远在学习，合格的专业代理师必须具有与时俱进的学习能力。

4. 职业操守和服务意识

作为一名专利代理师，不是说百分之百满足委托人的要求就是优秀，提供合理合法的服务才是对委托人最大的负责。专利代理师应当具有良好的职业操守，严格遵守国家法律法规和国家知识产权局对于专利代理师的管理规章。例如，对于委托人的发明创造，专利代理师首先应判断该内容是否适合于申请专利，对明显违法内容，如涉及赌博、吸毒等违法犯罪行为，不提供代理服务。再如，如果委托人提出"私下委托""以不正当方式损害他人利益"等要求，专利代理师如果照单全收，不仅违反《专利代理条例》《专利代理管理办法》等法规或规章规定，也从侧面反映了专利代理师的职业操守意识淡薄，如果遇到这样的专利代理师，委托人也应该掂量一下，自己的利益是否也同样有被置之于不顾的风险。

在合法的前提下，良好的服务意识当然是选择专利代理师的重要标准，这里所说的服务意识不仅是满足服务对象的需求，还要有尽力使委托人利益最大化的职业态度。例如，提供咨询意见时，全面考虑发明创造的实际情况和委托人的需求，利用自己的专业知识提供周到的分析，在撰写申请文件或者答复审查意见时，能够充分准备，弄清楚技术内容，熟悉法律法规的规定，根据审查意见和委托人的意愿字斟句酌地撰写申请文件或答辩意见，高效处理，在可能的范围内尽力为委托人争取最大的利益。

以一个具体案件为例，一件发明专利申请在实质审查阶段，审查员在第一次审查意见通知书中指出独立权利要求 1 不具备创造性，但认为从属权利要求 2 有授权前景。这就意味着如果申请人将从属权利要求 2 的附加技术特征加入独立权利要求 1，进一步缩小保护范围，则申请有望很快获得授权，专利代理师对本案的服务也就算结束了。但是，专利代理师经分析认为，审查员对案件的事实认定有偏差，可以通过争辩争取不缩小独立权利要求 1 的保护范围。专利代理师在向申请人的建议中详细分析了直接修改和不修改只进行意见陈述的利弊，前者授权快但保护范围将大大限缩，后者有答辩意见不被审查员认可的风险，延长审查程序。申请人权衡后指示专利代理师争取较大的保护范围，案件后续正如专利代理师所预判的那样，审查员第一次没有接受争辩意见，陆续发出了第二次和第三次审查意见通知书，专利代理师在征得申请人同意后，尽力争辩，最终本申请以原始申请时的权利要求获得了授权，取得了申请人所希望的保护范围。

具有良好职业操守和服务意识的专利代理师能够从委托人的角度出发，为委托人提供高品质的服务，将委托人的利益最大化。

四、高性能纤维材料领域专利代理的专业化要求

国内的专利代理师通常分为机械、电学和化学三大技术领域，这是因为这三大技术领域的发明创造在共性之外还有一些个性化特点，比如，电学通信领域的案件需要注意实体结构与虚拟模块的相互作用关系阐释，机械领域的案件需要较高的看图解图制图能力，等等。其中，最具特殊性的应属化学领域的发明创造，《专利审查指南2010》专门有一章针对化学领域发明专利申请的特殊性进行规定，包括哪些客体不能被授予专利权、化学产品和方法要记载到什么程度才算充分公开、补交实验数据是否能够纳入审查、组合物权利要求如何限定、仅用结构和/或组成特征不能清楚表征的化学产品如何撰写、如何判断化合物和组合物的新颖性和创造性、通式化合物单一性判定和马库什权利要求撰写，等等。纤维材料领域的专利申请多数归于化学领域的发明创造，但随着技术的演进和跨领域技术的应用，例如产品成型模具、智能制造、机电一体化加工，也会涉及机械结构，甚至偏电学类的控制加工方法。

因此，对于高性能纤维材料领域的专利申请案件而言，选择的专利代理师除了具备基本素养、能够理解通用领域基本技术之外，所学专业或者代理方向与案件技术专业对口，并且在该领域有一定经验的代理师当然是最优选的。这样在技术交底时代理师能够更加透彻地理解技术创新点，敏锐地发现原始交底书披露不够细致或者拓展不够充分的点，在撰写申请文件时更加有效地规避被驳回的风险。

例如，高性能纤维材料领域的创新技术特别关注材料的使用性能和工艺性能，这是由纤维材料的成分、组织结构和制备工艺等因素决定的。因此，如何在申请文件中将表征成分、组织结构和工艺先进性的性能指标展现出来，对于技术方案的新创性判断至关重要。通常测试高性能纤维材料结构的主要手段是利用扫描电子显微镜、差示扫描量热法、广角 X 射线衍射、显微拉曼光谱、电子拉力试验机、介电法树脂固化监控仪、熔体流动速率仪、冲击试验机、环

刚度试验机等进行分析；衡量高性能纤维材料机械性能的主要指标有强度、模量、抗冲击性和耐磨性等；衡量物理性能的主要指标有密度、熔点、电性能、热性能等；衡量化学性能的主要指标有耐腐蚀性、耐热性、抗氧化性、阻燃性、热稳定性、吸湿性等。

这些参数的获得和解析，需要进行大量试验和检验。由于该领域基础理论知识较为复杂，非相关领域的专利代理师往往不能充分理解技术原理和发明实质，甚至不能看懂相关实验数据和图像，因此很可能不能判断技术交底书撰写是否充分，也识别不到交底书提供的方案和实验结果相互矛盾之处，最终影响申请文件的撰写质量，降低专利授权概率。我们来看下面两个案例：

案例 1：

方案涉及一种大比表面积异形截面碳纤维的制备方法，主要用于国防军工中，通过制备过程预氧化、碳化工艺的调整使得碳纤维具有良好的力学性能。技术交底书中详细记载了大比表面积异形截面碳纤维的制备工艺和最终产品的性能测试结果，包括 SEM 图、比表面积、总孔容、拉伸强度，等等，看似详细而充分。然而，仔细分析可知，这些制备步骤的工艺参数选择都是本领域制备碳纤维时常用的，性能参数效果虽然有些优点但也有些劣势，技术交底书中对工艺参数的调整和效果的对应性也无任何说明，让人阅读后不能把握核心发明点和有益效果。而且，申请中提供了两种不同工艺参数条件下制备得到的碳纤维 SEM 图，然而两张 SEM 图放大比例不同，其中一张图是另一张图的局部放大图。最终该申请方案没有被认可，审查员认为方案总体上并未超出本领域的常规认知，即看不出比现有技术类似产品有何种改进结果，以不具备创造性驳回了该申请。

如果在撰写时，代理师能够识别到上述问题，要求申请人修改明显错误的 SEM 图，对制备步骤中工艺参数调整与碳纤维的比表面积的对应关系作进一步阐述，强调优于现有技术的效果，比如说明本产品的比表面积相对于现有技术产品存在哪些特殊性，为什么要如此选择，现有技术有哪些劣势，有可能案件会有不一样的审查结果。

案例 2：

方案涉及一种准各向同性高导热碳纤维预浸料及其制备方法，主要用作航天器上的热管理材料，这类材料要求具有高强高模特性且高导热。技术交底书记载其创新点在于使用沥青基碳纤维作为原料并对其进行改性后制备碳纤维预浸料，并描述了沥青基碳纤维的表面改性剂的组分、含量以及具体的改性工艺，提供了碳纤维预浸料的热导率检测结果。在撰写申请文件过程中，代理师经沟通了解到，采用沥青基碳纤维作为原料并对其进行改性后制备碳纤维预浸料已经具备良好的各向同性导热率，由此建议申请人提供该文献并详细说明与本方案的区别点，在代理师的启发下，申请人挖掘到方案真正的创新点在于使用中间相沥青基碳纤维作为原料，并补充了本方案与现有技术方案对比试验数据和组织照片。

在此基础上，代理师撰写申请文件时强调了如下几点：①现有技术已有使用沥青基碳纤维作为原料并对其改性后制备碳纤维预浸料以及其不能达到理想效果的事实；②本方案使用中间相沥青基碳纤维作为原料与使用沥青基碳纤维作为原料的区别，探究区别产生的可能原因——中间相沥青基碳纤维作为原料时降低了现有连续高导热碳纤维预浸料的各向异性，提高了横向热导率；③这种区别采用何种手段来加以表征，如两种不同碳纤维预浸料的 SEM 图等；④最终碳纤维预浸料与现有技术产品的效果差异，例如通过热导率检测仪检测预浸料的热导率。最终，该案走向授权。

通过上面两件案例我们不难发现，高性能纤维材料领域的发明创造有许多专业性极强的撰写特点和专有表征方式，撰写者不仅需要读懂技术交底书中的关键技术手段，理解有益效果相关的性能参数，必要时甚至要对性能数据的来源、测试条件、理论分析等加以考究，对特殊组织结构和效果数据进行解析，阐明效果与技术手段之间的关联性，分析由微观组织结构区别或者工艺细微差异带来相对于现有技术的技术优势或者克服的技术障碍。

总而言之，要将高性能纤维材料领域的优势创新成果转化为好的专利，专利代理师的专业对口性和相关代理经验是非常重要的助力点，不仅可以使专利代理师明确理解申请人发明构思和相对于现有技术的区别与贡献，更重要的是提高申请文件质量，避免漏掉致命缺陷，同时在审查意见答复和建议阶段，代理师也能够快速发现和解决争议问题，提高专利审查效率，缩短专利审查周期。

第三节　比写好"技术交底书"更重要的事

选择好专利代理机构和专利代理师后，申请人只要将技术交底书交给他就可以万事大吉、坐收权益了吗？答案当然是否定的。专利代理师虽然是以委托人（专利申请人或专利权人）的名义办理专利相关事务，但其毕竟是与委托人相对独立的个体，二者对相同技术事实、利益预期和风险控制的理解很可能不一致，更何况技术交底书存在表达局限性，撰写者和阅读者对同一文字表达的理解也可能相去甚远。专利代理行为的效果归属于委托人，为了避免理解误差造成对委托人权益的损害，专利代理师会想方设法弄清楚委托人的真实意思，但是，如果委托人不愿意配合，存在"既然花了钱就应该由专利代理师全权负责搞定一切事务"的想法，则最后很可能导致自己权益遭受不可挽回的损失。因此，除了写好技术交底书，在专利申请过程中更重要的是，申请人、发明人与专利代理师做好沟通配合，深度参与到申请文件撰写和审查意见答复当中。

一、巧妇难为无米之炊——技术细节沟通

专利申请撰写的基础是申请人的发明创造成果，技术交底书是记载发明创造成果的信息载体，专利代理师获得技术交底书后，需要理解、消化上面记载的技术内容，再将其转化成专利申请文件。

从作出发明创造成果到形成专利申请文件经过了两次信息加工转换过程，第一次是由申请人将抽象的技术思想以文或图加文的形式表达于技术交底书上，第二次是由专利代理师将技术交底书上体现的技术思想再加工为专利申请文件。这种信息的二次加工过程很容易导致一个问题——信息失真，由于图文表达的局限性、每个人对技术的认知差异、表达和理解习惯不同等原因，这种信息失真几乎是不可避免的。申请人将技术信息记载为书面图文，再由专利代理师根据书面图文转化为符合法律规定的申请文件，就像"传话游戏"一般，经过二次信息衰减，最后得到的内容可能与原始技术内容有着很大的差异。实践中经常遇到专利审查员因专利申请文件中存在的缺陷与发明人沟通时，得到的答复是："申请文件这个地方写得不对，因为不是我写的，他们搞错了，实际应该是这样的……"造成上述问题的原因就是信息传递和加工过程中导致的失真，有时候这种失真导致的后果是致命的——申请中描述的内容与真正的创新成果相去甚远，由此导致无法获得授权，或者即使获得授权也没有实际用处。

要尽可能地降低两次信息加工转换过程中的信息衰减，发明人与专利代理师之间必须能够进行充分的沟通。技术交底书是发明人与专利代理师之间的正式沟通方式。除此之外，交底书之外的非正式沟通，包括邮件、面谈、电话等各种方式，是技术交底之外的必要补充，可以说其效果有时比技术交底书更好。

1. 关键技术信息未提供

案例 3：

某案，申请人是某大型国有企业，方案涉及一种碳纤维复合材料的制备方法，申请文件中记载了制备工艺步骤及其涉及的电解液成分，也对碳纤维材料的导电度、强度等性能进行了测试，看上去申请文件比较完整，方案也有可行性和创新点。然而，审查过程中审查员却找到了与其制备步骤类似的现有技术，在导电度、强度、表面粗糙度等方面的实验数据也较为接近，因此认为方案不具有创造性。

此时，申请人才提供了一份申请之前企业内部的技术研发总结报告，报告中详细研究了方案中电解液成分以及配比对性能的影响，特别提到了电解液的导电度值、处理电量应该处于怎样的特殊区间性能最优，还附了大量对比试验过程和图片，包括不同电解液导电度、处理电量下的表面氧浓度、表面粗糙度、SEM 图等。显然，这份报告记载的信息对整个方案的理解、创新点挖掘和创造性判断非常关键，而申请人却在技术交底时有所保留，代理师在撰写申请文件时不能利用这些关键素材充分证明创新点，只能按照技术交底书进行常规解读，导致最终方案没有获得授权。

2. 在先研究沟通不充分

案例 4：

某案，申请人是某科研院所，发明人是其中一位老师带领的团队。方案涉及一种聚丙烯腈基碳纤维原丝的制备方法，通过对原丝进行洗涤达到纯化的目的，技术交底书中采用缓冲溶液作为洗涤溶液并限定了原丝制备方法，比较了不同洗涤条件下断裂强度、拉伸强度的差值，用以证明特定的缓冲溶液洗涤能够保证断裂强度、拉伸强度同步提升的优点。其中，断裂强度采用了强度单位 MPa 来表征。

然而，该老师带领的技术团队在与专利代理师进行技术交底时没有告知之前他们曾有过另外一件类似申请，同样涉及聚丙烯腈基碳纤维原丝的制备，通过特定配比的酸溶液洗涤原丝，实现断裂强度、拉伸强度的同步提高。其中同样测定了断裂强度，但却采用单位 N/Tex 来表征。

审查过程中，审查员发现了上述在先申请，虽然认可本申请的洗涤溶液与作为现有技术的该在先申请有一定区别，但不认可该区别能够带来创造性。主要原因是认为两个方案内容过于接近，而由于两者在表征断裂强度时选取了不同的方式，单位 MPa 与 N/Tex 又不能直接换算，需要在知道纤维密度的条件下依据经验公式进行换算，由此不能比较得出本申请的效果就优于在先申请，并且怀疑本申请是否是为刻意规避在先研究而故意选择不同的表征方式。

3. 信息矛盾未澄清

案件 5：

某案，申请人为某大型企业，方案涉及一种熔纺异形聚乙烯醇纤维的制备方法，主要创新点在于发现了喷丝板的异形喷丝微孔当量直径 D_h 与改性聚乙烯醇粉体熔体的剪切速率 γ 以及计量泵控制改性聚乙烯醇粉体熔体的体积流量 Q 满足关系：$D_h = \dfrac{4q}{s}$；$\gamma = \dfrac{Q\lambda}{2qD_h}$。然而专利代理师在核实时发现，根据各符号代表的参数去验算公式时，公式左右两边的单位不对应。

专利代理师在撰写申请文件时，将该情况在初稿中高亮标示出，请申请人确认是否有误，然而，申请人的知识产权部门负责人员与技术人员之间却因为分工职责不明没有进行很好的衔接，在问题未确认清楚的情况下指示申请人按照技术交底书中的记载提交。结果，在审查过程中审查员果然同样指出上述问题，申请人这才发现记载有误。最终，该案由于该问题导致失去了授权前景。

上面三个案例都是由于申请人与代理师之间沟通不充分导致真实技术信息没有被很好地转换为具有法律效力的申请文件信息，给专利申请埋下难以补救的隐患。虽然其中作为受过专业训练的信息加工者——专利代理师在阅读技术交底书时没有尽可能地启发、提示申请人披露关键信息的必要性和未尽义务的严重后果，对于沟通不到位的问题存在一定责任，但是，手握信息沟通主动权、掌握技术成果第一手资料的专利申请人一方更具有不可推卸的责任，其主观上没有意识到技术交底的重要性，没有建立完善的专利管理流程和畅通的技术交底渠道，导致信息在两次加工过程中被严重衰减，专利申请最终被驳回。

目前，一些专利意识较强的企业，已经在有目的地培养专门撰写交底书的专利管理人员，其深入一线甚至参与研发，不仅能够充分掌握和准确理解创新技术成果信息，还具有基本的专利逻辑思维，有的专利代理机构也会帮助专利申请量较大的客户进行相关培训，这些都能够帮助专利代理师与申请人之间进行高质量的沟通，敏锐地发现技术交底书与发明人本意之间的差别，补充完善第一次信息加工形成的技术交底书的不足，使整个专利申请文件的加工过程具有良好开端。

二、需求决定生产——权利预期保护范围的沟通

在弄清楚技术信息之后，专利代理师需要更进一步地了解申请人对申请专

利权的预期利益，这些信息对于申请文件的撰写、权利要求的布局有很大的影响。如果出于排除竞争、获得经济利益目的，那么权利要求保护范围应当尽可能多层次、多角度考虑，不仅包括关键技术成果，还要防止规避设计，从而涵盖较大的保护范围，说明书也要对这些权利要求提供充分的支持；而如果只是追求快速授权的结果，则整个申请文件可能会更加偏向于直指技术核心，权利要求保护范围相对较小。我们来看这样一个权利要求：

一种氧化掺氮碳纳米管阵列簇/柔性碳纤维材料一体化电极的制备方法，其特征在于：在柔性碳纤维材料的一侧表面填充含有热催化气相沉积催化剂前驱体材料为基底，在所述的基底上沉积高分布密度的掺氮碳纳米管阵列簇，然后进一步高温热处理得到氧化掺氮碳纳米管阵列簇/柔性碳纤维材料；在氧化掺氮碳纳米管阵列簇表面形成了均匀的羟基、羰基、羧基和吡啶酮基的大量含氧官能团；

所述制备方法如下：

（1）柔性碳纤维基底的预处理

柔性碳纤维材料表面处理：首先将柔性碳纤维材料剪裁成长×宽为（1～10cm）×（1～10cm）的长方形或正方形后，浸没于乙醇或异丙醇溶剂中，超声清洗10～200min，超声频率10～100Hz，然后在60～120℃的鼓风干燥箱中干燥，再用小刀轻轻去除柔性碳纤维材料一侧的毛刺，备用；

柔性碳纤维材料表面填充：用含催化剂前驱体无机盐的悬浮液对柔性碳纤维材料表面的孔隙进行填充，不仅使基底形成平整的平面结构，而且将催化剂前驱体无机盐预置，使生长的掺氮碳纳米管阵列簇均匀紧密，序列性好；在反应容器内加入亲水性导电炭材料、催化剂前驱体无机盐和硅溶胶水溶液，三者按其质量比为1：（50～100）：（100～200）的比例混合，在室温条件下机械搅拌10～36h，制成稳定悬浮液；用一次性滴管将悬浮液滴于表面处理后的柔性碳纤维材料表面，并用玻璃棒铺设均匀，最后用刀片轻轻除去柔性碳纤维材料表面多余的悬浮液并将其放入鼓风干燥箱内，恒温烘干后取出，再按照上述涂抹方式进行填充，重复此过程2～15次，则完成柔性碳纤维材料表面的填充；

柔性碳纤维材料基底的氧化：氧化产物为金属氧化物，易在高温下还原，产生纳米金属颗粒，从而进行掺氮碳纳米管阵列簇的顶端生长；在反应器恒温区域中放入表面填充的柔性碳纤维材料，在空气气氛下，以1～10℃·min^{-1}的升温速率加热至氧化温度100～500℃，进行恒温煅烧1～10h，再以1～5℃·min^{-1}的降温速率降至室温，则表面填充后的柔性碳纤维材料基底的氧化完成；

（2）前驱体反应溶液的配制

以液态含芳香烃或烷烃有机物为碳源前驱体，以液态或固态含氮有机物为氮源前驱体，以固态含过渡金属有机化合物为催化剂补给体；其中金属离子在前驱体反应溶液中的浓度为 $0.01 \sim 0.5 g \cdot mL^{-1}$，碳氮原子比为（$10 \sim 100$）：1，混合完成后，将三者的混合物超声振荡 $10 \sim 50 min$，超声频率 $50 \sim 100 Hz$，使催化剂补给体完全溶解到溶剂中，获得混合的前驱体反应溶液后备用；

（3）掺氮碳纳米管阵列簇/柔性碳纤维材料的制备

首先将经过预处理的柔性碳纤维材料基底置于反应器的恒温区域，以 $1 \sim 10℃ \cdot min^{-1}$ 的恒定升温速率加热至 $100 \sim 500℃$ 并保持 $3 \sim 10 h$，其间通入还原气体氢气 $100 \sim 300 mL \cdot min^{-1}$，将柔性碳纤维材料表面的金属氧化物热解并还原，形成纳米金属颗粒；继续以恒定升温速率加热，当温度达到 $600 \sim 1000℃$ 时，通入氩气、氮气或氦气中的一种与氢气按体积比为（$1 \sim 20$）：1 的混合气为载气，用微量注射泵将前驱体反应溶液以 $0.01 \sim 2 mL \cdot min^{-1}$ 的速率注射入反应器中，注射 $10 \sim 100 min$ 后停止，关闭还原气体氢气并关小惰性气体流量使其能够保持惰性氛围，再以 $1 \sim 6℃ \cdot min^{-1}$ 的恒定降温速率降至室温，则掺氮碳纳米管阵列簇/柔性碳纤维材料制备完成；

（4）氧化掺氮碳纳米管阵列簇/柔性碳纤维材料一体化电极的制备

首先将反应器在空气气氛下以 $1 \sim 10℃ \cdot min^{-1}$ 的速率升温至 $380 \sim 440℃$，再将掺氮碳纳米管阵列簇置于反应器的恒温区内，并保持 $10 \sim 120 min$，再以 $1 \sim 6℃ \cdot min^{-1}$ 的速率降至室温，得到氧化掺氮碳纳米管阵列簇/柔性碳纤维材料一体化电极。

以上是一个授权专利的独立权利要求，其中几乎像实验说明书一样细致地记载了碳纤维输送带的制备方法，但实际上该工艺中有很多步骤、参数并不是发明点内容，如此详细且无层次地撰写申请文件，导致最后授权的权利要求保护范围非常小，还有一些内容是属于可以通过技术秘密保护优化的方案。由于该领域的技术很难通过反向工程破解，但侵权纠纷当中取证却非常困难，这样的专利申请文件就像是把自家大门毫无保留地敞开让人参观，一旦遇到侵权纠纷，专利权人就会处于非常被动的地位，对手对各种参数稍加修改，就能容易地规避落入专利保护范围，而即使对手的确采用了与本专利完全相同的工艺流程，专利权人也很难取得证据。

专利撰写的最终目标在于宣示权利范围，即业内所说的"圈地运动"，在揭示创新成果的基础上，为成果划定一个权利边界，以便排除他人侵犯。因此，从这个意义上讲，权利要求的保护范围是专利文件最核心的组成部分，由于这种权利宣示需要较为深厚的法律功底，通常是由专业的专利代理师来完成的，技术交底书则只需要记载技术创新成果信息，作为专利代理师提炼、概括权利要求的基础支撑。在提炼、概括过程中，"信息失真"问题同样存在，而且由于法律思维和技术思维的差异，可能会加剧"信息失真"的程度。

申请人对发明创造的思维和叙述通常比较具体，故而技术交底书往往专注于描述单个完整的实施方案，例如，使用了什么原材料，各自用量配比如何，工艺温度、处理时间分别是多少，等等。专利代理师则更注重去寻找具体技术中的关键改进点，力求将所有含有该关键改进点的方案都纳入权利边界当中，以划定一个尽可能大的圈，当然，如果圈得过大而纳入了已有技术的内容，又会面临专利权无效的风险。专利代理师为了在这种矛盾中寻求平衡点，特别希望申请人能够确认创新成果与已有技术最显著的区别之处，并力求找到所有具体实施方案的共性特征和可能进一步扩展的方式，从而争取对申请人最有利的结果。

然而，由于申请人与专利代理师的思维和叙述方式之间的差异，他们对同一种技术本身和权利范围的认知和解读往往存在分歧。这些分歧体现在多个方面。一是具体思维与抽象思维的差异。例如，申请人提供的技术方案是一种用于质子交换膜燃料电池中作为气体扩散层的碳纤维纸，由于气体扩散层对水、气传质能力、电阻和机械性能有较高要求。申请人的思维是从应用需求出发，针对气体扩散层强度问题，提供解决方案。而专利代理师则会考虑，这种碳纤维纸是否仅是气体扩散层专用？可否应用于燃料电池电极？甚至能否扩展到其他需要类似材质的领域？不难看出，申请人容易对事物进行比较具体的描述，这是一种"所见即所得"的思维，而专利代理师则通常会从具体中抽象出一般共性，是"类我者皆为我所有"的思维。

二是整体思维与局部思维的差异。例如，申请人提供的技术方案是一种具有多尺度耐高温界面结构的碳纤维复合材料制备方法，其中包括碳纤维表面改性、阳极氧化处理、纳米粒子沉积、耐高温聚合物涂覆、耐高温树脂体系的制备、将表面涂覆耐高温聚合物碳纤维与耐高温树脂体系浸渍复合、升温固化、冷却等步骤，并且涵盖了各步骤的具体工艺参数。申请人希望看到的是一个完整的、可直接实施的工艺流程。而专利代理师则更关注该工艺与现有技术最大的区别点在哪里，或者导致更好效果的步骤是哪些，例如，上述方案与现有技术的主要区别点是采用阳极氧化与电泳沉积法结合来沉积纳米粒子，使得纳米粒子能够提高与碳纤维表面的结合力，同时避免水电解产生的气泡影响纳米粒子的均匀分布，那么专利代理师就会将这个步骤作为主要特征写在独立权利要求当中，以便获得尽可能大的保护范围，对于其余次要内容，可以布局多层次的从属权利要求。整体思维关注的是实际操作的完成，局部思维关注的是与现有技术的区别。

三是说明书思维与教科书思维的差异。申请人通常专注于描述自己的发明创造是什么，在技术交底书中对于技术方案本身交代得多，对于该技术的来龙去脉交代得少，如果读者也是深谙此道的申请人，就像阅读说明书一样，一看即懂，一点就透，但对于没有相关背景技术的专利代理师、专利审查员甚至法官而言，却并不能很快抓住方案的核心发明点。因此，专利代理师在"是什么"基础上更需要讲清楚"为什么"和"怎么样"的问题，即像教科书一样，向读者普及背景知识，让读者理解为什么要这么做，以及这样做效果如何，使得"非本领域技术人员"也能看懂。

由于思维方式的这些差异，原始技术交底书记载的内容很可能无法满足一份保护范围适当、实施例拓展充分的专利申请文件的要求，为此，专利代理师通常会通过各种方式向申请人确认问题，比如，方案中最关键的地方在哪里？现有技术是什么样的？某个步骤在方案中起到什么作用？某部件是否还有其他形式？某参数是否能从一个点值拓展为较宽的范围？一些问题看似"技术外行"，但实际上却体现了专利内行的思维和表达方式，因此申请人与专利代理师要在技术交底书基础上充分沟通，确保申请文件撰写能够支持预期的权利要求保护范围。

三、更上一层楼——企业专利申请策略沟通

对拥有不止一项核心技术甚至已有许多专利申请的企业而言，专利申请和布局策略是企业管理的一个重要方面，通常需要基于企业自身覆盖或有可能会涉及的技术领域、重点产品和重点项目、核心技术点、竞争对手专利和技术等情况进行专利布局规划。比如，是抢占先机保护核心技术还是通过系列申请层层演进，是构建专利丛林还是以规避设计突破垄断壁垒，是主要供应国内市场还是拟向海外扩展，等等。这种战略层面的专利规划在实际实施时仍然会体现在每个专利申请文件之中，与撰写技巧密切相关，因而企业在做技术交底时如果能够让专利代理师了解这些申请策略方面的考虑，将非常有利于目标导向地开展专利布局，从而为更好地运用专利制度这一市场竞争的游戏规则奠定基础。

1. 抢占先机式申请

专利申请遵循先申请原则，即两件相同的发明创造，专利权授予最先申请

的那一方，因此申请日的抢占是专利申请布局中一个重要的考虑因素。一般来说，创新主体在研发时会预先拟定技术路线，反复尝试、验证、调整、再尝试，以获得最优方案。但对于研发手段相对成熟、技术容易被模仿且技术相似度较高的高性能纤维材料领域，如果等最终优化的结果出来再申请专利，很可能会被竞争对手抢占先机。因而对专利制度掌握和运用较好的创新主体会将专利布局在研发路线的各个节点上，不仅保护阶段性成果和最优方案，而且在创意、构思阶段也尽可能地"圈地划界"，以取得先发制人的优势。

对于以"抢占先机"为目的的专利申请，最好能让专利代理师尽早地加入研发团队当中，以帮助发现和提炼阶段性成果，尽快提交申请。同时，也要充分沟通技术内容，使权利要求的布局和说明书内容为后续申请做好铺垫。

例如，早期介入的专利代理师可能帮助申请人敏锐地发现提交阶段性成果的时间节点和专利内容，也可能根据技术特点建议优先权、分案、权利要求布局、说明书覆盖内容等申请策略。又如，在他人已有研发成果基础上进行改进的创新成果对实验数据的要求较高，方案创造性高度往往依赖于实验数据能够证明的更优技术效果，而短时间内进行全面系统的实验来验证这些效果可能不太现实，此时专利代理师会根据具体情况建议将效果记载到说明书中，比如除了已有真实实验验证的效果之外，还有哪些依据经验和理论能够推知的效果，虽然这些效果相关的实验证据由于一时无法获得而不能记载到申请文件当中，但后续申请或审查过程中也很有可能作为原始效果的支持而派上用场。

2. 丛林战略式申请

专利数量在某种意义上代表着企业的创新能力和经济实力，还可能影响以专利为代表的企业无形资产评估价值，因此许多跨国企业每年都会大规模申请专利，哪怕是非常小的改进，也会尽量争取专利保护，形成密集的专利丛林，狙击竞争对手。在中国，虽然专利保护起步较晚，但在激烈的市场竞争中经过历练，大家也逐渐意识到专利拥有量在争夺市场份额、交叉许可、专利诉讼和和解谈判中都是非常重要的筹码，加之国家政策的激励，许多企业不断努力增加专利申请量，采取先堆量再控质的丛林战略，期望争取竞争中的话语权。

对于这类申请，专利代理师考虑的一个重要角度是如何拆分技术改进点，在保证方案完整性的前提下尽可能增加专利申请数量。这种情况下申请人与专利代理师的沟通也非常关键，必须明确哪些是可拆分的，哪些是不可拆分的。比如，若方案当中两个创新点之间有协同作用，拆分就可能影响审查时对创新高度的判断，此时就需要申请人详细介绍单个创新点，从而让专利代理师能够对其创新高度有相对客观的评估，再决定申请策略。此外，通过拆分技术改进点来增加专利数量的专利申请策略，为了满足说明书支持权利要求书的要求，还特别需要针对每一个单独的申请进行说明书的匹配。当然，具有相互关联性的发明点如果进行了拆分，还可能对相互之间造成影响，专利代理师需要特别注意递交时间，避免出现相互影响新颖性或创造性的情况。

3. 逐步演进式申请

与"丛林战略"不同的是，一些企业为了长期保持某领域领先的优势，延续权利时间，并不急于围绕核心技术大量提交外围申请，反而可能会控制申请专利的节奏。这在一些技术领先的药企中比较常见，第一代新药上市数年之后，甚至于专利保护期届满之前，才继续推出效果更好的二代、三代衍生物专利申请，以持续拥有具有竞争力的专利技术，延长自己在该领域的领先地位。

对于这种申请策略，专利代理师在撰写时，会特别注意技术方案的公开程度和前后专利的内容衔接性。因为专利申请文件中必须充分公开保护的技术方案，在先申请公开后很可能对后续申请的新颖性和创造性造成影响，故在先申请既要考虑公开为审查通过必须公开的内容，又要为后续申请留出创造性高度空间。这类案件从权利要求布局、说明书内容到提交时间节点、公开策略等对技术专业性和法律专业性都提出了较高的要求，甚至有可能涉及企业管理，如涉及企业技术秘密和人员管理制度，因此特别需要申请人与专利代理师之间的深度交流。

4. 规避设计

规避设计是指为了避免侵犯他人的专利权，而使自己的相关技术与已有专利保护范围不同。当今世界，很多技术领域都被一些手握大量专利技术的龙头企业占得先机，形成多重技术壁垒，或者一些领域技术解决途径较为单一，一旦竞争对手先申请了专利，留给其他企业的自主空间就很少了，只能千方百计通过规避设计的方式，充分挖掘技术壁垒中的空白点，或者围绕壁垒开发外围专利以增加自己的谈判筹码。

规避设计要求从侵权判定的角度对专利进行分析和方案设计，专业性比较强，因而以此为目的的专利申请特别需要专利代理师尽早地参与到技术研发和专利申请过程中，帮助申请人分析，哪些技术属于已有专利权的盲区，权利要求中哪些特征可以减少或替代，可以围绕核心技术开发哪些外围技术，是否能够改变权利要求的构成要件的性质，以防止字面侵权和等同侵权。例如，已有专利涉及一种芳香族聚砜酰胺纤维的制备方法，将 $4,4'$ - 二氨基二苯砜（$4,4'$ - DDS）$50\% \sim 95\%$ 和 $3,3'$ - 二氨基二苯砜（$3,3'$ - DDS）$5\% \sim 50\%$（均为质量百分比），溶解于二甲基乙酰胺（DMAc）中，冷却至 $-20 \sim -5\,℃$，再加入与二氨基二苯砜等摩尔的对苯二甲酰氯（TPC）制成纺丝浆液后纺丝，说明书提到芳砜纶可用于防护制品、过滤材料、电绝缘材料、蜂窝结构材料、代石棉制品及其他工业织物。经分析，该申请中仅记载了采用特定溶剂的制作方法，并未在其产业上下游进行专利布局，因而能否考虑通过对原料替代、工艺调整等使制备的纤维可溶解在普通的有机溶剂中以提高制备方法的适用性，对聚合物链中官能团进行调整以获得高温稳定性更好的芳砜纶纤维，或者对该产业链的上游纺丝工艺、下游具体应用领域进行专利布局。

5. 标准必要专利申请

标准必要专利是包含在国际标准、国家标准或行业标准中，且在实施标准时必须使用的专利技术。由于技术上或商业上没有其他可替代方案，所以标准化组织在制定某些标准时不可避免地要涉及这些标准必要专利。专利技术被纳入标准，不仅彰显了申请人的技术地位，申请人更可在一定程度上掌握市场主动权，降低知识产权风险，获取更多利益。因此将自己的专利技术提升为标准，是许多申请人心之所向。

对于可能纳入标准必要专利的申请，通常是十分重要而核心的技术，为了确保授权、确权和维权可能性，撰写必须非常慎重，不仅要考虑技术术语使用、方案公开程度、权利覆盖范围、防止规避设计和权利无效，还要考虑技术的后续发展、权利行使风险等诸多因素，而且由于标准的作用、制定程序和表述方式都与专利有明显不同，将二者进行融合关联的专业性也非常强。为此，申请人更应当与专利代理师一起，全方位挖掘创新点，充分探讨申请和布局策略，使申请人的权益得到最大化保障。

6. 海外申请

目前向海外申请专利有三种方式：一是直接向目标国家、地区或相关国际局提交申请；二是先向我国国家知识产权局提交专利申请，再以要求优先权的方式向目标国家、地区或相关国际局提交申请；三是直接向我国国家知识产权局提出国际申请。需要注意，在中国完成的发明创造必须报国家知识产权局进行保密审查后才能向境外申请。

对于可能向海外进军的技术，由于不同国家或地区专利法律制度不完全相同，在撰写时应当考虑国内申请与目标国的衔接以及适应目标国的申请策略。例如，有些主题在中国属于不授权客体，但其他一些国家却可以，如疾病诊断或治疗方法，在说明书中就应该写入这些主题；再如，为了满足优先权的要求，中国在先申请与向外申请的主题应当是相同的，但在修改过程中有可能主题名称发生变化，所以作为优先权基础的中国申请的说明书应当考虑周到；再如，一些国家申请的费用较高，比如美国，不仅对超过 3 项独立权利要求和 20 项权利要求的申请每多一个权项要收取超项费用，还要对多项从属权利要求收取高达 780 美元/个的费用，因而权利要求的布局还需考虑成本问题。

对于这类专利申请，依靠申请人自身是很难应对的，通常的做法是，委托中国的代理机构代为办理向外申请的事宜，但国内专利代理公司也不能直接向外递交申请，需要与目标申请国家或地区的代理机构进行对接，再由该国家或地区的代理机构代为申请。因此申请人在委托时应当考虑选择海外合作业务较为成熟、有长期稳定海外合作伙伴的代理机构，同时注意国内与向外申请在内容和程序上的衔接。

专利从申请到获权，再到权利运用与维护有着漫长的过程，就像建造大楼一样，虽然外观直接可见，但是选址恰当不恰当、地基牢不牢固、建筑施工质量如何这些深层次的专业问题，一开始并不容易作出回答，也难有直观的感受，只有日子久了，经历了风风雨雨，答案才显现，公道自在人心。然而，如果要等发现选址、用人、施工质量的严重问题才采取补救措施，为时已晚，一场小小的地震就能轻易将之摧毁，之前所有的付出都付诸东流。因此，一开始就把专业的事情交给专业人去做，让申请人专注于技术，专利代理师潜心于申请，再加上二者通力配合，"创新之树"才能更加枝繁叶茂。

第六章　技术交底——"植树人" 与"建筑师"之间的默契

　　技术交底书是专利申请人记录发明构思的载体，是描述发明创造的文字或者图纸资料。技术交底的过程就像是种树人在向建筑师描绘"创新之树"的样子——树干有多粗多高、有几个主要枝干、枝叶伸展能覆盖多大面积、根系有多深，诸如此类。专利代理师根据技术交底书理解发明的技术贡献，确定合适的权利要求保护范围，使用合乎规范的格式和表达方式进行专利申请文件的撰写，就像是建筑师根据树干、树枝、树叶和树根等形貌特征，设计合适的房屋造型，选择合适的建材，建造能够有效保护"创新之树"的"庇护之所"。

　　如果"庇护之所"体积过大，侵占了公共空间或邻居家的院子，可能引发官司，败诉的结果是改建或者拆除房屋。如果体积过小或者形状不合适，则又可能影响"创新之树"的生长，导致其发育不良，不能够结出丰硕的果实。如果结构设计不合理，或者选择了不合适的建筑材料，"庇护之所"也可能倒塌。要修建经久耐用，又能够有效保护"创新之树"的房屋，"建筑师"不但需要了解"创新之树"，而且要了解"植树人"的需求，两者之间需要建立默契的配合关系，申请人与专利代理师之间亦如此。

　　实践中，许多申请人往往不知道怎样填写技术交底书，有的是将自己的技术方案拆分成多个部分，填充到技术交底书模板的空白中，有的干脆摒弃模板，直接发个照片或者画个示意图，加一些简单说明。一份清楚、完整地反映发明内容的技术交底书可以促进专利代理师对发明技术内容的理解和创新性高度的把握，能够让专利申请人与专利代理师之间的沟通更顺畅——减少沟通次数，撰写出更高质量的申请文件，凸显发明创造的可授权性。专利代理师在此基础上概括出符合发明技术贡献的保护范围，帮助技术创新的成果得到最大限度的保护，而且高质量的申请文件也能够加速审查过程。

　　那么，专利代理师到底需要怎样的技术交底书？本章将详细介绍技术交底书每一部分的考虑因素和撰写要求，再结合案例分析技术交底书撰写时容易出现的问题。

第一节 技术交底书概述

申请人聘请专利代理机构代为申请专利时，代理机构通常会提供给申请人一个技术交底书模板，让发明人填写。各代理机构的技术交底书模板组成略有不同，但大体都包括发明名称、背景技术、发明内容、关键改进点和有益效果等项目。表6－1是简单版的技术交底书模板，表6－2是内容更丰富、项目划分更细致的技术交底书模板。

表6－1 简单版技术交底书模板

技 术 交 底 书
（1）发明名称和技术领域
（2）背景技术和存在的问题
（3）本发明技术方案
（4）关键改进点和有益效果
（5）具体实施方式

表6－2 复杂版技术交底书模板

技 术 交 底 书
发明名称：＿＿＿＿＿＿＿＿＿＿＿＿＿＿＿＿＿＿＿＿＿＿＿＿＿＿＿ 申请人：＿＿＿＿＿＿＿＿＿＿＿＿＿＿＿＿＿＿＿＿＿＿＿＿＿＿ 发明人：＿＿＿＿＿＿＿＿＿＿＿＿＿＿＿＿＿＿＿＿＿＿＿＿＿＿ 技术问题联系人：＿＿＿＿＿＿＿＿＿＿＿＿＿＿＿＿＿＿＿＿＿＿ 电话：＿＿＿＿＿＿ E－mail：＿＿＿＿＿＿ Fax：＿＿＿＿＿＿
1. 技术领域
2. 背景技术
3. 背景技术存在的问题

4. 本发明技术方案的详细说明
5. 本发明的关键改进点
6. 本发明的有益效果
7. 本发明的替代方案
8. 附图及相关说明
9. 其他相关信息

　　没有申请专利或者填写技术交底书经验的申请人拿到模板可能不知如何下笔——虽然熟悉自己的技术，但是要将完整的技术方案分项填写在表 6 - 1 或表 6 - 2 中的技术交底书空白处时，却不知如何拆分，不能确定每一项应当填写到什么程度才算符合要求。为此，一些申请人专门去找了已有的专利申请文件，按照其中各部分的示例和语言形式"照猫画虎"地把自己的技术方案拆解开，"攒出"一份技术交底书，但这时申请人心中不免又有了另一个疑问：申请文件我都差不多写好了，还要专利代理师何用？

一、技术交底的目的和意义

　　申请人的困扰实际上是不了解技术交底的目的所致。所谓"技术交底"，就是把自己的技术方案和盘托出，交代给专利代理师，让专利代理师把这些技术构思转化成符合专利法律法规要求的申请文件。"技术交底"的目的是让申请人在专利申请过程中主要负责其熟悉的技术内容，而对自己不擅长的法律事务则应交由专业的专利代理师去完成。如果申请人不清楚专利申请文件的撰写要求而硬要按照申请文件的形式去"凑"技术交底书，由于申请文件和技术交底的要求并不相同，不仅会大大增加撰写难度，而且很可能做了无用功——

写出来的东西不专业，专利代理师还得返工。

在有专利代理的情况下，从作出发明创造成果到形成专利申请文件需经过两次信息加工转换过程，第一次是由申请人将抽象的技术思想以文字或图片加文字的形式表达于技术交底书上，第二次则是由专利代理师将技术交底书上体现的技术思想再加工为专利申请文件。

撰写技术交底书就是完成第一次信息加工转换，将存在于申请人脑海中的技术思想——其既可能以具体产品为载体，也可能以抽象的方法为载体——转换成书面形式的文字或示意图。第一次信息加工转换的目的是帮助专利代理师理解发明构思，掌握发明实质，撰写出符合专利法要求申请文件，即完成第二次信息加工转换。

专利代理师在进行第二次信息加工转换过程中，主要有两个方面的工作：一是帮助申请人完善、丰富技术方案的技术内容，并且使技术内容的阐述符合申请专利文件的形式要求。例如，申请人在第一次信息转换过程中，有一些考虑不周到、没说清楚、缺乏证据支撑的地方，专利代理师会充当改稿人的角色，引导申请人丰富、完善技术内容的文字表达。二是启发申请人拓展方案或者挖掘创新点，帮助争取尽可能"大而稳定"的受法律保护的权利。因为在一些情况下，保护范围越大可能导致权利稳定性越差，而权利稳定性强时可能又导致保护范围较小，所以权利要求的大小和稳定性之间有一个平衡关系，专利代理师就是从法律的角度帮助申请人构建一个比较合理的权利要求体系，为申请人尽量争取一个较大的又比较稳定的保护范围。

显然，第一次信息转换是基础，第二次信息转换是法律升华。这就像建房子和装修，建房子是基础，装修是附着于基础建筑之上的外在装饰，装修能够发现和掩饰建房时遗留的部分问题，却解决不了诸如地基不牢、侵占了别人家产权等重大缺陷，除非重新修改基础建筑。专利代理师将技术交底书转换为专利申请文件过程中，能够发现技术交底材料中的一些明显缺陷并启发申请人加以完善，但第一次信息转换是否成功直接决定了第二次信息转换的起点和拓展可能性。

因此，技术交底的质量对整个发明创造成果的保护起决定性意义。技术交底所追求的终极目标是让专利代理师无限趋近于申请人，让专利代理师能够换位到申请人的角度去思考和选择最合适的法律文件呈现形式。

二、技术交底书和专利申请文件的对应关系

向国家知识产权局专利局提交的专利申请文件，主要由五个部分构成：

① 请求书：为一张固定格式的表格，记载了发明名称、申请人、发明人、联系方式、相关重要事项、后附文件清单等信息，主要体现申请人请求获得专利权的愿望。

② 摘要和摘要附图：文字一般不超过 300 字，附图选择最有代表性的一幅，是对发明内容的概述，在专利申请公布或授权公告时位于首页，便于检索和查阅。

③ 权利要求书：包含一项或多项权利要求，权利要求的作用是划定请求专利保护的范围，在专利侵权判定中，就是将被控侵权产品或方法与权利要求保护范围进行比对，看是否落入该范围。

④ 说明书和说明书附图：公开发明创造内容以对权利要求保护范围提供支持的法律文件，通常包含发明名称、技术领域、背景技术、发明内容、附图说明（如有附图）、具体实施方式和说明书附图（非必需）等内容。

⑤ 其他文件：根据具体情况和相关法律规定提交的文件，例如优先权文件，不丧失新颖性宽限期的证明、生物材料保存及存活证明、专利代理委托书、费用减缓请求书、提前公开声明，等等。

上述所有内容均源于申请人提供的信息。其中，请求书所需的信息比较容易确定，申请人直接指定即可，其他文件一般是一些证明文件或参考资料，根据每份申请的不同情况有相关法律要求和明确的获取路径，在专利代理师的帮助下，申请人比较容易取得，这两部分内容属于流程性文件信息。摘要、摘要附图、权利要求书、说明书和说明书附图是专利申请文件的实体内容，其主要来源是申请人对专利代理师的技术交底书，以及在技术交底书没有记载清楚的情况下，专利代理师通过口头沟通、信函往来、现场调研等各种方式启发申请人完善和确认的信息。

权利要求书是专利权的基础，其来源于说明书披露的技术，但法律性更重于技术性，这部分内容应该是专利代理师的工作职责，专利申请人在技术交底时可以尝试，但无须过分追求提炼概括出权利要求，不过技术交底书中对关键发明点和替代方案的描述，对专利代理师提炼概括权利要求很有帮助。权利要求书关乎授权后申请人的权利主张，是申请文件的核心，在专利代理师撰写完成后，申请人应该对权利要求书进行逐字逐句审核把关。

不难发现，表 6-1 和表 6-2 的技术交底书模板中，许多内容与申请文件的说明书和说明书附图有一定对应关系，如发明名称、技术领域、背景技术、发明内容、具体实施方式、附图及相关说明等。技术交底书是申请人向专利代理师解释清楚该发明创造是怎么回事，而说明书是向读者——案件相关的审查员、法官、行政执法人员和公众——解释清楚该发明创造是怎么回事，以技术公开换取权利保护。可以说，申请文件的说明书就是经过专利代理师修改完善使之更加符合专利申请要求和合法性要件的技术交底书。

摘要和摘要附图是对发明内容的高度概括，在权利要求、说明书和说明书附图确定之后，很容易就能得出。这部分内容在技术交底书撰写时不必考虑。

三、技术交底书填写的总体要求

简单来讲，"讲清楚技术方案的来龙去脉"就是一份合格的技术交底书的总体要求。所谓"来龙去脉"，可以用三个问题来概括：前人怎么做的？我怎么做的？我做得怎么样？所谓"讲清楚"，关键在于解释清楚前面三个问题的答案原因。

"讲清楚前人怎么做"包括：相关现有技术有哪些？分别是用来做什么的（应用领域）？这些做法原理是什么？存在什么问题？为什么存在这些问题？别人怎么解决的？别人的解决方案有什么优缺点？这些内容就是对现有技术发展脉络的梳理，有助于专利代理师厘清发明创造的来源和背景技术知识。

"讲清楚我怎么做"包括：面对现有技术的问题我是怎么解决的？解决中遇到了什么困难和障碍？我是怎样调整的？做法中的关键点是什么？这样做的原理和依据是什么？具体细节是什么？哪些是可以替换或省略的因素？哪些是最优的方案？这些内容有助于帮助专利代理师充分理解发明创造的实质和细节。

"讲清楚我做得怎么样"包括：我的做法跟别人的做法相比，结果是什么？有什么优点？如何证明存在这些优点？证明的具体手段、过程和结果如何？这些内容是技术交底书中最容易忽视的内容，很多申请人以为只要写清楚怎么做就可以，做的原理和结果无须提供。但专利法意义上对发明创造充分公开的要求不仅要求公开方案是怎么做的，还需要使本领域技术人员相信这么做确实可行，达到所声称的效果。因而，特别是对诸如化学领域中效果可预期性差、依赖实验数据的发明创造而言，使本领域技术人员相信其方案确实能够达到声称效果的证明就成为方案能否授权的决定性因素之一。

第二节 技术交底书各部分填写要求

虽然各个代理机构的技术交底书模板不完全相同，但技术内容方面基本都离不开如下几个部分：发明名称和技术领域、背景技术和存在的问题、本发明技术方案、关键改进点和有益效果、具体实施方式以及其他相关信息。这些内容相互之间有密切的联系，前后呼应，共同组成完整的技术方案。因此，应当围绕一个整体的发明构思来撰写技术交底书的各部分内容。

一、发明名称和技术领域

对于申请文件而言，说明书中的发明名称一般不应超过 25 个字；应当做到主题明确，并尽可能简明地反映发明要求保护的技术主题的名称和类型，申请人在撰写技术交底书的时候也应尽量遵循上述要求。

发明类型一般为产品或者方法，也可以是二者的组合。例如，"一种用于机动车车身的碳纤维增强部件"，或者"一种制造用于机动车车身的碳纤维增强部件的方法"，也可以是"一种用于机动车车身的碳纤维增强部件及其制备方法"。发明名称应采用本技术领域通用的技术名词，最好采用国家专利分类表中的技术术语，不应使用杜撰的非技术名词，不能使用人名、地名、商品名称或商业性宣传用语。

技术领域是发明直接所属或者直接应用的技术领域，而不是上位的或者相邻的技术领域，也不是发明本身。最好参照国际专利分类表确定技术交底书的技术方案直接所属的技术领域，这种具体的技术领域往往与发明创造在国际专利分类表中可能分入的最低位置有关。例如碳纤维增强部件属于复合材料领域，这种碳纤维增强部件应用于机动车车身制造，那么也可以是车辆领域。通常情况下不宜将技术领域范围概括过大，例如"本申请技术领域为材料领域"；也不宜将技术领域归纳为发明本身，例如"本申请技术领域为一种碳纤维增强部件"。

以上要求都是《专利法》《专利法实施细则》和《专利审查指南 2010》中对申请文件相关部分的要求，对申请人撰写技术交底书来说可以作为参考，但不了解也不要紧——倘若后面发明内容明确，专利代理师自行撰写完全不成问题。所以如果申请人不清楚这部分内容如何撰写，可以先按自己的理解写，专利代理师会根据情况修改使之符合相关规定。

二、背景技术和存在的问题

撰写背景技术的主要目的是引出本发明创造所解决的问题。在介绍自己发明的优点之前，先介绍现有的成果或者别人在做的类似工作有什么缺点，"抛砖引玉"，以此衬托本申请解决了本领域存在的问题，取得了更好的效果。

背景技术部分主要包括本申请技术方案所涉及的申请日前的现有技术现状、最接近的现有技术，以及现有技术存在的问题或缺陷等内容。1985 年最早实施的《专利法实施细则》规定"写明对发明或实用新型的理解、检索、审查有参考作用的现有技术"，修改后的《专利法实施细则》将"现有技术"改为"有用的背景技术"。"背景技术"的范围大于"现有技术"的范围，这样的改变使申请人可以将与其发明密切相关，但尚未公开的有关技术内容写入说明书的背景技术部分。

很多申请人对背景技术的撰写不重视，只是简单地罗列一些内容上距离本发明比较远的现有技术内容，甚至常常大而化之地写一些本领域的普遍做法，以此衬托本发明技术方案的创新性。实际上，背景技术无论在技术交底时还是撰写申请文件时都有相当重要的作用，甚至能够对案件的最终走向或者审查进度造成很大的影响。

首先，背景技术是让读者，包括案件相关的专利代理师、审查员、法官和公众充分了解到本发明之前的现有技术发展情况，以更加接近本领域技术人员的角度去审视申请的技术方案。背景技术应该是专利申请人作出本发明技术方案的基础，明确现有技术与专利申请人技术方案的界限，有助于专利代理师确定合理的权利要求保护范围，并围绕核心的发明构思进行合理的专利布局。

其次，一些背景技术有可能构成本发明的必要技术内容。比如，本发明利用了一些在先尚未公开的技术资料，在此基础上进行改进。这些尚未公开的技术资料由于公众无法获得，需要在背景技术中细致介绍，它们对于技术内容的清楚完整公开，以及将来撰写权利要求书都至关重要。

最后，也是最为重要的一点，好的背景技术应该与发明内容、有益效果和具体实施方式相互呼应，从而共同影响读者对本发明创造性的判断。例如，现有技术是采用方法 A 改善复合材料中纤维的界面性能或者采用方法 B 改善复合材料中纤维的界面性能，本发明为 A＋B 两种方法组合，那么如果申请文件中点明这两类现有技术存在的问题，阐述本发明相对于这些现有技术的有益效果，并且在发明内容和具体实施方式部分给予有理有据的证明，这样的做法比起申请文件中回避这两类现有技术介绍，仅笼统地介绍一些相去甚远的背景知识，授权前景要乐观得多。因为后一种情况下审查员一旦自行获得以上两类现有技术，容易认定本领域技术人员将以上两类现有技术结合获得本发明是显而易见的，而此时申请文件中缺乏相应的支持，申请人要提供反证说明非显而易见性会十分被动。

《专利审查指南2010》中规定，发明或者实用新型说明书的背景技术部分应当写明对发明或者实用新型的理解、检索、审查有用的背景技术，并且尽可能引证反映这些背景技术的文件。对于技术交底书而言，背景技术撰写也应尽量如此。

那么，什么是对于"理解、检索、审查有用的背景技术"呢？通常包括三方面的内容：一是解释专业生僻词汇、本领域专有名词和申请人自定义词汇等不为公众熟悉的基本概念，在可能的情况下，包括中英文及其缩写，以帮助专利代理师迅速、准确理解技术方案，提高技术交底书的可读性。二是说明本发明的改进基础或者申请人已知的最接近的现有技术，在技术发展脉络较为复杂，比如有多种不同工艺路线的情况下，可以对这些不同的现有技术进行梳理，明确区别和联系，尽可能注明引证出处。这部分内容是为后面分析该现有技术的缺点，进而为发明内容部分对比有益效果奠定逻辑基础。三是分析背景技术的缺点，不仅与本发明能够解决的问题和有益效果进行呼应，还使得专利代理师聚焦这些缺点的改进，厘清对应关键技术特征，在撰写权利要求书时更易于构建层次。以茶杯为例，如果本发明与申请人提供的背景技术有三点区别：区别一带有杯盖；区别二带有把手；区别三带有防滑套。如果申请人认为背景技术的主要缺点在于没有盖子，保温性差，则专利代理师很可能考虑只将区别一写在独立权利要求中，以最大化保护范围，而将区别二、三分别写到从属权利要求当中。如果申请人认为背景技术的主要缺点在于没有把手不方便隔热和拿放，则专利代理师很可能考虑只将区别二写在独立权利要求中，而将区别一、三分别写到从属权利要求当中。而如果申请人认为背景技术的主要缺点在于容易滑落，则专利代理师很可能考虑只将区别三写在独立权利要求中，而将区别一、二分别写到从属权利要求当中。

在可能的情况下，建议写明引证文件的具体出处。除了有助于理解并且使得背景技术清楚、明确之外，有的情况下还能够避免审查过程中一些不必要的质疑。举个例子，一件专利申请甲是对现有技术中乙技术的改进，在专利申请甲的技术交底书以及后续的说明书中，申请人并未将乙技术的细节完全写明，审查员经判断认为乙技术细节对于申请甲技术方案的实现非常关键，本领域技术人员需要参照方案乙的具体内容才能实现方案甲。如果申请甲中没有注明乙技术的出处，则申请人在面临审查员质疑本申请是否充分时将陷于被动，此时提供乙技术也有不被接受的可能；反之，如果申请甲中已注明了乙技术的出处，则审查员不会轻易发出公开不充分的审查意见，通常会先自行查证，此时的审查意见将考虑得更为全面。所以，申请人在撰写技术交底书时，也最好指明引证文献的具体出处，如专利公开号、非专利文献的标题和期刊名等。此外，有些现有技术可能需要简要说明结构、功能或者工作原理（例如装置），可以结合附图作出解释。

需要注意的是，对现有技术的概括应当客观、真实，应当如实描述现有技术解决本申请涉及技术问题的其他解决方案，以及这些方案存在的缺陷、不能解决的技术问题等。在可能的情况下，应进一步分析产生上述缺陷和问题的具体步骤或者技术特征，以及现有技术在解决上述缺陷中存在的技术障碍。需要注意的是，背景技术中现有技术的缺陷一定要结合本申请所能解决的技术问题来写，现有技术不能解决的技术问题，应当在本申请中得到解决；本申请不能解决的技术问题不需要写在现有技术的介绍中。

下面以三件申请为例说明背景技术和存在问题部分的典型撰写模式。

申请1：

目前航空器的环状框架材料使用的主要是复合材料，采用复合材料的目的是利用材料的高比强度达到轻量化目的。航空器采用的复合材料通常由在强化纤维中含浸树脂而形成。但是，航空器框架结构通常具有折曲部的异形截面，如口字型或T字型等，然而由于纤维的特性，在采用复合材料形成这样的异形截面的环状框架结构的过程中，难以兼顾环方向强度和设计自由度。

日本某公司公开了一种使用由织物（编织物）构成的干式预成型坯而形成截面L字形状的环状构造体的方法（公开号JP×××××××××）。具体地说，首先形成由在长度方向配向的纤维（中央线）及相对于长度方向以±α的织造角度配向的纤维（织造线）构成的、呈3轴构造的纤维组织的长板状干式预成型坯。将该长板状的干式预成型坯在短边方向中间部折曲，形成由平板部及垂直部构成的截面L字形状，并以垂直部为内侧的方式使其变形为圆弧状。然后通过连结多个圆弧状的干式预成型坯，形成截面L字形状的环状的干式预成型坯。

但是，由织物构成的干式预成型坯由于织造线皱缩为波状，所以与直线状的强化纤维相比，纤维方向的强度变低。另外，为了使织造线和中央线皱缩，中央线需要隔开间隙排列，因此，中央线的密度下降，长度方向的强度降低，并且树脂浸入中央线间的间隙而导致重量增加。进而，通过连结多个圆弧状的干式预成型坯而构成环状的干式预成型坯，从而强化纤维在环方向上不连续，因此导致环方向的强度下降。

德国某公司公开了一种由使强化纤维沿规定方向配向的多个纤维层构成的

环状构造体的制造方法（公开号：CN××××××××）。具体地说，将具有第一纤维方向（+45°）的纤维层、具有第二纤维方向（-45°）的纤维层、具有第三纤维方向（0°）的追加层层叠起来而形成片状的纤维层叠物，将该纤维层叠物折曲而形成截面L字形状的坯料，使该截面L字形的坯料向环方向弯曲，由此形成环状构造体。如此，通过将纤维在一定的方向上拉齐而构成纤维层，从而各纤维变成直线状，因此，与纤维皱缩的织物相比，纤维方向的强度提高。另外，由于没必要使纤维皱缩，所以无间隙地铺满纤维而可提高密度，因此，环状构造体的强度进一步提高，且减少进入纤维间的树脂，实现环状构造体的轻量化。

但是，通过上述方法制造的环状构造体的设计的自由度低。即，为了使平板部（基底部分）在一平面内向环方向弯曲，无法配置第三纤维方向（环方向）的纤维，因此需要仅由第一及第二纤维方向（±45°）的纤维层构成，从而存在平板部的环方向的强度不足的顾虑。另外，层叠将纤维拉齐而成的纤维层的片状的纤维层叠物与由织物构成的干式预成型坯相比，纤维的配向自由度低，因此，难以变形为希望的形状。尤其，在环状构造体的截面形状在环方向的一部分不同的情况下，使片状的纤维层叠物变形为所述形状非常困难。进而，例如在作为航空器的主体的环状框架使用的大径（例如直径5m以上）的环状构造体的情况下，如上述那样使片状的纤维层叠物209弯曲而形成环状构造体的作业并不容易。例如，虽然若将多个圆弧状的段连结起来形成则作业容易，但在该情况下，与上述同样导致环方向的强度下降。

申请1第一段首先介绍了复合材料环状构造体的主要性能特点及应用场景，然后介绍了目前制备方法的普遍性困难，这些内容属于基本概念的普及。接着，主要介绍申请人认为与本申请最接近的现有技术，日本公司和德国公司的两种成型方法是与本申请最具可比性的两个技术方案，暗示其将作为本申请的改进基础。本申请与日本公司和德国公司的方法在某些基础性、普遍性的技术特征上存在相同的部分，这些相同的部分构成了本申请必要的技术条件，在此基础上本申请进一步改进成型方法，解决现有技术中环方向强度和设计自由度兼顾的技术问题。

申请2：

由纤维复合材料制造的纤维复合构件由于其在重量相对低的情况下具有高的强度和刚性的特性而几乎存在于所有工业领域中。通常，这种纤维复合材料具有纤维材料和基体材料，其中注入纤维材料中的基体材料在制造纤维复合构件时被固化进而与纤维材料形成整体单元。在此，基体材料能够在制造纤维复合构件期间注入干燥的纤维材料中，其中为此预先对纤维材料进行加工。但是可考虑的是，使用已经预浸渍的纤维材料，其中基体材料已经在加工之前注入纤维材料中（所谓的预浸料）。

在航天和航空学中通常使用非常大的、面状的纤维复合构件，例如机身壳或机翼壳，其中关于这种壳构件的面状伸展（就本发明的意义而言面状的纤维复合构件）通常构成相对薄的蒙皮。为了在这种壳构件中也能够确保对弯曲和扭曲的载荷，这种面状的壳构件通常借助型材加固，所述型材同样由纤维复合材料形成。在此，所述型材或型材元件提高构件的抗弯曲刚度进而能够相应地加固壳构件。

目前，型材加强的壳构件通常由预浸料（预浸渍的纤维材料）制成。为此，壳组件或蒙皮元件的各个纤维层手动地或自动化地铺设到成型工具上。随后，型材（例如 T 形型材，也称为纵梁）定位在壳组件或蒙皮元件的内侧上。在此，纵梁已经被固化。替选地也存在将未被固化的纵梁置于已固化的蒙皮元件上的可行性，这具有下述优点：在后续工序中需要较少的铆接。

为了遵守型材元件或纵梁的位置，在实践中在此通常使用工具芯，纵梁定位在所述工具芯之间。在此，芯通常横向于纵梁的纵向方向加压，使得纵梁型材的腹板被压缩，以便因此实现期望的纤维体积含量。随后，构件借助于构建真空被密封并且在压力和温度下固化。

这样的以预浸料方法制造的构件的缺点在于下述事实：为了遵守位置公差需要的是：借助设备或工具芯保证纵梁彼此间的间距。所述设备或工具芯必须被定位或单独地移动，其中工具芯在蒙皮元件的纤维材料上的移动能够引起从结构力学观点不可容忍的纤维卷取（Faserondulation）或结构变化。此外，芯的处理是耗时的，由此降低生产过程的经济性。

申请 2 介绍了型材加强的壳构件的生产现状，指出采用纤维铺层制造型材加强的壳构件时通常采用工具芯以定位型材元件，成型过程中工具芯易于被定位或单独地移动，其中工具芯在蒙皮元件的纤维材料上的移动能够引起从结构力学观点不可容忍的纤维卷取（Faserondulation）或结构变化。此外，芯的处理是耗时的，由此降低生产过程的经济性，需要开发一种无须使用工具芯的型材加强的壳构件的制造方法。申请 2 没有给出现有技术的具体出处，是因为现有技术的型材加强壳构件的制备多采用工具芯对型材进行定位，而本发明致力于提供一种无须使用工具芯的型材加强的壳构件的制造方法，这种制造方法与现有技术的制造方法无论是构思还是具体步骤都有较大差别，类似于开拓性发明，所以现有的型材加强的壳构件制造方法的技术对本申请而言借鉴意义不大。对于这类发明而言，现有技术中不存在或者难以找到特别接近的方案，故其背景技术可简单介绍本领域中相同或相近主题技术的发展现状，明确现有技术中不存在或者不能实现类似的技术方案，从而表明本发明的技术方案是开拓性的，当然这类发明更需要后面内容对可实施性和有益效果的充分支撑。

申请 3：

天线罩通常为复杂曲面结构，适用于天线罩的成型方法主要是模压和 RTM 成型，模压适用于高黏度树脂，RTM 成型适用于低黏度树脂。

模压成型是将纤维织物逐层套设在模具上，并将树脂刷涂在织物上，然后在模压设备上加热加压固化成型，由于各部位的树脂含量难以精确控制，这种方法成型天线罩的树脂含量存在较大的不均匀性，影响了天线罩的成型质量。

RTM 成型工艺，是将树脂胶液注射进入模腔中，在压力作用下，树脂胶液在增强材料预制件中流动且传递到各个部位，充满模腔并通过流胶排净模腔内的气泡，然后固化制成产品的成型工艺。目前，RTM 成型技术国内外普遍存在的难点和问题表现为：①树脂对纤维的浸渍不够理想，制品里存在空隙率较高，且有干纤维的现象；②制品的纤维含量较低（一般约 50%）；③大面积、结构复杂的模具型腔内，模塑过程中树脂的流动不均衡，而这个动态过程无法观察，更不能进行预测和控制；④复合材料成型的 RTM 工艺成型时间较长，产品变形量较大。

针对现有复合材料成型中存在的不足，许多文献也介绍了改进方法，如专利 CN×××××××××介绍了一种在充模前对制备复合材料的原料进行真空脱泡的方法，以减小原料中的气泡，但对于成型过程未有所改进；专利 CN×××××××××提出一种针对编织回转体的自下而上注胶的工艺，但其工艺仍是基于传统的 RTM 工艺，在注胶过程中树脂的流动过程也难以准确监测；专利 CN×××××××××介绍了一种离心成型工艺的改进方法，但只适用于型材和板材，无法适用于复杂曲面结构。

3D 打印技术是一种新兴的材料成型技术，在复合材料成型应用上已有大量研究。专利 CN×××××××××和专利 CN×××××××××介绍了一种基于 3D 打印技术的复合材料成型方法，采用打印头对涂覆树脂的纤维进行分层铺丝，该方法目前主要适用于结构简单的板类复合材料，对于复杂回转曲线实现难度较大。

喷射成型是材料成型中的一个重要方法，但多用于金属材料或金属基复合材料成型，如专利 CN×××××××××介绍了一种用于金属粉末的喷嘴，专利 CN×××××××××介绍了一种采用金属熔体进行喷射成型的自动化生产方法，专利 CN×××××××××介绍了一种合金材料的喷射成型方法，专利 CN×××××××××介绍了一种将树脂喷入铸模以便浸入预制件内的方法，但其主要方法仍是传统的 RTM 方法，仍需通过树脂在铸模内流动实现纤维织物的浸透。喷射成型技术在树脂基复合材料也有应用，但传统方法是将短纤维与树脂混合后通过喷嘴喷射到模具中，如文献《玻璃钢喷射成型工艺》（玻璃钢学会第十六届全国玻璃钢/复合材料学术年会论文集，2006 年，153 - 155）介绍了玻璃钢制品的喷射成型方法，该方法制成的复合材料存在较大的不均匀性，无法适用于性能要求较高的天线罩领域。

申请 3 介绍了目前学术界和产业界对复合材料成型制备方法的一些研究成果，示出了如何对其中引用的专利文献和非专利文献注明出处。

三、本发明技术方案

技术方案是专利申请文件和技术交底书的核心内容。其开头通常表述为："本发明的目的是提供一种（解决现有技术存在的某些缺陷）的（产品或方法名称）"，或者"为克服（现有技术存在的问题），本发明提供一种（技术内容）的（产品或方法名称）"。产品技术方案通常包括产品的组成结构、重要参数、制造或制备方法等内容，方法技术方案通常包括方法实施的步骤、使用的设备或原料、涉及的重要参数等。这些内容对应到申请文件的权利要求书当中，被称为技术特征，权利要求所保护的技术方案就是这些技术特征所组合成的整体内容。在专利申请文件的新颖性和创造性审查过程中，审查员会对权利要求限定的每个技术特征是否在现有技术中公开、是否属于公知常识进行逐一分析，在专利侵权判定中，权利要求的每个技术特征也会被拿出来逐一与被控侵权技术进行比对。

技术交底书中对技术方案的描述是专利申请文件中发明技术方案的基础，但撰写要求没有专利申请文件中那么高，简单来说，申请人只需要按照自己的技术思路对整个发明作出清楚、完整的描述即可，专利代理师会结合背景技术、具体实施方式、可替代方式等其他内容修改提炼成适合专利申请文件要求的技术方案。

那么怎样算是清楚、完整的描述呢？首先应当说明本申请方案的主要构思、原理；然后描述发明的技术方案的各项技术细节，应当尽可能详细地说明本领域的技术人员根据所描述的内容就能够实现本发明。所谓"能够实现本发明"是指，本技术领域的技术人员按照记载的内容，能够实现请求保护的技术方案，解决其技术问题，并且产生预期的技术效果。所以，对于发明内容的阐述，不能只有原理或构思，也不能只作功能介绍，应详细描述如组成部件、形状构造、各部分之间的结构作用关系。类型不同的发明创造对应不同描述方式，如对装置类发明应具体说明零部件的结构及其连接关系；对方法类发明应具体说明工艺方法、工艺流程和条件（如时间、压力、温度、浓度）；对与电路或程序有关的内容，应提供电路图、原理框图、流程图或时序图并具体说明；对与软件、程序相关的内容，最好能提供相关的系统装置。

技术交底书的本发明技术方案部分通常包括针对的技术问题和为解决该技术问题所采用的技术方案。针对的技术问题通常对应背景技术中指出的现有技术存在的缺陷以及不能解决的技术问题，说明解决该问题所采用的基本技术构思、工作原理、具体组成特征（如产品结构和方法步骤）等。注意应避免仅采用过于笼统的说法，如"提高精度""节省能源"等，而要具体分析，例如为什么现有技术精度不高、能源消耗大，从而与本发明技术方案中能够解决这种问题的技术手段相对应。另外，这部分内容要考虑到非本领域的专利代理师的知识背景和理解能力，尽可能详细地描述清楚，必要时附以示意图、照片、流程图等帮助理解，在描述每项技术手段时，尽量说明其在本发明中所起的作用。

申请人手中的技术成果通常都是具体的、最优的系统性解决方案，比如一个产品的具体组成，包括了每一种原料名和精确到点值的用量；或者一个可直接实施的工艺流程，包括像实验说明那样详细的步骤和具体参数设置。这些内容类似于申请文件当中的具体实施方式的内容。在一些简单的情况下，技术交底时发明内容可以与具体实施方式部分合二为一。但大多数情况下，发明内容比具体实施方式更为上位，更多一些重点手段和原理介绍。

技术交底书关于发明内容的最低要求是写清楚这些具体的、最优的方案，同时说明发明的整体思路。以组合物产品发明为例，除了说明组分含量之外，还要说明为什么选择这几种组分，各组分作用是什么，哪些是关键组分，哪些组分含量和现有技术相同，哪些不一样，不一样的考虑是什么，组分之间相互关系如何，是否存在协同作用，超出含量范围会发生什么后果，等等。如果是方法发明，则说明每一步骤的作用是什么，将得到什么中间产物，对于温度、时间等参数的设定的基本考虑，各步骤之间的顺序是固定的还是可以互换的。总之，就是不仅要让专利代理师知其然，还要知其所以然。这样才能让专利代理师尽可能趋近申请人对技术的了解程度，以方便提炼重点和关键点，并围绕这些重点和关键点布局整个申请文件。

可能的情况下，申请人还可以按照分层保护思维列出不同范围的技术方案，或者称为"替代方案"，以便将具体的技术方案进行挖掘和拓展。所谓分层保护思维就是在具体的、最优的解决方案基础上，对某些手段进行上位化概括。仍以组合产品发明为例，最优方案的原料是以质量计 50% A + 50% B，因为 A 与 B 质量相同，有优点 X；但是从实现发明目的角度来讲，A 和 B 组分在 40% ~ 60% 的取值范围内都是可以接受的，超出该范围，将存在 Y 问题；其中较为优选的范围是 A 和 B 组分含量处于 45% ~ 55% 取值范围，其能够达到效果 Z。分层保护思维对于一份专利申请而言非常重要，因为仅仅按照那些具体的、最优化方案划定权利要求的保护范围，竞争对手几乎能够轻而易举地绕过专利权而实现接近的结果，而保留最优的方案是为审查过程中遇到质疑而保留限缩修改的退路。需要注意的是，挖掘和拓展的范围并不是越大越好，否则容易被认为是囊括了现有技术的常规做法，所以当将具体手段进行上位化概括时，应当建立依据，这种依据一是来源于上位概括特征的技术内涵，即边界含义；二是要考虑竞争对手实施发明的必经之路。当然，专利代理师在撰写申请文件时，也会启发申请人去做这样的挖掘和拓展，而且专利代理师将从更专业的角度去上位化概括，但如果申请人具备一定的权利意识和法律思维，在技术交底过程中进行了初步分层，就能够更好地与专利代理师配合，提高申请文件的撰写质量。

下面是一份技术交底书中关于技术方案的描述：

一种碳纤维粉改性纸基摩擦材料，按照质量百分比包含：碳纤维粉 50% ~ 68%，芳纶纤维 2% ~ 5%，改性酚醛树脂 20% ~ 30% 和填料 10% ~ 20%，其中，碳纤维粉为微米级。

作为改进，碳纤维粉、芳纶纤维、改性酚醛树脂和填料的重量百分比可优选为：所述碳纤维粉 55% ~ 68%，芳纶纤维 3% ~ 5%，改性酚醛树脂 25% ~ 30% 和填料 15% ~ 20%。

进一步改进，碳纤维粉、芳纶纤维、改性酚醛树脂和填料的重量百分比可优选为：碳纤维粉 60%，芳纶纤维 4%，改性酚醛树脂 27%，填料 17%。

与现有技术相比，本发明的优点在于：其一，本发明采用的碳纤维粉的粒径为微米级，因此，碳纤维与树脂基体以及填料更容易接合，在材料中的分布更为均匀，没有出现毫米级碳纤维之间严重搭接架桥现象。故而，由本发明方法制备的摩擦材料的孔径分布范围较窄，在 0 ~ 200μm 之间，摩擦材料的均匀性好。动摩擦系数在 0.125 ~ 0.137 之间，受工况条件的影响很小，其稳定系数达 95% 以上，磨损率由现有技术的 $5.0 \times 10^{-8} cm^3/J$ 降低到 $1.25 \times 10^{-8} cm^3/J$

以下，仅为现有碳纤维增强纸基摩擦材料的 25% 左右；

其二，本发明摩擦材料中，碳纤维粉的含量为 50% ~ 68%，远远大于现有技术的 35%，而对于本领域技术人员而言，如果碳纤维的含量大于 35%，则摩擦材料将出现严重的团聚现象，为解决该技术问题，本发明首先采用浓度为 10% 的十二烷基苯磺酸钠将微米级碳纤维进行浸泡预处理 12h，使碳纤维表面带阴离子，以提高碳纤维的表面活性，从而使得碳纤维的含量高达 50% ~ 68%，并没有出现团聚现象。

上面的例子是申请人描述技术方案常用的表达方式。首先介绍了本发明的摩擦材料的各组分及其百分含量，以多层次的参数范围限定出优选和最优的方案，接着介绍了本申请与现有技术之间存在哪些区别，这些区别有什么作用，使得本申请相对于现有技术取得了哪些进步，解决了哪些问题。然而，该技术方案描述的不足之处在于，仅聚焦了碳纤维这一个关键元素的作用和效果，忽视了对其他成分，至少是重点成分的说明，也没有具体说明树脂和其他成分含量范围是如何确定的。没有相关背景知识的专利代理师阅读后，很可能不了解方案的设计原理，无法利用专业法律知识对方案进行适合专利申请文件的改写，要么只能沿用申请人的表述，要么可能——如果遇上特别负责任的专利代理师的话——会与申请人沟通确认，继续完善技术交底信息。

需要注意，一些申请人为了保护技术秘密，防止泄密，对技术方案的描述会有所保留，对某些关键技术细节描述很模糊，故意隐藏一些重点技术特征。虽然专利申请文件撰写时的确有一些技巧，甚至可以隐藏一些技术秘密，但是如果不经专利代理师的专业评估而自行隐藏，很可能造成技术方案不完整或者不清楚，使得据此撰写的专利申请文件存在较大的不能授权风险。因此，技术交底时申请人应当将自己的考虑与专利代理师充分沟通，听从专业建议。正规专利代理机构会与申请人签订保密协议，不用担心泄密风险；而清楚、全面的技术交底书可以使专利代理师能够对技术方案和申请人的需求进行充分理解，尽可能将申请人的利益最大化。

四、具体实施方式

具体实施方式也称为实施例，是本发明技术方案部分的细化和解释，它对于充分公开、理解和再现发明起着非常重要的作用，是专利代理师后期撰写专利申请说明书和权利要求书的重要依据。

一些技术交底书模板中，并不明确区分本发明的技术方案部分和具体实施方式部分，因为对于一些简单的发明而言，两个部分是约等于的关系，如牙刷、按摩椅、螺钉等简单机械结构产品，申请人只需要提供一个具体实施的例子，甚至一个略带说明的示意图，就能够支撑其整个发明的技术方案。专利代理师在此基础上很容易撰写出申请文件权利要求、发明内容和具体实施方式，有时甚至能够帮助申请人拓展可能的替代方案，在申请文件中加入更多的具体实施方式。但对于较复杂的发明，尤其是化学领域的发明而言，由于发明内容往往比具体实施方式要抽象和概括，更重要的是，技术方案的结果通常需要具体试验实施过程和结果的验证，因此，具体实施方式部分比发明内容的撰写更加重要，也需要申请人在技术交底书中提供更多的信息。

单个的具体实施方式对于申请人而言是比较容易撰写的，只要申请人像写操作说明一样把方案实施细节描述清楚即可，必要情况下可对照附图进行说明或证明。对于产品发明，一般就是描述产品的具体结构组成、各部分的连接关系或作用关系，或者化学产品的化学成分、微观结构、性能参数等；对于方法发明，一般是描述操作步骤、使用原料或工具、工艺参数及有关条件等。

专利申请文件中的具体实施方式有三个重要作用：一是说明发明最为优选的方案细节；二是为权利要求请求保护的范围提供必要的支撑；三是对发明有益效果提供令人信服的证明。如果考虑这些因素，技术交底书中的具体实施方式作为一个整体的撰写也应该尽可能达到优选、支撑和丰富的目的。"优选"是指对于技术方案有多个或者呈非点值的范围来说的，具体实施方式部分应包括申请人认为其中最佳的实施方式，目的是在申请文件撰写时多层次地保护发明，为审查时可能需要进行的限缩性修改留有余地。如果申请人只有唯一的技术方案，那么该技术方案就是最佳的实施方式。"支撑"是指为发明要解决的技术问题和能实现的有益效果提供证明，比如提供具体的实施例和对比例，并比较二者的效果差异。"丰富"是指设计和提供具体实施方式时应尽可能多地列举不同的具体实施方式，或者每个实施方式中列举可选择的多种手段，以覆盖更大的范围，例如某参数存在较宽的取值范围时，建议给出取两个端点和一些中间点的具体实施方式。

具体实施方式描述的程度应能够使所属领域技术人员根据上述描述重现该发明，而不必再进行创造性劳动。例如，对于一个涉及改性芳纶纤维的发明创造，总体方案是先对芳纶纤维表面进行氨化处理，再与超支化聚硅氧烷接枝，由此提高芳纶纤维的表面能和耐紫外性。那么，在具体实施方式中，就要详细记载氨化处理和接枝反应的具体原料和工艺步骤，如反应原料有什么、原料加入顺序如何、在什么温度下进行反应、加热时间等具体的技术细节。对已知的技术特征，比如采用的反应设备、加热装置的选择等，都是现有的，不必再详细展开说明，但对于本发明特殊的细节，则记载得越详细越好。

在发明的技术方案比较简单的情况下，如果技术交底书涉及技术方案的部分已经能够对本申请所要申请的技术主题作出清楚完整的说明时，就不必在具体实施方式中再作重复说明。当一个具体实施方式足以清楚完整说明技术方案时，可以只给出一个具体实施方式。但大多数情况下，建议申请人提出尽可能丰富的具体实施方式，其目的是使最终形成的专利权涵盖尽可能大的保护范围，至少涵盖竞争对手可能受本发明创造启发而作出的合理变形方式。对于产品发明，不同的具体实施方式通常涉及具有同一构思的具体结构，例如某复合材料最佳实施方式是采用碳纤维增强，那么其他实施方式可以考虑玻璃纤维、芳纶纤维等增强是否同样能够实现发明目的；又例如某纤维防滑部件的设计，最佳实施方式是一体成型的波纹状防滑条，那么可以考虑拓展到点状防滑设计、可拆卸的防滑套以及防滑涂层。对于方法发明，在允许的工艺条件或者参数选择范围内，尽可能提供涵盖不同方面的具体实施方式来证明这些范围是合理可行的，例如发明内容中记载熔化温度在 $1500 \sim 2000℃$ 都可行时，可以提供 $1500℃$、$1700℃$、$2000℃$ 这样适应不同情况的具体实施方式。

特别需要注意的是，对于化学产品的发明，具体实施方式部分除了说清楚产品是什么，还要说清楚它如何得到、有什么作用或使用效果，因为化学领域的产品就算知道是什么也不一定做得出来，就算做得出来，如果没有任何作用或效果，也不能寻求专利保护。说清楚产品是什么，包括产品的名称、结构式或分子式、取代基种类、与发明要解决问题相关的化学、物理性能参数（比如各种定性或定量数据和谱图）等，高分子化合物还要说清楚分子量及分子量分布、重复单元排列状态（如均聚、共聚、嵌段、接枝等），必要时还要说清楚其结晶度、密度、二次转变点等性能参数。总之，目标是使本领域人员能够清楚确认该产品是什么物质。说清楚产品如何得到，就是产品制备方法，包括原料物质、工艺步骤和条件、专用设备等，目标是使得本领域技术人员能够按照所记载方法获得目标产品。

对于装置的发明，具体实施方式部分除了说清楚装置是什么、构成该装置的各个部件是什么，还要说清楚（通常采用图示方式）装置各部件之间的位置关系和连接关系以及装置的使用方式。因为对于装置而言，仅知道构成该装置的各个具体部件名称，而不知道各部件之间的位置关系和连接关系，很难清楚地知道其究竟是什么样的，文字说明结合图示是描绘装置结构组成最方便直观的方式，装置的使用方式能够使读者更进一步地理解装置的功能和优点。

此外，多个具体实施方式之间或者实施例与对比例之间若有重复内容，可以采用简写的方式。

下面是一份涉及电路用叠层体的耐热性合成纤维薄片的技术交底书中关于具体实施方式的描述：

实施例 1

通过将作为耐热性有机合成聚合物短纤维的、由共聚对亚苯基·3,4′-氧二亚苯基·对苯二甲酰胺构成的、单纤维纤度 1.67 分特（1.5de）、纤维长 3mm、平衡水分率 1.8% 的短纤维（帝人株式会社制，商标：Technora）95 重量%，和作为耐热性的有机合成聚合物纤条体的、由聚间亚苯基间苯二甲酰胺（デユポン株式会社制，商标：Nomex）构成的纤条体 5 重量%，利用碎浆机在水中浸渍分散，为了成为 0.03% 浓度，向其中添加分散剂（松本油脂制药株式会社制，商标：YM-80），制成纤维浓度 0.20 重量% 的抄浆用短纤维/纤条体浆。

由共聚对亚苯基·3,4′-氧基二亚苯基·对苯二甲酰胺构成的短纤维，切断成其切断面和垂直于纤维轴的平面形成的角度是 32°、在两端面形成的环状突起部的最大直径 d_1 和该突起部间的细部分的平均直径 d_2 的比率 d_1/d_2 成为 1.12。

接着，使用舌针式四方形手抄机，将上述抄浆用浆抄成纸状薄片，轻轻地加压脱水后，在温度 160℃ 的热风干燥机中干燥约 15 分钟，制成芳族聚酰胺纤维薄片。

接着，将该薄片供给由直径约 400mm 的一对硬质表面金属辊构成的轧光机，在温度 230℃、线压 160kg/cm 的条件下进行加热加压后，再将其供给由直径约 500mm 的一对硬质表面金属辊构成的高温高轧光机，在温度 320℃、线压 200kg/cm 的条件下进行加热加压，使由上述聚间亚苯基间苯二甲酰胺构成的纤条体软化，部分熔融，使共聚对亚苯基，3,4′-氧二亚苯基·对苯二甲酰胺构成的短纤维粘合牢固。得到纸的重量为 72g/m² 的耐热性芳族聚酰胺纤维薄片。该耐热性纤维薄片的平衡水分率是 1.9%。

在表 1 中示出所得到的芳族聚酰胺纤维薄片的构成成分，在表 2 中示出与使用的纤维的纤维轴垂直的平面形成的端面角以及 d_1/d_2，再使用该芳族聚酰胺纤维薄片，按照上述（1）（c）中记载的方法，含浸配合清漆，制作预浸渍薄片，关于使用该预浸渍薄片、按照上述（1）（d）中记载的方法制成的电路板用叠层体，进行诸特性评价的结果示于表 3 中。

实施例 2

进行和实施例 1 相同的实验。但是，代替在实施例 1 中使用的短纤维（商标：Technora），使用 90 重量%的聚对亚苯基对苯二甲酰胺短纤维［单纤维纤度：1.58 分特（1.42de）、纤维长：3mm、デユポン株式会社制，商标：Kevlar)]。该短纤维的端面倾斜角是 35°，在其两端形成的环状突起部的最大直径 d_1 和其中间部分的平均直径 d_2 的比 d_1/d_2 是 1.17。

比较例 1

进行和实施例 1 相同的实验。但是，代替由实施例 1 使用的短纤维（商标：Technora），使用由聚对亚苯基苯并双噁唑构成的短纤维。该短纤维的两端面的倾斜角是 4°，另外，在两端部形成的环状突起部的最大直径 d_1 和两突起部的中间部的平均直径 d_2 的比率 d_1/d_2 是 1.19。

上述案例省略了在后的具体实施例、比较例与在前具体实施例相同的部分，突出了它们不同的部分，这样的撰写方式应用在实施例之间重合度较高、不同点较少的情况，能够让读者聚焦相同点和不同点，方便比较。当然，具体实施方式的撰写并无固定格式，以交代清楚为准则。

五、关键改进点和有益效果

专利申请文件并没有要求专门列出关键改进点，一些申请在撰写时出于各种考虑倾向于将多个关键改进点隐藏于说明书当中，需要仔细阅读才能发现。但是，技术交底时对关键改进点的交代是专利代理师非常重视的内容，许多专利代理师喜欢先看这部分内容，再带着重点去阅读其他部分，有助于理解发明的实质，更好地围绕关键点布局申请文件。因此，技术交底书中应当清楚、明确地提炼关键点，至于如何体现在申请文件当中，专利代理师与申请人充分沟通需求之后，将会给出适合的建议。

关键改进点应当是发明区别于现有技术最核心之处的提炼概括，比如工艺中增加了哪个步骤或者改变了什么参数，产品中改变了什么成分，等等。一项发明可以不止有一个关键改进点，如果有多个，应该按照主次顺序列清楚。比如，在最基本的方案当中，添加纤维 A 能够提高材料的强度；在优选方案当中，同时添加纤维 A 和纤维 B 能够进一步提高强度和韧性；在更优选的方案中，控制纤维排布的位置和方向能够增强复合材料的强度，性能更佳。

有益效果是对于发明目的和作用的总结，体现的是发明对现有技术的贡献，是判断发明创新性的重要依据。通过有益效果的描述，读者能够把背景技术存在的问题、本发明的技术方案的关键改进点、具体实施方式串联成有机的整体，起到画龙点睛的作用。

首先，有益效果应当与关键改进点相对应或者相融合，介绍每个关键改进点在技术方案解决相关技术问题时所起的作用。有益效果可以笼统地叙述，例如，效率或者精度的提高、成本的下降、步骤的简化、产品质量或性能的提高、结构的紧凑，等等。但除此之外，还应该包括与关键改进点相对应的具体效果，如通过将某物质的含量控制在一定范围而增强了材料强度或弹性，通过控制压力和保压时间提高了复合材料力学强度，等等。

其次，有益效果还与发明对背景技术存在的问题相呼应，并且能够从原理或者实验数据中找到依据。例如，改进了加工工艺的某项指标，增强了界面黏结性，因此达到了增强复合材料力学性能的有益效果，复合材料的拉伸强度为224MPa，是现有技术的3.6倍。

最后，有益效果还应得到具体实施方式的支持。比如，声称的有益效果需要实验数据证明时，在具体实施方式中对这些实验数据如何获得提供具有说服力的资料，包括相应的实验原料、操作步骤、设备、参数选择和实验结果，必要时提供实施例与对比例之间的对照实验数据、图表、图片、图谱等。一些申请人在技术交底书中只有断言性的文字表述有益效果，而忽略了具体实施例部分对这些文字的实验过程和数据的支持，在后续实审过程中可能会面临因缺乏证据支持而不被认可的风险。尤其是对于化学领域的发明创造来说，有益效果的可预期性低，由于技术效果是发明的一个重要组成部分，对于那些不能通过技术方案直接推断出来的技术效果或者没有可靠实验数据支撑的技术效果，一般是不允许在申请日后再补入申请文件中的，只能作为参考资料提交给审查员，这与直接记载在申请文件中的效果有天壤之别，有可能不被审查员接受。

下面是一份涉及电磁屏蔽高分子复合材料的技术交底书中关于关键改进点和有益效果的描述：

本发明推荐采用泡沫镍为原料制备的多孔电磁屏蔽材料，其优点在于：泡沫金属镍的孔隙连通，孔隙率高（均在90%以上），重量轻（0.16～0.85g/cm³），具有三维网状结构。同时镍的化学稳定性好，电导率和磁导率大的材料吸收损耗大，因此其具有良好的吸收电磁波的性能。电磁波在三维网络中发射、折射，由于以自身吸收为主，反射电磁少，对其他设备造成的干扰少；电磁屏蔽效能极高，容易安装和使用方便；以泡沫金属镍及其粉末为导电填料制备的电磁屏蔽高分子复合材料，填料的加入对基体材料的密度和机械性能影响不大，并且复合材料的电磁屏蔽效能高，导电填料在基体中分散均匀。在 10 ~ 1500MHz 电磁波范围内，具有 60 ~ 120dB 以上的电磁屏蔽效能。

案例中，对本申请的关键改进点"采用泡沫镍""三维网状结构"与有益效果之间的关系进行了详细说明，非常利于专利代理师理解发明和抓住重点。

六、附图和其他相关信息

附图的作用在于补充说明技术交底书的文字信息，如果仅使用文字描述就能清楚、完整地说明发明创造的技术方案，则无须使用附图；但很多情况下，附图对于清楚、直观、简洁地表达信息有着文字无法替代的作用，如复杂设备中各部件的连接、空间位置关系，纤维材料的微观形貌，计算机系统架构、网络拓扑图、系统流程图、用户界面图，等等。技术交底书中也推荐这种图文结合的表达方式，但注意文字与附图应当信息清楚、一致，避免矛盾。

虽然一些专利代理机构有专业制图人员可以提供绘图服务，但不了解技术的人员绘制图片时很可能丢失或弄错一些信息，而绝大多数专利代理师对于附图的绘制和修改能力有限，还有一些图片，如试验结果图，无法绘制只能依靠申请人提供，故附图最好还是由申请人提供更为保险。对于机械结构，可以提供正视图、侧视图、俯视图、剖视图、电路图等，根据需要还可以提供局部放大图、分解图、使用示意图等；对于方法程序，可以提供流程图、逻辑框图等；生化领域除了提供化学式、反应式、基因序列图谱等必要图示外，还特别注意应提供证明结果或效果的实验数据图，如质谱图、电泳图、对照实验结果图等。

技术交底书中附不下附图的，可以另附页。说明书附图应当使用包括计算机在内的制图工具和黑色墨水绘制，线条应当均匀清晰、足够深，不能着色和涂改，也不能使用工程蓝图。附图周围不要有与图无关的框线。技术交底书中应当对附图表达的含义进行说明和解释。

下面是一份有价证卷辨识装置的技术交底书中的附图和附图说明示例：

附图说明

图 1 为本发明的侧视剖面图。

图 2 为本发明的辨识系统方块示意图。

图 3 为本发明有价证卷辨识示意图。

图 4 为本发明输出光场的强度分布图。

图 5 为本发明发光二极管元件的电路图。

图中符号说明：1. 辨识装置，11. 传送装置，13. 光源接收模块，111. 入钞口，131. 第二透镜，112. 传送通道，12. 光源模块，132. 光电二极管，121. 发光二极管元件，14. 防盗匣门，122. 第一透镜，15. 防盗钩，2. 微控制器，3. 数字/模拟转换器 4. 放大器 5. 有价证卷，51. 受测区域，6. 轴心。

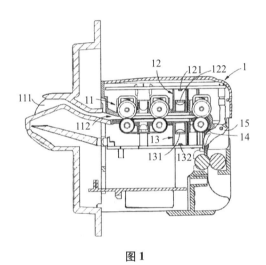

图 1

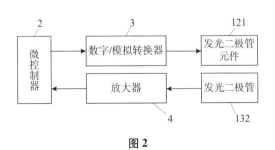

图 2

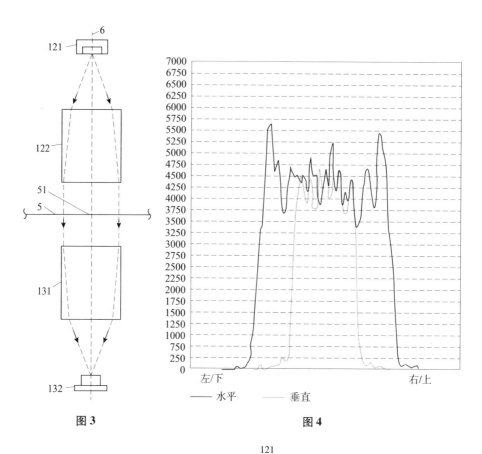

图 3

图 4

左/下   右/上

——水平   ——垂直

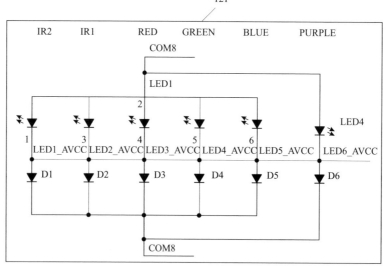

图 5

　　《专利审查指南2010》中对说明书附图的形式有较为明确的规定。说明书文字部分中未提及的附图标记不得在附图中出现，附图中未出现的附图标记不得在说明书文字部分中提及。申请文件中表示同一组成部分的附图标记应当一致。

　　附图的大小及清晰度，应当保证在该图缩小到2/3时仍能清晰分辨出图的各个细节，以能满足复印、扫描的要求为准。

　　同一附图中应当采用相同的比例绘制，为使其中某一组成部分清楚显示，可以另外增加一副局部放大图。附图中除必需的词语外，不得含有其他注释。附图中的词语应当使用中文，必要时，可在其后括号内标注原文。

　　流程图、框图应当作为附图，并在其框内给出必要的文字或者符号（图6-1），一般不能用照片（图6-2）作为附图，但是特殊情况下，例如显示金相结构、组织细胞或者电泳图谱时，可以使用照片贴在图纸上作为附图（图6-3）。

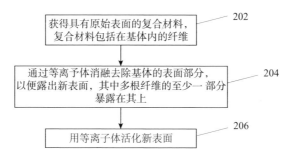

图6-1　流程图

图6-2　设备照片图

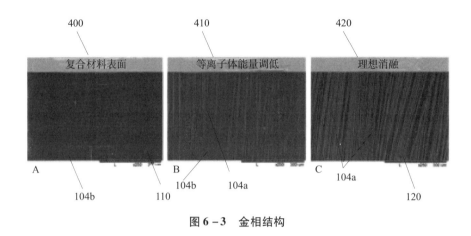

图 6 - 3　金相结构

其他相关信息包括所有申请人觉得需要和专利代理师交代的信息，比如在先申请的情况，自己已经获得的相关技术资料、对理解发明创造有帮助的文件、竞争对手相关专利情况等。

第三节　技术交底时的常见问题

专利申请的主体主要为企业和高校，二者在撰写上均具有很强的个体风格。对于企业而言，由于工业生产中存在大量的简化词、外来词和行业术语，技术交底中使用的非标准技术词汇较多，可能存在歧义或不符合审查要求。对于高校而言，技术交底的内容和形式通常与期刊文章类似，缺乏必要的背景交代，有时候过程和效果证明也不完整，或者手段和效果之间无法形成逻辑闭环。另外，还有一些创新主体出于保护商业秘密的考虑，在技术交底书中省略或者故意模糊实现发明的关键手段。

专利代理师并不是技术专家，虽然其能够看出一些明显的错误，但总不如申请人对技术的熟悉程度深，万一有细节错误或者遗漏没有审核发现，可能造成严重后果。因此，技术交底时，申请人应当对技术内容充分负责，以严谨的态度撰写每一个细节。如果有不确定之处，也应注明，提示专利代理师斟酌。本节将举例说明实践中几种常见的技术交底书类型，并分析其存在的问题。

一、仅给出构想

实践中，某些申请人由于不知道怎样填写技术交底书，仅简单提供一种构思或简单给出几张图片。一份完整清楚的技术交底书能帮助专利代理师更深入地把握发明技术和创新性高度，同时提高申请文件的撰写效率，凸显发明创造的可授权性。

案例1：

某案，涉及一种 PAN 基碳纤维的制备工艺，申请人在技术交底书中仅注明该碳纤维合成原料包含两种组分，通过六个步骤进行制造，对成品需要进行力学性能检测。但针对组分构成仅给出一种组分名称及其含量范围，针对制造工艺仅注明工艺步骤包含聚合、纺丝、预氧化、炭化、表面处理和上浆。缺乏另外一种组分的名称及含量，也缺乏具体工艺参数范围，未记载测量的具体力学性能类型及测量结果。同时也未记载本案要解决的问题和产生的有益效果。

案例2：

某案，涉及一种混合设备，申请人仅给出一张设备照片，未给出其他说明。

上述两个案例都不符合技术交底书关于完整清楚的基本要求。一份完整清楚的技术交底书应当能够使技术人员基于该技术交底记载的内容，能够实施，也即重现该方案，并达到该方案的效果。对于一份涉及方法的技术交底书，申请人应当注明该方法中涉及的原料名称和含量，各步骤的具体操作及工艺参数，方法本身的效果或由该方法获得的产品最终的效果。对于一份涉及产品的技术交底书，申请人应当注明产品的组成元素及含量，有时还应当辅以制备工艺、微观结构和/或性能参数。对于涉及装置或设备的技术交底书，申请人应当注明装置各部件名称及它们间的位置、连接关系和如何使用。

二、隐瞒关键信息

有些申请人在撰写技术交底书时，并不想把所有技术细节和盘托出，希望有所保留。例如不写一些关键技术细节，或者为关键技术细节设置"烟雾弹"，例如设置多种并列选择，鱼目混珠，将可行的和不可行的方案杂糅在一起，等等。这两种方式在实践中的确有人用作申请策略，但应该知道的是，这并不是一种常态化的做法，如果操作不当，在后续审查过程一旦被关注到，可能面临非常严重的后果，比如被认定为技术方案公开不充分，或者不认可其对现有技术作出了创造性贡献。

案例3：

某案，涉及一种高密度沉淀池，技术交底书如下：

高密度沉淀池中的斜板沉淀池一般水位较低，斜板上部长期裸露在空气中容易老化变形，并滋生藻类，甚至会在运行时脱落碎屑，污堵出口滤网和工业服务水池等后续设备问题。

本发明的目的在于提供一种高密度沉淀池，通过对斜板材料的改进，避免斜板在长期使用过程中的老化和变形，降低更换频率，延长斜板的使用周期。

本发明的高密度沉淀池，包括斜板沉淀区，所述斜板沉淀区包括由多个斜板片材间隔设置形成变截面流道的斜板和分别位于斜板两侧的进水区和集水区以及位于斜板下方的集泥区，在进水区靠近斜板设置有进水整流墙，在所述集水区的流入带中央设置有出水整流墙，所述进水整流墙和出水整流墙上均布有过水孔，在斜板区内水流从窄截面流道流向宽截面流道形成上流式水流，所述斜板片材的原料按重量份包括以下组分：对苯二甲酸二甲酯20~30份、聚丁二酸丁二醇酯10~20份、乙丙橡胶10~20份、聚丙烯纤维5~15份、聚乙二醇5~10份、聚碳酸酯10~20份、二乙氨基乙醇0.1~1份、甲基丙烯酸环氧丙酯1~10份、低聚乳酸（OLA）1~5份、聚丁二烯弹性体8~12份、聚对苯二甲酸10~20份、4~环己烷二甲醇酯1~5份、聚丙烯酸丁酯4~8份、聚萘二甲酸乙二醇酯4~8份、木质素磺酸钙0.1~0.5份、0.1~0.3份交联剂、0.1~0.3份偶联剂、0.1~0.3份抗氧剂。

本发明的有益效果是：通过改进斜板材料使斜板具有静电分离功能，静电分离功能会强化接触絮凝效率，进一步增强沉淀分离效果，且所采用的斜板材料不仅让斜板表面更光滑，提高沉淀效果，而且使斜板具有抗菌、防止藻类滋生、耐酸碱、耐老化、耐高低温的作用，延长斜板的使用周期，减少斜板的更换率。

技术交底书还包括一个简单的沉淀池示意图。

案例3的技术交底书中包含现有技术存在的问题、解决的具体手段和产生的有益效果，还给出了结构示意图，这看似满足了技术交底书关于完整清楚的基本要求。然而通过仔细阅读可以发现，上述技术交底书存在以下问题：首先对于斜板的片材而言，本案仅记载了片材的原料组成，而并未记载片材的具体制备方法。细究斜板片材的原料，组分之一"聚对苯二甲酸"并不存在，且斜板片材的原料涵盖的组分众多，各组分间熔点和沸点不同，且存在较大差异,因此在缺少具体制备方法的前提下,无法得知该斜板片材如何由上述原料制备而成。其次技术交底书中记载通过对斜板材料进行改进使得斜板具有静电分离功能和光滑表面,具有抗菌、防止藻类滋生、耐酸碱、耐老化、耐高低温的作用。然而并未记载这些效果是由原料中哪些组分带来的。而这些缺失的部分恰巧是本案的关键点,上述关键点的缺失会直接导致该方案无法实现的问题。

案例4:

某案,涉及一种过滤设备,技术交底书如下:

在采用反冲洗装置冲洗气体过滤器的滤芯时,清洗水流向为由滤芯的底部往上,从而容易被滤芯底部阻挡,导致滤芯的上端清洗效果下降,过滤效果不好。气体流向为由滤芯上端往下,由于滤芯上端过滤效果差,同时冲洗产生一定的压力,压力难以在滤芯上进行缓冲,导致滤芯表面发生过度的挤压,从而使滤芯表面发生受损。

为解决上述问题,本发明提出一种过滤设备,其结构包括过滤装置1、出水管2、支撑脚3、出气管4、进气管5、水箱6、水泵7、循环水管8,过滤装置1下端嵌固安装有出水管2并且相贯通,过滤装置1下端焊接有支撑脚3,出气管4外侧上端嵌固安装有出气管4并且相贯通,进气管5嵌固安装在过滤装置1顶部,水箱6位于过滤装置1底部,并且水箱6左端设有水泵7,水泵7与循环水管8下端相贯通,循环水管8上端嵌固安装在过滤装置1外侧上端并且相贯通。过滤装置1包括过滤罐11、密封底座12、反冲洗装置13、滤芯装置14,过滤罐11底部嵌固安装有密封底座12,过滤罐11内部设有反冲洗装置13,滤芯装置14安装在过滤罐11内部中端,并且滤芯装置14位于反冲洗装置13内侧。

反冲洗装置13包括导水盘131、透水孔132、空腔133、导水管134、喷射机构135,透水孔132贯穿于导水盘131内部,导水盘131内部中端贯穿有空腔133,导水管134嵌固安装在导水盘131内部,喷射机构135下端嵌固安装在导水盘131上表面,并且喷射机构135下端内部与导水管134相贯通,导水盘131上表面呈倾斜往中部下凹的结构,利于将冲洗完的水往下排出,避免发生积水,导水管134和喷射机构135均设有四个,并且四个导水管134连接在四个喷射机构135的底部,利于将清水均匀地排到四个喷射机构135内部,从而对滤芯装置14进行冲洗。

喷射机构135包括立板35a、喷嘴35b、固定框35c、毛刷35d,立板35a内侧表面嵌固安装有喷嘴35b并且相贯通,立板35a表面焊接有固定框35c,

固定框 35c 内侧设有毛刷 35d，毛刷 35d 与滤芯装置 14 外侧表面相抵触，立板 35a 呈弧形结构，喷嘴 35b 设有三十五个，呈倾斜角度安装在立板 35a 内侧表面。

本发明的有益效果在于：

通过对滤芯装置外侧表面施加转动力，滤芯装置进行转动，减缓了冲洗力对滤芯装置造成的过度挤压，提高滤芯装置自身全面的清洁效果。

技术交底书中同时给出过滤设备、反冲洗装置、喷射机构的简单示意视图。

案例 4 涉及一种装置，其技术交底书具体记载了该装置各个部件的名称、连接关系和位置关系，看似符合技术交底书关于完整清楚的基本要求。然而，仔细分析可以发现本案框架结构可以简化如下：$A = A_1 + A_2$，$A_2 = A_{21} + A_{22}$，$A_{21} = A_{211} + A_{212}$。这样的技术交底，对于 A、A_2 和 A_{21} 各自的组成部件及其位置和连接关系均有详细介绍，然而缺乏 A_{21} 或 A_{22}，以及 A_{211} 或 A_{212} 与其余部件之间的位置和连接关系，也即，不清楚 A_{21}、A_{22}、A_{211}、A_{212} 如何与 A_1 连接以整体构成 A。通过附图也无法获知这种连接关系。而上述内容的缺失会导致无法获得该装置。

具体实践中，有一定数量的技术交底书存在关键点缺失的情形，部分原因是申请人想将某些关键点作为技术秘密予以保密。然而为了避免不能授权的风险，在技术交底时，还是应当尽量细致，与专利代理师充分沟通，听从专业建议。

三、关键点失焦

实践中，某些申请人在撰写技术交底书时，没有抓住发明的关键点，也就无法围绕这些关键点组织背景技术、技术方案、有益效果、具体实施方式等各部分内容。比如，没有根据现有技术缺陷和本申请所要解决的技术问题进行有针对性的介绍，对所有的技术特征使用相同的笔墨进行描述。专利代理师阅读时抓不住重点，对本申请所要解决的技术问题和方案的关键点理解出现偏差。

案例 5：

某案，涉及一种碳纤维表面生物活化改性方法，使用电沉积工艺在碳纤维表面制备碳纳米管增强羟基磷灰石涂层。在背景技术中，该发明仅简单提及碳纤维的一般性能和用途以及碳纤维材料表面的改性处理方法，指出现有技术改善碳纤维生物惰性的方法，已知的包括采用两亲性聚合物、生物陶瓷等具有生物活性的物质对碳纤维进行表面改性，而生物陶瓷往往存在力学性能不足的问题。

上述背景技术的介绍是基于一本出版时间较早的教科书，申请人撰写这部分内容比较随意，没有正确表述发明实际的改进基础是现有技术已有的碳纤维表面生物活化改性方法，而具体改进实际在于通过加入特定含量的微量元素锶提高生物活性及组织响应行为。专利代理师本身对该领域的技术不熟悉，也没有进行全面的查新处理，仅根据技术交底书记载的内容撰写了说明书和权利要求书，并提交了专利申请，其中权利要求限定的处理工艺条件概括了较大的保护范围。

在审查过程中，审查员通过检索得到了使用电沉积工艺在碳纤维表面制备碳纳米管增强羟基磷灰石涂层的对比文件，并公开了上述权利要求限定的处理工艺条件。虽然后续通过修改进一步限定了处理工艺条件，从而区别于上述对比文件，但是由于关键点失焦，未能抓住发明的关键点，并围绕关键点组织有益效果和具体实施方式等内容，导致原申请文件并没有记载能够证明修改后的改性方法相比对比文件公开的改性方法所获得的制品具有有益的技术效果的实验数据等相关内容（例如修改后的改性工艺条件下得到的碳纤维的生物活性及组织响应行为实验数据）。本案最终以不具备创造性被驳回。

如果申请人和专利代理师在撰写技术交底书的环节中能够更充分地沟通，提供更接近发明起点的技术文件，使专利代理师撰写时能更准确地把握发明的关键点，并围绕关键点撰写技术方案、有益效果、具体实施方式等各部分内容，尤其是提供准确的实施例、对比例及实验数据，案件便有可能走向授权。

四、缺乏效果证明

有时，申请人在撰写技术交底书时，过于关注方案本身而遗漏了对效果的证明，或者对于效果仅用简单文字描述，缺乏数据支持。新材料领域的发明创造往往结果可预期性低，很大程度上依赖于试验证明，专利申请文件的说明书不是普通意义上的操作说明书，而是需要让本领域技术人员阅读后能够充分知晓并信任方案可实施性的法律性文件，因此这些证明方案可以实施并达到预期效果的试验数据是申请文件非常重要的组成。需要注意的是，当采用非常见或自定义性能参数时，需要给出其完整清晰的测试条件和方法，否则在审查过程中，这些案例可能会面临数据缺乏证明力或者不具备可比性的质疑。

案例 6：

某案，涉及一种连续碳纤维的表面改性方法，技术交底书如下：

液相氧化是碳纤维表面氧化处理的方式之一，常用各种酸溶液或其混合物对碳纤维表面进行蚀刻。现有技术中，用于 CF_(3D)/PEEK 复合材料的连续碳纤维表面处理技术过于复杂，不利于连续工业生产的需要；或工艺简单，但可控性差、效果不佳，无法满足航空航天对连续 CF_(3D)/PEEK 复合材料性能的需要。

为解决上述技术问题，本发明创造采用的技术方案是，包括下述步骤：①纯化，将连续碳纤维在丙酮（分析纯，>99.5%）溶液中浸泡 20～30h，同时不断搅拌；②用超纯水（电阻率大于 18MΩ·cm）将碳纤维表面的丙酮清洗干净至 pH=7；③氧化，将清洗后的碳纤维置于浓度为 70%～75% 的硝酸溶液中，恒定温度 80～90℃，浸泡 45～60min，同时以 500～550r/min 的速度搅拌；④再次用超纯水（电阻率大于 18MΩ·cm）将碳纤维清洗干净；⑤分散，将碳纤维放入超声清洗机中超声分散 1～3h，超声频率为 20～100kHz；⑥干燥，将超声分散后的碳纤维在真空环境下 80～90℃干燥至恒重，真空环境的真空度小于 -0.02MPa。

本发明创造具有的优点和积极效果是：通过简单的工艺手段获得适用于与聚醚醚酮树脂复合的连续碳纤维材料，可控性好、效果优良，能够满足航空航天对 CF_(3D)/PEEK 复合材料性能的需要。

该案仅简单记载了"工艺简单"和"性能优良"的技术效果，然而并没有记载所制备的复合材料力学性能的试验数据，无法证明其是否能够满足航空航天对 CF_(3D)/PEEK 复合材料性能的需要。这类申请在审查过程中面临着创造性的质疑，由于缺乏数据支撑，很难进行有效答复。即使补交试验数据，也会面临不被接受的可能。

案例 7：

某案，涉及一种水性油墨吸收剂和具有吸收剂层的层压膜。技术交底书中记载本发明的目的在于提供一种吸墨材料，该吸墨材料对水性油墨的润湿性、吸收性和干燥性优异，并且可以在其上印刷清晰的图案和图像而不会引起颜色浓度的不一致，也不会有渗色的墨水。详细记载具体实施方式。上述效果具体通过优化润湿指数（润湿张力）、透湿性和接触角的角度三个性能参数反映。技术交底书中记载的具体测试方法如下：

（接触角）

接触角通过使用纯水的液滴法，在从液滴起经过 10s 后在常温下测定。用于测量的接触角计是由协和化学株式会社生产的 FACE 接触角计。

（润湿指数）

根据 JIS - K - 6768 定义的"聚乙烯和聚丙烯薄膜的润湿性测试方法"测量润湿指数。标准溶液为甲酰胺和乙二醇单乙醚的混合液。测量在温度为 (23 ± 2)℃、相对湿度为 50% ±5% 的温湿度条件下进行。下面将具体描述润湿试验。

试件前处理

每个试件在上述温度和水分条件下放置六个小时或更长时间，并在达到温度和水分条件的平衡后进行测试。

测试工具（棉签）

在测试中，使用通过将脱脂棉包裹在直径约 1mm 的棒的尖端而形成的棉签棒。脱脂棉的用量为 15～20mg。脱脂棉均匀地缠绕在棒的末端，使其长度至少为 15mm。

标准溶液

作为标准溶液，使用通过将微量的高着色性染料与以表 5 中所示的比率制备的各混合液体混合而获得的液体。试验中使用的甲酰胺和乙二醇单乙醚均为高纯度的高档产品。作为着色剂，使用维多利亚纯蓝 BO 并且其密度优选为 0.03% 以下。

测试方法

将拭子棒浸入标准溶液中至液滴不流出拭子棒的程度，将其置于水平位置的试件上并沿一个方向移动，从而将标准溶液涂在试件上，使涂液层尽可能宽，涂液面积约为 $6cm^2$。标准溶液的应用在 0.5s 内进行。

润湿指数的测定

在从标准溶液的施加开始经过两秒之后，相对于液体层确定润湿指数。当液体层保持施加的状态两秒或更长时间而不引起破裂时，确定试验片是湿的。同样，当液体层在其周边引起轻微收缩时，确定试验片是湿的。

如果润湿状态保持两秒或更长时间，则测试继续应用另一种表面张力高一个水平的标准溶液。另一方面，如果液层在两秒内引起破裂，则测试继续施加具有一个水平较低表面张力的另一种标准溶液。重复进行这样的操作，直到可以选择出合适的标准溶液，该标准溶液的组成最接近试片表面可以进入润湿状态仅两秒钟的组成。这样，最终选定的标准溶液的表面张力（dyn/cm）即为试件的润湿指数。

（水蒸气透过率）

水蒸气透过率按照 JIS - Z - 0208 规定的"防水蒸气包装材料的水蒸气透

过率测定试验方法（盘法）"进行测定。温湿度条件为条件 B [温度：（40 ±
0.5）℃，相对湿度：90% ±2%)]。由于水蒸气透过率的值根据试样的厚度而
变化，因此按照 JIS - Z - 0208 的要求测定的水蒸气透过率 P' 换算成试样厚度
为 0.1mm 时的水蒸气透过率 P。这种转换是基于以下等式进行的：$P = d \times P'/$
0.1，其中 d 是用于测量由 JIS - Z - 0208 定义的水蒸气渗透率的样品的厚度
（mm）。水蒸气透过率 P' 的测定方法如下。

水蒸气渗透杯

用于上述测试的水蒸气渗透杯的示例如图 3 所示。在该图中，附图标记
11 表示由黄铜铸造制成的杯架，附图标记 12 表示由铝制成的杯子，附图标记
13 是玻璃制的皿，14 是铝制的环（直径：60mm)，标号是黄铜铸件的导向件，
16 是黄铜铸件的配重块，质量约为 500g。

测试方法

（1）将杯子 12 洗涤、干燥，然后加热至 30 ~40℃。其上装有吸湿剂（粒
径为 590 ~2380μm 的无水氯化钙）的皿 13，将皿放入杯子 12 中，然后放在水
平位置的杯架 11 上。此时，吸湿剂的表面尽可能为平面，使吸湿剂与试件底
面之间的距离约为 3mm。

（2）试件形成直径比杯子 12 的内径大约 10mm 的圆形。试件同心地放在
杯子 12 上。杯架 11 上覆盖着导向件 15。环 14 沿导向件 15 压入，直到试件
与杯子 12 的顶部边缘紧密接触。然后，将导向件 15 放在环 14 上。此后，导
向件 15 垂直向上移动，以便不移动环 14，然后被移除。

（3）使杯子 12 在水平位置旋转的同时使熔化的密封剂（蜡等）流入设置
在杯子 12 周缘处的凹槽中，从而密封试验片的边缘。封口剂固化后，取下重
物 16 和杯架 11，将试件放入温湿条件 B 的恒温恒湿气氛产生装置中，经过
16h 或在这种情况下，将试件从设备中取出并使其在室温下处于平衡状态。在
这种情况下，试样的质量是通过化学天平来测量的。

（4）将试件再次放入恒温恒湿气氛产生装置中。然后，以合适的时间间
隔，将杯子从设备中取出并测量杯子的质量以获得杯子质量的增加值。此时，
获得连续两次测量之间每单位时间杯子质量的增加量。测试一直持续到杯子的
质量增加达到 5% 以内的恒定值。

（5）水蒸气透过率 P' 按下式计算：P'（g/m^2 · 24h）= 240 × m ÷（$t \times s$)，
其中 s 是水蒸气渗透面积（cm^2），t 是测试中最后两个测量间隔的总时间
（h），m 是测试中最后两个测量间隔的杯子质量的总增加量（mg）。

案例 7 给出了有效试验数据的示例。本案中，申请人所采用的润湿指数和

水蒸气透过率的测试方式并非常见方式，因此申请人从测试原料、试样处理、测试方法几个方面详尽而清楚地阐述了本申请的测试方式，并通过试验数据证明了方案具有优异的水性油墨润湿性、吸收性和干燥性的效果。

五、其他问题

1. 随意用词导致不清楚

某案，涉及一种塑料制件的成型方法，包含注塑、保温和冷却脱模三个步骤，技术交底书中记载：脱模时，通过顶板带动切刀动作，将顶出后的制件的"水口"切除，制品无须后续切除废料和打磨处理。

上述案例中，"水口"不是本领域中具有通用的固定含义的技术词语，申请人使用的是通俗的说法，技术交底书中没有对这个手段进行详细解释。如果专利代理师不熟悉该领域的技术术语，申请文件中沿用这种不规范词语很可能导致技术方案不清楚而不能被授权。

2. 未仔细核实导致技术缺陷

某案，涉及一种超高分子量聚乙烯的改性方法，在超高分子量聚乙烯纤维中加入高密度聚乙烯，提高了制品的抗磨损性、拉伸强度和杨氏模量。技术交底书中描述：在生产时，采用同向双螺杆挤出机，包括2对捏合盘元件，且在排气口装有一对左螺旋纹元件，以利于排气，可以连续挤出，调节合适的挤出速率，即可挤出光滑的棒材。挤出温度为100℃。

上述案例中，无论高密度聚乙烯还是超高分子量聚乙烯，二者的熔点均高于130℃，所以技术方案中记载"挤出温度为100℃"明显有问题，且挤出过程是聚合物的熔融混合过程，挤出温度低于熔点，高聚物无法熔融，则无法有效混合实现改性。如果申请文件中沿用上述内容，可能面临技术方案无法在产业上实施的质疑。

3. 含糊用词

某案，涉及一种椰子纤维复合面料，技术交底书描述的组成为：黄麻11～23份、剑麻10～18份、蕉麻19～27份、椰子纤维22～26份、大肚纱8～19份以及适量的棉纤维和聚酯纤维，其中棉纤维和聚酯纤维按照1∶1的比例加入。

上述案例中，"适量的棉纤维和聚酯纤维"含义模糊，即使这些组分并非关键组分，或者含量范围属于本领域常规，至少也应该在具体实施方式中有一些具体用量的选择。否则一旦审查过程中质疑不清楚，则难有修改余地。

以上介绍了技术交底书撰写中经常出现的一些问题，有些问题属于文字撰写方面的，通过阅读能够发现，有些问题则是需要结合技术方案和本领域的专业知识才能发现，还有些问题则需要充分检索并了解相关技术领域的现有技术后确定。每个出现问题的案件都有各自不同的具体情况，但是都导致了非常严重的后果，非常可惜。可见，申请人绝不应该忽视技术交底的严谨性和充分性，好的申请文件来自申请人与专利代理师的密切配合。

第四节　高性能纤维材料领域技术交底书的特殊注意事项

高性能纤维涉及众多领域，涵盖体育器材、车辆运输、船舶设备和航空航天设备等，因此涉及的理论知识繁杂，非本领域的专利代理师往往不能充分理解技术原理和发明实质，这就对发明人撰写的技术交底书提出了较高要求。

高性能纤维技术领域的发明创造既可能包含材料化学方面的改进，也可能涉及机械设备制造。针对涉及不同领域的发明，申请人需要在技术交底书中进行不同类型的清楚说明。如涉及生产设备的发明，需要说明机械装置的部件以及各部件的位置关系和连接关系。而涉及材料的发明，一种新的纤维材料有可能组成元素及百分比含量与已有的产品完全相同，但由于制备工艺差异，微观形貌完全不同，强度、韧性等性能参数有很大差异。因此，有时候需要联合组成含量、微观结构、制备方法或性能参数进行说明，而且还需要充分的试验证据支持。因此，申请人在撰写技术交底书时，内容应尽量详细、多维度，方便专利代理师理解和选择合适的保护范围以及表征方式。

一、发明名称

常见发明名称例如"碳纤维面板型蜂窝板板孔及其补强方法""一种体装式太阳翼的碳纤维面板与聚酰亚胺薄膜共固化结构及方法""阀座用抗蠕变复合材料及其生产工艺""原位聚合 PI 改性尼龙复合材料""一种连续纤维增强PEEK 预浸料生产工艺及设备"，等等。

注意名称中不能写入产品型号、人名、地名、商品名称等。例如"哆啦 A梦 ESTAN 组合机器人"，应写为"一种组合机器人"。

发明技术领域范围应适当，不宜太大或者太小，例如一项关于风电叶片主梁的发明，其改进之处是采用碳纤维制造。技术领域写成"本发明涉及一种风力发电设备"则太大，写成"本发明涉及一种碳纤维风电叶片主梁"则太小，应写成"本发明涉及一种风电叶片，特别是涉及一种风电叶片主梁"。

二、背景技术和存在的问题

前面介绍过，技术交底书中背景技术和存在的问题部分通常包括三方面内容：该技术领域的发展、与本申请最接近的现有技术以及现有技术存在的问题和缺陷。通过三个部分完整、清楚、重点突出的介绍，专利代理师能够充分了解背景技术的状况及其缺陷，以及本申请的发明构思和关键点。

案例8：

某案，涉及一种碳纤维复合材料，在背景技术中介绍了以下内容：

碳纤维具有强度及弹性模量高、质量轻和极好的耐腐蚀性及抗疲劳性、比强度高、施工便捷等优点，其应用形式以碳纤维增强树脂基体复合材料为主。采用碳纤维所制备的增强树脂基体复合材料具有高比强度、高比模量、耐高温、耐腐蚀、耐疲劳、抗蠕变、导电、传热和热膨胀系数小等一系列优异性能。但是由于碳纤维表面平滑、活性官能团少、表面能低，呈现表面化学惰性，与树脂基体浸润性差，使得复合材料界面黏合力较弱，严重地影响了复合材料整体优异性能的发挥。由于热塑性树脂的熔体黏度一般都超过 $100N \cdot s/m^2$，很难使增强纤维获得良好浸渍。因此制备 CFRTP 的技术关键是如何解决热塑性树脂对连续增强碳纤维的浸渍，改善碳纤维与热固性树脂基质的相互润湿性。碳纤维的表面处理则是提高其使用性能的一个重要保证措施，如何对碳纤维表面进行处理，提高其与基体树脂的粘接性，一直是国内外复合材料行业的研究热点。因此加强碳纤维表面处理及其制备工艺的研究就显得十分重要。

为解决上述技术问题，本申请提出了一种解决方案：

配制复合预处理溶液对碳纤维进行预处理，复合预处理溶液以重量百分比计，由以下组分组成：50%～70%的硝酸，30%～50%的硝酸钠、氯化铁、高锰酸钾、酸性重铬酸钾中的一种或几种，5%～20%的双氧水，将上述成分的无机酸、无机酸盐按照比例配制后，加水调配成浓度为50%～60%的复合预处理溶液；将待处理的碳纤维编织物浸泡在所配制好的复合预处理溶液中，在40～90℃的反应温度下，处理30～150min后，取出用氢氧化钠溶液和水充分洗涤，直至 pH 值不显酸性，然后经80～150℃烘干。

该案例的背景技术部分仅记载了现有技术中碳纤维复合材料的成型过程存在的技术问题，指出需要对碳纤维进行预处理以改善上述问题，然而没有给出现有技术中已经存在的碳纤维预处理方式，没有分析现有技术中已有的处理方式的缺陷，以及怎样针对这些缺陷加以改善，以及改善该缺陷后所能获得的效果。而是直接给出技术方案，即采用特殊配制的复合溶液对碳纤维进行表面处理。显然，该技术交底书交代的背景技术是不完整的，仅仅记载了"该技术领域的发展"和"现有技术存在的问题和缺陷"两个部分，而漏掉了"与本申请最接近的现有技术"的介绍。专利代理师阅读后无法比较现有技术与本申请技术方案之间的差别，无法确定本申请的发明点及其所产生的技术效果。这不利于专利代理师理解发明实质，围绕对现有技术作出技术贡献的发明构思构建合理的权利要求保护范围，不利于快速授权及授权后权利要求稳定性的维持。

案例9：

某案，涉及一种碳纤维增强聚芳撑硫醚的制造方法。背景技术中记载：

在热塑性树脂中聚芳撑硫醚耐热性、耐化学性特别优异，可以将其与增强纤维复合以替代金属材料。然而，作为金属的替代物，纤维增强聚芳撑硫醚的抗拉强度还有待增强。

现有技术中增强纤维增强聚芳撑硫醚抗拉强度的方法，通常为提高所用的聚芳撑硫醚的伸长率或者在其成型加工中加入添加剂。对于第一种方法，聚芳撑硫醚的拉伸伸长率与其分子量和熔融黏度正相关，如果提高聚芳撑硫醚的拉伸伸长率，则其熔融黏度也会增加，从而与增强纤维的复合化变得困难。进一步，在这样的情况下，也需要提高工艺温度，从而使得制造复合材料变得困难；对于第二种方法，聚芳撑硫醚熔点一般为285℃左右，熔点高，在纤维增强聚芳撑硫醚的成型加工中加入添加剂易于溶出或渗漏，造成成型模具的污染。为了获得外观品质优异的成型品，需要定期除去模具的污染物，从而影响成型周期和效率。

基于这些理由，如何兼具纤维增强聚芳撑硫醚的力学特性的提高与其制造时的难易度和成型加工时的周期和效率成为重要的技术课题。

专利文献1中公开了包含碳纤维与热塑性树脂和碳二亚胺试剂的碳纤维增强热塑性树脂。然而，虽然专利文献1的说明书中记载了聚芳撑硫醚的应用，但是没有公开有关于在高温下的成型加工时控制渗出的方法，作为碳二亚胺试剂，使用了1分子中仅具有一个碳二亚胺基的化合物，它们是易于从碳纤维增强热塑性树脂溶出的添加剂，因此不能抑制纤维增强聚芳撑硫醚在成型加工时的渗出。

专利文献2中涉及包含聚苯硫醚和聚碳二亚胺的树脂组合物，公开一种将聚苯硫醚与聚碳二亚胺进行熔融混炼而制成改性聚苯硫醚的技术，虽然公开了使用碳纤维等增强纤维,但没有公开有关于在成型加工时控制聚碳二亚胺的渗出的方法,不能抑制纤维增强聚芳撑硫醚的成型加工时的渗出,作为纤维增强聚芳撑硫醚的成型加工时的成型循环性是不充分的。

专利文献 3 中公开了包含聚芳撑硫醚与脂肪族聚碳二亚胺系树脂和填充材的树脂组合物,作为控制成型加工时成为模具污染的原因的渗出的方法,仅公开了脂肪族聚碳二亚胺系树脂的添加量,对于模具污染的程度也没有公开,仍然不能充分地抑制纤维增强聚芳撑硫醚的成型加工时的渗出,作为纤维增强聚芳撑硫醚的成型加工时的成型循环性是不充分的。

由此,本申请提出一种解决方案:

一种碳纤维增强聚芳撑硫醚的制造方法,其包括下述工序 (Ⅰ-1)~(Ⅲ-1)。

工序 (Ⅰ-1):将聚芳撑硫醚 (A) 100 质量份与 1 分子中具有至少 2 个以上碳二亚胺基的聚碳二亚胺 (B) 0.1~10 质量份进行混合,将所得的混合物进行加热并熔融混炼,从而获得熔融混炼物的工序。在聚碳二亚胺 (B) 的含有率小于 0.1 质量份时,聚碳二亚胺 (B) 的量不充分,没有表现所得的碳纤维增强聚芳撑硫醚的力学特性的提高效果。此外,如果聚碳二亚胺 (B) 的含有率超过 10 质量份,则相反地聚碳二亚胺 (B) 过多,因此所得的碳纤维增强聚芳撑硫醚的力学特性降低。进行熔融混炼的目的是,通过使聚芳撑硫醚 (A) 与聚碳二亚胺 (B) 在它们的熔点以上的温度进行加热而使它们熔融,在熔融条件下进行混炼,从而使聚芳撑硫醚 (A) 所具有的官能团与聚碳二亚胺 (B) 所具有的碳二亚胺基进行反应。聚碳二亚胺 (B) 在 1 分子中具有至少 2 个以上碳二亚胺基是必要的。对于在 1 分子中仅具有 1 个碳二亚胺基的单碳二亚胺 (B′),聚芳撑硫醚 (A) 和未反应的单碳二亚胺 (B′) 成为过剩量,所得的碳纤维增强聚芳撑硫醚的成型循环性降低。熔融混炼优选将其至少一部分在减压条件下进行。成为减压条件下的区域在使用 LaboPlastomill 混合机的情况下优选以覆盖熔融混炼物整体的方式进行设置,在使用挤出机的情况下,优选设置在距离排出熔融混炼物的位置 (螺杆长度)/(螺杆直径) 为 0~10 跟前的位置。作为成为这样的减压条件下的区域中的减压度的标准,以表压计优选为 -0.05MPa 以下,更优选为 -0.08MPa 以下。这里的所谓表压,是使用真空计将大气压设为 0MPa 进行测定得到的减压度。通过在这样的减压条件下进行熔融混炼,从而可以减少聚芳撑硫醚 (A)、聚碳二亚胺 (B) 的热分解物等易于挥发的成分,可以提高获得的碳纤维增强聚芳撑硫醚的成型循环性,因此优选。熔融混炼的时间优选为 0.5~30min,更优选为 0.5~15min,进一步优选为 0.5~10min,特别优选为 0.5~5min。在进行熔融混炼的时间长于这样的范围的情况下，有时聚芳撑硫醚（A）会交联，增稠，在工序（Ⅲ-1）中与碳纤维（D）的复合化变得困难。在进行熔融混炼的时间短于这样的范围的情况下，有时聚芳撑硫醚（A）、聚碳二亚胺（B）不熔融，得不到熔融混炼物。

工序（Ⅱ-1）：将由工序（Ⅰ-1）获得的熔融混炼物在聚芳撑硫醚（A）的玻璃化转变温度以上并且熔点以下的温度进行加热，从而促进熔融混炼物内的碳二亚胺基的反应而获得聚碳二亚胺改性聚芳撑硫醚（C-1）的工序。

工序（Ⅲ-1）：使由工序（Ⅱ-1）获得的聚碳二亚胺改性聚芳撑硫醚（C-1）熔融，与相对于聚芳撑硫醚（A）100质量份为10~300质量份的碳纤维（D）复合化，获得复合体的工序。

相对于案例8的撰写方式，案例9的结构就较为完整。其中记载了最接近的现有技术，即现有技术中纤维增强聚芳撑硫醚的几种生产方法，并说明这些方法或者在保证强度的同时无法解决渗出问题，或者仅针对渗出提出初步解决方案，但缺乏针对渗出的具体解决方案及其效果。这样就突出了本申请相对于现有技术的不同：①限定混合物中聚碳二亚胺（B）相对于聚芳撑硫醚（A）100质量份含有0.1~10质量份，保证强度的同时减少渗出；②采用减压熔融混炼，一方面使得聚碳二亚胺在1分子中具有至少2个以上碳二亚胺基，减少反应残余易挥发组分，降低渗出，另一方面通过减压排出易挥发组分，降低渗出；③控制熔融混炼时间以保证其与纤维的复合，保证制品强度。这就是本申请对现有技术作出的贡献，也是撰写说明书时的着墨重点。

三、技术方案和具体实施方式

技术方案与具体实施方式（实施例）的区别在于，一个具体实施方式就是本申请的一种实现方式，而技术方案部分则是各个实施例的总和，是多个实施方式的概括。某些申请的技术方案只有一个具体实施方式，这样的技术方案与具体实施方式实质上是一样的。由于技术方案与具体实施方式的联系过于紧密，有时并不能很清楚地将二者分割开来，因此将两个部分放在一起进行说明。

从撰写主题来看，高性能纤维材料领域的专利申请涵盖了纤维产品、专用设备、制备方法、应用等，其中，高性能纤维产品权利要求是最具有领域特点，也是最不容易写好的类型。

不同国家申请人对于高性能纤维产品发明表述方式存在明显差异。大部分中国申请人喜欢采用原料或方法进行限定，这也是最简单的表述方式。制备原料和制备工艺决定着产品的形态和结构，而纤维形态和结构是决定其使用性能的重要指标。在进行科学研究时，研究者往往是通过原料选择、工艺参数调整来设计出性能符合要求的产品。可见，高性能纤维生产原料和制备工艺是最基础、最根本、最直接的研究手段。

在实践中，一些申请人采用性能参数来表征产品，以突出与现有技术的差异和效果，增加获得授权的可能性。尤其是日本、韩国等外国企业深谙其道，采用"组成＋性能和/或组织和/或公式"等多种形式来限定产品权利要求，许多性能参数或是公式还是申请人自己创设的，很难在现有技术中找到相同或类似的表征方式，从而提高了高性能纤维产品权利要求的授权率。

事实上，纤维材料领域经过长期的发展，开拓性的发明很少，更多的是在现有产品基础上进行深入的技术改进，而这些技术改进通常表现为原料的改性、工艺方法调整、形貌的控制等。因此，单纯以原料组成来限定产品的方式也很难有效地表征这类创新成果的技术贡献点。

下面我们通过三个案例对上述内容进行具体的解释说明。

案例 10：

发明内容如下：

本发明的目的在于提供效率良好的制造碳纤维的方法，该碳纤维即便少量添加也能够赋予充分的导热性，且在树脂、液体中的分散性优异。

一种碳纤维的制造方法，其包括如下工序：将含有选自由 Ti、V、Cr、W 和 Mo 组成的组中的一种元素以及 Co 元素的金属催化剂负载于包含碱金属碳酸盐或碱土金属碳酸盐形成的粉粒状载体而得到负载催化剂，使该负载催化剂与含碳元素的物质在合成反应温度下接触而合成平均纤维直径 5～70nm 的纤维状碳，接着将得到的纤维状碳在 2000℃ 以上的温度下进行热处理。

具体实施方式如下：

实施例 1

一种碳纤维的制备方法，包括以下步骤：

使硝酸钴（Ⅱ）六水合物 0.99 质量份和七钼酸六铵 0.006 质量份溶解于甲醇 1 质量份，制备催化剂溶液。将该催化剂溶液添加至碳酸钙（Ube Material Industries, Ltd. 制造：CS·3N－A30）1 质量份中进行混合，接着，在 120℃ 下进行 16h 真空干燥，得到负载催化剂。

将称量的负载催化剂载于石英舟，并将该石英舟放到石英制管状反应器中，密闭反应器。用氮气置换反应器内，边流通氮气边用 30min 使反应器由室温升温至 690℃。维持温度 690℃ 的状态，将氮气切换为氮气（50 体积份）和乙烯气体（50 体积份）的混合气体，在反应器中流通该混合气体 60min，使其进行气相沉积反应。将混合气体切换为氮气，用氮气置换反应器内，冷却至室温。打开反应器取出石英舟。得到以负载催化剂作为核生长的纤维状碳。该纤维状碳为管状且壳形成多层结构。测定 BET 比表面积 SSA，结果为 90m²/g。

将得到的纤维状碳在氮气流通下，以 2800℃ 进行 20min 热处理，得到碳纤维。得到的碳纤维的 BET 比表面积为 90m²/g、平均纤维直径约 40nm、源自负载催化剂的金属杂质的含量均为检测限（100ppm）以下。另外，将得到的碳纤维 5 质量% 添加到环烯烃聚合物中进行混炼而得到的复合材料的热导率显示为 0.52W/（m·K），为非常高的值。

比较例 1

将七钼酸六铵的量变更为 0.06 质量份，不实施高温下的热处理，除此以外，采用与实施例 1 相同的方法，得到碳纤维。结果示于表 1 中。热导率低至 0.41W/（m·K），金属杂质的总量也高达约 6%。

比较例 2

再添加与硝酸钴 10 摩尔% 相当量的硝酸铬，采用与实施例 1 相同的方法，尝试催化剂溶液的制备，但是由于难以将全部成分溶解并且非常耗时，因此制备了溶解有各个金属化合物的液体。将这些液体顺次添加至碳酸钙（Ube Material Industries，Ltd.：CS·3N-A30）1 质量份中进行混合，并且在 120℃、16 小时下进行真空干燥，得到负载催化剂。除了使用所得到的负载催化剂以外，采用与比较例 1 相同的方法，得到碳纤维。结果示于表 1 中。与比较例 1 相比，可知虽然催化效率提高（残留杂质量减少），但是拉曼光谱的 R 值大、结晶性降低。与比较例 1 相比，热导率相当低。

比较例 3

使用硝酸铁（Ⅲ）九水合物 1.8 质量份代替硝酸钴，使用气相氧化铝（Degussa 制，Aluminum Oxide C）代替碳酸钙，除此以外，采用与比较例 1 相同的方法，得到碳纤维。结果示于表 1 中。

比较例 4

将比较例 3 中得到的比表面积为 225m²/g 的碳纤维采用与实施例 1 相同的方法进行热处理。结果示于表 1 中。

比较例 5

按照现有技术的方法，使用悬浮流动法合成了碳纤维。将该碳纤维采用与实施例 1 相同的方法进行热处理。结果示于表 1 中。

表1

	实施例	比较例				
	1	1	2	3	4	5
粉粒状载体	$CaCO_3$	$CaCO_3$	$CaCO_3$	Al_2O_3	Al_2O_4	无
主催化剂	Co	Co	Co	Fe	Fe	Fe
助催化剂	Mo	Mo	Mo, Cr	Mo	Mo	S
热处理前 S_{SA}（m^2/g）	90	90	90	225	225	25
有无热处理	有	无	无	无	有	有

测试方法或标准

对本发明的实施例和比较例制备所得的碳纤维的性能进行测试，测试方法或标准如下：

物性等按照以下的方法进行测定。

[杂质浓度]

在石英烧杯中精密称量碳纤维 0.1g，进行硫硝酸分解。冷却后，定容为 50mL。将该溶液适当稀释，使用 CCD 全谱直读型 ICP 发射光谱分析装置（VARIAN 公司制：VISTA – PRO），以高频功率 1200W、测定时间 5s，利用 ICP – AES（原子发射光谱仪，Atomic Emission Spectrometer）进行各元素的定量。

[热导率]

称量碳纤维和环烯烃聚合物（Zeon Corporation 制造，ZEONOR1420R），以使复合材料中的碳纤维浓度成为 5 质量%，使用 Laboplastomill（东洋精机制作所制，30C150 型），在 270℃、80rpm 的条件下进行 10min 混炼。将该混炼物在 280℃、50MPa 的条件下进行 60s 热压，制造 4 片 20mm × 20mm × 2mm 的平板。使用 Keithley 公司制造的 HotDisk TPS2500，通过热盘法测定热导率。

测试结果

本发明的实施例和比较例制备所得的碳纤维的性能测试结果如表2所示。

表2

	实施例	比较例				
	1	1	2	3	4	5
拉曼 R 值	0.13	0.48	0.63	1.20	0.30	0.17
BET 比表面积（m^2/g）	90	90	90	225	225	13
平均纤维直径（nm）	40	40	40	20	20	150
热导率［W/（m·K）］	0.52	0.41	0.38	0.30	0.35	0.34
杂质浓度（%）	<0.01	6	4	5	<0.01	0.01

案例 10 的技术交底书中记载了碳纤维的制备方法的具体制备步骤，但未具体说明这些步骤中的原料选择和工艺参数与本申请所要解决的技术问题之间的关系，而本领域技术人员熟知碳纤维的制备方法等对于碳纤维的性能有着关键性的影响。

专利代理师经过与申请人的沟通，确定本申请对现有技术的改进实际是将通过利用特定的负载催化剂合成得到的具有特定纤维直径的纤维状碳在高温下进行热处理，能够得到具有高导热性赋予效果的碳纤维。申请人发现，一方面，由于粉粒状的催化剂载体缺乏热稳定性，因此对金属催化剂的保持效果弱。进一步地，使用在合成反应温度附近热分解的粉粒状的催化剂载体，则容易生成纤维直径较粗的纤维状碳。该纤维直径较粗的纤维状碳在其后的热处理过程中会大幅度增加导热性赋予效果。现有技术中通过添加助催化剂元素提高纤维状碳的生成速度。但生成速度过快时，碳结晶面易产生缺陷，使导热性赋予效果降低，因此本发明中不使用用于提高生成速度的助催化剂元素，或者限制性地使用助催化剂元素。另一方面，在对上述纤维状碳进行热处理时，纤维状碳的平均纤维直径优选为 $5 \sim 100nm$，最优选为 $30 \sim 50nm$。如果纤维直径过大，则结晶度变低，即便进行热处理也不能够达到理想水平的导热性能。反之，如果纤维直径过小，则结晶度高，但是经由热处理获得的导热性赋予效果的增幅小，也不能够达到理想水平的导热性能。并且，待热处理的纤维状碳的比表面积优选为 $20 \sim 400m^2/g$，特别优选为 $40 \sim 100m^2/g$。现有技术的纤维状碳即便进行热处理，导热性赋予效果也几乎没有提高。但是，在本发明中通过热处理，导热性赋予效果大幅度提高。特别是对于具有上述范围的纤维直径和比表面积的纤维状碳进行热处理时，导热性赋予效果大幅度提高，并且杂质的残留量降低，与以往的碳纤维相比，容易得到具有高导热性赋予效果、低杂质残留量的碳纤维，因而是特别优选的。

为了体现本申请的上述改进，申请人在技术交底书中增加了一部分对于形貌调控的具体说明，即 "利用在合成反应温度附近热分解的粉粒状的催化剂载体获得纤维直径较粗的纤维状碳，同时不使用或限制性使用助催化剂以此减少碳结晶面缺陷，再从上述纤维状碳中选择平均纤维直径优选为 $5 \sim 100nm$、比表面积为 $20 \sim 400m^2/g$ 的纤维状碳进行热处理，从而通过热处理赋予上述碳纤维优异的导热性"。这样，通过对形貌调控的原理和效果进行限定而明确了本申请的撰写重点。

此外，还需要在以下几个方面对本申请的技术效果进行佐证：①本申请的粉状催化剂的催化效率以及纤维状碳的产率要好于现有技术或者至少与现有技术相当,且与现有技术相比,碳纤维的力学强度要高于现有技术或者至少与现有技术相当;②通过本申请方法制造的 PAN 基碳纤维在导热率和杂质浓度上表现良好,在树脂、液体中的分散性优异,能够满足现有技术中很多方面的应用需求。为了证明本申请的碳纤维有上述好的材料性能,技术交底书中应当给出导热率、杂质浓度和分散性的实验数据分别加以证明。这样的撰写方式说明了本申请相比于现有技术取得的进步,又证明了本申请能够解决背景技术提出的技术问题。

然而,案例 10 仅提供了一个实施方式,它的发明内容部分与具体实施方式的内容相同,它的技术效果是与比较样本进行比较得出的。也就是说,申请人仅提供了其研究过后得到的最优解,但这导致专利代理师难以对具体实施方式进行合理概括进而得到权利要求书。对于多数技术交底书来说,一般应撰写多个实施例,这样既可以通过具体实施方式和比较样本之间进行比较,也可以通过不同具体实施方式之间相互比较,得到技术效果最好的最优技术方案,同时也便于专利代理师撰写权利要求书。对于记载了多个实施例的技术方案来说,发明内容要求能够对所有的实施例进行总的概括,实施例的参数、步骤或者组织结构等通常应当在发明内容部分技术方案或后续权利要求技术方案的范围之内。

案例 11:

发明内容如下:

一种碳纤维增强聚丙烯树脂组合物及成型材料,它能有效地解决现有技术无法同时兼顾碳纤维增强聚丙烯树脂组合物中的阻燃性、耐候性和力学特性的技术问题。

为了解决上述问题,本发明的碳纤维增强聚丙烯树脂组合物具有以下构成:

一种碳纤维增强聚丙烯树脂组合物,其中,相对于(A)聚丙烯树脂和(B)改性聚丙烯树脂的总量 100 重量份,配合有下述成分(C)~(F):

(C)碳纤维 8~70 重量份;

(D)溴类阻燃剂 0.4~25 重量份;

(E)氧化锑化合物 0.2~12.5 重量份;

(F)氨基醚型受阻胺类光稳定剂 0.05~2 重量份。

为了解决上述问题,本发明的成型材料具有以下构成:

一种成型材料,是将颗粒和长纤维颗粒干混而得到的,所述颗粒是将(A)聚丙烯树脂、(B)改性聚丙烯树脂、(D)溴类阻燃剂、(E)氧化锑化合物及（F）氨基醚型受阻胺类光稳定剂熔融混炼而得到的，所述长纤维颗粒含有（A）聚丙烯树脂、（B）改性聚丙烯树脂及（C）碳纤维，干混后的成型材料中，相对于上述成分（A）和（B）的总量100重量份，成分（C）～（F）的含量在以下范围内：

（C）碳纤维8～70重量份；

（D）溴类阻燃剂0.4～25重量份；

（E）氧化锑化合物0.2～12.5重量份；

（F）氨基醚型受阻胺类光稳定剂0.05～2重量份。

本发明的碳纤维增强聚丙烯树脂组合物中，上述成分（A）与上述成分（B）的重量比（A）／（B）优选为95/5～75/25。

本发明的碳纤维增强聚丙烯树脂组合物中，优选相对于上述成分（A）和（B）的总量100重量份，进一步配合有0.05～2重量份的（G）紫外线吸收剂。

有益效果如下：

本发明的碳纤维增强聚丙烯树脂组合物及成型材料由于具有良好的阻燃性和耐候性，同时碳纤维与聚丙烯树脂的界面粘接性良好，因此可获得弯曲特性及耐冲击特性等力学特性优异的成型品。另外，由于使用聚丙烯树脂，因此还兼具轻质性。本发明的碳纤维增强丙烯类树脂组合物、成型材料及成型品对于电气与电子设备、OA设备、家电设备或汽车的部件、内部构件及壳体等各种部件、构件极为有用。

具体实施方式如下：

（1）弯曲试验

根据ISO178，使用3点弯曲试验夹具（压头半径5mm）将支点距离设定为64mm，在试验速度2mm/min的试验条件下测定弯曲强度。作为试验机，使用"Instron（注册商标）"万能试验机5566型（Instron Corporation制）。

（2）却贝冲击试验

根据ISO179，在试验温度23℃的条件下进行带缺口加工的却贝冲击试验。却贝试验机使用CEAST公司制RESIL25。使用试验片的尺寸为厚4mm、宽10mm、长80mm。温度调节使用TABAI制PU－1K型恒温器，在恒温器内静置40min以上使温度恒定后进行试验。

（3）阻燃性

根据FMVSS No.302火势蔓延试验，使用尺寸100mm×150mm×3mm的方板，将高度38mm的气体燃烧器火焰接焰于方板的端部直至着火，测定端部至标线之间的自消火性。

基于以下的标准进行判定，以 a、b、c 为合格。

a：接焰着火后，在 30s 以内发生自消火。

b：接焰着火后，在 30s~3min 以内发生自消火。

c：接焰着火后，在 3~7min 以内发生自消火。

f：未发生自消火或着火后的 7min 以内火势蔓延至标线。

（4）耐候性

使用紫外线长寿命耐光试验机（Suga Test Instruments Co.，Ltd 制），在 83℃、没有水喷淋循环的条件下，对尺寸为 100mm×100mm×3mm 的方板进行光照射。使用数码显微镜 ［KEYENCE（株）制、型号 VHX-900］ 对光照射时间经过 500h 的试验片表面进行观察，通过表面的状态测定耐候性。

基于以下标准进行判定，以 a、b、c 为合格。

a：没有裂缝，表面触感光滑。

b：虽然产生了可计数的裂缝，但表面的触感保持平滑性。

c：在试验片表面的整个面上产生微小的裂缝，表面的触感有粗糙感。碳纤维未露出。

f：在试验片表面的整个面上产生无数的裂缝，表面的碳纤维露出。

实施例 1：

使用 JSW 制 TEX-30α 型双螺杆挤出机（螺杆直径 30mm、模直径 5mm、机筒温度 220℃、螺杆转数 150rpm），自主给料斗供给以重量比（A）/（B）=85/15 将（A）聚丙烯树脂（Prime Polymer Co.，Ltd. 制 Prime PolyproJ105G 树脂）和（B）马来酸改性聚丙烯树脂 ［三井化学（株）制 ADMER QE840］ 颗粒混合所得的混合物、（D）溴类阻燃剂 ［丸菱油化工业（株）制 Nonnen PR-2］、（E）三氧化锑 ［昭和化学（株）制］、（F）氨基醚型受阻胺类光稳定剂 ［BASF Japan（株）制 Tinuvin123］，一边利用下游的真空通气口进行脱气，一边自模口将熔融树脂喷出，将所得丝束冷却后，用切刀切断，获得熔融混炼颗粒。

另外，使用在单螺杆挤出机的喷出前端部设有熔融树脂的被覆模口的长纤维增强树脂颗粒制造装置，将挤出机气缸温度设定为 220℃，以重量比（A）/（B）=85/15 对（A）聚丙烯树脂 ［Prime PolymerCo.，Ltd. 制 Prime Polypro J105G 树脂］ 和（B）马来酸改性聚丙烯树脂 ［三井化学（株）制 ADMER QE840］ 进行颗粒混合，由主给料斗供给，以螺杆转数 200rpm 使其熔融，将由参考例获得的（C）碳纤维供给至喷出熔融树脂的模口（直径 3mm），将被覆有树脂的丝束冷却后，利用造粒机切断成长 10mm 的颗粒，作为长纤维颗粒。

将由此获得的上述熔融混炼颗粒和上述长纤维颗粒进行干混获得成型材料，使得相对于上述成分（A）和（B）的总量 100 重量份，（C）、（D）、（E）、（F）的组成如下所述。

（C）碳纤维 30 重量份；

（D）溴类阻燃剂 5 重量份；

（E）氧化锑化合物 2.5 重量份；

（F）氨基醚型受阻胺类光稳定剂 0.3 重量份。

接着，使用住友重机械工业公司制 SE75DUZ－C250 型注射成型机在注射时间为 10s、保压压力为成型下限压 +10MPa、保压时间为 10s、气缸温度为 230℃、模温度为 60℃ 条件下将所得的经干混的成型材料成型为特性评价用试验片（成型品）。将所得的试验片在调节至温度 23℃、50%RH 的恒温恒湿室内放置 24h 后，供至特性评价试验。接着，根据上述（1）~（4）所示的注射成型品评价方法对所得特性用试验片（成型品）进行评价。弯曲强度为 226MPa，冲击强度为 11.1kJ/m^2，阻燃性为 b，耐候性为 a。

实施例 2：

使用在单螺杆挤出机的喷出前端部设有熔融树脂的被覆模口的长纤维增强树脂颗粒制造装置，将挤出机气缸温度设定为 220℃，由主给料斗供给以重量比（A）/（B）=85/15 对（A）聚丙烯树脂（PrimePolymer Co.，Ltd. 制 Prime Polypro J105G 树脂）和（B）马来酸改性聚丙烯树脂［三井化学（株）制 ADMER QE840］进行颗粒混合所得的混合物、（D）溴类阻燃剂［丸菱油化工业（株）制 Nonnen PR－2］、（E）三氧化锑［昭和化学（株）制］、（F）氨基醚型受阻胺类光稳定剂［BASF Japan（株）制 Tinuvin123］，以螺杆转数 200rpm 使其熔融，将由参考例获得的（C）碳纤维供给至喷出熔融树脂的模口（直径 3mm），将被覆有树脂的丝束冷却后，利用造粒机切断成长 10mm 的颗粒，以长纤维颗粒的形式获得成型材料。此时，对于下述成型材料，调整各成分的供给量，使得相对于上述成分（A）和（B）的总量 100 重量份，（C）、（D）、（E）、（F）的组成如下所述。

（C）碳纤维 50 重量份；

（D）溴类阻燃剂 15 重量份；

（E）氧化锑化合物 5 重量份；

（F）氨基醚型受阻胺类光稳定剂 1 重量份。

接着，使用住友重机械工业公司制 SE75DUZ－C250 型注射成型机在注射时间为 10s、保压压力为成型下限压 + 10MPa、保压时间为 10s、气缸温度为 230℃、模温度为 60℃条件下将所得的长纤维颗粒状的成型材料成型为特性评价用试验片（成型品）。将所得的试验片在调节至温度 23℃、50%RH 的恒温恒湿室内放置 24h 后，供至特性评价试验。接着，根据上述（1）~（4）所示的注射成型品评价方法对所得的特性用试验片（成型品）进行评价。弯曲强度为 229MPa，冲击强度为 13kJ/m²，阻燃性为 b，耐候性为 a。

案例 11 首先在发明内容中记载了各成分百分比的数值范围，然后在具体实施方式部分给出了两个实施例。两个实施例的制备方法相同，区别仅在于混合组分含量不同，专利代理师可以在两个实施例的基础上进行权利要求的撰写。但该技术交底书还存在如下缺陷：①实施例数量仍相对较少，考虑到尽量构建更大的保护范围且同时保证有修改的退路，如果还有其他混合组分含量的实施例或者其他工艺条件的制备方法，建议申请人也写入技术交底书中；②缺少对比例，导致相关内容不能对本案的具体实现原理，尤其是关键点给予直接的验证，使专利代理师及社会公众无法准确确定本案的关键点，且容易导致包括审查员在内的其他人对本案实现的原理产生质疑或产生有偏差的理解，进而导致审查程序无谓的延长甚至影响结案走向。

案例 12：

发明内容如下：

本发明通过注塑成型工艺技术将长纤维增强热塑性复合材料、加工助剂按比例均匀混配组成，经加热注入模具后快速冷却、脱离即可成型，叶片尺寸在 46~2200mm，纤维含量为 22.5wt%~70wt%，纤维保留长度为 8mm，具有耐低温、高抗冲击性，成型速度快、能耗低，使叶片加工成本显著降低，解决了现有纤维增强尼龙叶片具有吸潮易变形、不耐低温、抗冲击性差的不足或缺陷。

本发明提供了用于风能发电机的长纤维增强热塑性复合材料叶片，叶片主要由长纤维增强热塑性复合材料制成，含量为 32wt%~70wt%。热塑性树脂基体为聚丙烯，含量为 55wt%。

长纤维增强热塑性复合材料中还包含加工助剂，加工助剂为相容剂、抗氧剂、耐磨润滑剂、紫外光吸收剂、色粉或者色母料中的一种及其组合。相容剂为马来酸酐接枝聚丙烯和乙烯－丙烯共聚物（POE）的组合，二者重量比优选为 3：2。相容剂含量为 5wt%、抗氧剂含量为 1.0wt%、耐磨润滑剂含量为 0.5wt%、紫外光吸收剂含量为 0.5wt%、色粉或色母料含量为 1wt%。

具体实施方式如下：

实施例 1：

一种小型风能发电机的长玻纤增强聚丙烯复合材料叶片，由碳纤维22.5wt%、聚丙烯树脂基体55wt%、马来酸酐接枝聚丙烯3wt%、乙烯－丙烯共聚物（POE）2wt%、耐磨润滑剂0.5wt%、抗氧剂1wt%、紫外光吸收剂0.5wt%和色粉或色母料1wt%按比例均匀混配组成长玻纤增强聚丙烯复合材料，经注塑机加热注入模具后快速冷却脱离即成型制作而成。

实施例2：

一种小型风能发电机的长玻纤增强聚丙烯复合材料叶片，由碳纤维35wt%、聚丙烯树脂基体55wt%、马来酸酐接枝聚丙烯3wt%、乙烯－丙烯共聚物（POE）2wt%、耐磨润滑剂0.5wt%、抗氧剂1wt%、紫外光吸收剂0.5wt%和色粉或色母料1wt%按比例均匀混配组成长玻纤增强聚丙烯复合材料，经注塑机加热注入模具后快速冷却脱离即成型制作而成。

实施例3：

一种小型风能发电机的长玻纤增强聚丙烯复合材料叶片，由碳纤维47wt%、聚丙烯树脂基体55wt%、马来酸酐接枝聚丙烯3wt%、乙烯－丙烯共聚物（POE）2wt%、耐磨润滑剂0.5wt%、抗氧剂1wt%、紫外光吸收剂0.5wt%和色粉或色母料1wt%按比例均匀混配组成长玻纤增强聚丙烯复合材料，经注塑机加热注入模具后快速冷却脱离即成型制作而成。

实施例4：

一种小型风能发电机的长玻纤增强聚丙烯复合材料叶片，由碳纤维70wt%、聚丙烯树脂基体55wt%、马来酸酐接枝聚丙烯3wt%、乙烯－丙烯共聚物（POE）2wt%、耐磨润滑剂0.5wt%、抗氧剂1wt%、紫外光吸收剂0.5wt%和色粉或色母料1wt%按比例均匀混配组成长玻纤增强聚丙烯复合材料，经注塑机加热注入模具后快速冷却脱离即成型制作而成。

本发明的实施例1~4制备所得的长玻纤增强聚丙烯复合材料叶片的性能测试结果如下表所示。

	实施例1	实施例2	实施例3	实施例4
拉伸强度（MPa，GB/T 1040.2—2006）	92	132	141	134
弯曲强度（MPa，GB/T 9341—2000）	115	160	194	158
悬臂梁冲击强度（+25℃）（kJ/m², ISO 180~2000/A）	12	26	36	20
悬臂梁冲击强度（-40℃）（kJ/m², ISO 180－~2000/A）	10	31	40	15

案例12通过四个具体实施方式来说明本申请的技术方案，这几个实施方式的主要区别在于调整了碳纤维的添加量，分别为22.5wt%、35wt%、47wt%

和70wt%，这四个数值都在发明内容中的碳纤维含量22.5wt%～70wt%的范围内。从碳纤维含量对应的结果来看，这几个碳纤维含量的变化导致最后产生的材料力学性能发生变化：纤维含量为22.5wt%时，复合材料叶片的低温冲击强度为$10kJ/m^2$，耐低温冲击性能差；纤维含量为35wt%时，复合材料叶片的低温冲击强度为$31kJ/m^2$，耐低温冲击性能显著增加；纤维含量为47wt%时，复合材料叶片的低温冲击强度为$40kJ/m^2$，耐低温冲击性能随纤维含量的增加而大幅增加；纤维含量为70wt%时，复合材料叶片的低温冲击强度为$15kJ/m^2$，耐低温冲击性能反而降低。

这样采用多个点值来说明技术方案的做法本身对于科学实验来说没什么问题，能够体现申请人的研究过程，但是对于专利申请来说，目前选择的几个纤维含量点并不能够对发明内容中"22.5wt%～70wt%"的范围给予足够的证据支撑，并且不利于突出本申请与现有技术相比的进步和好的技术效果。

为什么这么说呢？首先，发明内容部分记载，本案的目的在于通过改变混合组分中的纤维含量，提高复合材料叶片的耐低温性和冲击强度。基于这个目的，具体实施方式中采用的纤维长度和类型均相同，根据具体实施方式可以判断，本申请最主要的改变就是改变混合组分中纤维的含量。本申请实施例1中纤维含量为22.5wt%，并且在此纤维含量的条件下，复合材料叶片的耐低温性、冲击强度均较低，这与说明书背景技术提出的问题"解决现有纤维增强尼龙叶片具有吸潮易变形、不耐低温、抗冲击性差的不足或缺陷"是相悖的，即不能解决本申请声称要解决的技术问题。

同样，本申请在纤维含量为70wt%时，复合材料叶片的低温冲击强度仅为$15kJ/m^2$，耐低温性不足，因此同样无法解决本申请声称要解决的技术问题。

所以，申请人提供的第一个和第四个实施例非但不能说明本申请的技术进步和技术效果，反而不利于专利代理师理解发明创造的发明构思和关键点，不利于权利要求保护范围的合理概括和后续的授权稳定性。

那么选择怎样的纤维含量才是能够提供足够支撑、利于理解的具体实施方式呢？根据纤维含量为35wt%以及纤维含量为45wt%时复合材料具有优异的耐低温性和冲击强度的实验结果，我们应当选择纤维含量在22.5wt%～35wt%之间，以及45wt%～70wt%之间的点作为研究对象，力求找到满足耐低温性和抗冲击性能的纤维含量临界点，再以这两个纤维含量临界点为最佳实施方式向中间扩展，以确定一个具有最优性能的纤维含量点作为最优解，最后确定两个纤维含量临界点之间的区间段作为汇总后的发明内容中的相应技术特征，也就是将来申请文件中独立权利要求中的纤维含量区间。假设前后两个临界纤维含量分别为 30wt% 和 55wt%，那么可以确定纤维含量区间段为 30wt% ~ 55wt%。再假设纤维含量峰值为 45wt%，那么就可以选择 30wt%、40wt%、45wt%、50wt% 和 55wt% 作为具体实施方式的纤维含量。当然，为了保证在后续审查过程中有足够的修改空间，也可以在 30wt% ~ 55wt% 区间段内选择更多的点来作为具体实施方式的纤维含量。

总之，实施例数量的选择需要综合考虑发明要解决的技术问题和需要达到的技术效果，结合具体的技术方案来确定。实施例除了考虑能够实现的因素之外，还要符合专利申请解决实际问题的逻辑，除非需要使用对比例来说明发明的技术效果，应保证实施例均是在发明内容记载的技术方案所限定的范围内。对于包括了某个数值范围的发明内容来说，如果该数值范围是发明构思的核心内容，对发明能否解决相应技术问题及技术效果有着显著的影响，则实施例相对应的数值范围通常应选择数值范围的两端值附近（最好是两端值），当数值范围较宽时，还应当给出至少一个中间值的实施例。

四、关键改进点和有益效果

对于关键改进点和有益效果的描述，最常见的问题就是缺乏针对性的泛泛而谈，无法与背景技术存在的缺陷、本申请所要解决的技术问题以及本申请相对现有技术作出的技术贡献相对应，技术效果没有体现出与现有技术效果相比的改进或提高，也没有与本申请发明构思相关的技术特征对应。这样的描述不能突出本申请的发明点，也不利于专利代理师对发明的理解。相反，如果申请人在撰写技术交底书时，能够对已有实验结果进行深度挖掘，对内在规律进行探究，进而将组成及含量的调整、方法工艺的控制与发明如何解决其技术问题之间的关系予以说明和解释，将有利于专利代理师理解发明，进而撰写申请文件，案件也会朝较好的结案方向发展。

案例 13：

该案例涉及改善 CF/PP 复合材料界面性能的方法，具体是在碳纤维表面原位接枝树状结构且富含氨基的聚膦腈，增加纤维表面高活性反应基团的数量和密度，并采用含 5% 的马来酸酐接枝 PP 的改性 PP 树脂作为基体，增强碳纤维与基体树脂之间的浸润性和界面作用，提高 CF/PP 复合材料的界面黏结强度。FTIR 和 XPS 结果表明碳纤维表面接枝了富含氨基的聚膦腈，而 SEM 和 AFM 结果证实接枝的聚膦腈层均匀地分布于纤维表面，厚度约为 60nm。单纤维（微滴法）拔出实验结果表明聚膦腈改性碳纤维复合材料的界面剪切强度

（IFSS）与未改性碳纤维复合材料的 IFSS 相比提高了 50.2%，有效地改善了 CF/PP 复合材料的界面黏结强度。

该案例仅简单叙述了所使用的制备工艺，没有详细说明工艺步骤、工艺参数等与复合材料界面性能之间的关系，导致专利代理师无法确定本申请相对于现有技术的改进点，这样形成的申请文件在面临审查过程中的质疑时，不容易找到支撑论点的依据。

案例 14：

该案例提出一种抗蠕变超高分子量聚乙烯纤维，与现有超高分子量聚乙烯纤维相比，不仅具有更高的牵伸强度和牵伸模量，而且熔点高，蠕变率低，在温度为 25℃ 及压力为 600MPa 的条件下的蠕变值不高于 $5×10^{-6}$%/天。

根据本发明实施例的抗蠕变超高分子量聚乙烯纤维制备方法，包括以下步骤：

1）将超高分子量聚乙烯粉料和溶剂连续加入进料器中制成混合物料；

2）将进料器中的混合物料送入双螺杆挤出机，螺杆的长径比范围为 15～40，混合物料在双螺杆挤出机中停留时间不低于 10min，双螺杆挤出机内的温度范围为 200～350℃，螺杆转速范围为 150～350rprn，在保证聚乙烯充分溶胀的基础上适当保持物理交联度；

3）待混合物料混合均匀后进入静态混合器，从静态混合器中经由多孔喷丝板连续喷出均匀物料，通过喷头牵伸形成流态细丝；

4）流态细丝经过冷却水槽冷却后得到含有溶剂的冻胶丝；

5）冻胶丝依次经过萃取、干燥、热牵伸各步骤得到抗蠕变超高分子量聚乙烯纤维，其中，在所述步骤 3）～5）中的总牵伸比不高于 900 倍，其中，喷头牵伸比不高于 30 倍，萃取、干燥步骤的牵伸比不高于 2 倍，热牵伸步骤的牵伸比不高于 15 倍，所述超高分子量聚乙烯粉料的黏度平均分子量的范围为 800 万～2000 万，分子量的偏差不超过 5%。

具体来说，与现有技术相比，本申请在步骤 1）中选择分子量更高的超高分子量聚乙烯粉料，具体为黏度平均分子量大于 800 万，小于 2000 万，分子量偏差不超过 5% 的超高分子量聚乙烯粉料，这是由纤维的分子链结构而定的。因为通过提高超高分子量聚乙烯粉料的分子量，分子链大大增长，可以有效提高分子间作用力，有助于提高超高分子量聚乙烯纤维制品的抗蠕变性和拉伸强度、拉伸模量。

在增加超高分子量聚乙烯粉料的分子量的同时，为了解决溶解的难题，采用了双螺杆挤出机配合静态混合器的多级混炼方法，不仅有效提高了超高分子量聚乙烯粉料的溶解能力，同时还增强了纤维的一致性。

为了保证制成纤维的机械性能，混合物料在双螺杆挤出机中的停留时间应不低于 10min，纺丝温度范围为 200～380℃，螺杆转速范围为 150～350rpm，以提高粉料的溶解程度，并适当提高聚乙烯的物理交联度。物理交联度过高，纤维的强度会有所下降，但适当的交联度，反而会使制品的强度和抗蠕变性能同步提高。

案例 14 不仅说明了本申请与现有技术在制备工艺参数上的不同，同时也详细叙述了这些参数调整所带来的有益效果，使专利代理师很容易了解技术方案的发明构思和发明的关键点，有利于申请文件的撰写和后续审查。

五、实验数据证明

在化学领域，对于发明技术效果的可预期性较低，因此对于高性能纤维材料领域专利申请而言，实验数据作为证明技术效果的关键内容，在申请文件中具有极为重要的地位，与《专利法》第 26 条第 3 款规定的公开充分、《专利法》第 26 条第 4 款规定的权利要求书以说明书为依据、《专利法》第 22 条第 3 款规定的创造性等授予专利权的实质性条件都密切相关。因此，技术交底时这部分内容也应当是重中之重。通常，实验数据内容上属于具体实施方式的一部分，也是具体实施方式的结果和效果证明，可以说是最核心的内容，在很多情况下，对于案件的走向以及可能授权的保护范围起着决定性的影响。

实践中，许多撰写得不好的技术交底书或者申请文件问题就恰恰出在实验数据方面，常见问题包括如下几种类型：

① 缺少与技术效果对应的实验数据：实验数据表征的性能与发明要解决的技术问题及要实现的技术效果不对应。

② 实验数据明显错误：例如实验数据明显超出本领域常规认知的范围。

③ 实验数据互相矛盾：不同实施例的实验数据表达的结果互相矛盾，如同一参数在一个实施例中与某效果成正比，而在另一个实施例中则成反比。

④ 实验数据单一：例如仅有一个技术效果所对应的实验数据，不能全面反映产品或方法取得的效果，在审查过程中当所述效果被现有技术公开或认为可以预期时，由于没有其他技术效果的实验数据，可争辩空间小。

⑤ 实验数据无层次：存在多层次的优选技术方案时，需要有对应的实验数据，例如，基础实施例相比现有技术能提高 10%，进一步优选的实施例能提高 20%，最优选的实施例能提高 30%，这样即便基础技术方案被认定为不

具备授权前景，申请人也有进一步修改和争辩的空间。

⑥ 实验数据不具有证明力：实验数据不足以证明待证事实，例如实验数据证明不了协同作用。

下面结合一项有关"PAN基碳纤维的制备方法"的发明对实验数据的技术交底进行详细说明。

案例15：

该案涉及一种PAN基碳纤维的制备方法。在背景技术部分，首先指出预氧化是碳纤维制造过程中耗时最长、能耗最大的工序，目前的生产技术中预氧化通常要耗时 30～90min，如何缩短预氧化时间是碳纤维行业中的研究热点。现有技术针对该问题的解决方法包括采用红外激光对PAN原丝进行辐照以缩短热稳定化时间、采用高锰酸钾溶液浸渍原丝或使用臭氧水对PAN纤维进行前处理，但这些方法都难以将氧化反应时间控制在30min以内。由此，本案要解决的技术问题便是提供一种PAN基碳纤维的制备方法，既能满足PAN基碳纤维原丝的预氧化反应程度，又能缩短预氧化反应时间，将整个预环化和预氧化反应的总时间控制在30min以内，提高碳纤维的生产效率。

发明内容提出其基础技术方案为：

一种PAN基碳纤维制备方法，包括以下步骤：

S1. 浸渍处理：将PAN原丝置于含氮或含磷的化合物的溶液或乳液中浸渍，烘干；所述溶液或乳液中含氮和/或含磷的化合物的浓度为 5wt%～30wt%；所述溶液或乳液的温度为 20～90℃，浸渍时间至少为 0.1min；所述含氮和/或含磷的化合物为尿素、三聚氰胺、水合肼、聚磷酸铵、磷酸二氢铵、磷酸氢二铵、磷酸中的一种或多种的组合；

S2. 在浸渍处理之后、氧化处理之前还包含预环化处理：将浸渍处理后的PAN原丝置于惰性气体气氛下进行热处理，得到预环化纤维；热处理的温度范围为 190～320℃，热处理的时间为 0.5～10min；

S3. 氧化处理：将预环化纤维置于含氧气氛下进行热处理，得到PAN预氧化纤维；

S4. 碳化处理：将PAN预氧化纤维在惰性气氛下进行碳化处理，得到PAN基碳纤维。

紧接着，又提出了优选的技术方案，涉及"替代地，在S1浸渍处理中采用含氮和含磷化合物的混合溶液或乳液"。

发明内容部分详细介绍了预浸渍步骤的原理和效果，其中通过采用含磷的化合物如聚磷酸铵浸渍原丝，可以诱导PAN高分子链上的氰基之间以离子反应机理进行环化反应，降低环化反应活化能，快速形成稳定的梯形结构；而通过采用一些含氮的化合物如水合肼浸渍原丝，既可以与 PAN 高分子链内的氰基反应，形成五元和六元环状结构，又可以在分子间的氰基之间形成交联结构，提高 PAN 的耐热稳定性。也就是说采用含磷化合物或含氮化合物浸渍原丝是本案的发明点。

具体实施方式部分提供了 14 个实施例和 4 个对比例。

实施例 1：

一种 PAN 基碳纤维的制备方法，包括以下步骤：

S1. 浸渍处理：将 PAN 原丝（丝束规格为 24K）用聚磷酸铵水溶液浸渍，然后经挤压后通过 5 组 120℃电加热辊烘干；聚磷酸铵水溶液中聚磷酸铵的浓度为 15wt%，聚磷酸铵水溶液的温度为 50℃，浸渍时间为 2s；

S2. 预环化处理：将浸渍处理后的 PAN 原丝通过氮气气氛的预环化炉进行热处理，得到预环化纤维；该预环化炉包含 4 个加热区域，4 个加热区域的温度均为 260℃，PAN 原丝在各加热区域的停留时间均为 1min，各加热区域对 PAN 原丝的丝束施加的牵伸比均为 1；

S3. 氧化处理：将预环化纤维通过空气气氛的预氧化炉进行热处理，得到 PAN 预氧化纤维；该预氧化炉包含 3 个加热区域，加热区域的温度依次为 230℃、250℃、260℃，预环化纤维在各加热区域的停留时间均为 4min，氧化处理时间共 12min，其中，各加热区域对预环化纤维的丝束施加的牵伸比分别为 1.01、1、0.95，得到 PAN 预氧化纤维；

S4. 碳化处理：将 PAN 预氧化纤维通过氮气气氛的碳化炉进行热处理，该碳化炉包含 5 个加热区域，加热区域的温度依次为 350℃、600℃、800℃、1000℃、1250℃，PAN 预氧化纤维在各加热区域的停留时间均为 1min，碳化处理的热处理时间共 5min，其中，各加热区域对 PAN 预氧化纤维的丝束施加的牵伸比分别为 1.02、1、1、0.98、1，得到 PAN 基碳纤维。

实施例 2~14 及对比例 1~4：

本发明的实施例及对比例的制备步骤与实施例 1 基本相同，不同之处见下表，其中表中 A 代表含氮和/或含磷的化合物的种类及浓度。

		实施例2	实施例3	实施例4	实施例5	实施例6	实施例7	实施例8	实施例9	实施例10	实施例11	实施例12	实施例13	实施例14	对比例1	对比例2	对比例3	对比例4
S1.浸渍处理	A（wt%）	聚磷酸铵，10	聚磷酸铵，5	聚磷酸铵，20	聚磷酸铵，10	尿素，10	水合肼，10	水合肼，10	聚磷酸铵，10	聚磷酸铵，10	聚磷酸铵和尿素共20；聚磷酸铵：尿素＝1:1	聚磷酸铵，10	聚磷酸铵，10	聚磷酸铵，10	—	聚磷酸铵，10	聚磷酸铵，1	高锰酸钾，12
	浸渍温度（℃）	50	50	50	80	50	50	40	90	20	50	50	50	50	—	50	80	80
	浸渍时间（s）	30	30	30	30	30	30	120	6	600	30	30	30	30	—	30	30	480
S2.预环化处理	加热情况	同实施例1	同实施例1	同实施例1	同实施例1	同实施例1	同实施例1	同实施例1	同实施例1	同实施例1	同实施例1	1个加热区；190℃，10min	1个加热区；320℃，0.5min	3个加热区，分别为250℃、280℃、300℃；各区1min，共3min	同实施例1	—	同实施例1	—
	牵伸比	同实施例1	同实施例1	同实施例1	同实施例1	同实施例1	同实施例1	同实施例1	同实施例1	同实施例1	同实施例1	1	1	同实施例1	同实施例1	—	同实施例1	—
S3.氧化处理		同实施例1	同实施例1	同实施例1	同实施例1	同实施例1	同实施例1	同实施例1	同实施例1	同实施例1	同实施例1	同实施例1	同实施例1	同实施例1	同实施例1	同实施例1	同实施例1	同实施例1
S4.碳化处理		同实施例1	同实施例1	同实施例1	同实施例1	同实施例1	同实施例1	同实施例1	同实施例1	同实施例1	同实施例1	同实施例1	同实施例1	同实施例1	同实施例1	同实施例1	同实施例1	同实施例1

可以看到，上述 14 个实施例不仅涵盖了基础技术方案，同时还涵盖了进一步优选的技术方案。由于本案要解决 PAN 基碳纤维原丝制备过程中如何缩短预氧化反应时间的同时保证预氧化反应程度的技术问题，故申请文件提供了反映预氧化反应程度的实验数据，同时完整描述了相关测试方法。相关实验数据见下表。

	实施例1	实施例2	实施例3	实施例4	实施例5	实施例6	实施例7	实施例8	实施例9	实施例10	实施例11	实施例12	实施例13	实施例14	对比例1	对比例2	对比例3	对比例4
PAN 预氧化纤维的环化度（%）	70	73	72	75	74	62	75	74	71	72	78	59	65	77	35	54	56	52
PAN 预氧化纤维的体密度（g/cm³）	1.36	1.36	1.35	1.36	1.37	1.34	1.37	1.37	1.36	1.36	1.38	1.34	1.35	1.38	1.29	1.31	1.32	1.31
丝束色差	—	—	—	—	—	—	—	—	—	—	—	—	—	—	有明显色差	有较小色差	有较小色差	有较小色差
碳收率（%）	54	56	54	55	57	52	56	56	54	55	58	53	53	57	断丝	50	48	48
碳纤维拉伸强度（GPa）	3.1	3.3	3.3	2.9	3.4	3.1	3.4	3.3	3.2	3.2	3.5	3	3	3.5	断丝	2	2.1	2
碳纤维模量（GPa）	216	226	224	208	228	208	228	225	220	221	237	202	218	235	断丝	160	168	163

从实施例 1~14 可以看出,本发明的技术方案既能满足 PAN 基碳纤维原丝的预氧化反应程度,又能缩短预氧化反应时间,降低了生产能耗,提高了碳纤维生产效率。制备得到的 PAN 基碳纤维的碳收率不低于 51%,拉伸强度不低于 2.8GPa,模量不低于 200GPa。从对比例 1 和 2 的实验数据可知,缺少浸渍处理或预环化处理,制备得到的 PAN 基碳纤维的性能要明显低于实施例 1~14 制得的碳纤维性能,证明了浸渍处理和预环化处理能够提高原丝的预氧化反应程度,从而得出采用含氮和/或含磷化合物浸渍原丝以及预环化处理是本案关键点的结论。上述实施例和对比例的设置以及相应的实验数据相对来说是较为完美的,充分体现了本案所声称的技术进步。

这样的实验数据能够支撑设置多层次的权利要求,优选范围所对应的实施例是实施例 11,其的确实现了与基础权利要求对应的实施例 1~10、12~14 相比更优的技术效果。在后续审查过程中,即使基础权利要求不具备授权前景,申请人也可以保留优选权利要求并以实验数据为支撑争辩其更优的技术效果。

另外,申请人基于实施例 2、4、6 和实施例 11 认为"含氮和含磷化合物的混合使用"能够取得预料不到的技术效果。那么依据实施例 2、4、6 和实施例 11 的实验数据,能否得出本申请浸渍液的组合使用取得了预料不到的技术效果呢?

预料不到的技术效果是指发明同现有技术相比,其技术效果产生"质"的变化,具有新的性能;或者产生"量"的变化,超出人们预期的想象。这种"质"的或者"量"的变化,对所属技术领域的技术人员来说,事先无法预测或者推理出来。简言之,预料不到的技术效果就是"1+1>2"的技术效果。

从上面两表中可见,单独采用 10wt% 的聚磷酸铵或 10wt% 尿素浸渍原丝均能够相比空白样提高原丝的预氧化反应程度,将上述两种溶液仍各自按照上述用量组合使用时,本领域技术人员可以合理预期技术效果会比仅使用一种溶液时更好,但这应属于效果的简单叠加,实施例 2、4、6、11 的实验数据不能证明浸渍液的组合使用产生了预料不到的技术效果。

那么,何种实验数据此时能证明组合使用的协同作用呢?例如,若"10wt% 聚磷酸铵 + 10wt% 尿素"的实施例的技术效果明显超过了 20wt% 聚磷酸铵的实施例以及 20wt% 尿素的实施例各自的技术效果,即在用量相等的情况下,聚磷酸铵和尿素的组合使用明显超过了各自单独的技术效果;再例如,若"10wt% 聚磷酸铵 + 10wt% 尿素"的实施例的技术效果达到了 40wt% 聚磷酸铵的实施例以及 40wt% 尿素的实施例各自的技术效果,即在用量明显降低的情况下，聚磷酸铵和尿素的组合使用基本实现了更高用量情况下各自单独使用的技术效果。

总而言之，高质量的技术交底是高质量专利申请的基础，申请人与专利代理师之间配合越默契，给"创新之树"搭建的"庇护之所"越可靠。一份清楚、完整反映发明内容的技术交底书能够帮助专利代理师迅速理解技术创新内容和核心发明点，撰写技术内容完整、权利要求保护范围恰当的专利申请文件，尽可能地减少后续审查和维权过程中的风险。

第七章　技术交底书撰写实操

本章将通过一个技术交底案例逐步修改完善过程来演示高性能纤维材料领域技术交底书容易出现的问题以及推荐的撰写方式，解析专利代理师在撰写申请文件时希望了解的内容和可能考虑的维度，期望提升申请人与专利代理师沟通的有效性，为撰写相对完备的技术交底书提供借鉴和参考。需要说明的是，本章所选取的案例来源于真实案例，出于编写需要进行了一定程度的改编，以期更好地体现和聚焦知识点。

一、首次提供的技术交底书

一种碳纤维束制造方法及涂上浆剂碳纤维束技术交底书
1. 发明名称和技术领域 本发明涉及纤维复合材料领域，具体涉及一种具有良好物性的碳纤维增强复合材料的涂上浆剂碳纤维束、制备方法。
2. 背景技术和存在的问题 碳纤维由于其高比强度及高比弹性模量而作为纤维增强复合材料的增强纤维被用于航空器用途，为航空器的轻质化作贡献。近年来，使用了碳纤维的构件的广泛应用和碳纤维向大型构件中的应用趋势正在加速。为了实现航空器的轻质化，最有效的方式是提高决定碳纤维增强复合材料性能的碳纤维拉伸弹性模量，但是同时也要求碳纤维增强复合材料的拉伸与压缩强度、有孔板拉伸与压缩强度等物理性能优异。 　　影响有孔板拉伸强度的因素众多，就碳纤维对有孔板拉伸强度的影响而言，一般认为有孔板拉伸强度与碳纤维的线束强度成正比。所谓线束强度，是被用作研究作为增强纤维的碳纤维的强度潜力的简便方法，表示含浸特定的环氧树脂而得到的简易的单向碳纤维增强复合材料的拉伸强度。

将碳纤维增强复合材料用于航空器用途时，因为多数情况下需要对伪各向同性材料进行穿孔并与紧固件一同使用，所以相比于单向碳纤维增强复合材料的拉伸强度，有孔板拉伸强度（OHT）是更重要的。因此，如何进一步提升有孔板拉伸强度是目前亟待解决的技术问题。

3. 本发明技术方案

本发明提供一种含有具有优异的拉伸弹性模量的碳纤维、能够制作具有高有孔板拉伸强度的碳纤维增强复合材料的涂上浆剂碳纤维束、制造方法。

本发明还提供一种碳纤维束的制造方法，其特征在于：通过对由聚丙烯腈聚合物形成的前体纤维束实施耐燃化工序、预碳化工序及碳化工序得到碳纤维束的碳纤维束的制造方法，上述碳化工序是对通过上述预碳化得到的预碳化纤维束在惰性气氛中在 1200～2000℃ 的温度范围，并且在碳化工序的张力满足下式：

$4.9 \leqslant$ 碳化工序的张力（mN/dtex）$\leqslant -0.0225 \times$ [预碳化纤维束的平均可撕裂距离（mm）] $+23.5$ 的范围实施的工序，上述预碳化纤维束实质上无捻，并且，上述预碳化纤维束的平均可撕裂距离为 150～620mm。

本发明提供一种涂上浆剂碳纤维束，其特征在于：在碳纤维束上涂布有上浆剂的涂上浆剂碳纤维束，所述上浆剂含有脂肪族环氧化合物及芳香族环氧化合物，就上述碳纤维束中含有的碳纤维而言，使用单纤维复合体的碎裂法测定时，单纤维表观应力为 15.3GPa 时纤维断裂数为 2.0 个/mm 以上，并且，单纤维表观应力为 12.2GPa 时纤维断裂数为 1.7 个/mm 以下。

4. 关键的改进点和有益效果

本发明能够提高碳纤维增强复合材料的有孔板拉伸强度。

根据本发明的碳纤维束的制造方法，可以同时实现高线束强度和高线束弹性模量，并且可以提供品相优异的碳纤维束。

5. 具体实施方式

碳纤维束的制造方法：对由聚丙烯腈聚合物形成的前体纤维束实施耐燃化工序、预碳化工序及碳化工序，碳化工序是对预碳化得到的预碳化纤维束在惰性气氛中在 1200～2000℃ 的温度范围，并且在碳化工序的张力满足下式：

续表

4.9≤碳化工序的张力（mN/dtex）≤ −0.0225×［预碳化纤维束的平均可撕裂距离（mm）］+23.5 的范围实施的工序，上述预碳化纤维实质上无捻，并且，上述预碳化纤维束的平均可撕裂距离为 150~620mm。

涂上浆剂碳纤维束：在碳纤维束上涂布上浆剂，上浆剂含有脂肪族环氧化合物及芳香族环氧化合物，就上述碳纤维束中含有的碳纤维而言，使用单纤维复合体的碎裂法测定时，单纤维表观应力为 15.3GPa 时纤维断裂数为 2.0 个/mm 以上，并且，单纤维表观应力为 12.2GPa 时纤维断裂数为 1.7 个/mm 以下。

二、首次提供的技术交底书分析

专利申请文件通常需要按照技术领域、背景技术、发明内容、具体实施方式格式进行撰写，专利代理师想要撰写出一份技术逻辑清楚、发明重点突出的专利申请，需要清楚地知道该发明所属技术领域的研究现状如何、普遍存在的问题是什么、通常采用的解决方式有哪些、该发明不同于现有技术的点在哪里以及如何证明该发明确实解决了问题并取得了效果，技术交底书的撰写目的就是让专利代理师能够充分了解撰写专利申请需要了解的内容，知其然且知其所以然。

该技术交底书看似涵盖了"技术领域""背景技术""发明内容"和"具体实施方式"等基本内容，但是，技术交底书中各部分的撰写过于简单，实质内容存在缺陷，并未对各个部分尤其是其中涉及的可体现发明不同于现有技术的每个技术特征进行详细的说明。碳纤维的研发起步较早，目前其涉及的各项技术已经系统化，对于擅长领域并非"碳纤维"的专利代理师而言，该技术交底书提供的信息量是远远不够的，从技术交底书中并不能让专利代理师很好地体会到申请人的思维方式，两者掌握的信息存在严重的不对称，即使是对"碳纤维"领域比较擅长的专利代理师，基于目前的技术交底书也难以进一步挖掘，提出一些中肯的建议或意见。

1. 背景技术对发明意图的支撑不够

《专利审查指南 2010》第二部分第二章第 2.2.3 节规定："发明或者实用新型说明书的背景技术部分应当写明对发明或者实用新型的理解、检索、审查有用的背景技术，并且尽可能引证反映这些背景技术的文件。尤其要引证包含发明或者实用新型权利要求书中的独立权利要求前序部分技术特征的现有技术文件，即引证与发明或者实用新型专利申请最接近的现有技术文件。此外，在说明书背景技术部分中，还要客观地指出背景技术中存在的问题和缺点，但是，仅限于涉及由发明或者实用新型的技术方案所解决的问题和缺点。在可能的情况下，说明存在这种问题和缺点的原因以及解决这些问题时曾经遇到的困难。"

首次提供的技术交底书的背景技术中，申请人仅简单介绍了碳纤维的应用场景及该领域的研发方向，笼统地叙述了该技术领域的总体状况，缺少与本发明欲改进的核心技术有关的技术现状描述，这样的背景技术让专利代理师不能很好地理解发明人的发明意图，无法确认其基于怎样的现有技术作出改进，从而在阅读后面发明内容时很可能不能正确地聚焦到发明点。

目前专利申请对现有技术贡献不仅在于针对老问题提供新解决方案，还在于针对已有的领域发现了新问题并提供方案将其解决，因而，申请人在技术交底书的背景技术中应对核心技术的技术现状进行描述，比如现有的碳纤维如何制备，各个制备步骤对碳纤维的影响，什么是本领域的重点关注方向，前人已经做了哪些研究，还存在哪些不足之处，本申请新发现的问题是如何发现的。阅读上述技术现状后，即使是对"碳纤维"技术并无专业背景知识的专利代理师也能够快速了解发明意图，聚焦到发明点。

2. 技术方案介绍过于简单，专业理论解释不足

技术方案介绍的目的是让专利代理师清楚地理解该发明是如何实施的，例如，对于产品，除了要交代有哪些组分、存在的比例，或者有哪些部件，相互之间如何连接；对于方法，除了要交代采用什么原料或设备、每一步怎么做，更重要的是，还应当让专利代理师清楚为什么要这样做，即重点特征在方案中的作用和原理。此外，如果在特征的选择上有这样或那样的考虑，甚至在尝试过程中曾遇到这样那样的困难，也建议告知专利代理师。有一些内容甚至可能属于申请人不愿意披露的技术秘密点，这些内容不一定会在最终的专利申请文件中写出来，但能够帮助专利代理师理解、选择更合适的申请文件呈现方式。说清楚该发明的"来龙去脉"其目的在于让专利代理师无限趋近于申请人，让他能够换位到申请人的角度去思考和选择最合适的法律文件呈现形式。可以说，专利代理师对技术的理解越趋近于申请人，越能够用自己的专业知识将发明难点、重点和创新之处提炼出来，附以最合适的法律外衣。

高性能纤维材料领域是研发早、发展时间长、应用领域广的新一代合成纤维，目前其部分纤维的制备、应用较为成熟，但是对纤维的结构和性能研究还

有很大空间。由于其专业性强，涉及的很多知识对于非本领域技术人员来说可以用晦涩难懂来形容，原料的组成、制备工艺、纤维结构和性能之间彼此联系又相互影响，导致方案的理论可行性和结构预期性较差，专利代理师或专利审查员如果没有发明所属领域的系统知识，会低估发明中的技术细节差异带来的影响，从而无法充分理解技术方案并深入挖掘，无法给研发成果作出最合适与全面的保护。

首次提供的技术交底书的技术方案部分记载了两个方案：碳纤维束的制造方法和涂上浆剂碳纤维束，针对涂上浆剂碳纤维束仅描述了上浆剂组成含有脂肪族环氧化合物与芳香族环氧化合物及对碳纤维束采用特定的测试方法测试得到的性能，并未对为何选择含有脂肪族环氧化合物与芳香族环氧化合物的上浆剂的原因进行解释及其带来的效果描述以及自己定义的多个性能参数进行描述。针对碳纤维束的制造方法，技术交底书中采用张力控制公式来限定，本身这种限定方式不同于现有技术的常规技术手段，属于发明人自己归纳的较为新颖的规律，运用得当则有利于技术方案的授权和维权。但是，对这种非常规的限定方式，说明书中需要提供的理论与数据支撑要求又比较高。本案技术交底书中仅描述了其碳化工序的张力控制公式，并未对公式如何获得以及其中涉及的性能参数进行描述，使得专利代理师阅读完该技术方案后不清楚上述性能参数的意义是什么，不了解该方案是偶然测试出来的还是依据特定原理设计得到的，也不清楚该方案的设计来源是什么、克服了何种困难、带来了何种效果，因而也无法在现有内容基础上针对技术方案进行详细到位的撰写，最终影响专利申请的审查以及授权范围。

在专利审查实践中，申请文件说明书中未公开且无法合理预期的技术效果，一般不得作为确认发明是否符合法定授权标准的依据。在审查过程中以及后续维权过程中，如果发现申请文件的说明书存在并非本领域常见的技术描述，或者虽然使用现有技术的描述但赋予其新的含义，通常需要对其真实技术含义、理论可行性等凡是可能引起本领域技术人员疑义之处进行详细解释。如本案中首次探索使用单纤维碎裂法以对单纤维强度分布进行测试，而现有技术中通常是采用单纤维碎裂法对纤维与基体界面的粘结性进行表征，本领域技术人员阅读后通常会产生是否行得通的疑问，因此以此递交的申请文件很有可能面临公开不充分的质疑，即认为其不符合《专利法》第 26 条第 3 款关于"说明书要清楚、完整地公开发明内容，以达到本领域技术人员能够实现"的规定。因此，建议发明人在撰写技术交底书时，在充分提炼技术方案的同时，要对各技术特征的作用进行尽可能详细的说明，即使站在专业技术人员的角度，认为这些说明过于基础，或者认为这些说明过于冗长，也应"不厌其烦"，不仅为方便专利代理师的理解，更重要的是形成完善的申请文件能防止后续被质疑时面临难以挽回的局面。

3. 关键改进点和有益效果记载缺乏说服力

关键改进点和有益效果部分是申请人向专利代理师展示专利申请改进的关键点，不同于技术方案部分与具体实施方式部分需要将方案表达完成，该部分是为了凸显方案的主要贡献点，帮助专利代理师准确聚焦发明点的关键部分，通常也是申请人容易存在认识误区的部分。有益效果是指由构成发明的技术特征直接带来的，或者是由技术特征必然产生的技术效果，它是确定发明是否具有"显著的进步"的重要依据。然而申请人尤其是一线研发人员撰写技术交底书时，通常就是重技术方案介绍而轻关键改进点和有益效果介绍，在撰写该部分内容时常常是笼统地、断言式地表述有益效果。对于化学这类实验性较强的学科领域发明而言，有益效果通常是由一些性能、效果参数呈现的，不进行试验验证无法让人信服，所以仅断言式地说明有益效果通常被认为没有太大说服力，需要理论分析与经过试验验证的结果相结合来予以确认。

首次技术交底书的有益效果部分记载了"本发明能够提高碳纤维增强复合材料的有孔板拉伸强度""碳纤维束的制造方法，可以同时实现高线束强度和高线束弹性模量，并且可以提供品相优异的碳纤维束"，这些的确都是方案原理性的有益效果，也是对申请人提出的方案最直观的表述，但对于申请专利而言，内容还远远不够。申请专利的目的是获得授权，如本书前述章节中反复强调的，要想申请得到授权则需要提出的方案是新的并且还具有一定的有益效果。

在整个化学领域，没能走向授权的专利申请的原因有很大一部分在于用于证明技术效果的实验数据不完善。因为技术效果不能只管得到，还需要实验证实，如果缺乏相关实验数据，很容易被认为公开不充分，或者由于效果证明不了声称的技术效果而不认可对现有技术的贡献。本案例中，技术交底书对于理论和原理分析不足，没有清楚地说明并证实碳纤维束的制造方法中，到底是哪种关键组成还是制备步骤中的工艺参数、制备步骤的顺序改变导致了碳纤维束的线束强度和线束弹性模量等性能的提升。比如，如果是碳化工序的碳化张力控制决定了性能提升，意味着无论采取何种组成的碳纤维原丝，只要控制碳化工序的碳化张力处在一定的范围内，就能保证制备的碳纤维束具有优异的性能，那么在关键发明点时就应该将该参数控制进行重点说明，并且需要提供对照实验。同样，在涂上浆剂碳纤维束产品方案中，也没有说明涂上浆剂碳纤维束中到底是哪种关键组成还是制备步骤中的工艺参数、制备步骤的顺序改变导致了碳纤维束的性能的提升，并予以对照实验证明。可见，无论是产品还是制造方法，均应在可能的情况下尽量去分析内在原理并加以证实，从而让专利代理师或者审查员能够明白和信任工艺参数的选择或组分调整对现有技术作出了贡献。

同样地，有孔板拉伸强度提高、高线束强度、高线束弹性模量、品相优异这些效果的可预期性相对较差，技术交底书仅笼统记载了可以获得上述效果，缺少支撑该效果的证据，比如碳纤维束 SEM 照片、有孔板拉伸强度、线束强度、线束弹性模量性能数据等。产品或工艺性能的提升是相对而言的，如果声称的技术效果仅仅停留在断言层面，很可能在审查实践中被认为没有太大说服力从而低估方案的创造性高度。

4. 具体实施方式证明力不足

《专利审查指南 2010》第二部分第二章第 2.2.6 节规定："当一个实施例足以支持权利要求所概括的技术方案时，说明书中可以只给出一个实施例。当权利要求（尤其是独立权利要求）覆盖的保护范围较宽，其概括不能从一个实施例中找到依据时，应当给出至少两个不同实施例，以支持要求保护的范围。当权利要求相对于背景技术的改进涉及数值范围时，通常应给出两端值附近（最好是两端值）的实施例，当数值范围较宽时，还应当给出至少一个中间值的实施例。"

具体实施方式是专利申请文件的说明书的重要组成部分，它对于充分公开、理解和实现发明，支持和解释权利要求都是极为重要的。说明书应当详细描述申请人认为实现发明的优选实施方式，通常这部分内容就是申请人最熟悉的具体技术内容交代。例如，机械产品类发明通常会结合附图详细阐明装置的组成部件和各部分连接关系，通式化合物类产品要给出取代基明确的具体化合物名称或结构式，组合物类产品通常会给出每一种具体组分、含量以及制备的工艺参数条件，方法类发明则类似实验说明那样描述清楚详细的操作步骤、条件和结果即可。当要求较宽的保护范围时，比如，组分含量是一个较大的范围，或者某些组分可能来自一些不同种类的成分时，还应提供多个具体实施方式，以支持要求保护的范围。此外，还要注意呼应前面提到的有益效果，比如，需要具体描述对比试验条件和结果，在专利审查过程中，为证明有益效果所设计的试验是否科学合理，采取了怎样的试验条件和试验手段，最后呈现的试验结果如何，都是审查员会考虑的因素。

首次技术交底书的实施方式部分只是复制了前面的发明内容，没有任何具体实施过程的细节，比如，制备原料、制备步骤、工艺参数、试验证明，等等。可以说，这部分内容只是填写在了"具体实施方式"一栏中，但根本不是专利法意义上的"具体实施方式"，如此笼统地描述可能会让人质疑方案能否实际实施并达到申请人所声称的技术效果。在审查过程中，申请文件的说明书存在该问题即会被质疑是否符合《专利法》第26条第3款关于说明书要清楚、完整地公开发明内容，以达到本领域技术人员能够实现的标准。

总而言之，申请人首次提供的技术交底书过于简单，远远达不到充分公开发明的要求，专利代理师甚至不能够理解方案是怎么回事，就更谈不上准确确定本发明相对于现有技术的改进点，并对方案进行充分挖掘和提炼，合理概括权利要求的保护范围了。

三、第二次提供的技术交底书

专利代理师与申请人沟通了技术交底书存在的上述问题后，申请人对技术交底书进行了补充，再次提供如下内容：

一种碳纤维束制造方法及涂上浆剂碳纤维束技术交底书

1. 发明名称和技术领域

本发明涉及纤维复合材料领域，具体涉及一种具有良好物性的碳纤维增强复合材料的涂上浆剂碳纤维束、制备方法。

---

2. 背景技术和存在的问题

碳纤维由于其高比强度及高比弹性模量而作为纤维增强复合材料的增强纤维被用于航空器用途，为航空器的轻质化作贡献。近年来，使用了碳纤维的构件的广泛应用和碳纤维向大型构件中的应用趋势正在加速。为了实现航空器的轻质化，最有效的方式是提高决定碳纤维增强复合材料性能的碳纤维拉伸弹性模量，但是同时也要求碳纤维增强复合材料的拉伸与压缩强度、有孔板拉伸与压缩强度等物理性能优异。

影响有孔板拉伸强度的因素众多，就碳纤维对有孔板拉伸强度的影响而言，一般认为有孔板拉伸强度与碳纤维的线束强度成正比。此处，所谓线束强度，是被用作研究作为增强纤维的碳纤维的强度潜力的简便方法，表示含浸特定的环氧树脂而得到的简易的单向碳纤维增强复合材料的拉伸强度。

将碳纤维增强复合材料用于航空器用途时，因为多数情况下需要对伪各向同性材料进行穿孔并与紧固件一同使用，所以相比于单向碳纤维增强复合材料的拉伸强度，有孔板拉伸强度（OHT）是更重要的。

近年来，为了提高碳纤维增强复合材料的有孔板拉伸强度，现有技术主要有如下几种方法：一是改善碳纤维表面缺陷来提高单纤维强度，改变碳纤维表面形态、处理条件来获得具有≥6000MPa的拉伸强度、≥340GPa的弹性模量和7%~17%的表面氧浓度的碳纤维（专利文献1，JP×××××××××A），但是单纤维强度提升时并未同时提升有孔板拉伸强度，有孔板拉伸强度仍然处于低水平。二是将碳纤维的单纤维直径控制较小以降低表面缺陷存在概率来提升单纤维强度（专利文献2，JP×××××××××A），得到的碳纤维线束强度及弹性模量较高，但是在碳化工序中，会诱发单纤维间的结构偏差和伴随其的单纤维强度偏差。另外，在碳化工序中诱发起毛、断丝，也无法避免操作性的降低、得到的碳纤维束的品相降低。

由上可知，组合具有优异的拉伸弹性模量的碳纤维和呈现极高有孔板拉伸强度的特定的基体树脂时，即使提高碳纤维的线束强度，得到的碳纤维增强复合材料的有孔板拉伸强度也不升高，如何进一步提升有孔板拉伸强度是目前亟待解决的技术问题。

3. 本发明技术方案

本发明提供一种含有具有优异的拉伸弹性模量的碳纤维、能够制作具有高有孔板拉伸强度的碳纤维增强复合材料的涂上浆剂碳纤维束、制造方法。

本发明提供一种碳纤维束的制造方法，其特征在于：通过对由聚丙烯腈聚合物形成的前体纤维束实施耐燃化工序、预碳化工序及碳化工序得到碳纤维束的制造方法，上述碳化工序是对通过上述预碳化得到的预碳化纤维束在惰性气氛中在1200~2000℃的温度范围，并且在碳化工序的张力满足下式：

$4.9 \leq$ 碳化工序的张力（mN/dtex）$\leq -0.0225 \times$ [预碳化纤维束的平均可撕裂距离（mm）] $+23.5$ 的范围实施的工序，上述预碳化纤维束实质上无捻，并且，上述预碳化纤维束的平均可撕裂距离为150~620mm。

本发明提供一种涂上浆剂碳纤维束，其特征在于：在碳纤维束上涂布有上浆剂的涂上浆剂碳纤维束，所述上浆剂含有脂肪族环氧化合物及芳香族环氧化合物，就上述碳纤维束中含有的碳纤维而言，使用单纤维复合体的碎裂法测定时，单纤维表观应力为15.3GPa时纤维断裂数为2.0个/mm以上，并且，单纤维表观应力为12.2GPa时纤维断裂数为1.7个/mm以下。

单纤维复合体碎裂法是对在树脂中埋入碳纤维的单纤维而成的复合体逐步地赋予应变，同时对各应变时纤维断裂数进行计数的方法。但是，碳纤维的弹性模量应变越高越能观察到其增加，由于弹性模量是非线性的，所以纤维断裂时的准确的纤维应力无法通过单纯的计算求出。因此，评价碳纤维的单纤维强度分布时，使用表示单纤维复合体应变与碳纤维的单纤维弹性模量之积的单纤维表观应力代替准确的纤维应力作为评价尺度。

4. 关键的改进点和有益效果

因为单位纤维截面积的碳纤维的强度为 $6 \sim 7$ GPa 以下，所以一直以来并未探讨该强度以上的区域中碳纤维单纤维的断裂概率与碳纤维增强复合材料强度的关系。但是，发明人发现意欲提高碳纤维增强复合材料的 OHT 时，与特定的基体树脂组合时，高强度区域的单纤维强度分布显著影响 OHT，因此本发明通过控制碳纤维的短试样长度高强度区域的单纤维强度分布、碳纤维束的长试样长度区域的束强度，能够提高碳纤维增强复合材料的有孔板拉伸强度。

根据本发明的碳纤维束的制造方法，可以同时实现高线束强度和高线束弹性模量，并且可以提供品相优异的碳纤维束。

根据本发明的涂上浆剂碳纤维束，单纤维表观应力为 15.3 GPa 时纤维断裂数为 2.0 个/mm 以上，并且，单纤维表观应力为 12.2 GPa 时纤维断裂数为 1.7 个/mm 以下。

下面，对本发明方案的具体原理进行介绍。

首先，对上浆剂成分的选择理由进行说明。

仅涂布由芳香族环氧化合物（D）形成而不含脂肪族环氧化合物（C）的上浆剂的碳纤维，具有上浆剂与基体树脂的反应性低、长期保存预浸料坯时物性变化小这样的优点以及能够形成刚直的界面层这样的优点。但是，芳香族环氧化合物（D）（由于该化合物的刚直性）与脂肪族环氧化合物（C）相比，碳纤维与基体树脂的粘合性稍差。

就仅涂布由脂肪族环氧化合物（C）形成的上浆剂的碳纤维而言，确认涂布了该上浆剂的碳纤维与基体树脂的粘合性高，脂肪族环氧化合物（C）由于其柔软的骨架和自由度高的结构，碳纤维表面的羧基和羟基这样的官能团与脂肪族环氧化合物可形成较强的相互作用。虽然脂肪族环氧化合物（C）由于与碳纤维表面的相互作用而显现高黏合性，但是存在下述问题：

与基体树脂中的以固化剂为代表的具有官能团的化合物的反应性高，以预浸料坯的状态长期保存时，由于基体树脂和上浆剂的相互作用，使得界面层的结构发生变化，由该预浸料坯得到的碳纤维增强复合材料的物性降低。

混合了脂肪族环氧化合物（C）和芳香族环氧化合物（D）的情况下，可观察到以下现象：极性更高的脂肪族环氧化合物（C）多偏位于碳纤维侧，极性低的芳香族环氧化合物（D）易偏位于与碳纤维为相反侧的上浆剂层的最外层。作为该上浆剂层的倾斜结构的结果，脂肪族环氧化合物（C）存在于碳纤维附近，与碳纤维具有较强的相互作用，由此能够提高碳纤维和基体树脂的粘合性。另外，多存在于外层的芳香族环氧化合物（D）在使用涂上浆剂碳纤维束制造预浸料坯的情况下，发挥将脂肪族环氧化合物（C）与基体树脂隔离的作用。由此，脂肪族环氧化合物（C）和基体树脂中的反应性高的成分的反应被抑制，因此，呈现长期保存时的稳定性。

上浆剂的附着量相对于碳纤维 100 质量份优选为 0.1~3.0 质量份的范围，较优选为 0.2~3.0 质量份的范围。若上浆剂的附着量在所述范围，则能够呈现高 OHT。上浆剂的附着量可以按如下方式求出：取（2±0.5g）涂上浆剂碳纤维，将在氮气氛中于 450℃ 加热处理 15min 时的该加热处理前后的质量变化量与加热处理前的涂上浆剂碳纤维的质量进行比较而求出。

脂肪族环氧化合物（C）的附着量相对于碳纤维 100 质量份优选为 0.05~2.0 质量份的范围，若脂肪族环氧化合物（C）的附着量在 0.05 质量份以上，则通过碳纤维表面的脂肪族环氧化合物（C），涂上浆剂碳纤维束与基体树脂的粘合性提高，较优选为 0.2~2.0 质量份的范围。脂肪族环氧化合物（C）为不含芳香环的环氧化合物。因为具有自由度高的柔软的骨架，所以能够具有与碳纤维较强的相互作用。脂肪族环氧化合物（C）是在分子内具有 1 个以上的环氧基的环氧化合物，能够形成碳纤维与上浆剂中的环氧基的牢固的键合。分子内具有 2 个以上环氧基的环氧化合物时，即使在 1 个环氧基与碳纤维表面的含氧官能团形成共价键的情况下，剩余的环氧基也能与基体树脂形成共价键或者氢键，黏合性进一步提高，故优选。脂肪族环氧化合物（C）优选为具有共计 3 个以上的 2 种以上官能团的环氧化合物，作为环氧化合物所具有的除环氧基以外的官能团，优选羟基、酰胺基、酰亚胺基、氨基甲酸酯基、脲基、磺酰基及磺酸基。为分子内具有 3 个以上的环氧基或者其他官能团的环氧化合物时，即使在 1 个环氧基与碳纤维表面的含氧官能团形成共价键的情况下，剩余的 2 个以上的环氧基或者其他官能团也能够与基体树脂形成共价键或者氢键，黏合性进一步提高。脂肪族环氧化合物（C）的环氧当量优选小于 360g/mol。若环氧当量小于 360g/mol，则以高密度形成与碳纤维的相互作用，碳纤维与基体树脂的黏合性进一步提高，较优选小于 270g/mol，更优选小于 180g/mol。

作为脂肪族环氧化合物（C）的具体例子，例如，可举出由多元醇衍生的缩水甘油醚型环氧化合物、由具有复数个活性氢的胺衍生的缩水甘油胺型环氧化合物、由多元羧酸衍生的缩水甘油酯型环氧化合物和将分子内具有复数个双键的化合物氧化得到的环氧化合物。

芳香族环氧化合物（D）是在分子内具有 1 个以上芳香环的环氧化合物。芳香环可以为仅由碳形成的芳香环烃，可以为含有氮或氧等杂原子的呋喃、噻吩、吡咯、咪唑等杂芳环，也可以为萘、蒽等多环式芳香环。如果环氧化合物具有 1 个以上的芳香环，则形成刚直的界面层，碳纤维与基体树脂之间的应力传递能力提高，纤维增强复合材料的 0°拉伸强度等力学特性提高。另外，由于芳香环使得疏水性提高，由此与脂肪族环氧化合物相比，与碳纤维的相互作用变弱，能够覆盖脂肪族环氧化合物，存在于上浆剂层外层。由此，将涂上浆剂碳纤维束用于预浸料坯时，可以抑制长时间保存时的经时变化。通过具有 2 个以上的芳香环，由芳香环带来的长期稳定性提高，故较优选。芳香族环氧化合物（D）的环氧基优选在分子内为 2 个以上，较优选为 3 个以上。另外，优选为 10 个以下。芳香族环氧化合物（D）优选为分子内具有共计 3 个以上的 2 种以上官能团的环氧化合物，较优选为具有共计 4 个以上的 2 种以上官能团的环氧化合物。作为环氧化合物所具有的除了环氧基以外的官能团，优选羟基、酰胺基、酰亚胺基、氨基甲酸酯基、脲基、磺酰基及磺酸基。若为分子内具有 3 个以上的环氧基或其他官能团的环氧化合物，则即使在 1 个环氧基与碳纤维表面的含氧官能团形成共价键的情况下，剩余的 2 个以上的环氧基或者其他官能团也能够与基体树脂形成共价键或者氢键，黏合性进一步提高。芳香族环氧化合物（D）的环氧当量优选小于 360g/mol，环氧当量小于 360g/mol 时，以高密度形成共价键，碳纤维与基体树脂的粘合性进一步提高，较优选小于 270g/mol，进一步优选小于 180g/mol。

　　作为芳香族环氧化合物（D）的具体例子，例如，可以举出由多元醇衍生的缩水甘油醚型环氧化合物、由具有复数个活性氢的胺衍生的缩水甘油胺型环氧化合物、由多元羧酸衍生的缩水甘油酯型环氧化合物和将分子内具有复数个双键的化合物氧化得到的环氧化合物。

　　其次，对选择特定纤维断裂数的理由进行说明。

　　作为评价碳纤维的单纤维强度分布的手法，一直以来通常采用单纤维强度试验。但是，就单纤维强度试验而言，因为在卡盘部使用氰酸酯系黏合剂、环氧树脂系粘合剂包埋单纤维并夹紧，所以应力也施加到黏合剂内的纤维，有时粘合剂内纤维断裂，单纤维强度试验好似从黏合剂中拔出单纤维的试验，在单纤维强度试验中树脂内数毫米的纤维也被施加了应力。换言之，发现在单纤维强度试验中，即使卡盘间的距离小于 5mm，实际的试样长度也变长，特别是卡盘间距离越短，则实际试样长度与卡盘间距离越背离，无法评价短试样长度区域的单纤维强度分布。为了应对上述问题，发明人发现了利用单纤维复合体的碎裂试验评价单纤维强度分布的手法。发明人的研究结果表明，单纤维复合体的碎裂试验与由试样长度 25mm 的单纤维强度试验计算的单纤维强度分布的结果良好地一致，因此碎裂试验作为单纤维强度分布的评价方法是优异的。若适当选择单纤维复合体中使用的基体树脂，使单纤维－基体树脂界面的粘合强度为某程度以上，则对于试样长度为 1mm 左右的短试样也能够高精度地评价强度分布。

　　采用单纤维复合体的碎裂法对含有碳纤维的复合体进行测定时，单纤维表观应力为 12.2GPa 时纤维断裂数为 1.7 个/mm 以下，碳纤维的单纤维强度对在高应力下的碳纤维断裂的要因起着支配性作用，为了提高 OHT，碳纤维的单纤维强度，特别是纤维长度较短时的单纤维强度高是重要的。即，所述纤维断裂数大于 1.7 个/mm 时，由于碳纤维的单纤维强度不足而导致 OHT 降低，所以使所述纤维断裂数为 1.7 个/mm 以下，优选为 1.5 个/mm 以下，较优选为 1.3 个/mm 以下，此时碳纤维的单纤维强度足够高，OHT 提高而与特定的树脂无关。

　　采用单纤维复合体的碎裂法对含有的碳纤维进行测定时，单纤维复合体应变为 3.6% 时纤维断裂数优选为 1.7 个/mm 以下，较优选为 1.5 个/mm 以下，更优选为 1.0 个/mm 以下。所述纤维断裂数大于 1.7 个/mm 时，由于碳纤维的单纤维强度不足而导致 OHT 降低，所述纤维断裂数越少表示碳纤维的单纤维强度越高，故优选。通常，因为单向的碳纤维增强复合材料的断裂伸长率为2%以下，所以一直以来未曾探讨断裂伸长率为该伸长率以上的碳纤维断裂概率与复合材料强度的关系，本发明人还发现意欲提高OHT时，在与特定树脂组合时，高伸长率区域的碳纤维断裂概率显著影响OHT。

采用单纤维复合体的碎裂法对含有的碳纤维进行测定时，单纤维表观应力为15.3GPa时纤维断裂数为2.0个/mm以上，优选为2.5个/mm以上，较优选为3.0个/mm以上。高应力下碳纤维的断裂要因与单纤维表观应力为12.2GPa时不同，纤维/树脂界面的界面剪切强度起到支配性作用。碎裂法中的饱和纤维断裂数越多，界面剪切强度越高。基本上，界面剪切强度越高，则单向碳纤维增强复合材料强度越高，所以也可以提高OHT。所述纤维断裂数小于2.0个/mm时，由于碳纤维与基体树脂的界面黏合性降低，导致纤维断裂数增加时纤维无法负担应力，OHT降低。碳纤维的单纤维弹性模量低时，有时单纤维复合体在负荷至15.3GPa的单纤维表观应力之前损坏。

另外，对碳纤维束的制造方法进行说明。

涂上浆剂碳纤维束中含有的碳纤维的单纤维直径优选为4.5μm以下，较优选为3.0μm以下。所述单纤维直径为4.5μm以下时，因为能够降低表面缺陷的存在概率，所以单纤维强度提高，并且碳纤维的表面积比增加，由此与基体树脂的黏合性提高，碳纤维增强复合材料中的应力传递也变得均匀，因此结果是OHT提高。但是，碳纤维的单纤维直径越大，基体树脂越容易含浸到单纤维间，结果也能够提高OHT，因此单纤维直径优选为2.0μm以上。

实质上无捻，表示即使存在捻，每1m纤维束也为1捻数以下；平均可撕裂距离，是表示预碳化碳纤维束中碳纤维的交织的程度的指标。

在碳化工序中，将预碳化纤维在惰性气氛中，加热至1200~2000℃。就碳化工序的温度而言，从提高得到的碳纤维的线束弹性模量的观点考虑，优选为较高温度，但是若温度过高，则有时高强度区域的强度降低。

已知越是提高碳化工序中的最高温度，碳纤维内部的晶粒尺寸越是增大，可以提高碳纤维束的线束弹性模量。但是，已知通过提高碳化工序的最高温度，得到的碳纤维束的拉伸强度、黏合强度降低。本发明通过控制预碳化纤维束的交织状态，即使不提高碳化工序的最高温度，通过提高碳化工序的张力，也能够提高得到的碳纤维束的线束弹性模量。碳纤维内部的晶粒尺寸优选为 1.2nm 以上 2.5nm 以下。晶粒尺寸小于 1.2nm 时，线束弹性模量降低，晶粒尺寸大于 2.5nm 时，线束强度降低。因为线束强度、线束弹性模量的降低有时引起 OHT 的降低，所以优选将晶粒尺寸控制在上述范围。晶粒尺寸主要可以通过碳化处理温度进行控制。为了使碳纤维束的线束弹性模量和单纤维强度的均衡性优异，可以通过将预碳化纤维束的可撕裂距离控制在 150~620mm 的范围，控制碳化张力。

碳化工序的张力以在碳化炉出口侧测定的张力（mN）除以聚丙烯腈前体纤维在绝对干燥时的纤度（dtex）所得的值表示。若使该张力小于 4.9mN/dtex，则不能提高碳纤维的晶粒取向，不能呈现高线束弹性模量，因此有时 OHT 降低。将该张力设定为大于 4.9mN/dtex 时，纤维对准变得良好，并且，单纤维间的应力传递形成优异的状态，因此可以不依赖于短试样长度的单纤维强度提高 OHT，故优选。另外，就该张力而言，从提高得到的碳纤维的线束弹性模量的观点考虑，优选较高张力，但是若过高则工序通过性、品相降低，因此优选设定为满足式 4.9 ≤ 碳化张力（mN/dtex）≤ $-0.0225 \times$ [预碳化纤维束的平均可撕裂距离（mm）] $+23.5$ 的范围。一次系数 -0.0225 表示的意思为，随着平均可撕裂距离的增加可以设定的该张力的降低梯度，常数项 23.5 为将平均可撕裂距离缩短至极限时可设定的该张力。

可撕裂距离的测定方法示于图 1。将纤维束 1 切割成 1160mm 的长度，将其一端 2 用胶带固定在水平的台上使其不能移动（将该点称为固定点 A）。该纤维束的未固定一方的一端 3 用手指分开成 2 份，将其中一方以拉紧的状态用胶带固定在台上使其不能移动（将该点称为固定点 B）。将分成 2 份后的纤维束的一端的另一方以固定点 A 为支点以不松弛的方式沿台上移动，使其在距固定点 B 的直线距离为 500mm 的位置 4 静止，用胶带固定在台上使其不移动（将该点称为固定点 C）。目视观察由固定点 A、B、C 围成的区域，找到距离固定点 A 最远的交织点 5，用最低刻度为 1mm 的尺子读取在连接固定点 A 和固定点 B 的直线上投影的距离，作为可撕裂距离 6。重复该测定 30 次，将测定值的算数平均值作为平均可撕裂距离。本测定方法中，所谓距离固定点 A 最远的交织点，为距固定点 A 的直线距离最远，并且没有松弛的 3 根以上的单纤维进行交织的点。碳纤维束中越是较强地进行均匀的交织，平均可撕裂距离就越短，未进行交织或者交织不均匀的情况下，平均可撕裂距离变大。碳纤维束中较强地进行均匀的交织时，数米级的长试样长度的碳纤维束强度变大，由此能够提高 OHT。因此，优选较小平均可撕裂距离。通过使预碳化碳纤维束的平均可撕裂距离为 620mm 以下，将预浸料坯加工成碳纤维增强复合材料时，能够赋予高的张力，提高纤维对准。另外，制成碳纤维增强复合材料时，碳纤维增强复合材料中的应力传递变得更加均匀，所以能够提高 OHT。但是，涂上浆剂碳纤维束的平均可撕裂距离小于 150mm 时，有时纤维对准紊乱，在 0°方向上层合的纤维变得难以应力集中，使 OHT 降低。

5. 具体实施方式

利用碎裂法的纤维断裂数的测定按照以下步骤（i）~（v）进行。

（i）树脂的制备

将树脂加入容器中，利用刮铲搅和，使用自动真空脱泡装置进行脱泡。

（ii）碳纤维单纤维的取样和铸型的固定

将 20cm 左右长度的碳纤维束大致分为 4 等份，从 4 个束中依次取样单纤维。此时，从束整体中尽量没有遗漏地取样。接着，在打孔纸板的两端贴合双面胶带，在对取样后的单纤维施加一定张力的状态下将单纤维固定于打孔纸板。接下来，准备贴合有聚酯膜的玻璃板，将用于调整试片的厚度的 2mm 厚的垫板固定于膜上。在该垫板上放置固定有单纤维的打孔纸板，进而在其上面放置同样地贴合有膜的玻璃板，使贴合有膜的面朝下。此时为了控制纤维的埋入深度，将厚度 70μm 左右的带材贴合在膜的两端。

（iii）从树脂的浇注直至固化

向上述步骤（ii）的铸型内（由垫板和膜所围成的空间）浇注通过上述步骤（i）制备的树脂。使用预先升温至 50℃的烘箱将浇注有树脂的铸型加热 5h，之后以降温速度 2.5℃/min 降温至 30℃。之后，脱模，切割，得到 2cm×7.5cm×0.2cm 的试验片。此时，切割试验片以使单纤维位于试验片宽度方向的中央 0.5cm 宽度内。

（iv）纤维埋入深度测定

针对通过上述步骤（iii）得到的试验片，使用激光拉曼分光光度计的激光和 532nm 陷波滤波器，进行纤维的埋入深度测定。首先，对单纤维表面照射激光，调整载台高度以使激光束直径变为最小，将此时的高度设为 A（μm）。接着，对试验片表面照射激光，调整载台高度以使激光束直径变为最小，将此时的高度设为 B（μm）。关于纤维的埋入深度 d（μm），使用利用上述激光测定的树脂的折射率 1.732，按照下式计算。

$$d = (A - B) \times 1.732$$

（v）4 点弯曲试验

针对按照上述步骤（iii）得到的试验片，使用外侧压子 50mm 间隔、内侧压子 20mm 间隔的夹具，以 4 点弯曲来负荷拉伸应变。逐步地每 0.1% 地赋予应变，利用偏光显微镜观察试验片，测定试验片长度方向的中心部 10mm 范围内的单纤维的断裂数。用测定得到的断裂数除以 10，将得到的值作为纤维断裂数（个/mm）。另外，利用贴合在从试验片中心在宽度方向上离开约 5mm 的位置的应变仪测定应变 ε（%）。关于最终的单纤维复合体的应变 ε_c，考虑应变仪的应变仪灵敏系数 κ、按照上述步骤（iv）测定的纤维埋入深度 d（μm）、残留应变 0.14（%），通过式 $\varepsilon_c = \varepsilon \times (2/\kappa) \times (1000 - d)/1000 - 0.14$ 计算。

碳纤维的单纤维弹性模量

首先，将 20cm 左右的碳纤维束大致分为 4 等份，从 4 个束中依次取出单丝作为样品，尽量没有遗漏地从束整体中取样。将取样后的单丝使用粘合剂固定于打孔纸板。将固定有单丝的纸板安装在拉伸试验机上，在标距长度 50mm、应变速度 2mm/min、试样数 20 根的条件下进行拉伸试验。弹性模量按照弹性模量 =（得到的强度)/（单纤维的截面积×得到的伸长率）计算。

有孔板拉伸强度

a. 试验条件

● 室温条件（RTD）：69℉（20.6℃）±5℉

● 低温条件（LTD）：-75℉（-59.4℃）±5℉

b. 成型条件

将预浸料坯切割成规定大小，进行层合以使其成为 16ply（45/90/-45/0）2s 的构成，之后将得到的层合物用袋膜覆盖，一边将层合物内脱气，一边使用高压釜以升温速度 1.5℃/min 升温至 180℃，在压力为 6 个气压的条件下经历 2h 使其固化，得到伪各向同性增强材料。

c. 样品尺寸

尺寸：长度 308mm×宽度 38.1mm×厚度 4.5mm。

各实施例中使用的材料和成分如下所示。

（C）成分：C-1~C-3

C-1：乙二醇的二缩水甘油基醚

环氧当量：113g/mol，环氧基数：2

C-2：山梨醇聚缩水甘油醚

环氧当量：167g/mol，环氧基数：4，羟基数：2

C-3：聚甘油聚缩水甘油醚

环氧当量：183g/mol，环氧基数：3以上

（D）成分：D-1~D-3

D-1：双酚A的二缩水甘油基醚

环氧当量：189g/mol、环氧基数：2

D-2：双酚A的二缩水甘油基醚

环氧当量：475g/mol、环氧基数：2

D-3：双酚F的二缩水甘油基醚

环氧当量：167g/mol、环氧基数：2

实施例1

制作碳纤维工序：将由丙烯腈99.5mol%和衣康酸0.5mol%形成的单体混合物，以二甲基亚砜作为溶剂，以2,2′-偶氮二异丁腈作为引发剂，利用溶液聚合法进行聚合，制作重均分子量70万、M_z/M_w为1.8的聚丙烯腈共聚物。向制造的聚丙烯腈聚合物中吹入氨气直至pH值变为8.5，进行调整直至聚合物浓度变为15质量%，得到纺丝溶液。通过干湿式纺丝法得到凝固丝条，所述干湿式纺丝法是将得到的纺丝溶液于40℃使用直径0.15mm、孔数6000的喷丝头，暂时吐出到空气中，使其从约4mm的空间通过后，导入到控制为3℃的由35%二甲基亚砜的水溶液形成的凝固浴中。将该凝固丝条利用常规方法进行水洗后，在2槽的温水浴中进行3.5倍的拉伸。接下来，对于该水浴拉伸后的纤维束，赋予氨基改性聚硅氧烷系聚硅氧烷油剂，使用160℃的加热辊，进行干燥致密化处理。接着，将2丝条合丝，使单纤维根数为12000根，之后在加压蒸汽中进行3.7倍拉伸，由此使制丝全拉伸倍率为13倍，之后进行交织处理，得到单纤维纤度0.7dtex、单纤维根数12000根的聚丙烯腈前体纤维。此处，所谓交织处理按如下方式进行：使用流体吹喷喷嘴，使用空气作为流体，调节至纤维束的张力为3mN/dtex的状态，并且，将流体的吐出压力设定为0.35MPa。接下来，在温度为240~260℃的空气中，一边以拉伸比1进行拉伸，一边进行耐燃化处理，得到比

续表

重为 1.35~1.36 的耐燃化纤维束。将得到的耐燃化纤维束在温度为 300~800℃ 的氮气氛中，一边以拉伸比 1.15 进行拉伸，一边进行预碳化处理，得到预碳化纤维束。将得到的预碳化纤维束，在氮气氛中，在最高温度 1500℃、张力 4.9mN/dtex 的条件下进行碳化处理，得到碳纤维，将其作为碳纤维 A。得到的碳纤维束的单纤维断裂数较少，品相良好，线束弹性模量提高至 342GPa。

碳纤维附着上浆剂工序：制备下述水分散乳液作为（D）成分，所述水分散乳液包含 10 质量份 D-1、10 质量份 D-2、双酚 A 的 EO 2mol 加成物 2mol 及马来酸 1.5mol 及癸二酸 0.5mol 的缩合物 20 质量份，作为乳化剂的聚氧乙烯（70mol）苯乙烯（5mol）化枯基苯酚 10 质量份，之后混合 50 质量份 C-3 作为（C）成分，制备上浆液。将该上浆剂通过浸渍法涂布于碳纤维，之后于温度 210℃ 进行 75s 热处理，得到涂上浆剂碳纤维束。调整上浆剂的附着量，以使相对于碳纤维 100 质量份，上浆剂成为 1.0 质量份。

图 2 是上浆前、后碳纤维表面形貌的扫描电镜图。

实施例 2

将碳化处理中的碳化张力改为 7.4mN/dtex，除此之外，采用与实施例 1 同样的操作得到碳纤维束。得到的碳纤维束的单纤维断裂数较少，品相良好，线束弹性模量提高至 364GPa。

实施例 3

将碳化处理中的碳化张力改为 9.5mN/dtex，除此之外，采用与实施例 1 同样的操作得到涂上浆剂碳纤维束。得到的碳纤维束的单纤维断裂数较少，品相良好，线束弹性模量提高至 378GPa。

实施例 4

将实施例 1 中的上浆剂的成分 D-2 换成 D-3。

实施例 5

将实施例 1 中的上浆剂的成分 C-3 换成 C-1。

实施例 6

将实施例 1 中的上浆剂的成分 C-3 换成 C-2。

比较例 1

将碳化处理中的碳化张力改为 3.5mN/dtex，除此之外，采用与实施例 1 同样的操作得到碳纤维束。得到的碳纤维束的单纤维发生多起断丝，不能得到品相良好的碳纤维束，线束弹性模量为 324GPa。

比较例 2

将碳化处理中的碳化张力改为 12.9mN/dtex，除此之外，采用与实施例 1 同样的操作得到涂上浆剂碳纤维束。在碳化工序中发生多起断丝，不能得到品相良好的碳纤维束，线束弹性模量为 262GPa。

除了上述实施例 1～3 和比较例 1～2 的碳纤维以外，还使用市售的"TORAYCA（注册商标）" T800S－24k－10E、"TORAYCA（注册商标）" T700S－24k－50E［东丽（株）制］、"TENAX（注册商标）" IM600（Toho Tenax Co.，Ltd. 制）进行解析。

将得到的实施例 2～6 和比较例 1～2 以及市售的碳纤维按照实施例 1 的碳纤维附着上浆剂工序赋予上浆剂，得到实质上无捻的涂上浆剂碳纤维束。用得到的涂上浆剂碳纤维束复合树脂膜制备预浸料坯，设想实际的使用条件，将预浸料坯在温度 25℃、湿度 60% 的条件下保存 20 天后，成型复合材料，实施 OHT 试验，得到的碳纤维束的特性汇总于表 1。

表 1　使用不同碳化张力制作得到的碳纤维束特性

	碎裂数、纤维断裂数						线束强度	单纤维弹性模量	平均可撕裂距离		OHT
	应变（%）			表观应力（GPa）					预碳化纤维束	碳纤维束	
	2.0	3.6	4.5	6.8	12.2	15.3					
	个/mm	个/mm	个/mm	个/mm	个/mm	个/mm	GPa	GPa	mm	mm	MPa
实施例 1	0.2	1.5	2.1	0.2	1.5	2.1	6.4	342	610	700	697
实施例 2	0.1	1.5	2.3	0.1	1.5	2.3	6.7	364	610	700	707
实施例 3	0.05	1.4	2.3	0.05	1.4	2.3	7.1	378	610	700	728
实施例 4	0.2	1.5	2.1	0.2	1.5	2.1	6.4	342	610	700	699
实施例 5	0.2	1.5	2.1	0.2	1.5	2.1	6.4	342	610	700	695
实施例 6	0.2	1.5	2.1	0.2	1.5	2.1	6.4	342	610	700	696
比较例 1	0.1	1.4	1.7	0.1	1.9	2.1	5.9	324	610	700	643
比较例 2	0.05	1.3	1.7	0.05	1.3	1.7	5.5	262	610	700	620
T800S	0.05	1.5	2.2	0.1	1.8	2.3	5.9	309	970	1020	
T700S	0.1	1.2	1.4	0.3	1.4	1.4	5.2	245	1000	1080	
IM600	0.02	1.2	1.7	0.1	1.6	1.7	5.6	305	990	1040	

从上述表格的数据中可以看出，当将碳纤维束制造过程中的碳化工序的碳化张力控制在 4.9≤碳化工序的张力（mN/dtex）≤－0.0225×［预碳化纤维束的平均可撕裂距离（mm）］+23.5 的范围实施，得到的碳纤维束的线束强度和单纤维弹性模量分别能够达到 6GPa 以及 342GPa 以上。

续表

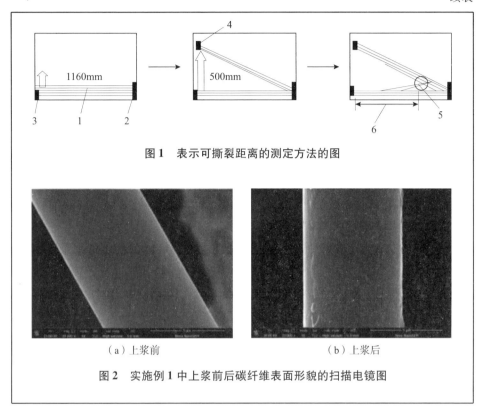

图1 表示可撕裂距离的测定方法的图

（a）上浆前 （b）上浆后

图2 实施例1中上浆前后碳纤维表面形貌的扫描电镜图

四、第二次提供的技术交底书分析

第二次提供的技术交底书的内容丰富了许多，发明点和技术细节也记载到位，涉及的制造方法、产品技术方案均满足"清楚、完整地说明发明内容"的要求，专利代理师可以围绕发明改进点去组织语言和构建权利要求。

根据第二次提供的技术交底书可以知道，为了克服现有技术中的碳纤维复合材料的有孔板拉伸强度处于低水平的问题，方案包括两个关键手段：一是在碳纤维束的制造方法中控制碳纤维碳化工序中的碳化张力；二是采用包括芳香族环氧化合物和脂肪族环氧化合物的上浆剂涂布于碳纤维束表面。

然而，如果专利代理师仅仅以第二次提供的技术交底书中的内容为基础撰写申请文件，其中涂上浆剂的碳纤维束技术方案仍然很有可能最终无法获得专利授权。

1. 隐藏了更接近的现有技术

本发明碳纤维束采用包括芳香族环氧化合物与脂肪族环氧化合物的上浆剂，并采用了参数特征对涂上浆剂碳纤维束进行限定，实际上申请人有一份在先已授权的专利（下称现有技术C），同样是将包含双酚A环氧树脂和脂肪族环氧树脂的上浆剂施加于碳纤维，不同之处仅在于本发明采用"使用单纤维复合体的碎裂法测定时，单纤维表观应力为15.3GPa时纤维断裂数为2.0个/mm以上，并且，单纤维表观应力为12.2GPa时纤维断裂数为1.7个/mm以下"参数对产品进行了限定。

那么，申请人为什么没有将现有技术C作为本发明的背景技术撰写到技术交底书中呢？这来源于申请人的认识误区，申请人一方面认为背景技术不重要，最重要的部分是技术方案本身，决定一个申请是否能够获得授权的也是评述技术方案是否具备创造性而不会关注于背景技术，并且对于产品已经采取了参数限定以区别于现有技术C；另一方面，申请人担心如果主动披露现有技术C可能影响审查员对本发明创新性的判断，因而干脆不披露。

申请人的想法反映了存在于很多技术人员心中的既对专利审查工作不了解，又对专利代理工作不信任的复杂情绪。对于受过专业培训、拥有强大数据库支持的专利审查员而言，无论申请文件中提供线索与否，几乎可以说百分之百能够轻松地检索到申请人的这份在先现有技术C。因此，想要通过隐藏线索的方式对审查造成障碍没有意义。相反，这样一份与本发明技术方案如此接近的现有技术文献没有记载到申请文件当中，而是让审查员自行获得，结果对本发明获得授权造成的不利影响却非常明显。由于专利代理师不知道现有技术C的存在，对本申请的创新点判断很可能不准确——受背景技术的影响高估了本申请的创造性，从而在撰写申请文件时也有所失焦——没有将本发明与现有技术C进行对比，围绕区别是否能够使技术方案具备创造性提供观点和证据，因而在审查员自行获得现有技术C而质疑本发明的创造性时，由于说明书中没有相关依据，会使答复和修改陷入非常被动的局面。

由于该发明的涂上浆剂碳纤维束为包括包含性能、参数特征的产品权利要求，在审查实践中，对于包括包含性能、参数特征的产品权利要求，判断其是否具备新颖性时应当考虑权利要求中的性能、参数特征是否隐含了要求保护的产品具有某种特定结构和/或组成。如果该性能、参数隐含了要求保护的产品具有区别于对比文件产品的结构和/或组成，则该权利要求具备新颖性；相反，如果所属技术领域的技术人员根据该性能、参数无法将要求保护的产品与对比文件产品区分开，则可推定要求保护的产品与对比文件产品相同，因此申请的权利要求不具备新颖性，除非申请人能够根据申请文件或现有技术证明权利要求中包含性能、参数特征的产品与对比文件产品在结构和/或组成上不同。简言之，第二次提供的技术交底书隐藏了现有技术 C，虽然方案看似完整可以实施，却给后续专利审查程序埋下了创造性不足的隐患。如果申请文件以此为基础撰写，审查员很可能会得出"现有技术 C 总体上已经解决了本发明的技术问题""推定涂上浆剂碳纤维束结构、组成上并无明显差异""改进点过小、参数易于常规调整"等结论，从而否定本发明的涂上浆剂纤维束的新颖性、创造性。

因此，技术交底书的背景技术中，需要进一步介绍与本发明欲改进的核心技术密切相关的现有技术 C 的技术现状、存在的问题，针对这些缺点本发明提出的改进措施。

2. 关键改进点分析

在明确现有技术 C 是本发明更为接近的现有技术之后，专利代理师的工作就是分析本发明的真正发明点，挖掘本发明与现有技术 C 的区别点，并围绕区别点补充证据证明区别点带来的效果。

经分析，现有技术 C 中脂肪族环氧化合物与芳香族环氧化合物的质量比为 50/50 ~ 90/10，脂肪族环氧化合物重量比小于 50% 时，耐摩擦性降低，得到的碳纤维加工性降低，后续工序中容易起毛，质量比大于 90% 则不能实现高粘性，对于为何选取上述上浆剂组成能够达到较好效果的理由不明确。进一步分析，本发明对为何选取上述组成进行了详细研究，通过选择脂肪族环氧化合物与芳香族环氧化合物的质量比为 52/48 ~ 80/20，发现通过调整上浆剂中脂肪族环氧化合物及芳香族环氧化合物的比例、环氧当量、环氧基数来调整碳纤维束与基体树脂的相容性以及最终产品的稳定性，从而能够获得具有高 OHT 性能的碳纤维复合材料。

实践中，对一项发明创造的创造性判断一般遵循"三步法"判断思路：

① 现有技术公开了哪些内容和技术特征，其中与本发明的区别特征是什么？这些区别特征导致整体技术方案解决了什么技术问题？

② 上述区别特征为整体技术方案带来了什么样的技术效果？从实现该技术效果角度出发，现有技术中是否给出了将这些区别特征应用到最接近现有技术以解决其存在的技术问题的启示？

③ 已公开的文献（现有技术）、教科书、工具书（公知常识）等是否有相关的教导？例如相关反应机理、某类物质特有性质的研究结果报道。本领域技术人员是否会从这些报道中得到某种启示，有可能将其与现有技术内容相结

合，进而不需要花费创造性劳动而提出本发明的技术方案并预期这些方案的效果？

因此，在撰写技术交底书时，可以对发明方案的创造性进行初判，在关键点采用原理性说明或者试验证明来突出发明的创造性。

3. 围绕关键改进点补充效果证明

第二次技术交底书明确了上浆剂中脂肪族环氧化合物与芳香族环氧化合物的选择与最终形成的碳纤维复合材料的性能存在某种联系，因此在确定现有技术 C 是更为接近的现有技术的基础上，技术交底书的技术效果和实施例部分需要重点说明本发明的上浆剂组成比例选择相较于现有技术存在何种改进与提升，例如可以提供涂覆不同脂肪族环氧化合物与芳香族环氧化合物比例的碳纤维束 SEM 图、对涂覆不同比例的涂上浆剂碳纤维束测定其有孔板拉伸强度，从而证明本发明相较于现有技术存在较大改进。

4. 其他完善方向

一般而言，产品是技术的最终应用状态，碳纤维材料通常是作为原材料使用的，本发明对碳纤维束的制造方法进行了改进，制备出具有优异性能的碳纤维。为了对制作出的碳纤维产品进行全方位的保护，还可以进一步挖掘和拓展下游应用。比如，保护本发明制备的涂上浆剂碳纤维束后，还可以进一步针对制备的中间产品或最终产品进行保护，中间产品例如预浸料坯，最终产品例如碳纤维复合材料，等等。这样能够启发代理师，将权利要求的保护范围进行多层次多维度的拓展。

五、完善后的技术交底书

专利代理师基于自身的职业敏感性，再次同申请人沟通了技术交底书中存在的问题，给出了技术交底书的进一步优化方向后，申请人对技术交底书进行了补充，再次提供如下内容：

一种碳纤维束制造方法及涂上浆剂碳纤维束、预浸料坯

1. 发明名称和技术领域

本发明涉及纤维复合材料领域，具体涉及一种具有良好物性的碳纤维增强复合材料的涂上浆剂碳纤维束、制备方法、预浸料坯。

---

2. 背景技术和存在的问题

　　碳纤维由于其高比强度及高比弹性模量而作为纤维增强复合材料的增强纤维被用于航空器用途，为航空器的轻质化作贡献。近年来，使用了碳纤维的构件的广泛应用和碳纤维向大型构件中的应用趋势正在加速。为了实现航空器的轻质化，最有效的方式是提高决定碳纤维增强复合材料性能的碳纤维拉伸弹性模量，但是同时也要求碳纤维增强复合材料的拉伸与压缩强度、有孔板拉伸与压缩强度等物理性能优异。

　　影响有孔板拉伸强度的因素众多，就碳纤维对有孔板拉伸强度的影响而言，一般认为有孔板拉伸强度与碳纤维的线束强度成正比。此处，所谓线束强度，是被用作研究作为增强纤维的碳纤维的强度潜力的简便方法，表示含浸特定的环氧树脂而得到的简易的单向碳纤维增强复合材料的拉伸强度。

　　将碳纤维增强复合材料用于航空器用途时，因为多数情况下需要对伪各向同性材料进行穿孔并与紧固件一同使用，所以相比于单向碳纤维增强复合材料的拉伸强度，有孔板拉伸强度（OHT）是更重要的。

　　近年来，为了提高碳纤维增强复合材料的有孔板拉伸强度，现有技术主要有如下几种方法：一是改善碳纤维表面缺陷来提高单纤维强度，改变碳纤维表面形态、处理条件来获得具有≥6000MPa的拉伸强度、≥340GPa的弹性模量和7%～17%的表面氧浓度的碳纤维（专利文献1，JP×××××××××A），但是单纤维强度提升时并未同时提升有孔板拉伸强度，有孔板拉伸强度仍然处于低水平。二是将碳纤维的单纤维直径控制较小以降低表面缺陷存在概率来提升单纤维强度（专利文献2，JP×××××××A），得到的碳纤维线束强度及弹性模量较高，但是在碳化工序中，会诱发单纤维间的结构偏差和伴随其的单纤维强度偏差。另外，在碳化工序中诱发起毛、断丝，也无法避免操作性的降低、得到的碳纤维束的品相降低。

　　专利文献3（CN×××××××××××A）针对现有碳纤维的线束强度不高的问题，提供了一种涂上浆剂碳纤维束，将包含双酚A环氧树脂和脂肪族环氧树脂的上浆剂施加于碳纤维，通过上浆剂可以对碳纤维束的表面缺陷进行改进，然而碳纤维束的线束强度虽有所提高，但采用该碳纤维束和呈现极高有孔板拉伸强度的特定的基体树脂进行组合得到的复合材料的有孔板拉伸强度没有明显提高，因此如何进一步提升有孔板拉伸强度是目前亟待解决的技术问题。

3. 本发明技术方案

本发明提供一种含有具有优异的拉伸弹性模量的碳纤维、能够制作具有高有孔板拉伸强度的碳纤维增强复合材料的涂上浆剂碳纤维束、制造方法、预浸料坯。

本发明提供一种碳纤维束的制造方法，其特征在于：通过对由聚丙烯腈聚合物形成的前体纤维束实施耐燃化工序、预碳化工序及碳化工序得到碳纤维束的碳纤维束的制造方法，上述碳化工序是对通过上述预碳化得到的预碳化纤维束在惰性气氛中在 1200～2000℃ 的温度范围，并且在碳化工序的张力满足下式：

$4.9 \leqslant$ 碳化工序的张力（mN/dtex）$\leqslant -0.0225 \times$［预碳化纤维束的平均可撕裂距离（mm）］$+23.5$ 的范围实施的工序，上述预碳化纤维束实质上无捻，并且，上述预碳化纤维束的平均可撕裂距离为 150～620mm。

本发明提供一种涂上浆剂碳纤维束，其特征在于：在碳纤维束上涂布有上浆剂的涂上浆剂碳纤维束，所述上浆剂含有脂肪族环氧化合物及芳香族环氧化合物，脂肪族环氧化合物（C）与芳香族环氧化合物（D）的质量比（C）/（D）为 52/48～80/20。就上述碳纤维束中含有的碳纤维而言，使用单纤维复合体的碎裂法测定时，单纤维表观应力为 15.3GPa 时纤维断裂数为 2.0 个/mm 以上，并且，单纤维表观应力为 12.2GPa 时纤维断裂数为 1.7 个/mm 以下。

单纤维复合体碎裂法是对在树脂中埋入碳纤维的单纤维而成的复合体逐步地赋予应变，同时对各应变时纤维断裂数进行计数的方法。但是，碳纤维的弹性模量应变越高越能观察到其增加，由于弹性模量是非线性的，所以纤维断裂时的准确的纤维应力无法通过单纯的计算求出。因此，评价碳纤维的单纤维强度分布时，使用表示单纤维复合体应变与碳纤维的单纤维弹性模量之积的单纤维表观应力代替准确的纤维应力作为评价尺度。

本发明提供一种预浸料坯，其含有涂上浆剂纤维束和热固性树脂。

本发明提供一种碳纤维复合材料，其采用含有涂上浆剂纤维束和热固性树脂的预浸料坯固化而成。

本发明涉及一种碳纤维复合材料在航空航天中的应用，碳纤维复合材料采用含有涂上浆剂纤维束和热固性树脂的预浸料坯固化而成。

4. 关键的改进点和有益效果

因为单位纤维截面积的碳纤维的强度为 $6 \sim 7GPa$ 以下，所以一直以来并未探讨该强度以上的区域中碳纤维单纤维的断裂概率与碳纤维增强复合材料强度的关系。但是，发明人发现意欲提高碳纤维增强复合材料的 OHT 时，与特定的基体树脂组合时，高强度区域的单纤维强度分布显著影响 OHT，因此本发明通过控制碳纤维的短试样长度高强度区域的单纤维强度分布、碳纤维束的长试样长度区域的束强度，能够提高碳纤维增强复合材料的有孔板拉伸强度。

另外，根据本发明的碳纤维束的制造方法，可以同时实现高线束强度和高线束弹性模量，并且可以提供品相优异的碳纤维束。

下面，对本发明方案的具体原理进行介绍。

首先，对上浆剂成分的选择理由进行说明。

仅涂布由芳香族环氧化合物（D）形成而不含脂肪族环氧化合物（C）的上浆剂的碳纤维，具有上浆剂与基体树脂的反应性低、长期保存预浸料坯时物性变化小这样的优点以及能够形成刚直的界面层这样的优点。但是，芳香族环氧化合物（D）（由于该化合物的刚直性）与脂肪族环氧化合物（C）相比，碳纤维与基体树脂的黏合性稍差。

就仅涂布由脂肪族环氧化合物（C）形成的上浆剂的碳纤维而言，确认涂布了该上浆剂的碳纤维与基体树脂的黏合性高，脂肪族环氧化合物（C）由于其柔软的骨架和自由度高的结构，碳纤维表面的羧基和羟基这样的官能团与脂肪族环氧化合物可形成较强的相互作用。虽然脂肪族环氧化合物（C）由于与碳纤维表面的相互作用而显现高黏合性，但是存在下述问题：与基体树脂中的以固化剂为代表的具有官能团的化合物的反应性高，以预浸料坯的状态长期保存时，由于基体树脂和上浆剂的相互作用，使得界面层的结构发生变化，由该预浸料坯得到的碳纤维增强复合材料的物性降低。

混合了脂肪族环氧化合物（C）和芳香族环氧化合物（D）的情况下，可观察到以下现象：极性更高的脂肪族环氧化合物（C）多偏位于碳纤维侧，极性低的芳香族环氧化合物（D）易偏位于与碳纤维为相反侧的上浆剂层的最外层。作为该上浆剂层的倾斜结构的结果，脂肪族环氧化合物（C）存在于碳纤维附近，与碳纤维具有较强的相互作用，由此能够提高碳纤维和基体树脂的黏合性。另外，多存在于外层的芳香族环氧化合物（D）在使用涂上浆剂碳纤维束制造预浸料坯的情况下，发挥将脂肪族环氧化合物（C）与基体树脂隔离的作用。由此，脂肪族环氧化合物（C）和基体树脂中的反应性高的成分的反应被抑制，因此，呈现长期保存时的稳定性。

上浆剂的附着量相对于碳纤维 100 质量份优选为 0.1~3.0 质量份的范围，较优选为 0.2~3.0 质量份的范围。若上浆剂的附着量在所述范围，则能够呈现高 OHT。上浆剂的附着量可以按如下方式求出：取（2±0.5）g 涂上浆剂碳纤维，将在氮气氛中于 450℃加热处理 15min 时的该加热处理前后的质量变化量与加热处理前的涂上浆剂碳纤维的质量进行比较而求出。

脂肪族环氧化合物（C）的附着量相对于碳纤维 100 质量份优选为 0.05~2.0 质量份的范围，若脂肪族环氧化合物（C）的附着量在 0.05 质量份以上，则通过碳纤维表面的脂肪族环氧化合物（C），涂上浆剂碳纤维束与基体树脂的粘合性提高，较优选为 0.2~2.0 质量份的范围。脂肪族环氧化合物（C）为不含芳香环的环氧化合物。因为具有自由度高的柔软的骨架，所以能够具有与碳纤维较强的相互作用。脂肪族环氧化合物（C）是在分子内具有 1 个以上的环氧基的环氧化合物，能够形成碳纤维与上浆剂中的环氧基的牢固的键合。分子内具有 2 个以上环氧基的环氧化合物时，即使在 1 个环氧基与碳纤维表面的含氧官能团形成共价键的情况下，剩余的环氧基也能与基体树脂形成共价键或者氢键，黏合性进一步提高，故优选。脂肪族环氧化合物（C）优选为具有共计 3 个以上的 2 种以上官能团的环氧化合物，作为环氧化合物所具有的除环氧基以外的官能团，优选羟基、酰胺基、酰亚胺基、氨基甲酸酯基、脲基、磺酰胺基及磺酸基。为分子内具有 3 个以上的环氧基或者其他官能团的环氧化合物时，即使在 1 个环氧基与碳纤维表面的含氧官能团形成共价键的情况下，剩余的 2 个以上的环氧基或者其他官能团也能够与基体树脂形成共价键或者氢键，黏合性进一步提高。脂肪族环氧化合物（C）的环氧当量优选小于 360g/mol。若环氧当量小于 360g/mol，则以高密度形成与碳纤维的相互作用，碳纤维与基体树脂的粘合性进一步提高，较优选小于 270g/mol，更优选小于 180g/mol。

作为脂肪族环氧化合物（C）的具体例子，例如，可举出由多元醇衍生的缩水甘油醚型环氧化合物、由具有复数个活性氢的胺衍生的缩水甘油胺型环氧化合物、由多元羧酸衍生的缩水甘油酯型环氧化合物和将分子内具有复数个双键的化合物氧化得到的环氧化合物。

芳香族环氧化合物（D）是在分子内具有 1 个以上芳香环的环氧化合物。芳香环可以为仅由碳形成的芳香环烃，可以为含有氮或氧等杂原子的呋喃、噻吩、吡咯、咪唑等杂芳环，也可以为萘、蒽等多环式芳香环。如果环氧化合物具有 1 个以上的芳香环，则形成刚直的界面层，碳纤维与基体树脂

续表

之间的应力传递能力提高，纤维增强复合材料的0°拉伸强度等力学特性提高。另外，由于芳香环使得疏水性提高，由此与脂肪族环氧化合物相比，与碳纤维的相互作用变弱，能够覆盖脂肪族环氧化合物，存在于上浆剂层外层。由此，将涂上浆剂碳纤维束用于预浸料坯时，可以抑制长时间保存时的经时变化。通过具有2个以上的芳香环，由芳香环带来的长期稳定性提高，故较优选。芳香族环氧化合物（D）的环氧基优选在分子内为2个以上，较优选为3个以上。另外，优选为10个以下。芳香族环氧化合物（D）优选为分子内具有共计3个以上的2种以上官能团的环氧化合物，较优选为具有共计4个以上的2种以上官能团的环氧化合物。作为环氧化合物所具有的除了环氧基以外的官能团，优选羟基、酰胺基、酰亚胺基、氨基甲酸酯基、脲基、磺酰基及磺酸基。若为分子内具有3个以上的环氧基或其他官能团的环氧化合物，则即使在1个环氧基与碳纤维表面的含氧官能团形成共价键的情况下，剩余的2个以上的环氧基或者其他官能团也能够与基体树脂形成共价键或者氢键，粘合性进一步提高。芳香族环氧化合物（D）的环氧当量优选小于 $360g/mol$，环氧当量小于 $360g/mol$ 时，以高密度形成共价键，碳纤维与基体树脂的黏合性进一步提高，较优选小于 $270g/mol$，进一步优选小于 $180g/mol$。

作为芳香族环氧化合物（D）的具体例子，例如，可以举出由多元醇衍生的缩水甘油醚型环氧化合物、由具有复数个活性氢的胺衍生的缩水甘油胺型环氧化合物、由多元羧酸衍生的缩水甘油酯型环氧化合物和将分子内具有复数个双键的化合物氧化得到的环氧化合物。

上浆剂含有脂肪族环氧化合物（C）及芳香族环氧化合物（D）。脂肪族环氧化合物（C）的含量优选相对于涂布的上浆剂总量而言为35质量%~65质量%。通过含有35质量%以上的脂肪族环氧化合物（C），粘合性提高。另外，通过使脂肪族环氧化合物（C）的含量为65质量%以下，即使在使用得到的涂上浆剂碳纤维制作的预浸料坯长期保存的情况下，得到的碳纤维增强复合材料的物性也变得良好。脂肪族环氧化合物（C）的含量较优选为38质量%以上，更优选为40质量%以上。另外，较优选为60质量%以下，更优选为55质量%以下。

　　芳香族环氧化合物（D）的含量优选相对于上浆剂总量而言为 35 质量%~60 质量%。通过含有 35 质量%以上的芳香族环氧化合物（D），能够将上浆剂外层中的芳香族化合物的组成维持在高水平，因此在长期保存预浸料坯时能够抑制由反应性高的脂肪族环氧化合物与基体树脂中的反应性化合物的反应导致的物性降低。通过使含量为 60 质量%以下，能够呈现上述上浆剂中的倾斜结构，能够维持黏合性，故优选。芳香族环氧化合物（D）的含量较优选为 37 质量%以上，更优选为 39 质量%以上。另外，较优选为 55 质量%以下，更优选为 45 质量%以下。

　　脂肪族环氧化合物（C）与芳香族环氧化合物（D）的质量比（C）/（D）优选为 52/48~80/20。通过使（C）/（D）为 52/48 以上，碳纤维表面存在的脂肪族环氧化合物（C）的比率增大，碳纤维与基体树脂的黏合性提高。结果，得到的碳纤维增强树脂的拉伸强度等复合体物性提高，故优选。另外，为 80/20 以下时，反应性高的脂肪族环氧化合物在碳纤维表面存在的量减少，能够抑制与基体树脂的反应性，故优选。（C）/（D）的质量比较优选为 55/45 以上，更优选为 60/40 以上。另外，较优选为 75/35 以下，更优选为 73/37 以下。

　　其次，对选择特定纤维断裂数的理由进行说明。

　　作为评价碳纤维的单纤维强度分布的手法，一直以来通常采用单纤维强度试验。但是，就单纤维强度试验而言，因为在卡盘部使用氰酸酯系粘合剂、环氧树脂系粘合剂包埋单纤维并夹紧，所以应力也施加到粘合剂内的纤维，有时粘合剂内纤维断裂，单纤维强度试验好似从黏合剂中拔出单纤维的试验，在单纤维强度试验中树脂内数毫米的纤维也被施加了应力。换言之，发现在单纤维强度试验中，即使卡盘间的距离小于 5mm，实际的试样长度也变长，特别是卡盘间距离越短，则实际试样长度与卡盘间距离越背离，无法评价短试样长度区域的单纤维强度分布。为了应对上述问题，发明人发现了利用单纤维复合体的碎裂试验评价单纤维强度分布的手法。发明人的研究结果表明，单纤维复合体的碎裂试验与由试样长度 25mm 的单纤维强度试验计算的单纤维强度分布的结果良好地一致，因此碎裂试验作为单纤维强度分布的评价方法是优异的。若适当选择单纤维复合体中使用的基体树脂，使单纤维－基体树脂界面的粘合强度为某程度以上，则对于试样长度为 1mm 左右的短试样也能够高精度地评价强度分布。

采用单纤维复合体的碎裂法对含有碳纤维的复合体进行测定时，单纤维表观应力为 12.2GPa 时纤维断裂数为 1.7 个/mm 以下，碳纤维的单纤维强度对在高应力下的碳纤维断裂的要因起着支配性作用，为了提高 OHT，碳纤维的单纤维强度，特别是纤维长度较短时的单纤维强度高是重要的。即，所述纤维断裂数大于 1.7 个/mm 时，由于碳纤维的单纤维强度不足而导致 OHT 降低，所以使所述纤维断裂数为 1.7 个/mm 以下，优选为 1.5 个/mm 以下，较优选为 1.3 个/mm 以下，此时碳纤维的单纤维强度足够高，OHT 提高而与特定的树脂无关。

采用单纤维复合体的碎裂法对含有的碳纤维进行测定时，单纤维复合体应变为 3.6% 时纤维断裂数优选为 1.7 个/mm 以下，较优选为 1.5 个/mm 以下，更优选为 1.0 个/mm 以下。所述纤维断裂数大于 1.7 个/mm 时，由于碳纤维的单纤维强度不足而导致 OHT 降低，所述纤维断裂数越少表示碳纤维的单纤维强度越高，故优选。通常，因为单向的碳纤维增强复合材料的断裂伸长率为 2% 以下，所以一直以来未曾探讨断裂伸长率为该伸长率以上的碳纤维断裂概率与复合材料强度的关系，本发明人还发现意欲提高 OHT 时，在与特定树脂组合时，高伸长率区域的碳纤维断裂概率显著影响 OHT。

采用单纤维复合体的碎裂法对含有的碳纤维进行测定时，单纤维表观应力为 15.3GPa 时纤维断裂数为 2.0 个/mm 以上，优选为 2.5 个/mm 以上，较优选为 3.0 个/mm 以上。高应力下碳纤维的断裂要因与单纤维表观应力为 12.2GPa 时不同，纤维/树脂界面的界面剪切强度起到支配性作用。碎裂法中的饱和纤维断裂数越多，界面剪切强度越高。基本上，界面剪切强度越高，则单向碳纤维增强复合材料强度越高，所以也可以提高 OHT。所述纤维断裂数小于 2.0 个/mm 时，由于碳纤维与基体树脂的界面黏合性降低，导致纤维断裂数增加时纤维无法负担应力，OHT 降低。碳纤维的单纤维弹性模量低时，有时单纤维复合体在负荷至 15.3GPa 的单纤维表观应力之前损坏。

另外，对碳纤维束的制造方法进行说明。

涂上浆剂碳纤维束中含有的碳纤维的单纤维直径优选为 4.5μm 以下，较优选为 3.0μm 以下。所述单纤维直径为 4.5μm 以下时，因为能够降低表面缺陷的存在概率，所以单纤维强度提高，并且碳纤维的表面积比增加，由此与基体树脂的粘合性提高，碳纤维增强复合材料中的应力传递也变得均匀，因此结果是 OHT 提高。但是，碳纤维的单纤维直径越大，基体树脂越容易含浸到单纤维间，结果也能够提高 OHT，因此单纤维直径优选为 2.0μm 以上。

实质上无捻，表示即使存在捻，每1m纤维束也为1捻数以下；平均可撕裂距离，是表示预碳化碳纤维束中碳纤维的交织的程度的指标。

在碳化工序中，将预碳化纤维在惰性气氛中，加热至1200～2000℃。就碳化工序的温度而言，从提高得到的碳纤维的线束弹性模量的观点考虑，优选为较高温度，但是若温度过高，则有时高强度区域的强度降低。

已知越是提高碳化工序中的最高温度，碳纤维内部的晶粒尺寸越是增大，可以提高碳纤维束的线束弹性模量。但是，已知通过提高碳化工序的最高温度，得到的碳纤维束的拉伸强度、黏合强度降低。本发明通过控制预碳化纤维束的交织状态，即使不提高碳化工序的最高温度，通过提高碳化工序的张力，也能够提高得到的碳纤维束的线束弹性模量。碳纤维内部的晶粒尺寸优选为1.2nm以上2.5nm以下。晶粒尺寸小于1.2nm时，线束弹性模量降低，晶粒尺寸大于2.5nm时，线束强度降低。因为线束强度、线束弹性模量的降低有时引起OHT的降低，所以优选将晶粒尺寸控制在上述范围。晶粒尺寸主要可以通过碳化处理温度进行控制。为了使碳纤维束的线束弹性模量和单纤维强度的均衡性优异，可以通过将预碳化纤维束的可撕裂距离控制在150～620mm的范围，控制碳化张力。

碳化工序的张力以在碳化炉出口侧测定的张力（mN）除以聚丙烯腈前体纤维在绝对干燥时的纤度（dtex）所得的值表示。若使该张力小于4.9mN/dtex，则不能提高碳纤维的晶粒取向，不能呈现高线束弹性模量，因此有时OHT降低。将该张力设定为大于4.9mN/dtex时，纤维对准变得良好，并且，单纤维间的应力传递形成优异的状态，因此可以不依赖于短试样长度的单纤维强度提高OHT，故优选。另外，就该张力而言，从提高得到的碳纤维的线束弹性模量的观点考虑，优选较高张力，但是若过高则工序通过性、品相降低，因此优选设定为满足式4.9≤碳化张力（mN/dtex）≤－0.0225×［预碳化纤维束的平均可撕裂距离（mm）］+23.5的范围。一次系数－0.0225表示的意思为，随着平均可撕裂距离的增加可以设定的该张力的降低梯度，常数项23.5为将平均可撕裂距离缩短至极限时可设定的该张力。

可撕裂距离的测定方法示于图1。将纤维束1切割成1160mm的长度，将其一端2用胶带固定在水平的台上使其不能移动（将该点称为固定点A）。该纤维束的未固定一方的一端3用手指分开成2份，将其中一方以拉紧的状态用胶带固定在台上使其不能移动（将该点称为固定点 B）。将分成 2 份后的纤维束的一端的另一方以固定点 A 为支点以不松弛的方式沿台上移动，使其在距固定点 B 的直线距离为 500mm 的位置 4 静止，用胶带固定在台上使其不移动（将该点称为固定点 C）。目视观察由固定点 A、B、C 围成的区域，找到距离固定点 A 最远的交织点 5，用最低刻度为 1mm 的尺子读取在连接固定点 A 和固定点 B 的直线上投影的距离，作为可撕裂距离 6。重复该测定 30 次，将测定值的算数平均值作为平均可撕裂距离。本测定方法中，所谓距离固定点 A 最远的交织点，为距固定点 A 的直线距离最远，并且没有松弛的 3 根以上的单纤维进行交织的点。碳纤维束中越是较强地进行均匀的交织，平均可撕裂距离就越短，未进行交织或者交织不均匀的情况下，平均可撕裂距离变大。碳纤维束中较强地进行均匀的交织时，数米级的长试样长度的碳纤维束强度变大，由此能够提高 OHT。因此，优选较小平均可撕裂距离。通过使预碳化碳纤维束的平均可撕裂距离为 620mm 以下，将预浸料坯加工成碳纤维增强复合材料时，能够赋予高的张力，提高纤维对准。另外，制成碳纤维增强复合材料时，碳纤维增强复合材料中的应力传递变得更加均匀，所以能够提高 OHT。但是，涂上浆剂碳纤维束的平均可撕裂距离小于 150mm 时，有时纤维对准紊乱，在 0° 方向上层合的纤维变得难以应力集中，使 OHT 降低。

5. 具体实施方式

利用碎裂法的纤维断裂数的测定按照以下步骤（i）～（v）进行。

（i）树脂的制备

将树脂加入容器中，利用刮铲搅和，使用自动真空脱泡装置进行脱泡。

（ii）碳纤维单纤维的取样和铸型的固定

将 20cm 左右长度的碳纤维束大致分为 4 等份，从 4 个束中依次取样单纤维。此时，从束整体中尽量没有遗漏地取样。接着，在打孔纸板的两端贴合双面胶带，在对取样后的单纤维施加一定张力的状态下将单纤维固定于打孔纸板。接下来，准备贴合有聚酯膜的玻璃板，将用于调整试验片的厚度的 2mm 厚的垫板固定于膜上。在该垫板上放置固定有单纤维的打孔纸板，进而在其上面放置同样地贴合有膜的玻璃板，使贴合有膜的面朝下。此时为了控制纤维的埋入深度，将厚度 70μm 左右的带材贴合在膜的两端。

（iii）从树脂的浇注直至固化

向上述步骤（ii）的铸型内（由垫板和膜所围成的空间）浇注通过上述步骤（i）制备的树脂。使用预先升温至50℃的烘箱将浇注有树脂的铸型加热5h，之后以降温速度2.5℃/min降温至30℃。之后，脱模，切割，得到2cm×7.5cm×0.2cm的试验片。此时，切割试验片以使单纤维位于试验片宽度方向的中央0.5cm宽度内。

（iv）纤维埋入深度测定

针对通过上述步骤（iii）得到的试验片，使用激光拉曼分光光度计的激光和532nm陷波滤波器，进行纤维的埋入深度测定。首先，对单纤维表面照射激光，调整载台高度以使激光束直径变为最小，将此时的高度设为 A（μm）。接着，对试验片表面照射激光，调整载台高度以使激光束直径变为最小，将此时的高度设为 B（μm）。关于纤维的埋入深度 d（μm），使用利用上述激光测定的树脂的折射率1.732，按照下式计算。

$$d = (A - B) \times 1.732$$

（v）4点弯曲试验

针对按照上述步骤（iii）得到的试验片，使用外侧压子50mm间隔、内侧压子20mm间隔的夹具，以4点弯曲来负荷拉伸应变。逐步地每0.1%地赋予应变，利用偏光显微镜观察试验片，测定试验片长度方向的中心部10mm范围内的单纤维的断裂数。用测定得到的断裂数除以10，将得到的值作为纤维断裂数（个/mm）。另外，利用贴合在从试验片中心在宽度方向上离开约5mm的位置的应变仪测定应变 ε（%）。关于最终的单纤维复合体的应变 ε_c，考虑应变仪的应变仪灵敏系数 κ、按照上述步骤（iv）测定的纤维埋入深度 d（μm）、残留应变0.14（%），通过式 $\varepsilon_c = \varepsilon \times (2/\kappa) \times (1000 - d)/1000 - 0.14$ 计算。

碳纤维的单纤维弹性模量

首先，将20cm左右的碳纤维束大致分为4等份，从4个束中依次取出单丝作为样品，尽量没有遗漏地从束整体中取样。将取样后的单丝使用粘合剂固定于打孔纸板。将固定有单丝的纸板安装在拉伸试验机上，在标距长度50mm、应变速度2mm/min、试样数20根的条件下进行拉伸试验。弹性模量按照弹性模量=（得到的强度）/（单纤维的截面积×得到的伸长率）计算。

有孔板拉伸强度

a. 试验条件

- 室温条件（RTD）：69°F（20.6℃）±5°F
- 低温条件（LTD）：-75°F（-59.4℃）±5°F

b. 成型条件

将预浸料坯切割成规定大小，进行层合以使其成为16ply（45/90/-45/0）2s的构成，之后将得到的层合物用袋膜覆盖，一边将层合物内脱气，一边使用高压釜以升温速度1.5℃/min升温至180℃，在压力为6个气压的条件下经历2h使其固化，得到伪各向同性增强材料。

c. 样品尺寸

尺寸：长度308mm×宽度38.1mm×厚度4.5mm。

各实施例中使用的材料和成分如下所示。

（A）成分：A-1~A-3

A-1：四缩水甘油基二氨基二苯基甲烷

环氧当量：120g/mol

A-2：双酚A的二缩水甘油基醚

环氧当量：189g/mol

A-3：N-二缩水甘油基苯胺

（C）成分：C-1~C-3

C-1：乙二醇的二缩水甘油基醚

环氧当量：113g/mol，环氧基数：2

C-2：山梨醇聚缩水甘油醚

环氧当量：167g/mol，环氧基数：4，羟基数：2

C-3：聚甘油聚缩水甘油醚

环氧当量：183g/mol，环氧基数：3以上

（D）成分：D-1~D-3

D-1：双酚A的二缩水甘油基醚

环氧当量：189g/mol，环氧基数：2

D-2：双酚A的二缩水甘油基醚

环氧当量：475g/mol，环氧基数：2

D-3：双酚F的二缩水甘油基醚

环氧当量：167g/mol，环氧基数：2

实施例1

制作碳纤维工序：将由丙烯腈99.5mol%和衣康酸0.5mol%形成的单体混合物，以二甲基亚砜作为溶剂，以2,2′-偶氮二异丁腈作为引发剂，利用溶液聚合法进行聚合，制作重均分子量70万、M_z/M_w为1.8的聚丙烯腈共聚物。向制造的聚丙烯腈聚合物中吹入氨气直至pH值变为8.5，进行调整直至聚合物浓度变为15质量%，得到纺丝溶液。通过干湿式纺丝法得到凝固丝条，所述干湿式纺丝法是将得到的纺丝溶液于40℃使用直径0.15mm、孔数6000的喷丝头，暂时吐出到空气中，使其从约4mm的空间通过后，导入到控制为3℃的由35%二甲基亚砜的水溶液形成的凝固浴中。将该凝固丝条利用常规方法进行水洗后，在2槽的温水浴中进行3.5倍的拉伸。接下来，对于该水浴拉伸后的纤维束，赋予氨基改性聚硅氧烷系聚硅氧烷油剂，使用160℃的加热辊，进行干燥致密化处理。接着，将2丝条合丝，使单纤维根数为12000根，之后在加压蒸汽中进行3.7倍拉伸，由此使制丝全拉伸倍率为13倍，之后进行交织处理，得到单纤维纤度0.7dtex、单纤维根数12000根的聚丙烯腈前体纤维。此处，所谓交织处理按如下方式进行：使用流体吹喷喷嘴，使用空气作为流体，调节至纤维束的张力为3mN/dtex的状态，并且，将流体的吐出压力设定为0.35MPa。接下来，在温度为240～260℃的空气中，一边以拉伸比1进行拉伸，一边进行耐燃化处理，得到比重为1.35~1.36的耐燃化纤维束。将得到的耐燃化纤维束在温度为300～800℃的氮气氛中，一边以拉伸比1.15进行拉伸，一边进行预碳化处理，得到预碳化纤维束。将得到的预碳化纤维束，在氮气氛中，在最高温度1500℃、张力4.9mN/dtex的条件下进行碳化处理，得到碳纤维，将其作为碳纤维A。得到的碳纤维束的单纤维断裂数较少，品相良好，线束弹性模量提高至342GPa。

碳纤维附着上浆剂工序：制备下述水分散乳液作为（D）成分，所述水分散乳液包含10质量份D-1、10质量份D-2、双酚A的EO 2mol加成物2mol及马来酸1.5mol及癸二酸0.5mol的缩合物20质量份，和作为乳化剂的聚氧乙烯（70mol）苯乙烯（5mol）化枯基苯酚10质量份，之后混合50质量份C-3作为（C）成分，制备上浆液。将该上浆剂通过浸渍法涂布于碳纤维，之后于温度210℃进行75s热处理，得到涂上浆剂碳纤维束。调整上浆剂的附着量，以使相对于碳纤维100质量份，上浆剂成为1.0质量份。

图 2 是上浆前、后碳纤维表面形貌的扫描电镜图。

实施例 2

将碳化处理中的碳化张力改为 7.4mN/dtex，除此之外，采用与实施例 1 同样的操作得到碳纤维束。得到的碳纤维束的单纤维断裂数较少，品相良好，线束弹性模量提高至 364GPa。

实施例 3

将碳化处理中的碳化张力改为 9.5mN/dtex，除此之外，采用与实施例 1 同样的操作得到涂上浆剂碳纤维束。得到的碳纤维束的单纤维断裂数较少，品相良好，线束弹性模量提高至 378GPa。

实施例 4

将实施例 1 中的上浆剂的成分 D-2 换成 D-3。

实施例 5

将实施例 1 中的上浆剂的成分 C-3 换成 C-1。

实施例 6

将实施例 1 中的上浆剂的成分 C-3 换成 C-2。

比较例 1

将碳化处理中的碳化张力改为 3.5mN/dtex，除此之外，采用与实施例 1 同样的操作得到碳纤维束。得到的碳纤维束的单纤维发生多起断丝，不能得到品相良好的碳纤维束，线束弹性模量为 324GPa。

比较例 2

将碳化处理中的碳化张力改为 12.9mN/dtex，除此之外，采用与实施例 1 同样的操作得到涂上浆剂碳纤维束。在碳化工序中发生多起断丝，不能得到品相良好的碳纤维束，线束弹性模量为 262GPa。

除了上述实施例 1~3 和比较例 1~2 的碳纤维以外，还使用市售的 "TORAYCA（注册商标）" T800S-24k-10E、"TORAYCA（注册商标）" T700S-24k-50E［东丽（株）制］、"TENAX（注册商标）" IM600（Toho Tenax Co., Ltd. 制）进行解析。

将得到的实施例 2~6 和比较例 1~2 以及市售的碳纤维按照实施例 1 的碳纤维附着上浆剂工序赋予上浆剂，得到实质上无捻的涂上浆剂碳纤维束。用得到的涂上浆剂碳纤维束复合树脂膜制备预浸料坯，设想实际的使用条件，将预浸料坯在温度 25℃、湿度 60% 的条件下保存 20 天后，成型复合材料，实施 OHT 试验，得到的碳纤维束的特性汇总于表 1。

	碎裂数、纤维断裂数						线束强度	单纤维弹性模量	平均可撕裂距离		OHT
	应变（%）			表观应力（GPa）					预碳化纤维束	碳纤维束	
	2.0	3.6	4.5	6.8	12.2	15.3	GPa	GPa	mm	mm	MPa
	个/mm	个/mm	个/mm	个/mm	个/mm	个/mm	GPa	GPa	mm	mm	MPa
实施例1	0.2	1.5	2.1	0.2	1.5	2.1	6.4	342	610	700	697
实施例2	0.1	1.5	2.3	0.1	1.5	2.3	6.7	364	610	700	707
实施例3	0.05	1.4	2.3	0.05	1.4	2.3	7.1	378	610	700	728
实施例4	0.2	1.5	2.1	0.2	1.5	2.1	6.4	342	610	700	699
实施例5	0.2	1.5	2.1	0.2	1.5	2.1	6.4	342	610	700	695
实施例6	0.2	1.5	2.1	0.2	1.5	2.1	6.4	342	610	700	696
比较例1	0.1	1.4	1.7	0.1	1.9	2.1	5.9	324	610	700	643
比较例2	0.05	1.3	1.7	0.05	1.3	1.7	5.5	262	610	700	620
T800S	0.05	1.5	2.2		1.8	2.3	5.9	309	970	1020	
T700S	0.1	1.2	1.4	0.3	1.4	1.4	5.2	245	1000	1080	
IM600	0.02	1.2	1.7	0.1	1.6	1.7	5.6	305	990	1040	

表1 使用不同碳化张力制作得到的碳纤维束特性

从上述表格的数据中可以看出，当将碳纤维束制造过程中的碳化工序的碳化张力控制在 $4.9 \leqslant$ 碳化工序的张力（mN/dtex）$\leqslant -0.0225 \times$［预碳化纤维束的平均可撕裂距离（mm）］$+23.5$ 的范围实施时，得到的碳纤维束的线束强度和单纤维弹性模量分别能够达到6GPa以及342GPa以上。

实施例7

将实施例1的包含50质量份C-3、10质量份D-1、10质量份D-2、双酚A的EO 2mol加成物2mol及马来酸1.5mol及癸二酸0.5mol的缩合物20质量份的上浆剂，从50质量份∶10质量份∶10质量份∶20质量份改为72质量份∶10质量份∶8质量份∶0质量份，除此之外，采用与实施例1同样的操作得到涂上浆剂碳纤维束。

实施例8

将实施例1的包含50质量份C-3、10质量份D-1、10质量份D-2、双酚A的EO 2mol加成物2mol及马来酸1.5mol及癸二酸0.5mol的缩合物20质量份的上浆剂，从50质量份∶10质量份∶10质量份∶20质量份改为60质量份∶10质量份∶10质量份∶10质量份，除此之外，采用与实施例1同样的操作得到涂上浆剂碳纤维束。

续表

比较例 3

将实施例 1 的包含 50 质量份 C - 3、10 质量份 D - 1、10 质量份 D - 2、双酚 A 的 EO 2mol 加成物 2mol 及马来酸 1.5mol 及癸二酸 0.5mol 的缩合物 20 质量份的上浆剂，从 50 质量份∶10 质量份∶10 质量份∶20 质量份改为 0 质量份∶22.5 质量份∶22.5 质量份∶45 质量份，除此之外，采用与实施例 1 同样的操作得到涂上浆剂碳纤维束。

比较例 4

将实施例 1 的包含 50 质量份 C - 3、10 质量份 D - 1、10 质量份 D - 2、双酚 A 的 EO 2mol 加成物 2mol 及马来酸 1.5mol 及癸二酸 0.5mol 的缩合物 20 质量份的上浆剂，从 50 质量份∶10 质量份∶10 质量份∶20 质量份改为 80 质量份∶5 质量份∶2.5 质量份∶2.5 质量份，除此之外，采用与实施例 1 同样的操作得到涂上浆剂碳纤维束。

实施例 9

制作预浸料坯：在混炼装置中，配合作为（A）成分的 35 质量份（A - 1）、35 质量份（A - 2）及 30 质量份（A - 3）和作为热塑性树脂的 14 质量份 "Sumikaexcel" 5003P，使其溶解后，进而添加 4,4′ - 二氨基二苯基砜 40 质量份，进行混炼，制作用于碳纤维增强复合材料的环氧树脂组合物。将得到的树脂组合物使用刮刀涂布机按照树脂单位面积重 52g/m² 涂布在脱模纸上，制作树脂膜。将该树脂膜重叠在单向并纱而成的涂上浆剂碳纤维束的两侧，使用热辊，在温度为 100℃、气压为 1 个气压的条件下一边加热加压，一边使树脂组合物含浸在涂上浆剂碳纤维束中，得到预浸料坯。

将实施例 1、7 ~ 8 以及比较例 3 ~ 4 得到的实质上无捻的涂上浆剂碳纤维束按照实施例 9 的方法制备预浸料坯，设想实际的使用条件，将预浸料坯在温度 25℃、湿度 60% 的条件下保存 20 天后，成型复合材料，实施 OHT 试验，得到的碳纤维束的特性汇总于表 2，图 3 是将实施例 8 和比较例 3 得到的涂上浆剂碳纤维束制作成预浸料坯的 SEM 图。

表2　不同上浆剂组成的涂上浆剂碳纤维束制作的预浸料坯特性

	脂肪族环氧化合物（C）	芳香族环氧化合物（D）	C∶D	OHT
	重量份	重量份	质量比	MPa
实施例 1	50	40	50∶40	697
实施例 7	72	18	72∶18	713
实施例 8	60	30	60∶30	700
比较例 3	0	90	0∶90	655
比较例 4	80	10	80∶10	673

由表 2 中可知，在线束强度较高的情况下，调控上浆剂中脂肪族环氧化合物与芳香族环氧化合物的质量比在 52∶48～80∶20 的范围内，采用其制得的预浸料坯的有孔板拉伸强度相较于脂肪族环氧化合物与芳香族环氧化合物的质量比不在上述范围内的预浸料坯的有孔板拉伸强度更高。

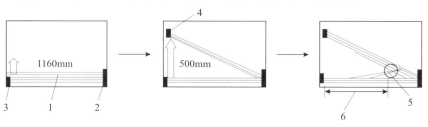

图 1　表示可撕裂距离的测定方法的图

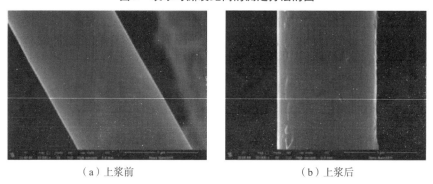

（a）上浆前　　　　　　　　　　　（b）上浆后

图 2　实施例 1 中上浆前后碳纤维表面形貌的扫描电镜图

（a）上浆剂 C∶D 为 0∶90　　　　　　　（b）上浆剂 C∶D 为 60∶30

图 3　不同脂肪族环氧化合物与芳香族环氧化合物比例的预浸料坯 SEM 图

（20—树脂、10B—涂上浆剂碳纤维、H—空隙）

六、小结

本案例示出了涉及技术改进型发明的技术交底书的撰写，以及如何挖掘和完善涉及纤维制造方法和产品的发明的技术交底书，通过两次修改和补充调整的过程，展示了申请人在向专利代理师作技术交底时的考虑因素和注意事项，以及如何才能使研发成果得到全方位的保护。

① 深度聚焦待改进的现有技术发展状况，尽可能挖掘和展示已知的最接近的现有技术，分析其客观存在的技术问题，突出本发明与这些现有技术的区别和主要创新点。

② 利用文字说明、口头交流、产品演示、图示、参观等各种方式，向专利代理师清楚地交代方案的具体实施细节和优选实施方式。

③ 通过多种手段来展示发明相对于现有技术的智慧贡献，包括理论依据、考虑因素、所克服的困难、效果的差异，等等。对于组成含量和工艺参数的特征，通过系统性介绍各特征参数的选择依据和原因，帮助专利代理师和专利审查员理解技术方案，也便于后续遇到创造性审查意见时成为修改和意见陈述的依据。

④ 对于效果可预期性较差的发明，提供充分的实施例和必要的对比例实验数据作为证据支撑，集合宏观、微观等多个角度来凸显创造性高度、提高授权可能性。

最终完善后的技术交底书不仅方案清楚完整，并且还为发明争取尽可能大的保护范围做好了铺垫，利于后期的权利维权。

附件 技术交底书模板

专利申请技术交底书
发明名称： _____ 技术问题联系人： _____ 联系人电话： _____ E－mail： _____ 术语解释： _____
1. 技术领域
2. 背景技术和存在的问题 2.1 该技术领域的发展 2.2 与本发明最接近的现有技术情况 2.3 现有技术存在的问题和缺陷
3. 本发明技术方案 3.1 本发明所要解决的技术问题 3.2 为解决该技术问题所采用的技术方案 3.3 本发明具体的实施方式以及相应的技术效果
4. 关键的改进点和有益效果
5. 其他相关信息